Gabriele Braun
Herausgeber

LEITFADEN Digitaler Dialog

marketing BÖRSE
www.marketing-boerse.de

ISBN-13: 978-3-943666-02-1
ISBN-10: 3-943666-02-6

ISBN epub: 978-3-943666-03-8
ISBN PDF: 978-3-943666-04-3

1. Auflage 2012

Melanchthonstr. 5
D-68753 Waghäusel
www.marketing-boerse.de
info@marketing-boerse.de

Umschlagsgestaltung und Layout: Maren Wendt, Hamburg
Satz: KOMM-ON Peter Föll, Karlsruhe
Druck und Bindung: Wilhelm & Adam, Heusenstamm
Gedruckt auf säurefreiem, alterungsbeständigem und chlorfreiem Papier
Printed in Germany

Vorwort

Digital, rational und dabei doch emotional, so könnte man die Anforderungen an den digitalen Dialog skizzieren. Auch wenn heute in Deutschland noch das Telefon mit durchschnittlich 25 Millionen Kontakten (B2B und B2C) täglich überwiegt, kann auch die E-Mail bereits durchschnittlich 8 Millionen Kontaktanfragen verzeichnen. Laut Bundesnetzagentur sind derzeit knapp 115 Millionen SIM-Karten aktiv (das entspricht etwa 1,4 Karten je Einwohner), über die im Jahr 2011 rund 55 Milliarden SMS (+30 Prozent im Vergleich zu 2010) verschickt wurden. Und angeblich werden mehr als 60 Prozent der Smartphones gar nicht zum Telefonieren genutzt. Eine aktuelle Studie des Marktforschungsunternehmens ComScore zeigt: Private E-Mails stehen mit 23 Prozent an Platz eins, gefolgt von Wetterberichten (19 Prozent) und stark steigend die Nutzung sozialer Netzwerke (18 Prozent) sowie mobile Suche und News (je 16 Prozent). Die Nutzung der digitalen Kanäle – auch im mobilen Bereich – ist unbestritten auf dem Vormarsch, wie viele Unternehmen, die dort bereits aktiv sind, berichten und sie eröffnet neue Potentiale im Kundendialog.

So sind sich alle Experten einig: Wer die Klaviatur des digitalen Dialogs nicht beherrscht, wird allein auf den klassischen, analogen Wegen im Wettbewerb nicht bestehen. Die Gefahr, hier zu wenig Aufmerksamkeit und Engagement zu investieren, scheint doch größer, als die Gefahr zu viel zu machen. Somit stehen für Unternehmen die Anforderungen im Raum, sich eben diesem digitalen Dialog auf seinen verschiedenen Kanälen und Plattformen zu stellen.

Bereits vor sechs Jahren wurde das Berufsbild Kaufmann/Servicefachkraft für Dialogmarketing eingeführt und wurde damals auf Anhieb zum erfolgreichsten neuen Ausbildungsberuf. Schon damals hat man das Curriculum bewusst breiter aufgestellt, wollte man doch Entwicklungsperspektiven weit über das klassische Callcenter hinaus schaffen und mehr junge Menschen für die vielfältigen und anspruchsvollen Tätigkeiten im Dialogmarketing interessieren. Dass die Ausbildung auch den aktuellen Anforderungen weiterhin standhält, dafür engagieren sich Mitglieder des CCV in den landesweiten Gremien.

Denn die Menschen bleiben weiterhin der wichtigste Faktor im Kundendialog, sei es bei der Konzeption, der Qualitätssicherung und natürlich im Kontakt zum Kunden. Und da ist intensive Nachwuchsarbeit gefordert, werden besonders in den sozialen Medien und digitalen Kommunikationskanälen doch weitere Qualifikationen und Fähigkeiten gefordert. Es sind Mitarbeiterprofile, um die Unternehmen künftig auch mit anderen Branchen noch stärker in Wettbewerb treten werden. Und auch für die vorhandenen Mitarbeiter bietet die aktuelle Entwicklung künftig attraktive Weiterentwicklungsmöglichkeiten.

Aber ähnlich wie bei der Energiewende, wird sich dieser Wandel nicht zum Nulltarif bewerkstelligen lassen. Bessere Qualifikation hat gerade bei einem sich verknappenden Arbeitskräftemarkt ihren Preis, und Servicevielfalt sollte sich als wertvolles Differenzierungsprodukt verstanden wissen und so auch bewusst kommuniziert werden. Immer mehr, immer besser, immer billiger widerspricht sich von selbst, daher spricht man auch von einem Spannungsfeld. Wer sich wie positioniert, bleibt jedem selbst überlassen, und die Kaffeekapsel beweist uns, dass der Preis zweitrangig ist, wenn der Nutzen entsprechend empfunden wird.

Technologische Möglichkeiten, steigende und stabile Bandbreiten auch im mobilen Bereich beflügeln ein neues und sich schnell weiterentwickelndes Nutzungsverhalten der Kunden im Umgang mit Informationen und eigenen Daten. Dabei bleibt das Thema Datenschutz ein sensibles Thema ebenso wie die Glaubwürdigkeit eines Unternehmens.

Alle diese Aspekte und noch viel mehr finden Sie hier kompakt zusammengefasst. So geht mein Dank an Frau Gabriele Braun, der es gelungen ist, hier so viele hervorragende Kollegen und Experten mit ihren Erfahrungen und Praxisbeispielen zu einem umfassenden Leitfaden zusammenzubringen.

Ich wünsche Ihnen eine inspirierende Zeit mit diesem Buch und freuen wir uns auf die Chancen, die im digitalen Dialog stecken und die unserem Kundendialog neue Impulse verleihen.

Herzlichst Ihr Manfred Stockmann

Inhaber C.M.B.S. Managementberatung
Präsident Call Center Verband Deutschland e.V. (CCV)
Vice-President European Confederation of Contact Center Organisations (ECCCO)

Vorwort

Digitaler Dialog ist überall. Auf allen Kommunikationskanälen im Internet wird geredet, gebrabbelt, kommentiert und bewertet. Sei es auf Websites, in Shops, auf Facebook, Twitter & Co., auf Live Chats, mobile oder per E-Mail. Vor einer Kaufentscheidung wird erst mal im Internet gesucht. Man liest Bewertungen anderer Kunden und vertraut diesen bei der Kaufentscheidung mehr als den Werbebotschaften der Unternehmen. E-Commerce gehört zum Alltag. Der Konsument wird zum Sender und zum Markenbotschafter.

Dieser öffentliche Dialog ist für Unternehmen neu. Wie damit umgehen und Barrieren überwinden? Einige haben das schon getan. Beispiele dazu finden Sie in diesem Buch. Neben Risiken (Stichwort Shitstorm) bietet der digitale Dialog zahlreiche neue Chancen. Wiederkehrende Serviceanfragen können automatisiert beantwortet werden. Smarte Agenten können viel übernehmen. Kunden können bei der Produktentwicklung eingebunden werden. Schon in einer sehr frühen Phase kann der Dialog mit dem Verbraucher beginnen und Leads schon viel früher identifiziert werden. Zielgruppengenaueres Werben ist möglich und passende Angebote fördern die Kundenbindung.

Gewinner werden die Unternehmen sein, die zuhören können und bei denen der Kunde im Mittelpunkt steht und die den Kundendialog auf Augenhöhe führen. Mitarbeiter müssen dazu geschult werden und benötigen Social Media Guidelines. Verantwortlichkeiten sind klar festzulegen.

Ein herzliches Dankeschön an alle 55 Autoren, die mit ihren wertvollen Beiträgen zum Gelingen dieses Buches beigetragen haben. Ebenso danke ich meinem Team Susanne Martus und Michael Nowicki für ihre Unterstützung.

Es freut mich, wenn dieser Leitfaden vielen Lesern neue Impulse gibt und zum unternehmerischen Erfolg verhilft.

Waghäusel, im August 2012

Gabriele Braun

Inhalt

4. Anfragen als Chance zum Dialog nutzen

5. Trends erkennen

6. Praxisbeispiele

Online und Offline geschickt verbinden

Mit digitalem Dialog neue Kunden gewinnen

Leadgenerierung mit Incentives

Saubere Daten = mehr Dialog

Der richtige Moment für Mailings

Kunden gewinnen und binden durch E-Mail-Dialog

7. Anhang

Digitaler Dialog – das neue Mantra?

Gabriele Braun

Bereits im März 2004 wurde im Deutschen Dialogmarketing Verband (DDV) das Council Digitaler Dialog gegründet. Unter den Mitgründern war auch die Herausgeberin dieses Beitrags. Schon damals wurde der Dialog über digitale Medien als einer der wesentlichen Wachstumsbereiche und Innovationsfaktor im Dialogmarketing gesehen [1]. Von Facebook und Twitter war damals noch nichts zu sehen.

2004 Gründung Council Digitaler Dialog im DDV

Zuvor erlebte das Internet von 1995 bis 2000 einen wahren Boom (S. 19). 1999 erschien das Cluetrain Manifest von Levine, Locke, Searls & Weinberger mit 95 Thesen (S. 45). Ein Jahr später im Jahr 2000 platzte dann die Internet-Blase. 13 Jahre später, im Zeitalter von Facebook, Twitter und Co., hat sich so manche These bewahrheitet. Wie heißt es in These 1 so treffend: „Märkte sind Gespräche."

„Märkte sind Gespräche"

Heute können im Social Web sehr einfach Meinungen und Erfahrungen weltweit ausgetauscht werden. Auf Amazon werden Bücher empfohlen, auf Produktbewertungsportalen wie ciao.de werden Produkte bewertet, Hotels, Restaurants und Freizeitangebote werden auf tripadvisor.de beurteilt. Menschen sind im Social Web unterwegs und aktiv. Für Unternehmen ist es deshalb ein Muss, auch auf diesen Kanälen aktiv und ansprechbar zu sein. So können sie bei diesen Gesprächen mitkommunizieren.

Aber Vorsicht. Botschaften von Unternehmen wie „wir sind die Größten", „wir sind die Besten" oder „wir sind die Tollsten" glaubt keiner mehr. Kunden verlassen sich heute eher auf Empfehlungen von Freunden. Der Kunde ist vom Empfänger zum Sender geworden und hat eine nie dagewesene Macht erhalten. Blitzschnell können schlechte Botschaften weltweit verbreitet werden und das kann verheerende wirtschaftliche Auswirkungen haben, wie im Beispiel Kryptonite.

Kunden verlassen sich auf Empfehlungen von Freunden

http://www.marketing-boerse.de/Experten/details/Gabriele-Braun

Kryptonite: Imageschaden durch Videos
Am 12. September 2004 wurde auf bikeforums.net ein Eintrag veröffentlicht, der darauf hinwies, dass ein teures Kryptonite-Fahrradschloss von einem einfachen Bic-Kugelschreiber geknackt werden kann. Auch ein Video wurde zwei Tage später bereitgestellt. Die Geschichte machte im Netz schnell die Runde und wurde weltweit verbreitet. Das Unternehmen reagierte mit einem Dementi. Nach 10 Tagen bot es seinen Kunden einen kostenlosen Austausch der Schlösser an. Dieser Austausch kostete das Unternehmen 10 Millionen US-Dollar, bei einem Jahresumsatz von damals 25 Millionen US-Dollar [2].

Digitaler Dialog – eine Einordnung

Neue digitale Techniken verändern die Werbebranche

Neue digitale Techniken verändern die Werbebranche. Klassische Werbung wird immer mehr um Dialogkomponenten ergänzt. Elektronische Medien gewinnen dabei an Bedeutung. Die Stärke der digitalen Kommunikation liegt in der Einfachheit der Handhabung und im Controlling. Ein Klick und ein Produkt ist „geliked". Ein Tastendruck und der Interessent ist beim Wettbewerber. Diese Aktionen können wunderbar mit Spezialsoftware gemessen und ausgewertet werden.

Laut einer Studie von Absolit Dr. Schwarz Consulting haben heute bereits 93 Prozent der Unternehmen eine eigene Homepage. 86 Prozent setzen E-Mail-Marketing ein und 68 Prozent Suchmaschinen-Marketing, gefolgt von Pressearbeit und Social Media. Erst danach folgen die Messepräsenz, Print-Mailings sowie Print- und Banneranzeigen. Bisher setzen nur 15 Prozent der Unternehmen auf Mobile Marketing [3]. Siehe dazu Abb. 1.

Dieses Buch soll den aktuellen Stand der wissenschaftlichen Diskussion und die Umsetzung in der Unternehmenspraxis im digitalen Marketing erfassen. Der Focus liegt im Bereich Social Media, E-Mail und Mobile. Über Suchmaschinen-Marketing und Webseiten haben Mario Fischer [4], Ralf T. Kreutzer [5] und Torsten Schwarz [6] umfassend geschrieben.

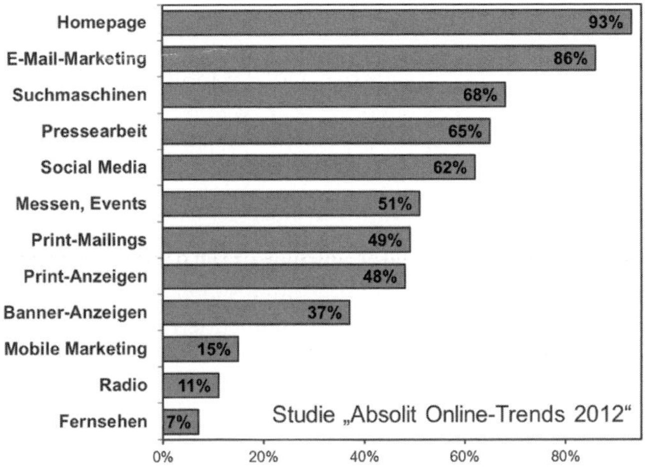

Abb. 1: Einsatz unterschiedlicher Marketing-Instrumente in Unternehmen (n=695) [3]

Digitaler Dialog überflügelt Werbesendungen

Erstmals fällt laut Dialog Marketing Monitor 2012 der Deutschen Post AG in den Dialogmarketing-Budgets deutscher Unternehmen 2011 der Anteil der Ausgaben im Digitalbereich mit 12,1 Milliarden Euro (2010: 11,2 Milliarden Euro) höher aus als im Bereich der klassischen Werbesendungen per Post mit 12,0 Milliarden Euro (2010: 11,9 Milliarden Euro) (S. 93).

Nielsen bestätigt diesen Trend. So kann die Mediengattung „Internetwerbung" ein Plus von 17,6 Prozent im ersten Halbjahr 2012 vorweisen, Radio ein Plus von 5,1 Prozent und Fernsehen ein Plus von 4,4 Prozent. Im Bereich Printmedien mussten Fachzeitschriften ein Minus von 1,8 Prozent hinnehmen, Publikumszeitschriften von 3,5 Prozent und Zeitungen sogar ein Minus von 4,9 Prozent [7].

Der Hype Social Media

75,6 Prozent der Deutschen sind online

Heute sind 75,6 Prozent der Deutschen online [8]. 61 Prozent nutzen das Social Web [9]. Dies bestätigt auch das DACH-Konjunkturbarometer des DDV, DMVÖ und SDV 2011, in der die wichtigsten

Direktmarketing-Kanäle in Deutschland untersucht wurden. Der Kanal Social Media liegt hier an der Spitze mit 64 Prozent, gefolgt von E-Mail-Marketing (49 Prozent) und Mobile Marketing (44 Prozent) [10].

Kundenservice gefragt, Kommunikation nicht

Im Social Web tauschen sich Freunde aus, teilen sich interessante Inhalte mit und schauen sich Bilder und Videos der Freunde an. Nachrichten werden empfohlen und kommentiert. Anzeigen stoßen hier auf wenig Gegenliebe (S. 299).

Menschen möchten im Social Web nicht mit Marken kommunizieren

Bei Social Media geht es um die Kommunikation von Menschen untereinander und nicht um die Kommunikation zwischen Menschen und Marken. Wer will im Social Web mit Marken direkt kommunizieren? 56,3 Prozent sagen dazu NEIN. 20,6 Prozent haben dazu keine Meinung und 23,0 Prozent sagen JA. Gewünscht ist dagegen Service. 45,7 Prozent erwarten, dass sie Marken über Social Media direkt ansprechen können, wenn sie Fragen haben [11].

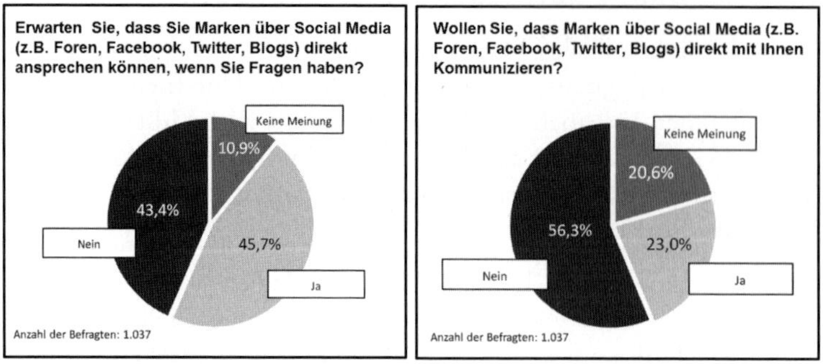

Abb. 2: Kundenservice gefragt, Kommunikation nicht [11]

Auf Empfehlungsmarketing setzen

Eine Sechs-Länder-Studie von eCircle sieht den digitalen Dialog für Unternehmen mit dem Konsumenten heute als ein absolutes Muss. „Bereits 61 Prozent der Befragten in Deutschland sind heute über ein soziales Netzwerk erreichbar, im Durchschnitt informieren sich dort 27 Prozent auch über Produkte und Unternehmen, jedoch sind bisher nur

15 Prozent Fans und Follower eines Firmenprofils. Gleichzeitig sind 36 Prozent der deutschen Internetnutzer werblich nur per Newsletter und nicht über Social Media erreichbar." Marketingverantwortlichen wird deshalb empfohlen, zusätzlich zu E-Mail-Abonnenten auch Fans und Follower zu gewinnen. Konsumenten können mit dieser Strategie ganzheitlich erreicht werden [9]. Ermöglichen Sie deshalb Social Sharing in E-Mails und auf Webseiten [12]. Über die Einbindung von E-Mail wird auf S. 183 und S. 191 berichtet.

Social Sharing auf Webseiten und in E-Mails bringen mehr Besucher

Empfehlungen beeinflussen Kaufverhalten

72 Prozent der Teilnehmer einer Studie vom ECC Handel gaben an, dass sie einem Onlineshop vertrauen, wenn positive Bewertungen von anderen Käufern im Shop zu finden sind. Wird den Käufern die Möglichkeit geboten, die Bewertungen selbst zu beeinflussen, steigt laut der Studie die Konversionsrate um sage und schreibe 25 Prozent. Vor allem im hochpreisigen Segment wollen sich die Nutzer durch die Bewertungen Dritter absichern. Shops, die Bewertungen von externen Webseiten einbauen, wie zum Beispiel von Preissuchmaschinen oder Bewertungsportalen, werden ebenfalls sehr positiv bewertet [13].

Social Media Monitoring

Um mitreden zu können, ist es für Unternehmen wichtig zu wissen, wo Gespräche und Meinungsaustausch über ihre Produkte und Dienstleistungen im Social Web stattfinden. Diese können auf sozialen Netzwerken, Blogs, Foren und Plattformen stattfinden. Es gibt über

Wo finden die Gespräche und der Meinungsaustausch im Social Web statt?

Gratis	Kostenpflichtig
Mediafunnel	Echobot
Search.Twitter	Sysomos Heartbeat
Twazzup	Salesforce Radian 6
Social Mention	Brandwatch
Icerocket	Engagor
Addictomatic	Brandseye
Blogpulse	Ubervu
Amplicate	Viralhead
StepRep	Alterian SM2
Twitter-Trends.de	Visible

Tab. 1: Werkzeuge für Social Media Monitoring [14]

200 Social Media Monitoring-Tools (S. 147). Tab. 1 zeigt eine kleine Auswahl. Um Monitoring und Optimierung geht es auch in den Artikeln auf S. 137, 159 und 171.

Social Media im Unternehmen

Zahlreiche Abteilungen sind in Social Media involviert

Zahlreiche Abteilungen eines Unternehmens können in Social Media involviert sein. So hat die Digital Brand Expressions, L.L.C. 2010 festgestellt, dass wohl hauptsächlich die Abteilung Marketing dafür zuständig ist, aber ebenso die Bereiche Public Relations, Verkauf, Personal, Kundenservice, Informationstechnologie und Entwicklung. Grundvoraussetzung für ein effektives und erfolgreiches Social Media ist es deshalb, dass alle zuständigen Abteilungen an einem Strick ziehen und sich über ihre Social Media-Strategie einig werden [15].

So twittert unter GoogleDE die Pressestelle [16]. Bei Otto tritt in Facebook der Kundenservice in Dialog mit den Kunden [17]. Aber auch die Personalabteilung ist in Facebook aktiv und stellt sich als attraktiven Arbeitgeber vor [18].

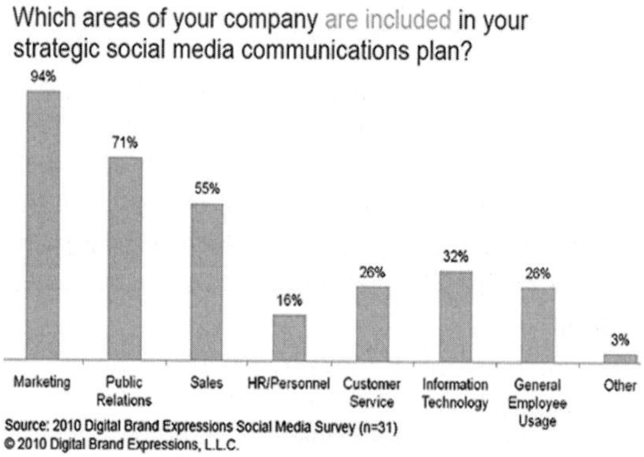

Abb. 3: Involvierte Abteilungen bei der Social Media-Strategie [15]

Kundenservice vereint Marketing und Vertrieb

Die Studie von Digital Brand Expressions zeigt: Hauptsächlich involviert sind die Abteilungen Marketing, Public Relations und Sales.

Die Abteilung Marketing ist auch für Suchmaschinen-, E-Mail- und Mobile Marketing zuständig. Also alle wichtigen Bereiche des digitalen Dialogs sind hier vereint. Deshalb dürfen diese drei Abteilungen heute nicht mehr solo betrachtet werden, sondern nur noch vereint. Die Verantwortlichen dieser Abteilungen müssen sich umstellen. Sie müssen an einem Strang ziehen, um den digitalen Dialog mit dem Kunden positiv und effektiv zu gestalten.

Praxisbeispiele

Wie digitaler Dialog gut funktionieren kann, zeigen die Beispiele von „DB Bahn", der deutschen Post DHL und von „Telekom hilft" auf S. 235, S. 243, S. 249. Am Beispiel Photobox wird aufgezeigt, dass guter Kundenservice nicht nur kostet, sondern sich damit auch Geld verdienen lässt und die Kundenbindung gesteigert werden kann (S. 259). Beispiele von Social Media bei kleinen und mittelständischen Unternehmen finden Sie auf S. 61. Weitere 25 erfolgreiche Beispiele finden Sie im Kapitel 6 „Praxisbeispiele".

Trends

Digitaler Dialog steht heute wohl mit allem noch am Anfang (S. 29). Wohin kann die Reise gehen? Große Potentiale gibt es im Bereich Mobile (S. 201 und S. 221). Weitere Trends werden im Bereich Emotionalisierung im E-Commerce (S. 271), Kollaboration (S. 283), Crowdsourcing (S. 315) und im Social CRM (S. 329) gesehen. Content Marketing bietet großen Mehrwert und kostet Geld (S. 339). Von der Warteschleife dürfen wir uns wohl verabschieden (S. 349). Aber Achtung: Digital ist nicht alles. Die Einbindung von Social Media in Offlinekanäle darf nicht vergessen werden (S. 79). Und bei alle dem ist auch das Rechtliche zu bedenken (S. 109).

Die Einbindung von Social Media in Offlinekanäle darf nicht vergessen werden

Es gibt viel zu tun. Freuen wir uns auf viele konstruktive Dialoge mit unseren Kunden.

Literatur

[1] Council Digitaler Dialog im Deutscher Dialogmarketing Verband e. V. http://ddv.de/index.php?id=89 – abgerufen am 06.08.2012.

[2] Martin Oetting: Wie Web 2.0 das Marketing revolutioniert. – In: Torsten Schwarz, Braun Gabriele: Leitfaden integrierte Kommunikation. – S. 173 - 200, marketing-BÖRSE, Waghäusel, 2006.

[3] Absolit Dr. Schwarz Consulting: Online-Marketing-Trends 2012. – Pressemeldung zur Studie unter http://www.absolit.de/presse.htm – abgerufen am 06.08.2012.

[4] Mario Fischer: Website Boosting 2.0: Suchmaschinen-Optimierung, Usability, Online-Marketing. – 800 S., 2. Auflage, mitp; 2008.

[5] Ralf T. Kreutzer: Praxisorientiertes Online-Marketing: Konzepte – Instrumente – Checklisten. – 568 S., Gabler Verlag, 2011.

[6] Torsten Schwarz: Leitfaden Online Marketing Band 2 – 1120 S., marketing-BÖRSE, 2011.

[7] http://nielsen.com/de/de/insights/presseseite/2012/bruttowerbemarkt-waechst-im-ersten-halbjahr-2012.html – abgerufen am 05.08.2012.

[8] Initiative D21 (N)ONLINER Atlas – http://www.nonliner-atlas.de – abgerufen am 06.08.2012.

[9] eCircle: Der Europäische Social Media und E-Mail Monitor. – 2010, ausgewählte Studienergebnisse unter http://www.ecircle.com/de/email-and-social

[10] DACH-Konjunkturbarometer des DDV, DMVÖ und SDV 2011.

[11] Brand:Trust Studie „Beyond the Digital Hype. – http://www.brand-trust.de/de/presse/pressemitteilungen/2012/PM_DigitaleMarkenfuehrung.php

[12] René Kulka: Weiterempfehlfunktionen in E-Mail und Web. – In: Anne M. Schüller, Torsten Schwarz: Leitfaden WOM Marketing. – S. 295-302, marketing-BÖRSE, 2010.

[13] Vertrauensbildende Maßnahmen im E-Commerce auf dem Prüfstand. – Eine Studie des E-Commerce-Center Handel (ECC Handel) http://www.ecc-handel.de/vertrauensbildende_massnahmen_im__e-commerce_auf.php

[14] Torsten Schwarz: Die neue Empfehlungsgesellschaft. – In: Anne M. Schüller, Torsten Schwarz: Leitfaden WOM Marketing. – S. 397-419, marketing-BÖRSE, 2010, aktualisiert.

[15] Digital Brand Expressions Social Media Survey (n=31).

[16] https://twitter.com/googlede – abgerufen am 15.07.2012.

[17] http://www.facebook.com/Otto – abgerufen am 15.07.2012.

[18] http://www.facebook.com/ottogroupkarriere – abgerufen am 15.07.2012.

GRUNDLAGEN

AUTOREN

Tim Cole
Er ist einer der ersten Journalisten in Deutschland mit Onlinethemen und heute einer der Vordenker bei der Lösung des Problems der Onlineidentität.

Manfred Stockmann
Präsident des Call Center Verband Deutschland e.V. und Gründungsmitglied sowie Vizepräsident des europäischen CC-Dachverbandes ECCCO.

Daniel Backhaus
Der Social Media Manager & Coach war von 2009 bis 2011 Social Media Manager für die DB Vertrieb GmbH, Deutsche Bahn AG.

Prof. Dr. Heike Simmet
Die Social Media-Expertin, Referentin und Beraterin lehrt an der Hochschule Bremerhaven und leitet das Labor Marketing und Multimedia (MuM).

Prof. Dr. Heinrich Holland
Er lehrt an der Fachhochschule Mainz und ist Akademieleiter der Deutschen Dialogmarketing Akademie und Mitglied zahlreicher Beiräte und Jurys.

Dr. Silke Lebrenz
Die Marktforscherin ist seit 1997 für das Market Research Service Center (MRSC) der Deutsche Post DHL Market Research and Innovation GmbH tätig.

Dr. Jens Eckhard
Er ist Partner der Sozietät JUCONOMY Rechtsanwälte in Düsseldorf in den Bereichen Marketing, Datenschutz und Informationstechnologie.

Ausführliche Autorenbeschreibung ab Seite 426

Eine kurze Geschichte zur digitalen Transformation

Tim Cole

Ein neues Wort macht die Runde in Managerkreisen: „Digitopia", auch „digitale Transformation" genannt, bezeichnet den Wandel durch Digitalität und Vernetzung, der sich für Unternehmen und Wirtschaft als Ausfluss aus der sogenannten Internet-Revolution ergeben hat und mit der sie heute ganz konkret zu tun haben. Wohin führt uns dieser Wandel in nächster Zeit und wie gehen wir am besten damit um? Die Bereitschaft der Beteiligten, der Manager, Unternehmer, Politiker und Wissenschaftler, den Wandel auch zu wagen und darauf zu reagieren, spielt dabei eine Schlüsselrolle für die Zukunft des Wirtschaftsstandorts Deutschland.

Wandel durch Digitalisierung und Vernetzung

Viele haben an der Börse geblutet

In diesem Zusammenhang muss man auch die Frage nach der allgemeinen Stimmung in der Wirtschaft stellen, eine zwar nicht besonders rationale Kenngröße, aber dennoch eine sehr wichtige. Wir wissen alle, wie mies diese Stimmung im Augenblick ist. Eine zentrale Ursache war das Platzen der Börsenblase, von der viele Entscheidungsträger der Wirtschaft persönlich betroffen sind. Klar: Sie haben meistens gut verdient; sie haben einen Teil des Verdienten mit Dotcom-Spekulationen verjuxt und sind jetzt sauer. Diese privaten Enttäuschungen vieler Führungskräfte wirken sich unmittelbar aufs Geschäftsleben aus. Wer gerade an der Börse geblutet hat, der hat als Unternehmenschef auch keine große Lust, mutige Investitionsentscheidungen zu treffen.

Private Enttäuschungen wirken sich auf das Geschäftsleben aus

Das ist menschlich verständlich, wirtschaftlich jedoch fatal. Das Phänomen der „irrationalen Depression", wie sie der ehemalige US-Notenbankchef Alan Greenspan nach der Welle der ebenso irrationalen Begeisterung, der Hubris auf dem Höhepunkt der sogenannten New Economy entdeckt zu haben glaubt, ist keineswegs einzigartig in

http://www.marketing-boerse.de/Experten/details/Tim-Cole

der Wirtschaftsgeschichte. Andere Generationen haben sie genauso erlebt, etwa nach dem Platzen der Eisenbahn-Blase im Jahre 1845, beim Platzen der „Südsee-Blase“ im 17. oder der Automobil-Blase im frühen 20. Jahrhundert.

Noch klarer wird das Bild, wenn man zum Vergleich den großen Goldrausch von Kalifornien im 19. Jahrhundert heranzieht. Auch hier folgte auf eine geradezu hysterische Phase der Begeisterung der tiefe Fall, ganze Städte, die kurz zuvor wie Pilze aus dem Boden geschossen waren, verödeten, die Goldsucher wanderten wieder ab. Ungeheuere Vermögen wurden aufgehäuft und wieder verloren. Doch etwas blieb: Das Gold, das mit oft blutigen Händen aus dem Stein gegraben und aus den Flüssen gewaschen worden war, löste sich ja nicht in Luft auf. Nur fragten sich diejenigen, die die Arbeit gemacht hatten, hinterher, wo es denn geblieben sei.

Der Goldrausch ist zu Ende

Wir befinden uns heute wieder am Ende eines Goldrausches. Wir haben eine aufregende Zeit hinter uns; es hat ungeheuer Spaß gemacht, und wenn Sie rechtzeitig Ihre Aktien verkauft haben, dann haben Sie auch heute noch Spaß daran. Nur haben die meisten nicht rechtzeitig verkauft. Es ist nun mal eine Eigenschaft von Goldräuschen, dass in der Regel diejenigen dabei verdienen, die den Goldsuchern die Schaufeln und Wannen verkaufen, nicht notwendigerweise die Goldgräber selbst.

Was uns heute aber viel stärker interessieren sollte, ist die Frage, was kommt nach dem Goldrausch? Nun, nach den letzten kamen die Viehhirten. Einige von ihnen haben sich niedergelassen, haben Farmen gegründet. Die Eisenbahn wurde gebaut und hat die einsamen Höfe mit der Außenwelt verbunden. Man hat Städte gebaut und in den Städten wurde Handel betrieben. Und mit der Zeit wurde sehr viel Geld verdient – wahrscheinlich sehr viel mehr Geld, als während des eigentlichen Goldrausches. Und dieses Geld kam im Gegensatz zum Goldrausch in viele Hände, schuf dauerhaften Wohlstand für eine ganze Bevölkerung.

Mit der Zeit wurde sehr viel Geld verdient

Der Dotcom-Goldrausch ist längst Geschichte. Eine Zahl ist in diesem Zusammenhang sehr wichtig: 5132,52. Für einen ganz kurzen Augenblick am Morgen des 10. März 2000 stand der NASDAQ

Composite Index auf diesem Wert in US-Dollar. Damit war der absolute Höhepunkt des Internet-Goldrausches erreicht. Er hat dann, wie wir alle wissen, einen etwas anderen Verlauf genommen, als wir es uns alle erhofft haben: Es ging danach nämlich in den mehr oder weniger freien Fall über. Heute pendelt der NASDAQ Composite irgendwo bei einem Wert von 2.800 rum.

Freier Fall des NASDAQ Composite von 5.132 auf 2.800

Aber auch das ist wohl eine Frage der historischen Perspektive. Zum Glück ist es ganz leicht, seine Perspektive im Internet zu verändern und zu erweitern, und zwar per Mausklick. Man kann zum Beispiel von der Fünfjahres-Darstellung des NASDAQ zur historischen Darstellung wechseln und sehen, wie sich der NASDAQ Composite in den letzten 22 Jahren seit Bestehen entwickelt hat. Und wenn wir bis heute einen Strich ziehen, dann kommen wir auf einen Zuwachs von 530 Prozent bei relativ konstantem Wachstum. Dieser stark technologieorientierte Börsenwert ist also über die Zeit um ungefähr dreißig Prozent im Jahr gewachsen. Das kann sich doch sehen lassen!

Nun, wir haben unsere Lektion ja jetzt hinter uns. Hoffentlich jedenfalls. Bleibt nur die Frage, ob und vor allem wann wir unser Geld wiedersehen werden Ich bin mutig genug, die historische Kursentwicklung des NASDAQ Composite einfach linear fortzuschreiben und zu behaupten, wenn die Entwicklung weiter so geht, dann müssten wir ungefähr in acht bis neun Jahren wieder dort sein, wo wir uns auf dem Höhepunkt dieser Dotcom-Blase befunden haben. Das ist dann der Augenblick, in dem Sie Ihr Geld wiederbekommen. Es hat sich dann noch nicht verzinst, aber wenigstens haben Sie Ihren Einsatz wieder raus.

In acht Jahren sind wir wieder auf dem Höhepunkt der Dotcom-Blase

Eine weitere wichtige Zahl lautet: 316 Milliarden. Das ist der Betrag in US-Dollar, der bei den zahllosen Börsengängen allein an der NASDAQ erlöst worden ist. Das ist sogar eine sehr konservative Zahl: Wenn wir die anderen weltweiten Börsen am Neuen Markt mit einrechnen, kommen wir wahrscheinlich eher auf ein Investitionsvolumen von einer Billion Dollar. Heute lesen Sie manchmal in Wirtschaftszeitungen, dass dieses Geld vernichtet worden sei. Das ist natürlich Unsinn. Das Geld existiert noch, genauso wie das beim Goldrausch geförderte Edelmetall. Es gehört allerdings jetzt jemandem anderen.

Außerdem ist mit diesem Geld etwas geschaffen worden, das bleibt, nämlich Technologie. Diese Technologie existiert weiterhin. Sie steht der Wirtschaft zur Verfügung, die damit arbeiten kann, um Wachstum und Erfolg zu schaffen.

Die „New Growth Theory"

In den alten ökonomischen Modellen der Wirtschaftstheoretiker existiert die Vorstellung, dass Wirtschaftswachstum alleine von den beiden klassischen Faktoren Kapital und Arbeit bestimmt sei. Mittlerweile gibt es aber auch einen kleinen Kreis von Wirtschaftsforschern, allen voran Professor Paul Romer in Stanford, die es anders sehen. Sie haben eine „New Growth Theory“, eine neue Wachstumstheorie, formuliert, die davon ausgeht, dass es einen dritten, gleichbedeutenden Faktor, nämlich eben Technologie, gibt. Technologie ist die Summe von Kreativität, von Wissen und von Wirtschaftskraft und ist, nach Romer, ebenso für Wirtschaftswachstum verantwortlich wie Kapital und Arbeit.

Technologie + Kapital + Arbeit = Wirtschaftswachstum

Digitalisierung und Vernetzung

„Nichts wird so sein wie es war"

„Nichts wird so sein wie es war.“ – auch das so ein Satz aus den Zeiten des Internet-Goldrausches, der im Nachhinein vor Hubris nur so zu starren scheint. Aber er ist leider wahr. Digitalisierung und Vernetzung haben bereits heute zu nachhaltiger Veränderung nicht nur in unserem Alltag, sondern auch in unserer Wirtschaft geführt. Nur: Diese Veränderung hat fast schleichend stattgefunden, so dass wir vieles von dem heute für völlig selbstverständlich erachten, was noch vor zehn Jahren wie eine Revolution geklungen hätte.

Eigentlich hat es gar keine Revolution gegeben sondern eine Evolution, eine schrittweise Veränderung, aber von tiefgreifender Konsequenz.

Digitale Transformation basiert auf Digitalität und Vernetzung

Wir bezeichnen das als Digitale Transformation, also als Veränderung, die auf Digitalität und Vernetzung basiert. Je nachdem, welche Definition des Begriffs Sie heute hören, werden Sie auch verschiedene Stossrichtungen, verschiedene Ziele dieser Entwicklung erkennen. Es geht dem einen um Verbesserung der Prozesseffizienz, dem anderen um die Senkung von Prozesskosten, der dritte sieht darin eine Unterstützung der wertschöpfenden Unternehmensaktivitäten, andere eher die elektronische Abstimmung und Steuerung von Geschäftsaktivitäten oder die Weiterentwicklung vorhandener Insellösungen für Unternehmen durch konsequente Vernetzung.

McKinsey definiert Digitale Transformation als ein komplexes, individuelles System zur Schaffung von Transparenz, um die unternehmensspezifischen Schwächen zu beseitigen beziehungsweise ihre Stärken zu unterstützen und effektiver zu nutzen.

Komplexes, individuelles System schafft Transparenz

Digitalität und Vernetzung sind, wie gesagt, hier die zwei treibenden Kräfte beim aktuellen Wandel in der Unternehmenswelt. Vernetzung führt zwangsläufig zu Veränderung. Wenn Sie wollen, liegt Veränderung geradezu im Wesen der Vernetzung begründet. Ein gutes Beispiel dafür, wie Vernetzung zu Veränderung führt, stammt von Vinton Cerf, dem Vater des Internet. Was passiert, wenn wir einen internetfähigen Kühlschrank mit einer ebenfalls internetfähigen Personenwaage vernetzen? Es verändert sich etwas. Sie kommen abends nach Hause und der Kühlschrank ist nicht mehr zu öffnen oder er enthält nur noch Diätkost, weil die beiden sich einig geworden sind, dass Sie lieber ein paar Tage abnehmen sollten.

Vernetzung führt zwangsläufig zu Veränderung

Vernetzung führt zwangsläufig zu Veränderung, auch im Unternehmen. Nur ist nicht immer sofort offensichtlich, wo sie stattfindet und wie groß ihre Tragweite sein wird. Die große Herausforderung an Manager in einer digitalisierten Wirtschaft wird darin bestehen, die Veränderung für das Unternehmen, für sein Geschäftsmodell und für sie persönlich zu erkennen und darauf zu reagieren. Wer das am besten und am schnellsten kann, wird zu den Gewinnern zählen. Die Langsamen werden unter die Räder kommen.

Die Schnellsten werden zu den Gewinnern zählen

Die digitale Transformation verändert Unternehmen

Es gibt heute kein Unternehmen, das nicht in irgendeiner Form schon von dieser digitalen Transformation tangiert worden ist. Es gibt kaum einen Bäckermeister in Deutschland, der nicht zumindest einen Internetanschluss hat. Über achtzig Prozent der mittelständischen Unternehmen sind inzwischen online. Bald werden es einhundert Prozent sein.

Achtzig Prozent der Mittelständler sind online

Großunternehmen insbesondere haben viel Geld in „Insellösungen" gesteckt – in einen teueren Webauftritt, in E-Commerce, in ein Intranet, in Customer Relationship Management, in E-Procurement oder Demand Chain Management. Die meisten dieser Lösungen sind dezentral entstanden, häufig aufgrund von Eigeninitiative einzelner Abteilungen oder Fachbereiche. Nun stehen Unternehmen häufig vor der schweren Aufgabe, diese Inseln miteinander verbinden zu müssen, damit sie sich endlich rentieren. Hier wird Digitale Transformation zu voll vernetzten Systemen führen, bei denen bereits bestehende Lösungen mit den neuen verzahnt sind, um das Versprechen, das sich aus der Digitalität der Vernetzung ergibt, tatsächlich einlösen zu können.

Vorhandene Systeme sind digital aber nicht ausreichend vernetzt

Es geht darum, die Voraussetzungen zu schaffen, damit Information und Wissen im Unternehmen auch wirklich benutzt werden können. Unsere Systeme sind zwar teilweise schon digital, aber nicht ausreichend vernetzt.

Medienbrüche und Blockaden kosten Zeit, Geld und Ärger

Wir können nicht wirklich auf diese Informationen, die heute einen wichtigen Teil unseres Firmenvermögens darstellen, in dem Augenblick zugreifen, wo wir sie eigentlich benötigen, weil immer irgendwo ein Schnittstellenproblem oder ein Kompatibilitätsproblem besteht. So kommt es immer wieder zu Medienbrüchen und Blockaden, die Zeit, Geld und Ärger kosten. Die digitalen Zahnräder greifen nicht ineinander, irgendwo klemmen immer ein paar Bits und Bytes.

Prozesse werden neu gestaltet

„E-Enabling" heißt das Zauberwort

Der erste Schritt auf dem Weg zur notwendigen Digitalen Transformation der Unternehmen heißt „E-Enabling", also das Unternehmen fit machen für die digitale Zukunft. Das ist heute die größte Aufgabe, vor der die Wirtschaft steht. Es beginnt damit, dass Prozessabläufe überhaupt digitalisiert werden müssen. Das ist keine triviale Aufgabe, denn um Prozessabläufe zu digitalisieren, muss man nicht nur etwas von Computern und von Software verstehen, sondern etwas von Prozessen.

Digitale Transformation ist Chefsache

Gleichzeitig muss man seine Wertschöpfungsketten ansehen und versuchen, durch Entbündelung und Neugestaltung, durch Outsourcing und Insourcing schlagkräftiger zu werden. Das sind keine typischen IT-Aufgaben, sondern eine Aufgabe des Top-Management. Digitale Transformation ist Chefsache.

Drei Ziele der digitalen Transformation

Die drei Ziele von digitaler Transformation kann man heute relativ gut beschreiben:

- Prozessoptimierung,
- Konzentration auf Kernkompetenzen und
- fokussiertes Wachstum.

Prozessoptimierung

Bei der Prozessoptimierung steht die operative Verbesserung im Mittelpunkt. Hier geht es um webbasierte Anwendungen, die sich modular erweitern lassen, die nach den Bedürfnissen und Erkenntnissen des Unternehmens wachsen können. So lassen sich schnell operative Verbesserungen erzielen und weitgehende Transparenz schaffen. Das gilt auch bei kleineren Firmen, die bisher nicht in der Lage waren, die Möglichkeiten von EDI etwa zur Anbindung von Lieferanten, Kunden oder Vertriebspartnern zu nutzen, weil es für sie nicht wirtschaftlich gewesen wäre. Damit sind sie in der Lage, ihre Prozesskosten teilweise dramatisch zu senken, etwa durch ein webgestütztes Beschaffungswesen, aber auch durch flexible, situationsgerechte Anpassung der Prozesse.

Konzentration auf Kernkompetenzen

Das zweite Element, die Konzentration auf die Kernkompetenzen, ist spätestens seit der Veröffentlichung von „Back To The Core“ durch Autoren der US-Unternehmungsberatung Bain & Company ein zentrales Thema in der Wirtschaft. Es wird zunehmend offensichtlich, dass wir uns in der Hochphase des Goldrauschs häufig verzettelt haben. Unternehmen wollten Wachstum um jeden Preis und in jeder Richtung, und irgendwie ging es ja auch lange gut: Man konnte als Manager ja fast keine Fehler machen. Man eröffnete nur irgendwo etwas Neues, und dann boomte es auch schon. Heute stellen wir plötzlich fest, dass wir uns häufig übernommen haben und uns mit Dingen belasten, die gar nicht zu unserer Kernkompetenz gehören. Diese unrentablen Nebenkriegsschauplätze wirken sich aber belastend auf das Unternehmensergebnis aus. Deswegen wird alles wieder dichtgemacht, womit wir aber natürlich auch Chancen vergeben, nämlich zur Neukonfiguration von Wertschöpfungsketten. Digitale Transformation bietet hier die Möglichkeit, durch effizientes und einfaches In- oder Outsourcing die Chancen auf fokussiertes Wachstum zu wahren.

Spezialisten und virtuelle Integratoren

Die Konzentration auf die eigenen Stärken zwingt das Unternehmen, sich in seiner Rolle neu zu definieren. Es gibt im Wesentlichen zwei Wege, die wir gehen können. Der eine ist die des Spezialisten, also derjenigen, der sich auf wenige oder auf eine Kernkompetenz konzentriert, meist also auf ein eigenes Segment in der Wertschöpfungskette. Andererseits gibt es etwas, das wir als virtuelle Integratoren bezeichnen, also solche, die sich auf das Management von ganzen Wertschöpfungsketten von Lieferanten fokussieren.

Zwei Beispiele: Flextronics und Dell

Für die IT-Branche lassen sich zwei Beispiele zitieren: einerseits als Spezialisten die Firma Flextronics, die sich konsequent auf Komponenten und Speicher konzentriert hat, andererseits die Firma Dell als Paradebeispiel für einen virtuellen Integrator, der auf geschickte Art und Weise ein Heer von Lieferanten, Distributoren und Partnern so gewinnbringend miteinander vernetzt hat, dass daraus ein hochprofitables virtuelles Unternehmen geworden ist. Konzentration auf Kernkompetenz dient also in jedem Fall dem Ziel einer erhöhten Wettbewerbsfähigkeit.

Fokussiertes Wachstum

Erschließung von Wachstumsoptionen

Als drittes Element gilt die Erschließung von neuen Wachstumsoptionen. Die neuen Rollen von Spezialisten bieten dem Unternehmen jetzt die Möglichkeit, neue Dienstleistungen anzubieten und ihre Kernkompetenzen und ihr Spezialwissen anderen in der eigenen Branche, aber auch in anderen Wirtschaftszweigen, zur Verfügung zu stellen. Viele große Erfolgsstories der letzten Zeit wurden von Unternehmen geschrieben, die diesen Weg gegangen sind. IBM hat es in den letzten Jahren geschafft, sich als Service Company komplett neu zu erfinden.

Andere Möglichkeiten, durch Digitale Transformation in neue Wachstumsgebiete vorzustoßen, sind die Angebote von digitalen Leistungen. Nicht umsonst ist es so, dass sich heute in allen großen Branchen teilweise mehrere Industrieplattformen oder elektronische Marktplätze etabliert haben.

Wachstumspotential „E-Services"

Schließlich ist auch das Angebot von komplett neuartigen „E-Services“ denkbar, aufbauend auf der eigenen Kernkompetenz. Ein Maschinenbauunternehmen wäre beispielsweise in der Lage, externen Kunden sein eigenes Fachwissen im Bereich des Monitoring und Fernwartung von Geräten anzubieten, etwa, indem es sie per Internet überwacht. Denkbar sind auch werkstückbezogene Services oder In-process-Tests, die bei laufendem Betrieb der Maschine vorgenommen werden können, vor allem aber ohne die physische Präsenz eines Servicetechnikers. All dies kann Wachstumspotential für ein Unternehmen sein, das eigentlich in einem völlig anderen Bereich tätig ist. Möglich wird dies durch konsequente Nutzung von Digitaler Transformation.

Messung des Erfolgs ein Muss

Bleibt die Frage: Ist das denn auch wirklich zielführend und kann man den Erfolg auch messen? Dazu zwei Aussagen: Einmal ein Zitat aus der ComputerWoche, die kürzlich festgestellt hat, dass Firmen, die konsequent E-Enabling betrieben haben, die Kosten für Auftragsabwicklung und Beschaffung deutlich, teilweise sogar um bis zu neunzig Prozent, gesenkt haben.

E-Enabling senkt Kosten um bis zu neunzig Prozent

Oder nehmen Sie die Firma Cisco, einer der ersten Pioniere der Digitalen Transformation. Cisco hat es nach eigenen Angaben geschafft, die Fehlerquote bei der Auftragsausübung durch E-Enabling um neunzig Prozent zu senken. Die Kundenzufriedenheit sei exzellent, der Umsatz sei mittlerweile fast doppelt so hoch wie im vergleichbaren Branchendurchschnitt.

Beispiel Cisco: Umsatzsteigerung um fast hundert Prozent

Digitale Transformation bedeutet also kein vages Zukunftsversprechen, sondern bereits hier und heute realisierte Renditevorsprünge. Es geht auch nicht um Peanuts, sondern um die großen Kostenblöcke im Unternehmen.

Auf dem Höhepunkt der Goldgräberstimmung war viel von einer „New Economy“ die Rede, was irgendwie das Vorhandensein einer alten, abgehalfterten Economy voraussetzte. Nun, inzwischen wissen wir, wie falsch diese Einschätzung war. Es gab immer nur One Economy, es galten immer die gleichen Regeln der Marktwirtschaft für alle. Die One Economy wird zunehmend geprägt sein von einem Bewusstsein für Rentabilität und gesundem Wachstum. Was sofort zur nächsten Frage führt: Wie gestalten wir den nächsten Schritt in unserer Wirtschaft?

Die etablierten Player werden die Erfolgsstories schreiben

Kosteneffizienz und Kostensenkung stehen im Mittelpunkt

Geld verdienen wird in dieser alten neuen One Economy wieder wichtig sein. In ihr werden Dinge wie Kosteneffizienz und Kostensenkung im Mittelpunkt stehen. Sie wird geprägt sein von fokussiertem Wachstum, nicht mehr von Wachstum um jeden Preis oder in jede Richtung.

Etablierte Player werden den Markt dominieren

Die One Economy wird nicht von jungen Dotcoms und Existenzgründern geprägt sein, sondern von den etablierten Playern im Markt, den Dinosauriern der sogenannten Old Economy. Es werden deshalb in erster Linie große Unternehmen sein, die die großen Erfolgsstories schreiben. Insofern könnte man sagen: yes, size does matter. Es ist durchaus ein Wettbewerbsvorteil darin zu erkennen, dass man bereits eine gewisse Größe besitzt, bereits Kunden hat und vielleicht auf diese Weise auch bereits Geld verdient. Das mussten die anderen erst einmal lernen.

Literatur

Cole, T.: Unternehmen 2020 – Das Internet war erst der Anfang. Praxiskonzepte für den Mittelstand. – 251 S., Carl Hanser Verlag, 2010.

Status Quo, Herausforderungen und Anforderungen an Mitarbeiter

Manfred Stockmann

Das Thema digitaler Dialog hat die breite Masse der Unternehmen letztendlich mit der Einführung der E-Mail erreicht. Das ist heute ja nichts Neues mehr, möchte man meinen. Veränderten sich im deutschsprachigen Raum aus Sicht der Callcenter [1] so bereits wenige Jahre nach ihrem ersten Boom Mitte der 1990er Jahre die Kommunikationsanforderungen doch erheblich.

Status Quo

Wurden Callcenter doch ursprünglich als das (All-)Heilmittel gesehen, um die wachsenden Kontaktanforderungen der Kunden von der schwerfälligen und teuren Brief-/Postbearbeitung auf den flexibleren und kostengünstigeren Telefonkanal zu lenken. Telefonieren kann zudem auch jeder – dachte man – und versuchte mit preisgünstigen Arbeitskräften ein Callcenter aufzubauen. Manch einer vertraute mangels eigener Erfahrung auf Berater, bekam, wenn er einen guten erwischte, wirkliche Hilfestellung zu Organisation, Prozessen, Coaching, Steuerung und Recruiting.

Mit preisgünstigen Arbeitskräften wurden Callcenter aufgebaut

Andere vertrauten alleinig auf die Anbieter der Telekommunikationstechnologie und hatten in kürzester Zeit technisch prachtvolle Center, doch selten jemanden, der das Ding auch steuern konnte. Zudem wurden die ersten Callcenter in Unternehmensbereichen angesiedelt, die hießen zum Beispiel Kontoverwaltung, Netzadministration oder Produktvertrieb. Service? Kunde? Stand zunächst nicht wirklich im Focus.

Service? Kunde? Stand zunächst nicht im Focus

Servicelevel und Erreichbarkeit

Der Servicelevel wurde fast unisono auf 80/20 gesetzt, das wäre, so lernte man damals, Standard und auch unter wirtschaftlichen Betrachtungen sinnvoll. Bisweilen wurde Servicelevel mit Erreichbarkeit gleichgesetzt

Servicelevel 80/20

http://www.marketing-boerse.de/Experten/details/Manfred-Stockmann

beziehungsweise verwechselt – doch das ist leider auch heute noch so – und man empfindet es als völlig normal, wenn mit den so gesetzten Servicezielen je nach Situation 5 bis 15 Prozent der Kunden die Tür vor der Nase zugeschlagen wird, weil sie einen nicht (oder zumindest nicht auf Anhieb) erreichen können. Ich stelle mir das immer anhand eines Ladengeschäftes vor, bei dem eben genau diese Anzahl von Kunden nicht beim ersten Versuch in den Laden kommen, etwas warten müssen und es dann noch einmal versuchen sollen. Die Schlange an der Kasse ist etwas anderes, die kann ich selbst sehen und abschätzen, ich bin bereits im Laden und konnte meine Dinge erledigen – beim Anruf findet eine willkürliche, nicht sichtbare Zugangsbeschränkung nach dem Zufallsprinzip statt.

Doch wie eingangs erwähnt, gingen kurz nach Etablierung der ersten Callcenter schon bald die ersten Firmen auch mit ihrer Unternehmenswebseite ins Netz, gefolgt von der unverzichtbaren E-Mail-Adresse auf derselben. Und schon hatten sich die Unternehmen den Schriftkanal, dessen Volumen sie doch reduzieren wollten, wieder zurück ins Haus geholt. Nur, dass auch sehr bald von Seiten der Kunden an die Reaktionszeiten für die Unternehmen herausforderndere Ansprüche gestellt wurden als beim Brief. Zu selten erfährt man als Kunde jedoch selbst heute etwas über „Betriebszeiten" oder über die voraussichtliche Dauer bis zu einer Antwort. Dabei ließe sich mit diesen rudimentären Informationen einfach Klarheit schaffen und einer möglicherweise übermäßigen Erwartungshaltung des Kunden (aus Unternehmenssicht) vorbeugen.

Gesamtvolumen an Kommunikation nimmt zu

Das Gesamtvolumen an Kommunikation zwischen Kunden und Unternehmen nimmt dabei seit Jahren zu, daran haben auch die Angebote mit FAQ's, Automatisierung und Self-Service nichts geändert. Zwar scheint das Callvolumen allmählich zu stagnieren – die durchschnittlichen Gesprächszeiten werden aber messbar länger, da vorbereitet mit verfügbaren Basisinformationen nun die weiterführenden Fragen aufkommen. Das E-Mail-Volumen und auch die anderen digitalen schriftlichen/textlichen Kanäle verzeichnen dagegen eine deutlich weiter steigende Tendenz.

Callvolumen scheint allmählich zu stagnieren, schriftlicher Verkehr nimmt zu

Organisatorisch war man damals noch nicht und ist man unverständlicherweise wohl bis heute noch immer nicht auf diesen Kanal ausreichend eingestellt. Eine wirkliche Multichannel-Integration ist in der Mehrheit der Callcenter noch immer fern. Vielmehr existieren die Kanäle nebeneinander, nicht selten sogar in unterschiedlichen Zuständigkeiten, von verbindlichen Servicevorgaben ganz zu schweigen.

Kanäle existieren nebeneinander

Den subjektiven Eindruck, der uns als Kunden zum E-Mail-Kanal oft beschleicht, stützt die aktuelle Responseanalyse 2012 [2] der novomind AG: „Hierfür wurde die Kundenkommunikation bei den umsatzstärksten Unternehmen mehrerer Branchen untersucht. Dazu gehörten Banken, Versicherungen, Versandhändler, Energieversorger, Autovermieter, Fluglinien, Telekommunikationsunternehmen und Internetportale. Insgesamt wurden 122 deutsche Unternehmen getestet. Jedem wurden im Dezember und Januar über zwei Kontaktkanäle (E-Mail/Kontaktformular und Facebook) – sofern vorhanden – jeweils fünf unterschiedliche Serviceanfragen gestellt, beispielsweise zur aktuellen Produkt- und Tarifübersicht und wann eine weitere Beratung am Telefon möglich ist. Mit einem zeitlichen Abstand von etwa einer Woche wurden diese Anfragen unter einem anderen Absender wiederholt.“ [2]

Das Ergebnis war nicht berauschend. Gerade einmal die Hälfte der Unternehmen sendete eine automatische Empfangsbestätigung. Ein Drittel aller Anfragen blieb auch nach sieben Tagen noch unbeantwortet. Automatisierungslösungen zur Beantwortung einfacher Fragen kamen fast gar nicht zum Einsatz und bei der wiederholten Anfrage zum gleichen Thema wurden über neunzig Prozent der Fragen unterschiedlich zur ersten Anfrage beantwortet.

Ein Drittel aller E-Mail-Anfragen bleibt nach sieben Tagen unbeantwortet

Da kommt dann auch noch die Europäische Kommission ins Spiel, die 2006 konstatierte, „dass Kundenkontaktzentren eine wichtige Rolle bei der Interaktion zwischen Organisationen und Kunde spielen, dabei jedoch nicht immer den Erwartungen der Kunden (zum Beispiel lange Wartezeit, Unvermögen Anfragen sofortig und effizient zu beantworten, unpersönliche Behandlung) entsprechen, sie hinsichtlich des Qualitätsniveaus ihrer Dienstleistungen und des Verbraucherschutzes variieren und mit unterschiedlichen Standards und Effizienzniveaus betrieben werden.“ [3]

Nur wenige Unternehmens-Zertifizierungen

Und sie gab an das europäische Komitee für Normung (CEN) das Mandat, für die Erarbeitung einer entsprechenden europaweit gültigen Norm für Customer Contact Center zu sorgen. „In ihr sind die Anforderungen an die Qualität der Dienstleistungen festzulegen, die allen Zentren gemeinsam sind, unabhängig vom Bereich der Dienstleistung, der technischen Herangehensweise zur Bereitstellung der Dienstleistung oder dem Anbieter der Dienstleistung. Die Norm gilt sowohl für firmeninterne Kundenkontaktzentren als auch für ausgegliederte Zentren. Die Norm wurde zum Nutzen beider Arten von Kontaktzentren erarbeitet sowie für die Kunden, die deren Dienstleistungen in Anspruch nehmen." [3]

Normen werden in der Regel freiwillig von den Branchen erarbeitet zur Sicherung von Qualitätsmerkmalen und deren Schutz; die Callcenter brauchten hierfür politischen Anschub, bevor sich Experten aus ganz Europa unter der Führung von CEN zusammensetzen und in drei Jahren die EN 15838 entwickelten. Umso erstaunlicher ist, dass sich trotz des politischen Fingerzeigs bisher nur wenige Unternehmen durch eine Zertifizierung zu dieser im Herbst 2009 veröffentlichten Norm bekennen.

Viel Verbesserungspotential

Durchschnittlich 25 Millionen telefonische und 8 Millionen E-Mail-Kontakte täglich

Alles in allem scheinen Unzufriedenheit und Kritik am Kundenservice deutlich größer zu sein als Zufriedenheit und Lob. Doch hier wird die Wahrnehmung verzerrt. Bei durchschnittlich 25 Millionen telefonischen und 8 Millionen E-Mail-Kontakten, die zwischen Kunden und Unternehmen täglich stattfinden, werden immer genügend Fälle dabei sein, die einfach schief laufen oder beim Kunden einen subjektiv negativen Eindruck hinterlassen. Wobei schlechte Erlebnisse, meist auch wegen der emotionalen (Stress-)Situation beim Anrufer, stärker im Gedächtnis haften als die unkompliziert gelösten Anliegen, und der Mensch eher geneigt ist, seine Verärgerung kund zu tun als seine Zufriedenheit. Doch gibt es unbestritten noch viel Verbesserungspotential, auch weil die Anforderungen und Verhaltensweisen der Kunden laufenden Veränderungen unterliegen und häufig den Serviceangeboten der Unternehmen voraus sind. Was vor zehn Jahren noch Top-Leistung war, kann heute schon als Basis- oder Hygieneleistung gelten, ohne deren Vorhandensein nichts mehr geht.

Mobile und Social Media bringt Veränderung

Eine wesentliche Veränderung im Verhalten stellen dabei die mobilen Endgeräte und die sozialen Medien dar. Vor gerade einmal acht Jahren startete Facebook, vor fünf Jahren begann die Plattform sichtbar Deutschland zu erobern und vor drei Jahren wurde hierzulande auf einmal auf breiter Basis über deren Bedeutung und Herausforderungen für den Kundendialog diskutiert. Das Wischen mit dem Finger über Bildschirme von Smartphones und Tablets, die Sprachsteuerung eines Siri, alles recht neue Dinge, mit denen selbst unsere Jugendlichen, die Digital Natives, nicht von Anfang an aufgewachsen sind und die doch in kürzester Zeit ein völlig normaler Bestandteil unseres Alltags geworden sind.

Wenn Sie heute in Unternehmen schauen, wie weit die Integration des digitalen Dialogs vorangeschritten ist, werden Sie feststellen, dass wir noch ziemlich am Anfang stehen. Natürlich gibt es einige wenige, die schon weit vorangeschritten sind, etliche die den Kanal zwar mehr oder weniger konsequent bedienen, jedoch nicht integriert in die anderen Kanäle der Kundenkommunikation. Und die überwiegende Mehrheit überlegt noch, ob es notwendig ist oder es sich nicht doch nur um eine vorübergehende Erscheinung handelt (wie damals die Skeptiker beim Internet).

Digitaler Dialog steht am Anfang

Herausforderungen an Kundenservice heute und morgen

Bevor ich auf die aktuellen und zukünftigen Herausforderungen an den Kundenservice zu sprechen komme, möchte ich Sie auf eine kleinen Zeitreise, zwölf Jahre zurück in das Jahr 2000, mitnehmen und Ihnen etwas schildern, was mir selbst heute noch als sehr zukunftsträchtig erscheint. Vielleicht deshalb, weil CRM zu dieser Zeit hierzulande gerade als neuer Trend propagiert wurde und die technischen Möglichkeiten heute viel mehr ermöglichen würden.

Damals hatte ich als Teilnehmer einer Wirtschaftsdelegation die Gelegenheit unter anderem zwei (von insgesamt 22) Callcenter der Bank of America in Atlanta und Charlotte zu besuchen und mit den zuständigen Managern sprechen zu können. Von landesweit fünf Millionen Calls täglich wurden damals bereits achtzig Prozent per Sprachdialogsystem abgewickelt, die verbliebenen zwanzig Prozent verlangten nach qualifizierter Sachbearbeitung im persönlichen Kontakt. Viele Mitarbeiter dort kamen aus den Filialen und sahen im Callcenter einen echten Karriereschritt, da sie hier als Spezialisten auch den ganzen Tag ihre Fähigkeiten und ihr Wissen einsetzen konnten und viele einfache und als stupide empfundene Routinetätigkeiten nicht mehr anfielen.

Bank of America: landesweit fünf Millionen Calls täglich, davon wurden 80 Prozent per Sprachdialogsystem abgewickelt

Ich konnte neben einer Agentin miterleben, wie diese einer Kundin half, eine Kontosperrung aufzuheben, die durch eine versehentliche Doppelabbuchung ihrer Versicherung ausgelöst wurde. Sie schaltete eine

Dreierkonferenz zwischen sich, der Kundin und einer Sachbearbeiterin der Versicherung und klärte alle notwendigen Schritte der beteiligten Seiten. Fallabschließend, freundlich, verbindlich und zur Zufriedenheit aller Beteiligten in deutlich weniger als fünf Minuten. Der Agent eingesetzt als Anwalt des Kunden ist mir in dieser Form hier nun zwölf Jahre später immer noch nirgends vorgekommen.

Auch das intelligente Routing des Anrufers war beindruckend. Der Anrufer identifizierte sich zunächst mit seiner Kontonummer (damals noch Touchtone-Verfahren), bei persönlichem Kontaktwunsch wurde anhand von 16 dynamisch verwalteten Regeln sein Status abgeprüft und damit die individuelle Gestaltung der Warteschleife bestimmt, wobei eine schnellstmögliche Verbindung mit einem Mitarbeiter Vorrang hatte. Der Status eines Kunden wurde mit jeder Aktivität, die der Kunde mit der Bank hatte, aktualisiert, sei es Geldautomat, Filialbesuch, Suche auf der Webseite (sofern eingeloggt identifizierbar), Vertragsabschluss, Zahlungsverzug et cetera. So wurde zum Beispiel ein Kunde, der einen Mahnbescheid bekam und nun anrief, ohne Werbeansagen direkt mit einem Mitarbeiter verbunden, das gleiche galt bei laufenden Beschwerden oder ähnlichem; Werbung oder produkt-/vertragsbezogene Informationen kamen gezielt bei Kunden zum Einsatz, bei denen man aufgrund des aktuellen Verhaltens ein hohes Interesse vermuten konnte. Das Feedback der Kunden war überwiegend positiv, wurden ihre Anforderungen doch zielgerichtet bedient – was in den USA damals eher selten war. Die Bank of America galt damals als Vorreiter eines integrierten CRM-Ansatzes und man hatte bereits viele weitere Ideen und Vorstellungen dazu, wie ein guter aber auch wirtschaftlich tragfähiger Kundendialog aussehen könnte.

Seit Jahren die gleichen Diskussionsthemen

Sieht man sich nun zwölf Jahre und viele technische Entwicklungen später die Servicelandschaft an, könnte man versucht sein sich zu fragen, ob da so etwas wie ein Dornröschenschlaf eingetreten sei. Seit über zehn Jahren werden auf Veranstaltungen, Kongressen und Seminaren, in Newslettern, Foren, Broschüren, Magazinen und so weiter die immer gleichen Themen mit den überwiegend auch gleichen Anforderungen und grundsätzlichen Lösungswegen diskutiert und aufgezeigt. Nur sind mittlerweile noch viele weitere Kommunikationskanäle hinzu gekommen, die der Kunde nutzt. Bei Veranstaltungen, auf denen ich moderiere oder Vorträge halte, stelle ich, wenn es passt, seit 2005 gerne folgende drei Fragen ans Auditorium:

Viele neue weitere Kommunikationskanäle

1. Wer hat heute Multichannel-Integration bereits umgesetzt?
2. Wer hat bereits ein Projekt aufgesetzt beziehungsweise ist in der Planung dazu, Multichannel-Integration umzusetzen?
3. Wer hat heute bereits mehr als nur das Telefon als aktiven Kommunikationskanal zum Kunden?

Erstaunlicherweise hat sich die Verteilungshäufigkeit der Antworten in all den Jahren kaum verändert. Auf Frage 1 melden sich gerade einmal 5 Prozent der Anwesenden, auf Frage 2 zwischen 10 - 15 Prozent und auf Frage 3 bekomme ich meist alle Teilnehmerhände zu sehen.

Seit 2010 ergänze ich das gerne mit drei weiteren Fragen:

4. Monitort und wertet Ihr Unternehmen aus, was in den sozialen Netzen über Sie gesagt wird?
5. Ist Ihr Unternehmen aktiv in den sozialen Medien vertreten? Und
6. Wenn ja, ist die Betreuung des Social Media-Kanals im Callcenter mit angesiedelt?

Hier sehen die Quoten noch trauriger aus, aber dieser Kanal ist ja auch noch viel neuer als die anderen. Allerdings ist er auch wesentlich dynamischer und entwickelt sich rasant.

Geringes Interesse an Multichannel-Integration

Natürlich interessiert es mich, wie es zu dieser geringen Multichannel-Integration kommt und so suche ich in den Pausen gerne das Einzel- und Gruppengespräch mit den Teilnehmern. Oftmals, gerade im Finanzsektor, wird die limitierte Verfügbarkeit von IT-Ressourcen angeführt, die vielfach damit beschäftigt sind, den laufenden Gesetzesänderungen gerecht zu werden oder allgemeine Wartungsarbeiten vorziehen und somit für die notwendigen Entwicklungsprojekte nur noch unzureichend verfügbar sind. Überwiegend schwingt jedoch ein anderes Phänomen durch, das des Silodenkens. Produktentwicklung, Marketing, PR, Vertrieb, Kundenservice, IT, Controlling – alles kleine Fürstentümer, zwischen denen statt Kommunikation lieber Konfrontation gepflegt wird, es gilt Besitzstände zu verteidigen und die Schuld den anderen zuweisen zu können.

Abteilungen pflegen Konfrontation und nicht Kommunikation – Silodenken überwiegt

Hier nehme ich ganz bewusst die Callcenter-Verantwortlichen nicht generell aus. Zu oft begegnen mir selbst heute noch CC-Leiter, die sich wehren, E-Mails ins Team mit aufzunehmen, sehen sie sich doch rein für den Telefonkanal zuständig und dies gepaart mit dem unverfälschten Wissensstand aus dem vorherigen Jahrhundert. Andererseits treffe ich auf CC-Leiter, an denen Strategen für ganzheitliche Kommunikation nach innen und außen verloren gegangen sind, die sich jedoch in den internen Zuständigkeits- und Machtdiskussionen allmählich aufreiben. Hier ist eine Unternehmensspitze gefordert, die präsent ist, die klare, greifbare und nachvollziehbare Ziele setzt – und die führt! Management leistet hier sonst nur eine Verwaltung des Mangels. Die Unternehmen mit einem wirklich erfolgreichen Customer Service-Auftritt verbindet vor allem: Eine klare Vision, ein gemeinsam getragenes Verständnis von Kundenservice und den Willen, den Kunden als Partner zu sehen, der den Erfolg des Unternehmens erst ermöglicht.

Dialog wird öffentlich

Mitarbeiter müssen angemessen reagieren

Denn fatalerweise kam zu den bisherigen Kanälen mit den sozialen Medien etwas dazu, auf das die bisherigen Lösungsmuster aber nur sehr eingeschränkt passen. Die Kunden verbünden sich, der bisherige 1:1-Dialog bekommt schnell einen öffentlichen Charakter, wenn der Kunde es will und das Unternehmen (sprich der Mitarbeiter, der den Dialog führt) muss hier richtig, das heißt, angemessen (re-)agieren können und dürfen. Für viele Unternehmen wird aber nicht nur eine Präsenz auf den sozialen Plattformen ausreichen, die Kunden wollen von dort auch direkt einen Zugang zu den Angeboten und Services haben, ohne ihre Netzwerkplattform zu verlassen und sich auf einer Unternehmenswebseite neu anzumelden. Herausforderungen und Lösungsansätze die auch intensiv in den Workshops und Veranstaltungen des Call Center Verband Deutschland e.V. diskutiert werden.

Marken und Konsumenten

Kundenservice und -zufriedenheit wird völlig überschätzt

Bei einer von uns zu Jahresbeginn intern durchgeführten, nicht repräsentativen Betrachtung der dreißig DAX-Unternehmen sowie einiger weiterer Consumer und Life-Style-Marken (wie zum Beispiel Mini, Apple, Canon, Nikon, Land Rover, Jaguar oder Porsche) bezüglich Geschäftsentwicklung und Kundenzufriedenheit, bekamen wir bisweilen den Eindruck, dass Kundenservice und -zufriedenheit wohl völlig überschätzt wird. Andererseits scheint die Bedeutung von Marken (neudeutsch: Brands) eine kompensierende Wirkung beim

Konsumenten auszuüben. Wenn man sich in den offenen Userforen zu Produkten dieser Firmen so umschaut, wird ordentlich über Qualitätsmängel, fehlende Kulanzbereitschaft, teilweise überteuerte Ersatzteil-/Zubehörpolitik und unfreundliche Behandlung gesprochen. Gleichzeitig wird jedoch eine schon fast verklärende Haltung dazu eingenommen, wenn oft im gleichen Zusammenhang auf das Ganze, das vermittelte Gefühl beim Gebrauch und so weiter eingegangen wird.

Wenige Unternehmen sind in Foren aktiv

Auffällig ist auch, wie wenige Unternehmen in diesen Foren bis heute mit Repräsentanten offen vertreten sind und diese Plattformen aktiv für den Kundenkontakt oder die Produktentwicklung nutzen. Teilweise fielen uns bei den Automobilforen jedoch kleinere Zubehörfirmen oder offizielle Sonderausstatter auf, die hier vertreten sind und den offenen Dialog mit den Mitgliedern suchen, sich über deren Wünsche, Anregungen aber auch eigene Entwicklungen austauschen und mitunter Meinungsführer zu Werksbesuchen oder Veranstaltungen einladen, um sich direkt mit ihnen auszutauschen. Über die passive Auswertung der Forenaktivitäten durch die jeweiligen Unternehmen liegen uns keine gesicherten Ergebnisse vor, dies war auch nicht Bestandteil unserer kleinen Untersuchung.

Feststellen konnten wir, wem es gelungen ist eine starke Marke zu schaffen, die ein bestimmtes Zugehörigkeitsgefühl zu einer – wie auch immer zu definierenden „elitären“ – Gruppe auslöst, dem wird scheinbar mehr verziehen als anderen. Ich beschreibe das mal als „Gefühl der wohligen Verzweiflung“, die einen trotzdem bestärkt, den richtigen (Kauf-)Entschluss getroffen zu haben, wenn man nur an die damit verbundene und wohl als angenehm empfundene (Image-) Seite denkt.

Trends im Kundendialog

In einem Workshop von Capgemini Consulting Anfang des Jahres, zusammen mit Customer Care-Verantwortlichen unterschiedlicher Unternehmen und Branchen, erarbeitete man sechs zentrale Trends, die den Kundendialog künftig bestimmen werden:

- Der „neue" Kunde – das Individuum in der Community.
- Machtwechsel – Der Kunde übernimmt die Kontrolle.
- Vendor Relationship Management – Kunden werden zu bevollmächtigten Partnern.
- Aus der Masse hervorstechen – das Vertrauen des Kunden gewinnen.

- Channel-Management – den richtigen Kanal für den richtigen Kunden finden.
- Unsicherheit – schnelle Reaktion in unvorhersehbaren Situationen. [4]

Für Brancheninsider auf den ersten Blick nichts wirklich Überraschendes, doch steckt so manche Herausforderung in der Art und Weise, wie man diesen Trends in der Praxis gerecht werden kann. Da wäre zum Beispiel der Kunde als Individuum in der Community. Dem einzelnen gerecht werden, während gleichzeitig die Community drum herum Einfluss auf sein Meinungsbild ausübt und nicht zuletzt auch seine Bedürfnisse mit beeinflusst.

Beim Channel-Management ist, wenn wir uns den derzeitigen Ausbaustand in unseren Callcentern vor Augen halten, dringender Handlungsbedarf gegeben. Eine weitere Herausforderung stellt der Umgang mit Unsicherheit dar, in unvorhersehbaren Situationen schnell und dabei richtig zu (re-)agieren. Hier stoßen klassische starre Prozessbeschreibungen und restriktive Führungsmuster an ihre Grenzen. Um die Kompetenz und Flexibilität an den Kontaktstellen zum Kunden verfügbar und nutzbar zu haben, müssen diese im Umfeld der Kontaktbehandlung durch dynamisch handhabbare Kompetenzmatrizen abgelöst werden. Gut qualifizierte Mitarbeiter, die an diesen Kontaktstellen positioniert sein müssen, führt und steuert man über Ziele und mit einem nachvollziehbaren Verhaltenskodex als Rahmen.

Kontaktbehandlung mit dynamisch handhabbaren Kompetenzmatritzen

Touchpoints

Phil Winters und Nils Hafner beschreiben hierzu in ihre „Customer IMPACT Agenda" sehr anschaulich die erweiterte „Customer Decision Making Chain" und den begleitenden Erlebnisprozess, der weit vor dem ersten Kontakt mit einem Unternehmen beginnt und auch weit über den Kaufmoment hinaus geht. Welche Möglichkeiten es für Unternehmen gibt, bereits in diesen sehr frühen Phasen dem potentiellen Kunden positiv aufzufallen. Auch der bewusste Umgang mit den einzelnen Touchpoints ist ihnen wichtig, hilft er doch die Ressourcen zielgerichtet einzusetzen und sich nicht zu verzetteln. „Dabei unterscheiden Sie fünf Arten mit einem Touchpoint umzugehen, die je nach Einfluss des Unternehmens auf den Kontaktpunkt angewandt werden. Das Akronym IMPACT hilft, sich die unterschiedlichen Stufen des Engagements zu merken: Ignore, Monitor, Participate,

Customer IMPACT Agenda zeigt Stufen des Engagements auf

Activate, ConTrol. (Ignorieren, Beobachten, Teilnehmen, Aktivieren, Kontrollieren)

Die meisten dieser Stufen können frei kombiniert werden, um das Maximum aus der Kunden-Interaktion herauszuholen.“ [5]

Was aber sind nun die Schlüsselelemente für die Gestaltung eines zukunftsfähigen alle Kanäle vollumfassenden digitalen Dialogs? Letzendlich sind es die gleichen wie schon vor zehn Jahren (mit Berater-Buzzwords: people – process – technology – infrastructure).

Schlüsselelemente des digitalen Dialogs: people, process, technology, infrastructure

Das heißt:

- die richtigen Mitarbeiter an den richtigen Stellen,
- die Schaffung einer starken Marke,
- die Gestaltung entsprechender Strukturen und Prozesse,
- die Förderung eines offenen, direkten und schnellen Informationsaustausches über alle Ebenen, Kanäle und Ressorts,
- die Unterstützung des Ganzen mit der geeigneten, flexiblen und skalierbaren IT-Plattform und -Infrastruktur.

Doch nun müssen sie wieder überdacht, neu interpretiert und gestaltet werden. Flexibilität und Reaktionsgeschwindigkeit auf sich verändernde Bedürfnisse und Verhaltensmuster gewinnen zunehmend an Bedeutung und doch muss jedes Unternehmen seinen eigenen Weg finden. In wie weit es Unternehmen/Branchen gelingen wird, Service als bepreisbares Produkt zu etablieren, um unter anderem auch die höheren Aufwendungen für qualifiziertere Mitarbeiter aufzufangen, bleibt spannend zu beobachten. Einige Branchen haben es bereits gezeigt, es ist machbar, man muss es nur richtig gestalten. Und es ist auch für den Kunden ein transparenter Weg, eine Dienstleistung deutlicher mit einem entsprechenden Leistungsversprechen zu verknüpfen und auch zu staffeln.

Service als Produkt etablieren

Anforderungen an Mitarbeiter

Der Einfluss und die Einstellung der obersten Führungsebene zum Thema Kundenservice sind von elementarer Bedeutung. Was oben nicht gelebt und formuliert wird, kann unten nicht umgesetzt werden. Auch das ist nicht neu, aber immer noch richtig. Wie aber sehen die Anforderungen an die Mitarbeiter im Kundenservice und die direkten Führungsebenen Team- und Centerleitung sowie die qualitätssichernden Funktionen Workforce-Management und Training/Coaching aus?

Callcenter gibt es noch in fünf Jahren

Um eines vorweg zu nehmen: Die Callcenter (intern und extern), wie wir sie heute kennen, werden auch in den nächsten fünf Jahren noch existieren; vielleicht nicht mehr alle und nicht immer in den heute betriebenen Strukturen und Größenordnungen. Die Nachfrage an preisgünstiger Massenkommunikation wird aber auf absehbare Zeit noch Bestand haben, schließlich sind die kaufkräftigen Schichten dann noch immer die heute Mitte Dreißig- bis Ende Fünfzigjährigen, Generationen von Digital Immigrants also, die für bestimmte Dinge auch weiterhin zum Telefon greifen oder eine E-Mail schreiben. Aber sie werden für bestimmte Dinge auch auf ihre mobilen Apps zugreifen oder sich in ihrer Community austauschen. Möglicherweiser kommt auch noch ein Kanal oder eine Plattform dazu, die wir uns heute noch gar nicht vorstellen können; die Entwicklungen sind, wie wir erfahren konnten, bisweilen rasend. Damit wird bei bestimmten Diensten und Services eine Verschiebung eintreten, mobile und hochverfügbare Anwendungen werden Dienste wie zum Beispiel die klassische Telefonauskunft ersetzen.

Klassische Telefonauskunft wird ersetzt werden

Wird der Multiskill-Agent kommen?

Das kommt darauf an, wie viel Multiskill er können muss. Wenn wir uns heutige Mitarbeiter im Callcenter ansehen, dann finden wir schon jetzt eine weit gespreizte Palette an Qualifikationen und Skills, je nachdem wofür sie eingestellt, weiterqualifiziert und dann auch eingesetzt wurden. Die vielbeschworene eierlegende Wollmilchsau wird aber nicht von den Bäumen fallen. Und wenn es sie geben sollte, dann müssen wir attraktive Gründe bieten, warum er/sie ausgerechnet in einem Callcenter arbeiten sollte und nicht in einer Mediaagentur. Im Frühjahr 2012 wiesen die Arbeitsagenturen 20.000 offene Stellen (33 Prozent mehr als noch im Herbst 2011) im Callcenter aus, wobei 42,9 Prozent davon Stabs- und Führungspositionen wie Trainer, Coaches, Workforcemanager und Teamleiter waren. Und auch der DEKRA Arbeitsmarkt Report 2012 [6] listet Callcenter-Agents auf Position 3 (in 2011 noch Position 8) im Ranking der meistausgeschriebenen Stellen nach Vertriebsmitarbeitern und Elektronikfachleuten.

Callcenter-Mitarbeiter gesucht

Angesichts dieser Zahlen kann man feststellen, dass der demografische Wandel die Callcenter-Branche voll erfasst hat. Ein nicht unbedingt positives Image und Berichte über schlechte Bezahlung und Arbeitsbedingungen (auch wenn dies die überwiegende Mehrheit der Beschäftigten gar nicht betrifft) tragen ein Übriges dazu bei. Vielleicht ist aber gerade die Kombination aus steigenden Anforderungen im Kundenservice und die knappen Ressourcen eine Chance für eine Neupositionierung – zumindest für einen Teil der Branche und speziell in den Inhouse-Einheiten. Wer in einem knappen Markt nach höherer Qualifikation sucht, wird vermutlich auch die Gehälter entsprechend anpassen müssen. Doch zunächst gilt es, diese neuen Anforderungen an künftige Mitarbeiter im Markt zu platzieren; noch weiß es ja keiner, dass es künftig viel interessanter sein wird, in einem Callcenter zu arbeiten.

Gehälter müssen angepasst werden

Allerdings wird der Schwenk vom Callcenter-Agenten klassischer Prägung zum selbständig agierenden Dialog- ja bisweilen vielleicht sogar Beziehungsmanager – nicht über Nacht zu schaffen sein und schon gar nicht für alle. Es werden sich hier Spezialisten heraus kristallisieren, die einfach mehr können und damit vielfältiger einsetzbar sind. Anders wäre es selbst für Inhouse-Center auf absehbare Zeit nicht zu finanzieren. Und auch die erste Führungsebene muss sich dem gestiegenen Qualifikationsniveau auf Agentenebene anpassen; und Unternehmen müssen gezielt in die Fach- und Methodenkompetenzen ihrer Führungs- und Nachwuchsführungskräfte investieren.

Vom Callcenter-Agenten zum Beziehungsmanager

Attraktivität der Arbeitsplätze erhöhen

Um die Attraktivität der Tätigkeit – auch für Teilzeitarbeiter – zu erhöhen, sich Flexibilität in der Einsatzplanung zu verschaffen und Infrastrukturkosten zu senken, werden mehr und mehr Unternehmen die Möglichkeit zur Virtualisierung ihrer Callcenter durch Homeoffice-Plätze nutzen. Nicht für die gesamte Belegschaft, doch für geeignete Mitarbeiter und spezielle Teams.

Die gestiegenen Anforderungen für Mitarbeiter in diesen Teams stellt eine weitere Herausforderung für das HR-Management dar. Nun konkurriert man in erweiterten Qualifikationsfeldern mit Unternehmen und – nennen wir sie mal allgemein – Agenturen um Dialogmanagementexperten, die den Spagat zwischen den Sprachen und Anforderungen eines neuen Marketing, PR und direkten Kundendialogs beherrschen sollen. Wer Mitarbeiter mit höherer Qualifikation gewinnen will, muss ein ansprechendes, leistungsförderndes Umfeld, eine attraktive Bezahlung, Entwicklungswege und idealerweise auch eine Marke zu bieten haben. Doch selbst für die Nach- beziehungsweise Neurekrutierung klassischer Agenten müssen Unternehmen heute mehr Attraktivität aufbieten. Professor Verena König hat die Bedeutung eines Brand Committment [7] für Callcenter untersucht und beschrieben.

Sie kam zu dem Schluss, dass das Vorhandensein einer Marke und die Möglichkeit zur Identifikation mit dieser ebenfalls einen wichtigen Baustein für die Leistungsbereitschaft und Bindung von Mitarbeitern darstellt. Dies gilt sowohl für Inhouse-Mitarbeiter wie auch für Mitarbeiter beim Dienstleister, wenn diese in die Auftraggebermarke stärker eingebunden werden.

Fazit

Die Mehrheit der Callcenter betreibt den digitalen Dialog besonders im E-Mail-Kanal noch immer zu Fuß. Es gibt noch einiges an Hausaufgaben zu machen. Wirkliche Multichannel-Integration bildet eher die Ausnahme. Speziell was die Rüstung für den Kundendialog über die sozialen Medien angeht ist, mehr Zögern und Abwarten als echtes Interesse und Aufbruchsstimmung zu sehen.

Transparenz und ehrlicher Umgang mit dem Kunden wird sich auszahlen

Der Kundendialog wird in den nächsten Jahren weitere Anstrengungen im Bereich Multichannel-Kommunikation fordern. Transparenz und ehrlicher Umgang mit Kunden wird sich stärker auszahlen, Verschleierung und Tricksereien werden öffentlich abgestraft. Dennoch wird in den nächsten fünf Jahren mehr Evolution als Revolution stattfinden, doch auch dabei wird noch der eine oder andere auf der Strecke bleiben.

Den Auswirkungen des demografischen Wandels, dem angeschlagenen Image und den neu entstehenden konkurrierende Arbeitsmöglichkeiten gilt es mit einem attraktiven und modernen Arbeitsumfeld, der Bekanntmachung der bereits vorhandenen vielfältigen Entwicklungsmöglichkeiten und einer marktgerechten Bezahlung entgegenzutreten. Der Callcenter-Agent von heute wird auch noch morgen existieren, doch etliche werden lernen, mehr als einen Kanal zu bedienen, dazu kommen Dialogmanager, die über mehrere Kanäle im Rahmen der festgelegten Social Media Policy eigenverantwortlich mit entsprechenden Kompetenzen den Dialog mit dem Kunden führen.

Literatur

[1] Definition: In diesem Kapitel wird der Begriff Callcenter weit über das Telefon hinaus als Kontaktstelle eines Unternehmens zum Kunden über alle möglichen Kanäle hinweg gesehen, unabhängig davon ob intern betrieben oder zu einem Dienstleister ausgelagert wurde. Es ginge auch Contact Center, Customer Care Center, Kundenservice usw.

[2] Responseanalyse 2012 der novomind AG: http://www.novomind.com/news/article/jede-vierte-e-mail-anfrage-versandet-im-contact-center/

[3] DIN EN 15838:2009 (D), dt. Fassung, Einleitung; Beuth Verlag.

[4] Ergebnisse eines Workshop der CapGemini Consulting 2011/2012 mit Customer Care Führungskräften aus verschiedenen Unternehmen.

[5] Winters Ph., Hafner, N.: Customer IMPACT Agenda, 2010.

[6] DEKRA Arbeitsmarkt Report 2012.

{7} König, V.: Innovatives Markenmanagement: Innengerichtetes identitätsbasiertes Markenmanagement in Call Centern – 2010, GABLER Research.

Marken suchen den Dialog – Grundlagen zum Einstieg

Daniel Backhaus

Das Internet ist voller Buzzwords und Anglizismen wie: Social Media, Employer Branding, Engagement, Involvement, Like, Post, Tweet, Retweet, Pin, Repin und nicht zu vergessen der berühmt-berüchtigte Shitstorm – aber das ist ein anderes Thema.

Wikipedia definiert „Buzzword" wie folgt: „Als Schlagwort (englisch: buzzword oder catchword, französisch: slogan) bezeichnet man einen Begriff oder Spruch, mit dem beim Zuhörer um besondere Beachtung gebuhlt wird [...]." [1] und genau in diesem „Buhlen um besondere Beachtung" liegen Fluch und Segen der vielen Schlagworte. Segen, weil ein Thema dadurch erst Aufmerksamkeit bekommt. Fluch, weil oftmals eine Aufgeregtheit und ein Hype erzeugt werden, der das Thema künstlich überhöht und deshalb den Blick für das Wesentliche verstellt. Glücklicherweise legt sich der Hype langsam und macht den Blick frei für das Wesentliche im Social Media.

Buzzwort = „Buhlen um besondere Beachtung"

Was ist „Dialog 2.0"?

Was ist das Wesentliche im Social Media und wieso ist in diesem Zusammenhang „Dialog 2.0" so essenziell? Vor Kurzem hieß das Social Web noch Internet. Im Internet erhielt man Informationen und konnte Informationen bereitstellen. Die nächste Stufe war erreicht, als Unternehmen über die digitale Visitenkarte hinaus, ihr Unternehmensziel in den digitalen Kanälen zu realisieren versuchten: Es ging um Wachstum und das Generieren von Umsatz – Name: „E-Commerce". In den Anfängen des E-Commerce gab es ebenso wie heute beim Thema Social Media Befürworter, Skeptiker und jede Menge Hype, der erst mit Platzen der sogenannten Dotcom-Blase im März 2000 endete. Die Divergenz zwischen Befürwortern und Skeptikern verdeutlicht ein Spot der Firma IBM, der die Anfänge des E-Commerce thematisiert. Dort unterhalten sich zwei zeitunglesende

http://www.marketing-boerse.de/Experten/details/Daniel-Backhaus

Manager über das Internet. Der Ältere sagt: „Hier steht: Das Internet ist die Zukunft im Business. Wir müssen ins Internet." Der Jüngere überlegt kurz und antwortet: „Wieso?" Daraufhin der Ältere: „Steht nicht da."

E-Commerce gehört zum Alltag

Heute ist E-Commerce integraler, selbstverständlicher Bestandteil des Alltags. Generationenübergreifend werden Bücher bei Amazon bestellt oder Tickets für Konzerte geordert. Niemand denkt mehr darüber nach, wo und wie er konsumiert. Einziges Kriterium ist die Effizienz. Wo bekomme ich was, ohne Verzögerung, am günstigsten, bei minimalem Einsatz meiner finanziellen wie zeitlichen Ressourcen? Heute wissen Unternehmen, was die beiden Protagonisten des IBM-Spots noch nicht wussten: Es macht Sinn, die digitalen Läden zu füllen, denn die Konsumenten wollen dort einkaufen.

Die nächste Stufe des Internet trug den Namen „Web 2.0". Wikipedia definiert ihn folgendermaßen: „Web 2.0 ist ein Schlagwort, das für eine Reihe interaktiver und kollaborativer Elemente des Internets, speziell des World Wide Webs, verwendet wird. Hierbei konsumiert der Nutzer nicht nur den Inhalt, er stellt als Prosument selbst Inhalt zur Verfügung. […]." [2] Neu war, dass Nutzer und Kunden ohne Programmierkenntnisse Inhalte im Internet publizieren konnten. Der Prosumer, ein Mischwort aus Produzent und Konsumer, war geboren. Erstmals konnte jeder, der einen Internetzugang besaß, ohne weitere technische Hürden Text, Bild, Audio und Video veröffentlichen. Die Einbahnstraße, Informationen online abzufragen, hatte sich zu einem rückkanalfähigen Medium entwickelt. Diese (technische) Voraussetzung war Grundlage für die Geburt des Social Media.

Internet wird rückkanalfähiges Medium

Wikipedia definiert „Social Media" wie folgt: „Social Media (auch Soziale Medien) bezeichnen digitale Medien und Technologien […], die es Nutzern ermöglichen, sich untereinander auszutauschen und mediale Inhalte einzeln oder in Gemeinschaft zu gestalten. Soziale Interaktionen und Zusammenarbeit […] in sozialen Medien gewinnen zunehmend an Bedeutung und wandeln mediale Monologe (One-to-Many) in sozial-mediale Dialoge (Many-to-Many). Zudem unterstützt es die Demokratisierung von Wissen und Informationen und entwickelt den Benutzer von einem Konsumenten zu einem Produzenten. Es besteht weniger oder kein Gefälle mehr zwischen Sender und Rezipienten (Sender-Empfänger-Modell). […]." [3] Zwei Besonderheiten fallen auf: Zum einen wird es Individuen ermöglicht, an den bis dahin benötigten klassischen Medien vorbei, ihre Meinung

Many-to-Many

(öffentlich) zu äußern. Zum anderen nivelliert sich das Gefälle zwischen Sender und Rezipient.

Was bedeutet das für Unternehmen? Kunden können direkt und mit potenziell Tausenden von Mitlesern Anfragen an und Kritik über Unternehmen veröffentlichen. Mögliche Auswirkungen verdeutlichen die folgenden zwei Aussagen: „A brand is no longer what we tell the consumer it is – it is what consumers tell each other it is." [4] und „If you make customers unhappy in the physical world, they might each tell 6 friends. If you make customers unhappy on the Internet, they can each tell 6,000 friends." [5]

Unzufriedene Kunden erzählen ihre Erfahrungen weiter

Diese Entwicklung klingt beängstigend, da sie einen gefühlten sowie faktischen Kontrollverlust mit sich bringt, für den es zunächst keinen üblichen Handlungsspielraum gibt. Woher kommt dieses Gefühl? Das Internet ist eine Anarchie (Wikipedia: „Anarchie […] bezeichnet einen Zustand der Abwesenheit von Herrschaft. […]" [6]), die per Definition nicht kontrollier- beziehungsweise beherrschbar ist. Bisher gelernte Strukturen, Prozesse und Kanäle der klassischen Medien verlieren nicht ihre Gültigkeit, werden aber durch das Social Web ergänzt. In diesem Social Web gilt aber das Gelernte und Gewohnte nicht mehr. Der Sender (Unternehmen) ist eingereiht in die Empfänger (Kunden) und sieht sich anderen Sendern (Kunden) gegenüber. Durch die Anwesenheit anderer Sender (Kunden) wird auch er – und das ist neu – zum Empfänger.

Unternehmen werden zu Empfängern

Das klingt kompliziert und wirft die Frage auf, wie Unternehmen mit dem neuen Kanal Social Media und dem Kontrollverlust umgehen sollen. Dass Kunden mit Unternehmen kommunizieren, ist nicht neu – dafür existieren Callcenter. Dass Unternehmen mit Kunden kommunizieren, ist auch nicht neu – man nennt es Marketing. Dialog existierte also schon. Neu ist, dass der Dialog im öffentlichen Raum stattfindet und diese Öffentlichkeitsarbeit, die zuvor Hoheitsgebiet der PR- und Kommunikationsabteilungen war, jetzt durch jede Abteilung und jeden Mitarbeiter eines Unternehmens wahrgenommen werden kann. Hiermit sind wir beim Dialog 2.0 angekommen.

Dialog findet im öffentlichen Raum statt

Dialog 2.0 ist eine große Herausforderung für Unternehmen und bietet gleichzeitig eine große Chance. Diese Chance nutzt der Teilnehmer des Social Web über zwei neue Handlungsansätze: Zum einen gilt es, durch aktives Publizieren von Informationen (Storytelling), die Gespräche um und über das Unternehmen zu steuern (nicht zu kontrollieren).

Dialog 2.0 bietet Chancen

Des Weiteren kann er durch seine Ansprechbarkeit in den sozialen Kanälen mit dem Kunden ins Gespräch kommen. Beides setzt die unternehmerische Fähigkeit, Dialog 2.0 zu führen, voraus.

„Märkte sind Gespräche"

„Märkte sind Gespräche," postulierten schon 1999 die vier US-Amerikaner Rick Levine, Christopher Locke, Doc Searls und David Weinberger in ihrem berühmten Cluetrain Manifest [7] mit dem Unterschied, dass damals niemand wusste, was gemeint war. Heute kristallisiert sich die visionäre Bedeutung des Manifests heraus und kommt in Slogans wie „Kundendialog 2.0 ist das neue Marketing" oder „Kundendialog 2.0 ist Grundvoraussetzung für den vertriebsintelligenten Dialog mit dem Kunden 3.0" daher. Genauso selbstverständlich wie heute Unternehmen via E-Mail, Telefon, Fax und Brief erreichbar sind, genauso selbstverständlich wird es zukünftig sein, dass Unternehmen über die sozialen Netzen mit ihren Kunden kommunizieren. Es stellt sich also nicht die Frage, ob man den Dialog 2.0 beginnt, die Frage ist, zu welchem Zeitpunkt es Sinn macht, den Dialog zu eröffnen.

Wenn „Dialog 2.0" ein Anfang ist, wie fängt man es an?

Der aktive Ansatz: Storytelling

Grundsätzlich gibt es einen aktiven und einen reaktiven Ansatz für Dialog. Der aktive Ansatz wird unter dem Buzzword „Storytelling" subsumiert und erfüllt die Aufgabe, aktiv Informationen über das Unternehmen, die Marke und deren Produkte auf möglichst unterhaltsame Weise komprimiert und verständlich zur Verfügung zu stellen. Beherrscht man die Kunst des Erzählens und verankern sich die Geschichten beim Kunden, wird das zum Anlass, dass Kunden miteinander über die Marke, aber auch mit der Marke sprechen werden.

Der reaktive Ansatz: Service und Support

Der reaktive Ansatz umfasst die Bereiche Service und Support. Genauso wie Kunden auch vor dem Social Web Anlass hatten, über Produkte oder Dienstleistungen mit Unternehmen in Kontakt zu treten, genauso wollen sie das immer noch. Heute vermehrt öffentlich über die sozialen Kanäle.

Dialog 2.0 in der Firmenkultur verankern

Für beide Ansätze gilt es als Grundvoraussetzung, dass Unternehmen den Dialog 2.0 in den Strukturen und Prozessen sowie in der Firmenkultur verankern. Denn wenn der Dialog 2.0 „nach innen" nicht legitimiert, organisiert und gelebt ist, wird er „nach außen" nicht authentisch und angemessen schnell funktionieren.

Die Frage ist: Wie implementiert man Dialog 2.0 im Unternehmen? Die Antwort lautet: Man definiert, in Form eines sogenannten „Social Media Service-Handbuchs", an welcher Stelle sich Unternehmen und Social Web treffen.

Hierbei gilt die Prämisse: Vorbereitung versa Aktionismus. Es macht Sinn, sich etwas länger vorzubereiten, als aktionistisch zu früh im Social Web zu starten, denn wenn man erst einmal die öffentliche Bühne betreten hat, gibt es kein Zurück mehr. Die fehlende Vorbereitung muss dann unter Zeitdruck nachgeholt werden, was auf Kosten der Qualität geht.

Das Handbuch erfüllt drei Aufgaben. Erstens manifestiert es, was im Zuge des Projekts und im späteren Betrieb getan werden soll, aber auch, was nicht. Daraus ergibt sich der Kommunikations- und Handlungsspielraum. Zweitens wird das Handbuch für die interne sowie externe Öffentlichkeitsarbeit genutzt. Intern stellt es Kollegen und Mitarbeitern die Informationen zur Verfügung, die sie brauchen, um den „Dialog 2.0-Schritt" verstehen zu können, aber auch, um unerlässliche Schnittstellen für den Dialog zu gewinnen. Extern sorgt das Handbuch bei den sogenannten Influencern für die nötige Transparenz, die ein möglichst objektives Bild zulässt. Drittens ist das Handbuch Grundlage für die Schulung der Social Media-Agents, die nach Eröffnung der Kanäle die Kommunikation der Marke im Web führen und somit personifizieren.

Das Social Media Service-Handbuch

Im Social Media Service-Handbuch werden Prozesse, Strukturen, Workflows und Schnittstellen beschrieben. Ziel ist es, jeder beteiligten Unit und jedem essentiellem Thema im Handbuch Raum zu geben. Dort wird in Absprache mit den Beteiligten definiert, was gilt und wo Social Media die internen strukturellen sowie kulturellen Grenzen (noch) nicht überschreiten soll. Insofern ist das Handbuch die konzerninterne Vereinbarung darüber, innerhalb welchen Rahmens der Dialog 2.0 stattfinden darf und kann. Beim Aufbau eines Handbuchs macht es Sinn, die Grundlagen des Dialogs unabhängig der zum Einsatz kommenden Social Media-Kanäle zu definieren und die Kanäle dann

Handbuch bildet Rahmen

modular einzufügen. So kann man neue Kanäle als Modul nachschulen, ohne die sonstigen Grundlagen neu justieren zu müssen.

Im Folgenden werden grundlegende Abschnitte des Handbuchs näher beschrieben. Neben diesen Themen gibt es zahlreiche weitere, die je nach Projekt und Unternehmen individuell erarbeitet werden müssen.

Aufbau, Auswahl, Aufgaben und Ziele eines Dialogteams

Social Media braucht Ressourcen

Die Zeiten, in denen Praktikanten und Trainees Facebook-Pinnwände eröffneten und das Unternehmen damit überrascht wurde, dass dort Kunden Antworten erwarteten, neigen sich (zum Glück) ihrem Ende entgegen. Social Media ist weder ein prozessfreier Raum noch kommt er ohne Ressourcen aus. Dafür gilt es, ein Team aufzubauen, auszubilden und im Unternehmen zu etablieren, welches im Namen des Unternehmens den Dialog führt und für Kunden ansprechbar ist.

Aufbau

Der idealtypische Aufbau eines Social Media-Dialogteams sollte die Positionen des Social Media-Managers, der Social Media-Agents, des Community Managers und des Online-Speakers umfassen. Ob und wie das zum jeweiligen Unternehmen passt, muss im Einzelfall und projektabhängig geklärt werden.

Auswahl

Die Auswahl der Ressourcen ist schwierig, da alle Berufe neu sind und entsprechende Erfahrungen fehlen. Empathisches sowie kommunikatives Talent, Erfahrungen im digitalen Umfeld, ein großes Fachwissen sowie Unternehmensverbundenheit, Langmut und Herzblut sollten aber vorhanden sein, um ein möglichst professionelles Team aufstellen zu können.

Aufgaben

Die Teamaufgaben umfassen Aufklärungs- und Lobbyarbeiten sowie die Koordination innerhalb des Unternehmens. Das Führen des Dialogs im Social Web, Monitoren, Reporten und Interpretieren der Aktivitäten und Inhalte im Social Web sowie das Ableiten und Ausführen von Maßnahmen und Reaktionen bedingt durch das Social Web.

Ziele

Ziele des Dialogteams sind die Umsetzung der Social Media-Strategie, die interne sowie externe Verzahnung der Social Media-Prozesse sowie die Begleitung des kulturellen Wandels ausgelöst durch die Social Media-Aktivitäten. Darüber hinaus soll durch den aktiven öffentlichen Dialog die Kundenzufriedenheit und die Kundenbindung erhöht und die Ansprechbarkeit sowie Präsenz sichergestellt werden.

Kommunikationsgrundlagen

Eine Regel, die immer gilt, lautet: Beim nächsten Mal gilt die Regel nicht mehr. Was bedeutet das? Kommunikation ist ein individueller Vorgang, der weder vorhersagbar, noch überprüfbar ist. Erst bei Missverständnissen wird Kommunikation hinterfragt. Kommunikation aber grundsätzlich zu hinterfragen, um Missverständnisse zu minimieren, wäre zu aufwendig. Insofern ist es fast unmöglich, ein fixes Regelwerk für die Kommunikation 2.0 des Unternehmens mit seinen Kunden zu erstellen.

Kommunikation ist weder vorhersagbar noch überprüfbar

Trotzdem macht es Sinn, Regeln als gemeinsamen Ausgangspunkt zu vereinbaren, damit diese unternehmensintern dargestellt, prozessual abgebildet und mit den Beteiligten abgestimmt werden können. Jedoch ist es notwendig, allen Beteiligten mitzuteilen, dass diese Regeln lediglich einen Rahmen darstellen, der bei jeder Kommunikation neu interpretiert und angewandt werden kann. Es kann nötig werden, den Rahmen auszudehnen. Hier besteht die Kunst der Akteure darin, den Rahmen sensibel, wenn nötig auch abgestimmt, zu erweitern.

Kommunikationsregeln und -rahmung

Schnell fällt beim Thema Dialog 2.0 das Stichwort „Dialog auf Augenhöhe", welches, ergänzt durch die Attribute transparent, authentisch und empathisch, mit Sicherheit der anzustrebende kommunikative Auftritt eines Unternehmens im Social Media ist. Das ist schnell gesagt, mit Sicherheit gut gemeint, jedoch zumeist nicht definiert und somit frei auslegbar. Im Folgenden wird versucht, die Worthülse „Dialog auf Augenhöhe" mit Inhalt zu füllen.

Dialog auf Augenhöhe bedeutet, dass das Unternehmen Teil der Community ist, um mit seinen Kunden im Social Web einen

Dialog auf Augenhöhe

respektvollen und gleichberechtigten Dialog führen zu können. Klingt gut, nur wie setzt man das um? Folgende Regeln können helfen, einen geeigneten Rahmen abzustecken.

Rechtschreib- und Grammatikregeln

Korrekte Rechtschreibung Pflicht

sollten im digitalen Kosmos ganz besondere Beachtung finden. Durch eine korrekte Schreibweise und Interpunktion drückt der Schreiber seinem Kunden gegenüber Respekt aus – losgelöst dessen, wie seine vorherige Ansprache lautete. Über die im Duden definierten Regeln hinaus, gilt die in Unternehmen intern vereinbarte Schreibweise für Produktnamen und/oder Fremdworte. Ein Beispiel hierfür ist die mannigfaltige Schreibweise des Begriffs „eMail“: EMail, E-Mail, Email, e-Mail. Auch diese Vereinbarungen finden im Dialog 2.0 Anwendung.

Gespiegelte Anrede

„Sie" und „Du"

bedeutet, dass in der Kundenansprache grundsätzlich die Anrede des Kunden übernommen (gespiegelt) wird. Verwendet der Kunde das förmliche „Sie“, wird auch er gesiezt. Duzt der Kunde die Agents, wird auch er mit „Du“ angesprochen. Geht die Kommunikation vom Social Media-Team aus, wird der Kunde mit „Sie“ angesprochen. Auch die Regel der gespiegelten Anrede sollte von Fall zu Fall individuell überdacht werden. Es macht keinen Sinn, die Anrede eines aufgebrachten Kunden, der duzenderweise massive Kritik am Unternehmen äußert, zu spiegeln. In einem solchen Falle wäre es angemessener, den Kritiker respektvoll zu siezen.

Humanizing

Marken können nicht mit Kunden sprechen

nivelliert die Kommunikationsebene. Grund dafür: Marken können nicht mit Kunden sprechen, das können nur die Mitarbeiter. Ein essentieller Schritt, um den Ansprüchen an die individuelle Kommunikation im Social Web gerecht zu werden, ist die Vermenschlichung der Marke. Die Social Media-Agents werden hier per Foto „sichtbar gemacht“ und die Antworten auf Kundenanfragen durch Signaturen personalisiert. Durch diese Signaturen kann jede im Social Web abgegebene Antwort rückverfolgt und einem Agent zugeordnet werden. Diese Maßnahme treibt den Kulturwandel eines Unternehmens im besonderem Maße voran. Kommt er doch der Aktion gleich, die Durchwahlnummern von Callcenter-Mitarbeitern Kunden gegenüber verfügbar zu machen.

Abb. 1: Telekom hilft – Team [8]

Textbausteine

sollten möglichst vermieden werden, denn sie sind in den meisten Fällen als solche erkennbar und werden als respektlos empfunden. Der Aufwand „handmade" zu antworten ist höher, wird sich aber positiv auf die Kundenbeziehung auswirken – klar im Vorteil gegenüber standardisierter Kommunikation.

Textbausteine vermeiden

Emoticons,

eine Wortkreuzung aus Emotion und Icon, kommen als neue Bestandteile der Kommunikation hinzu [9]. Durch die Verwendung von Emoticons können mit wenigen Zeichen Emotionen angezeigt oder ein eventuell missverständlicher Kontext richtig eingestuft werden. Die Aussage „Na super, dann muss ich bis morgen warten." in Kombination mit :-) bedeutet, dass es dem Verfasser nichts ausmacht, bis zum nächsten Tag zu warten. Die Aussage in Kombination mit :-(dagegen drückt aus, dass sich der Kunde nicht damit zufrieden geben will. So gilt es also den Social Media-Agents die Bedeutung und den Einsatz von Emoticons zu vermitteln.

Öffnungszeiten

sind legitim und akzeptiert, denn bisher kann es sich kein Unternehmen leisten, einen 24/7-Support im Social Web anzubieten. Das bedeutet natürlich nicht, dass die Social Media-Kanäle außerhalb dieser

Erreichbarkeit klar kommunizieren

Antwortzeiten geschlossen werden. Auch außerhalb der Antwortzeiten können und werden Kunden ihre Anfragen stellen. Antworten erfolgen allerdings nur während angegebener Öffnungszeiten. Wichtigster Punkt zum Thema Öffnungszeiten ist, den Kunden klar zu kommunizieren, wann die Social Media-Agents erreichbar sind.

Netiquette

ist die Basis der Kommunikation. Wikipedia schreibt dazu: „Unter Netiquette oder Netikette [...] versteht man das gute Benehmen in der technischen (elektronischen) Kommunikation. [...].“ [11] Netiquette könnte man auch als die digitale Hausordnung bezeichnen, die einen Rahmen für das Miteinander auf den durch das Unternehmen zur Verfügung gestellten Kanälen vorgibt. Dabei ist mit Miteinander der Umgang des Unternehmens mit dem Kunden, des Kunden mit dem Unternehmen, aber auch der Kunden untereinander gemeint. Es gehört zu den Pflichten des Betreibers auf die Einhaltung der Netiquette zu achten und bei Verstoß gegen diesen Rahmen entsprechende Hinweise zu geben. In letzter Konsequenz muss der entsprechende Teilnehmer gesperrt oder dessen Äußerung gelöscht werden – sofern die Plattform dies technisch zulässt.

Abb. 2: Die Deutsche Bahn auf Facebook [10]

Entschuldigung hilft bei kritischem Dialog

Zu guter Letzt noch eine Weisheit, die schon bei so manchem kritischen Dialog hilfreich war: „Sich zu entschuldigen, heißt nicht immer, dass man einen Fehler gemacht und der andere Recht hat. Es bedeutet vielmehr, dass man die Beziehung höher bewertet als das Ego.“

Profilierung

Wenn der Kommunikationsrahmen festgelegt ist, stellt sich die Frage, mit wem ich kommuniziere oder wer mich anspricht. Stehen uns im „normalen“ Leben von den fünf Sinnen, vier (Sehen, Hören, Riechen, Tasten) zur Einordnung unseres Gesprächspartners zur Verfügung, so reduziert sich das in den digitalen Kanälen auf nur noch einen Sinn, das Sehen. Das galt zwar auch schon für das Medium E-Mail, jedoch ist im Dialog 2.0 neu, dass es hier potentiell Tausende von Mitlesern gibt. Die Kunst besteht also darin, seinen Gesprächspartner trotz der dürftigen Informationen in der Form lesen und erkennen zu lernen, dass man adäquat auf ihn reagieren kann.

Nimmt man Niklas Luhmann beim Wort, sollte man sich bei der Profilierung Folgendes vor Augen halten: „Kommunikation beginnt deshalb [...] mit dem Verstehen und nicht, wie oft angenommen wird, mit einer Mitteilung.“ [12]

Kommunikation beginnt mit dem Verstehen

Innerhalb dieses Spannungsfeldes bewegt sich die Einschätzung und Profilierung meines Gegenübers. Und diese Profilierung ist entscheidende Grundlage, einem Gesprächspartner auf Augenhöhe zu begegnen und unter Berücksichtigung der Kommunikationsrahmung zu antworten.

Daraus ergeben sich drei Fragen: 1. Mit wem spreche ich? 2. Was will er/sie? 3. Auf welcher Ebene antworte ich ihm/ihr?

Die Antwort auf Frage 1 bekomme ich, indem ich alle zur Verfügung stehenden Profilinformationen (Geschlecht; Vor- und Nachname – sofern der Klarname angegeben ist; Profilbild; Beziehungsstatus; Arbeits- oder Wohnort; Arbeitgeber und so weiter), die je nach Plattform variieren, lese und in Zusammenhang bringe.

Die Antwort auf Frage 2 zielt weniger auf den fachlichen Inhalt einer Nachricht, als vielmehr auf drei der vier Aspekte einer Äußerung nach Friedemann Schulz von Thun´s [13] Kommunikationsquadrat: Erstens, Appell im Sinne von: Ich möchte, dass Du etwas für mich tust. Zweitens, die Beziehungsebene: Ich möchte, dass Du mich beachtest und ernst nimmst. Drittens, die Selbstoffenbarungsebene: Ich möchte, dass Du etwas zur Kenntnis nimmst.

Die Antwort auf Frage 3 resultiert aus dem sich ergebenden Bild des Gesprächspartners (Grundlage sind die Antworten auf die Fragen

1 und 2) in Kombination mit den Kommunikationsregeln und der Formulierung einer Antwort in Kenntnis der fachlich richtigen Auskunft.

Was sich bis hierhin sehr wissenschaftlich darstellt, kann natürlich in der Praxis nicht jedes Mal in epischer Breite abgearbeitet werden. Dennoch sollte die Ausbildung der Social Media-Agents auf dieser Basis aufbauen, um deren nötige Sensibilität im digitalen, öffentlichen Dialog sicherzustellen. In der Praxis werden die Agents den Dialog mit wachsender Erfahrung intuitiv führen können.

Prozesse und Workflows

Der Prolog des Cluetrain Manifestes lautet [14]: „Vernetzte Märkte beginnen sich schneller selbst zu organisieren als die Unternehmen, die sie traditionell beliefert haben. Mit Hilfe des Webs werden Märkte besser informiert, intelligenter und fordernder hinsichtlich der Charaktereigenschaften, die den meisten Organisationen noch fehlen."

Anders ausgedrückt könnte das lauten: „Social Media ist kein prozessfreier Raum" oder „Ohne Verzahnung der Prozesse nach innen gibt es kein effizientes und eloquentes Kommunizieren nach außen."

Unternehmen brauchen Prozesse

Das Internet ist eine Anarchie und Unternehmen brauchen Prozesse. Was bedeutet das? Wenn beide miteinander zu tun haben sollen, muss man den Treffpunkt beider Welten definieren. Den Treffpunkt definiert man, indem man für die dialogische Arbeit im Social Web administrativ möglichst schlanke Social Media-Prozesse definiert, welche dann mit den bestehenden Prozessen im Unternehmern verknüpft werden.

Auf Anfragen in kürzester Zeit antworten

Wichtig dabei ist, dass man in der Außenkommunikation beachtet, dass Anfragen aus dem Social Web innerhalb kürzester Zeit (als Anhaltspunkt: Twitter < 10 Minuten, Facebook < 30 Minuten) beantwortet, aber nicht sofort gelöst werden müssen. Das sollte man den Kunden natürlich wissen lassen. Eine Antwort, die sinngemäß besagt: „Ich habe Dich gesehen und werde mich um Deine Angelegenheit kümmern, dass kann aber x Stunden dauern." wird in den meisten Fällen akzeptiert.

Vor Kunden, die eine schnellere und bevorzugte Behandlung über die sozialen Kanäle erwarten, sollte man sich hüten, denn wenn man dieses Tor öffnet, wird man es nicht mehr schließen können. Strategisch sollte man die Erwartung von Kunden, über die sozialen Kanäle individueller behandelt und schneller eine Antwort zu bekommen, befriedigen, aber deutlich klarstellen, dass ansonsten „Social Media-Kunden" gegenüber „normalen Kunden" keine Extrabehandlung zu erwarten haben.

Skills und Ausbildung der Social Media-Agents

Der Beruf des Social Media-Agents ist eine logische Weiterentwicklung des Callcenter-Agents, da der bereits die Fähigkeit erlangt hat, mit Kunden zu korrespondieren. Der Aufbau beinhaltet somit „nur" die Zusatzqualifikation öffentlich über die sozialen Kanäle zu kommunizieren. Das bedeutet allerdings keinesfalls, dass sich ausschließlich Callcenter-Agents für den Beruf des Social Media-Agents eignen.

Callcenter-Agents können mit Kunden kommunizieren

Jeder Mitarbeiter, der folgende Skills sein eigen nennt, ist für die Tätigkeit im Kundendialog 2.0 geeignet: Kommunikatives sowie emphatisches Talent, tiefgründiges Fachwissen und große Marken-/Unternehmensidentifikation.

Ausbildung dauert vier Wochen

Die Ausbildung der Social Media-Agents umfasst ein circa vierwöchiges Programm. Dabei werden unter anderem folgende Inhalte vermittelt:

Kanäle

Jeder Kanal im Social Web hat seine eigenen Regeln, Spezifika, Mechaniken und Dynamiken. So ist Twitter eher dialogisch (One-to-One) und Facebook eher communityartig (One-2-Many, Many-to-Many) aufgebaut. Es gilt also, den Agents zu vermitteln, wie man sich in den spezifischen Kanälen bewegt und benimmt, die für das Unternehmen als Dialogkanäle ausgewählt wurden.

Rollen

Es hat sich als sinnvoll erwiesen, innerhalb eines Dialogteams folgende drei Rollen in der täglichen Arbeit zu definieren. Wichtig dabei ist, dass jedes Teammitglied jede Rolle beherrscht und sich zu jeder Zeit darüber bewusst ist, in welcher Rolle es gerade steckt. Die erste Funktion ist die des Sichters. Seine Aufgabe ist es, die aus dem Social Web eintreffenden Nachrichten zu beurteilen und der Rolle des Agents zuzuweisen. Der Agent ist eine Art Pate für die jeweils ihm zugewiesene Anfrage. Er ist dafür verantwortlich, dass eine fachlich und emphatisch hochwertige

Antwort zeitgerecht dem Kunden zur Verfügung gestellt wird. Bevor der Agent jedoch die Antwort an den Kunden abschicken darf, muss ein Teammitglied in Funktion der dritten Rolle, der sogenannte Emphatisant, die Antwort gegenlesen. Aufgabe des Emphatisanten ist es, unangebrachte Emotionen (Sarkasmus, Ironie, und so weiter) aus der Antwort zu eliminieren.

Antworten gegenlesen

Profiling

Wie weiter vorne bereits näher beschrieben, werden die Social Media-Agents intensiv in der Fähigkeit des Profilings ausgebildet, um die Wahrscheinlichkeit von kommunikativen Missverständnissen zu minimieren.

Syntax

Neben der selbstverständlich korrekten Rechtschreibung und Grammatik ist man in den Social Media-Kanälen unterschiedlicher Syntax unterworfen, die wiederum Implikationen auf die Art und Weise des Ausdrucks und das Präsentieren der Inhalte hat. In Twitter ist alleine die Beschränkung auf 140 Zeichen pro Tweet eine Herausforderung, die mit dem Ziel angegangen werden muss, sämtliche relevante Information so zu reduzieren, dass sie in einen Tweet „passen". Bei Facebook gibt es derartige Beschränkungen praktisch nicht mehr, jedoch ist es auch hier die Kunst, Information möglichst verständlich und kurz zu präsentieren.

Kurz und verständlich antworten

Die theoretische Vermittlung der Inhalte nimmt in etwa ein Drittel der Ausbildungszeit in Anspruch. In den restlichen zwei Dritteln wird die erworbene Theorie in praktischer Anwendung eingeübt. Dabei werden reelle Kundenanfragen in sich steigernden Eskalationsszenarien beantwortet und dazu korrespondierende Prozesse gelernt. Die Steigerung wird dadurch erreicht, dass man die Übungen zunächst innerhalb der Ausbildungsgruppe hält, gefolgt von der Erweiterung der Testgruppe auf Unternehmensmitarbeiter, die nicht Teil der Ausbildungsgruppe sind, um dann im finalen Praxistest ausgewählte Kunden hinzuzuziehen.

Fazit und Empfehlung

Die Herleitung der Notwendigkeit von Dialog 2.0 und die Aufführung der dazu zu beachtenden Eckdaten in diesem Text erheben keinen Anspruch auf Vollständigkeit. Darüber hinaus sind die Vorschläge nicht als Blaupause zu verstehen, da jedes Unternehmen passend zu seiner Unternehmens-DNA seine Social Media-Aktivitäten planen und ausführen sollte. Der Social Media-Anzug muss also jedes Mal neu geschneidert werden, damit er zur Unternehmens-Persönlichkeit passt. Geliehene Anzüge sehen wie Verkleidungen aus – das merkt der Kunde.

Es sei nochmals betont, dass die Zeiten der durch Praktikanten oder Trainees eröffneten Facebook-Pinnwände vorbei sind (oder sein sollten) und ein so komplexes Unterfangen wie der Dialog 2.0 mit einem nicht zu unterschätzenden Bedarf an Ressourcen, Zeit und Budget einhergeht.

Dialog 2.0 bald so selbstverständlich wie E-Mail

Trotzdem ist es ratsam, den Weg in den Dialog 2.0 zu suchen, denn er wird in Kürze so selbstverständlich sein wie E-Mail. Unternehmen, die über die sozialen Kanäle nicht ansprechbar sind, werden über kurz oder lang einen Wettbewerbsnachteil erleiden.

Bleibt die Frage, wann man damit anfangen sollte. Heute? Nicht unbedingt, aber man sollte bedenken, dass man nicht abwarten kann, was die Mitbewerber so machen, um dann in ein paar Jahren mit Dialog 2.0 zu beginnen, denn den Dialog 2.0 kann man nicht wie eine Software anschalten. Dialog 2.0 zu „machen", bedeutet Veränderung im Unternehmen. Veränderung im Unternehmen bedeutet, dass sich die Menschen verändern müssen. Der Mensch ist ein Gewohnheitstier und braucht Zeit sich zu verändern. Je früher man also anfängt auszuprobieren, wie es da draußen im digitalen öffentlichen Kanal funktioniert, desto mehr Erfahrung hat man in fünf Jahren. Und Erfahrung hat, wie man weiß, eine zeitliche Komponente, die durch keine Anstrengung der Welt abzukürzen ist.

Erfahrungen sammeln

Literatur

[1] http://de.wikipedia.org/wiki/Schlagwort_%28Sprachwissenschaft %29, aufgerufen am 02.05.2012

[2] http://de.wikipedia.org/wiki/Web_2.0, aufgerufen am 02.05.2012

[3] http://de.wikipedia.org/wiki/Social_Media, aufgerufen am 02.05.2012

[4] Scott Cook, Bain & Company

[5] Jeff Bezos, Amazon

[6] http://de.wikipedia.org/wiki/Anarchie, aufgerufen am 02.05.2012

[7] http://www.cluetrain.com/auf-deutsch.html, aufgerufen am 03.05.2012

[8] http://www.telekom-hilft.de/team, aufgerufen am 11.05.2012

[9] http://de.wikipedia.org/wiki/Emoticons, aufgerufen am 11.05.2012

[10] http://www.facebook.com/dbbahn, aufgerufen am 11.05.2012

[11] http://de.wikipedia.org/wiki/Netiquette, aufgerufen am 11.05.2012

[12] http://de.wikipedia.org/wiki/Kommunikation_%28soziologische_Systemtheorie%29, aufgerufen am 18.05.2012

[13] http://de.wikipedia.org/wiki/Friedemann_Schulz_von_Thun#Das_Kommunikationsquadrat, aufgerufen am 18.05.2012

[14] http://www.cluetrain.com/auf-deutsch.html, aufgerufen am 18.05.2012

Digitaler Dialog bei kleinen und mittelständischen Unternehmen

Heike Simmet

Die neuen Möglichkeiten des digitalen Dialogs durch Social Media avancieren mittlerweile für immer mehr Unternehmen unterschiedlichster Branchen zum selbstverständlichen Kommunikationsstandard. Zunehmend wird erkannt, dass es sich bei Social Media nicht lediglich um einen vorübergehenden Hype oder einen neuen Kommunikationskanal handelt, der vorzugsweise für jüngere Zielgruppen interessant ist. Vielmehr kommt es zu einer tiefgreifenden Änderung der gesamten Kommunikationskultur, die sich auf alle Bereiche der Wirtschaft und Gesellschaft auswirkt [1] und mittlerweile fast sämtliche Altersgruppen durchdringt. Die stärksten Wachstumsraten im Social Media-Bereich gehen zurzeit sogar von der Generation 50plus aus. Kleine und mittelständische Unternehmen müssen sich auf den neuen digitalen Dialog in den sozialen Netzwerken jetzt einstellen und ihn in ihre Informations- und Kommunikationsprozesse integrieren.

Soziale Medien bringen tiefgreifende Änderung der gesamten Kommunikationskultur

Vorteile von Social Media

Der gezielte Einsatz von Social Media und die konsequente Nutzung der verschiedenen Social Media-Plattformen bieten gerade für kleine und mittelständische Unternehmen viele Vorteile.

Mit viralen Effekten kostengünstig hohe Reichweiten erreichen

Durch virale Effekte ergibt sich die Möglichkeit, kostengünstig und verhältnismäßig einfach eine hohe Reichweite in der Marketing-Kommunikation zu erreichen. Mit kleinen Budgets lässt sich eine Onlinepräsenz wie bei Großunternehmen aufbauen.

Reichweite in Nischen lassen sich durch Social Media multiplizieren

Viele kleine und mittelständische Unternehmen sind besonders erfolgreich in Nischenpositionen. Durch die Nutzung von Social Media lässt sich die Reichweite dieser Nischen in einem erheblichen Ausmaß multiplizieren, denn gerade bei Special Interest-Produkten und

http://www.marketing-boerse.de/Experten/details/Heike-Simmet

Leistungen können sehr einfach weitere Zielgruppen im nationalen wie auch im internationalen Kontext für bislang ausschließlich regional agierende Unternehmen erschlossen werden. Bekannt geworden ist dieses Phänomen als sogenannter Long Tail-Effekt [2].

Dies bedeutet in der Konsequenz die Möglichkeit der Erlangung von Verkaufschancen, die sich sonst nur durch einen hohen Werbeaufwand realisieren lassen könnten. Gerade diesen hohen Werbeaufwand können kleine und mittelständische Unternehmen aufgrund ihrer in der Regel sehr knapp bemessenen Budgets aber gar nicht finanzieren. Erschwerend kommt hinzu, dass klassische Werbung immer weniger Wirkung zeigt und vor allem bei der jüngeren Zielgruppe kaum noch Aufmerksamkeit erzielt.

Klassische Werbung bewirkt immer weniger Aufmerksamkeit

Durch die in den sozialen Medien gegebene Medienvielfalt in Form der Verknüpfung von Text, Bild, Video und Sound lassen sich zudem die Leistungen vieler kleiner und mittelständischer Unternehmen nachhaltig wirksam darstellen. Dies gilt insbesondere für den Dienstleistungsbereich. Hier können zum Beispiel digitale Showrooms und in Zukunft auch Cyberrooms die Leistungsfähigkeit eines Unternehmens plastisch kommunizieren. Die Auswahl eines Einzelhändlers, die Atmosphäre eines Restaurants oder die Schneidekunst eines Friseurs lassen sich beispielsweise durch YouTube-Videos wesentlich besser verdeutlichen als dies zum Beispiel durch eine Print-Werbeanzeige möglich ist. Aber auch im Investitionsgütersektor können komplexe technische Spezifikationen durch eine multimediale Darstellung erheblich leichter transportiert werden.

Multimediale Botschaften sind leicht zu transportieren

Kleine und mittelständische Unternehmen überzeugen sehr häufig durch ihre ausgeprägte Serviceorientierung. Diese Stärke kann durch Social Media weiter betont werden. Durch den unmittelbaren und schnellen Dialog über die sozialen Netze ist das Eingehen auf individuelle Kundenwünsche und -bedürfnisse viel einfacher als über die klassische persönliche beziehungsweise mediale Kommunikation möglich. Entscheidend ist hierbei, dass Social Media die klassische persönliche beziehungsweise mediale Kommunikation nicht ersetzen kann und will. Vielmehr liegt die Zukunft in der crossmedialen Ansprache der Kunden.

Zukunft liegt in der crossmedialen Ansprache der Kunden

Ungenutzte Potenziale

Vor allem Großunternehmen und weltweit agierende Konzerne haben ihre Präsenz in den sozialen Media in den letzten Jahren massiv verstärkt. In vielen kleinen und mittelständischen Unternehmen ist man hingegen in der Nutzung sozialer Netzwerke noch eher zurückhaltend. Unterschiede zeigen sich hier insbesondere im organisatorischen Bereich. Dies ergibt unter anderem ein Vergleich in der Studie „Social Media in deutschen Unternehmen" vom Bundesverband Informationswirtschaft, Telekommunikation und neue Medien e.V., kurz BITKOM [3].

In vielen kleinen und mittelständischen Unternehmen werden die weitreichenden Potenziale für die Effizienzsteigerung in den Informations- und Kommunikationsprozessen durch Social Media bislang noch nicht einmal ansatzweise ausgeschöpft [4].

Weitreichende Potenziale werden noch nicht ausgeschöpft

Was sind die Gründe für die Zurückhaltung vieler kleiner und mittelständischer Unternehmen bei der Nutzung der neuen digitalen Dialogmöglichkeiten? Zum einen besteht ein unzureichendes Wissen über die Anwendungsmöglichkeiten sozialer Informations- und Kommunikationstechnologien. Zum anderen sehen gerade kleine und mittelständische Unternehmen angesichts der Vielfalt von Social Media-Plattformen den „Wald vor lauter Bäumen" oftmals nicht.

Den „Wald vor lauter Bäumen" nicht sehen

Pauschaliert werden soziale Medien und soziale Netzwerke zudem gerne mit dem am weitesten verbreiteten Medium Facebook gleich gesetzt. Und dieses Instrument hat bekannterweise gerade unter Aspekten des Datenschutzes ein eher schlechtes Image bei kleinen und mittelständischen Unternehmen. Die vielfältigen Möglichkeiten der Kommunikation mit Geschäftspartnern über Xing, die Kraft von Fotos auf Pinterest, die multimedialen Darstellungsoptionen in einem YouTube-Video oder die vertiefende Diskussion auf dem eigenen Blog werden weitaus weniger erkannt.

Man verlässt sich daher nach wie vor auf die klassische und vor allem sichere persönliche Kommunikation insbesondere im Business-to-Business-Sektor und setzt soziale Medien allenfalls als Instrument der Öffentlichkeitsarbeit und der Werbung ein.

Weitere Gründe für die Zurückhaltung von kleinen und mittelständischen Unternehmen in Sachen Social Media sind: Fehlende personelle und finanzielle Ressourcen und auch ein Misstrauen gegenüber einer allzu großen Öffnung nach außen [5].

Das häufig eher konservativ eingestellte Management in kleinen und mittelständischen Unternehmen sah den rasant verlaufenden Entwicklungen in Social Media demzufolge in der Anfangszeit tendenziell misstrauisch entgegen und unternahm daher nur vorsichtig erste Schritte einer Öffnung gegenüber Social Media. Ist die erste Hemmschwelle jedoch erst einmal überwunden, werden die neuen Dialogformen im Social Web sehr schnell und konsequent sowie erfolgreich eingesetzt.

Kernergebnisse einer Studie

Chancen der Profilierung im Wettbewerb werden vergeben

Durch die noch bestehende Zurückhaltung bei der Nutzung von Social Media verschenken viele kleine und mittelständische Unternehmen Chancen der Profilierung im Wettbewerb. Vor allem die Vorteile des Aufbaus eines echten Dialogs mit den Kunden in der virtuellen Welt werden völlig unterschätzt. Hinzu kommen die ungenutzten Möglichkeiten der effizienten Ansprache potenzieller Bewerber im Rahmen des Personal-Recruitings und des Personal-Marketings. Hier besteht noch ein erheblicher Nachholbedarf. Dies sind die Ergebnisse der Studie „Social Media als Chance für kleine und mittelständische Unternehmen", die 2011/2012 unter der Leitung der Professorin Heike Simmet an der Hochschule Bremerhaven mit mehr als fünfhundert kleinen und mittelständischen Unternehmen unterschiedlicher Branchen durchgeführt wurde [6].

Die gängigen Social Media-Plattformen sind bekannt

Kleinen und mittelständischen Unternehmen sind die gängigen Social Media-Plattformen bereits bekannt. Man hat also zumindest einen Überblick über die wichtigsten Möglichkeiten einer Aktivität im Social Web.

Nutzung eines persönlichen Accounts

Private und geschäftliche Interessen vermischen sich in sozialen Medien immer stärker

Private und geschäftliche Interessen vermischen sich in den sozialen Medien generell immer stärker. Dies gilt vor allem auch für kleine und mittelständische Unternehmen. 75 Prozent der befragten Unternehmen sind bereits in den sozialen Netzen zumindest mit einem persönlichen Account in geschäftlichem Interesse auf diversen Social Media-Plattformen aktiv.

Bevorzugte Social Media-Plattformen

Genutzt werden vor allem Facebook (53,9 Prozent), Xing (50,8 Prozent), Twitter (35,9 Prozent), YouTube (25,9 Prozent) und Blogs (21,4 Prozent). LinkedIn wird von 16,9 Prozent der Unternehmen eingesetzt. Google+ spielt mit 6 Prozent der Angaben bislang nur eine sehr untergeordnete Rolle. Pinterest ist kleinen und mittelständischen Unternehmen noch weitestgehend unbekannt.

Facebook, Xing und Twitter werden am meisten genutzt

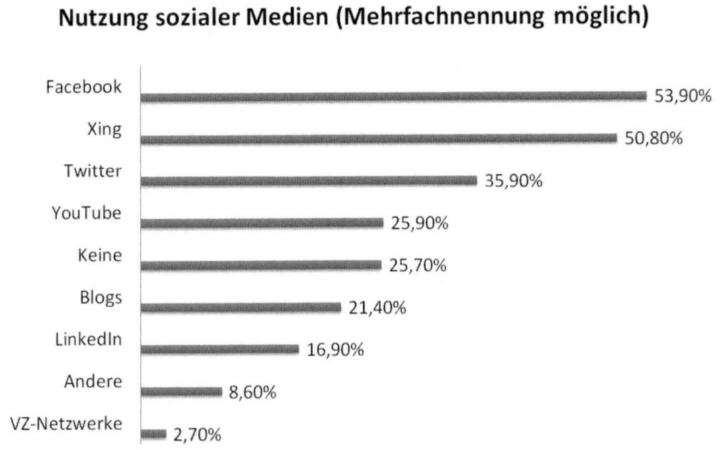

Abb. 1: Nutzung von Social Media in kleinen und mittelständischen Unternehmen

Einsatzbereiche von Social Media

Ziele des Einsatzes von Social Media sind überwiegend ein Vorsprung in Öffentlichkeitsarbeit, Steigerung der Bekanntheit, Werbung und Aufbau einer Realtime-Kommunikation sowie eines Kundenfeedbacksystems.

Nutzung zeitlicher Ressourcen

Der Mehrzahl der befragten kleinen und mittelständischen Unternehmen ist die Bedeutung einer ständigen Aktualisierung der Inhalte im Social Web bewusst. Das Tagesgeschäft und die limitierten zeitlichen Ressourcen lassen es jedoch oftmals nicht zu, sich in adäquater Form mit der Beschaffung, Aufbereitung und Kommunikation von hochwertigem Content zu beschäftigen. Die Aktualisierung der Beiträge in den Social Media erfolgt dennoch bei vielen kleinen und mittelständischen Unternehmen zumindest mehrmals in der Woche (41,8 Prozent) oder sogar täglich (20,7 Prozent).

Aufbereitung von Content kostet Zeit

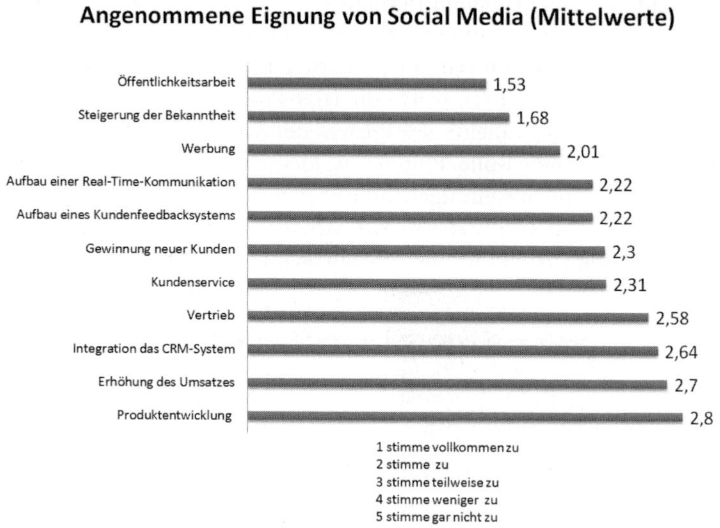

Abb.2.: Eignung von Social Media aus der Perspektive von kleinen und mittelständischen Unternehmen

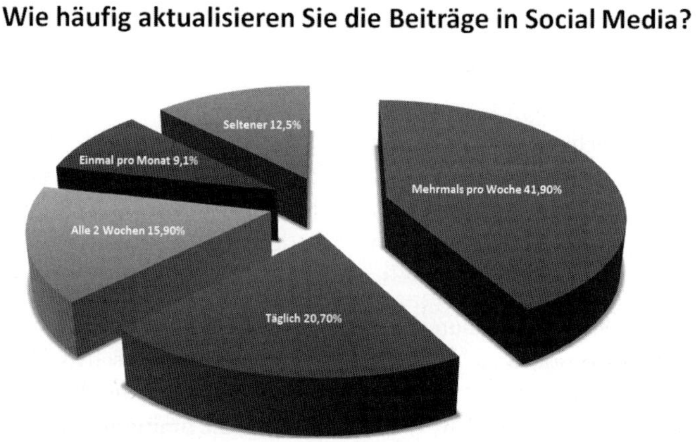

Abb.3: Aktualisierung der Beiträge auf Plattformen

Nutzung personeller Ressourcen

Für ihr Content Marketing setzen die Befragten einen beziehungsweise mehrere Mitarbeiter ein, die mindestens 30 Minuten (35,5 Prozent),

30 Minuten bis 2 Stunden (39,0 Prozent) oder sogar 2 bis 3 Stunden (15,1 Prozent) täglich in den sozialen Medien für das Unternehmen aktiv sind. Dies ist nur sehr wenig Zeit, um qualitativ hochwertigen Content zu beschaffen, aufzubereiten und zu kommunizieren. Hier bieten sich als Lösung Kooperations-Netzwerke für das Content Marketing an [7].

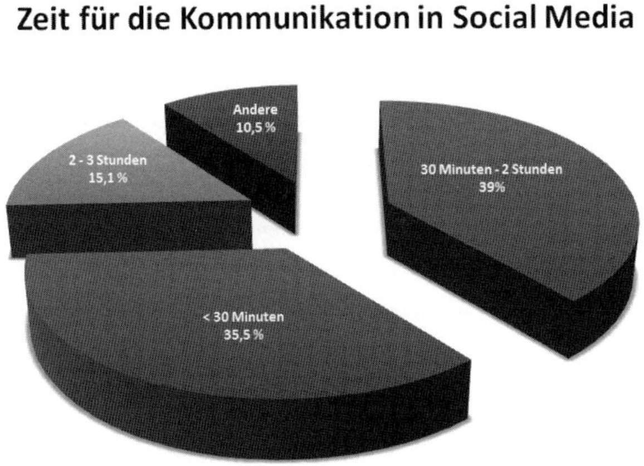

Abb. 4: Zur Verfügung stehende Zeit für die Kommunikation auf Social Media-Plattformen

Mitarbeiterqualifikationen

Social Media-Mitarbeiter sollten nach Ansicht der befragten kleinen und mittelständischen Unternehmen vor allem über Kommunikationsfähigkeit sowie Dialogkompetenz, soziale Kompetenz, Sprachkompetenz und Kritikfähigkeit verfügen. Hinzu kommen Qualifikationen wie Kreativität und Empathie. IT-Kenntnisse und Vielsprachigkeit spielen eine nur untergeordnete Rolle.

Mitarbeiter sollten Social Media Policy unbedingt beachten

Bedeutung einer Social Media Policy

Die Mitarbeiter, die für das Unternehmen in den Social Media aktiv sind, sollten die Social Media Policy als Arbeitsrahmenbedingung unbedingt beachten.

Der Umgang mit vertraulichen Informationen ist die wichtigste Regel für Mitarbeiter

Der Umgang mit vertraulichen Informationen stellt für kleine und mittelständische Unternehmen die wichtigste Regel beim Umgang der Mitarbeiter mit Social Media dar. Einen zweiten Rang nimmt die Einhaltung der Unternehmensethik ein. Als besonders wichtig wird zudem die Berücksichtigung der Hinweise zur Einhaltung des Urheberrechts sowie die Einhaltung vereinbarter Kommunikationsregeln angesehen. Wert wird darüber hinaus auf die Beachtung der Regelungen im Beschwerdemanagement sowie auf die Trennung von Privat und Beruf und auf die Eigenverantwortung der Mitarbeiter gelegt.

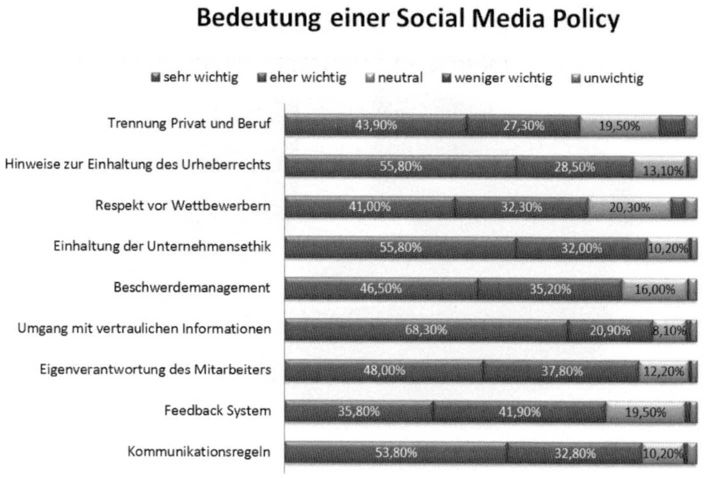

Abb. 5: Bedeutung von Regeln einer Social Media Policy in kleinen und mittelständischen Unternehmen

Erkannter Handlungsbedarf

Fast die Hälfte der Unternehmen, die noch nicht in sozialen Medien vertreten ist, sieht Handlungsbedarf

Von den kleinen und mittelständischen Unternehmen, die noch nicht in den sozialen Netzwerken vertreten sind, sieht fast die Hälfte (47,3 Prozent) Handlungsbedarf. Innerhalb der nächsten 6 bis 12 Monate wollen 41,4 Prozent, innerhalb der nächsten 3 bis 6 Monate 22,4 Prozent und in den nächsten 3 Monaten 13,8 Prozent dieser Unternehmen aktiv werden. Die Neueinsteiger planen ihre erste Aktivität überwiegend auf Facebook (74,1 Prozent). Darüber hinaus werden Präsenzen auf Xing (41,4 Prozent) und YouTube (20,7 Prozent) angestrebt.

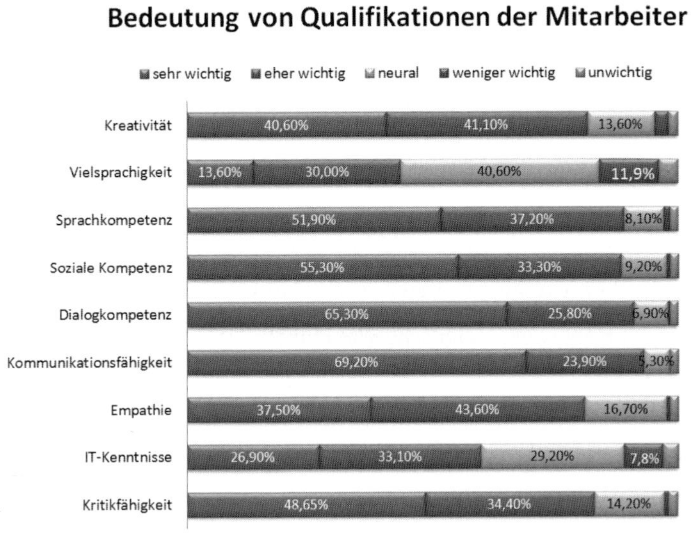

Abb.6: Bedeutung von Qualifikationen und Fähigkeiten von Social Media-Mitarbeitern

Best Practice-Beispiele

Trotz der insgesamt noch zögernden Nutzung von Social Media gibt es mittlerweile zahlreiche Best Practice-Beispiele, die eindrucksvoll die immensen Chancen von Social Media gerade für kleine und mittelständische Unternehmen belegen.

Beispiel Konsumgüter: Frosta AG

Die Frosta AG (http://www.frosta.de) gilt als Pionierunternehmen beim Betreiben eines Mitarbeiter-Blogs in Deutschland. Nicht nur die Mitarbeiter des Unternehmens, sondern auch die Vorstandsmitglieder sind hier aktiv. Ergänzend wurden bereits früh virale Videos eingesetzt. Hinzu kommen neuerdings auch Bewertungen der Frosta Produkte auf der eigenen Website. Damit folgt das Familienunternehmen Frosta dem neuen Megatrend der Einbindung von Kundenbewertungen auf der eigenen Website und somit der unmittelbaren und aktiven Beteiligung der eigenen Kunden.

Bei Frosta sind Mitarbeiter und Vorstandsmitglieder im Mitarbeiter-Blog aktiv

Beispiel Lebensmittelhandel: Emmas Enkel

Bei Emmas Enkel wird die Nostalgie eines „Tante Emma Ladens" mit der neuen Technik verbunden

Das innovative Konzept des Lebensmittelhändlers „Emmas Enkel“ (http://www.emmas-enkel.de) verknüpft die Nostalgie eines Tante-Emma-Ladens aus der „guten alten Zeit“ mit der Technik des Internetzeitalters und verbindet das mit einem sehr gelungenen Social Media-Auftritt. Das Ladenlokal „Emmas Enkel“ vereint eine familiäre Atmosphäre und eine große Auswahl an Produkten mit dem modernen Online-Shopping. Per Smartphone oder Tablet-PC lassen sich die gewünschten Artikel bestellen, die wahlweise im Geschäft abgeholt werden können oder aber auch nach Hause geliefert werden.

Beispiel Handwerk: Malerische Wohnideen

67 Prozent des gesamten Umsatzes über Internetmarketing im Handwerk erreicht

Das auch in einem kleinen Handwerksbetrieb Social Media erfolgreich genutzt werden kann, beweist der Malermeister Volker Geyer mit seinen vielfältigen Social Media-Aktivitäten für die Malerischen Wohnideen (http://www.malerische-wohnideen.de). Der Erfolg der Aktivitäten in den Social Media ist überwältigend. Das kleine Handwerksunternehmen erzielte 2011 bereits 67 Prozent des gesamten Umsatzes über sein Internetmarketing. Innerhalb kürzester Zeit werden bereits 7 Prozent des Umsatzes ausschließlich über Social Media generiert. Menschen, mit denen das Unternehmen über Xing, Facebook, Twitter und Google+ vernetzt ist, treten mit gezielten Anfragen in Kontakt. 38 Prozent dieser Anfragen führen zu einem konkreten Angebot, 42 Prozent davon zu einem Auftrag. Diese Zahlen verdeutlichen das immense Potenzial von Social Media gerade auch für Kleinunternehmen im Handwerk [8].

Beispiel B2B: Krones AG

Azubi-Blog im B2B mit moderner Storytelling-Technik

Das mit Abstand am häufigsten genannte Beispiel für einen gelungenen Social Media-Auftritt im mittelständischen Anlagenbau im Bereich des Personal-Recruitings und Employer-Brandings ist die Krones AG (http://www.krones.com/de/karriere). Hier werden alle gängigen Social Media-Plattformen nicht nur genutzt, sondern in einem integrativen Ansatz äußerst erfolgreich und höchst konsequent eingesetzt. Der innovative Ansatz der Krones AG nutzt beispielsweise auch als eines der ersten Unternehmen im Business-to-Business-Bereich einen Azubi-Blog, der zielgruppengerecht auf der Facebook-Seite des Unternehmens eingebunden ist. Das Unternehmen setzt auf die moderne Storytelling-Technik und verknüpft dabei sehr geschickt Information mit Unterhaltung und Spannungsaufbau.

Beispiel Logistik: KoLoS-Netzwerk
Ein Best Practice-Beispiel aus dem Business-to-Business-Dienstleistungssektor stellt das Netzwerk KoLoS (http://kolos-netzwerk.de/) dar. KoLoS (Kooperation Logistik Spedition) ist eine 2010 gegründete Mittelstandskooperation, die gemeinschaftlich auf den zunehmenden Wettbewerb mit steigendem Preis- und Leistungsdruck, die Komplexität der Anforderungen im Supply-Chain-Management, die Dynamik bestehender Logistikprozesse und die sich verändernden Rahmenbedingungen durch Bündelung der Potenziale der einzelnen Speditionen reagiert. Hierdurch sollen unter anderem eine optimierte Kapazitätsauslastung und minimierte Leerfahrten durch Ladungs-/Teilladungstausch mit garantierten Zahlungszielen sowie erweiterte Angebotsprofile für alle Partner erzielt werden.

Optimierte Kapazitätsauslastung und minimierte Leerfahrten durch Netzwerk

Checkliste für die Integration von Social Media

Die Integration von Social Media in kleinen und mittelständischen Unternehmen erfordert eine sorgfältige Planung, Durchführung und Kontrolle. Sehr häufig fehlt gerade bei kleinen und mittelständischen Unternehmen eine Social Media-Strategie.

Sehr häufig fehlt Social Media-Strategie

Folgende Fragen sollten Verantwortliche in kleinen und mittelständischen Unternehmen vor jedem Engagement in den sozialen Netzen beantworten:

Was sind die Ziele meines Social Media-Engagements?
Will ich mehr Bekanntheit erzielen, mehr Umsatz generieren oder neue Mitarbeiter gewinnen? Der Einsatz von Social Media ist prinzipiell zielorientiert zu planen.

Welche Zielgruppen will ich konkret erreichen?
Geschäftskunden müssen in den Social Media völlig anders angesprochen werden als zum Beispiel potenzielle Azubis oder künftige Mitarbeiter auf Führungsebenen. Eine genaue Zielgruppendefinition ist also unerlässlich.

Welcher Social Media-Kanal erreicht meine Zielgruppe am besten?
Während ältere Zielgruppen am effizientesten über Business-Netzwerke wie Xing oder LinkedIn adressierbar sind, bietet sich für die jüngere Zielgruppe sowohl im geschäftlichen als auch im privaten Bereich vor allem Facebook und YouTube als Kanal an. Die weibliche Zielgruppe

ist hingegen hervorragend durch die Bilder-Plattform Pinterest erreichbar.

Welche eigenen zeitlichen Ressourcen kann ich bereitstellen?
Social Media sollte gerade in kleinen und mittelständischen Unternehmen immer auch Chefsache sein. Dies erzeugt den größtmöglichen Grad an Authentizität und Glaubwürdigkeit.

Welche Mitarbeiter betraue ich mit Social Media-Aufgaben?
Verantwortlichkeiten der Mitarbeiter klar regeln

Auch in kleinen und mittelständischen Unternehmen müssen die Verantwortungen und Aufgabenverteilungen der Mitarbeiter in Sachen Social Media klar geregelt werden.

Welche finanziellen Ressourcen kann und will ich bereitstellen?
Social Media ermöglicht zwar eine kostengünstige Kommunikation. Diese ist aber nicht zum Nulltarif realisierbar. Die Beschaffung und Aufbereitung von Content verursacht Kosten, die einkalkuliert werden müssen.

Content verursacht Kosten

Wie gestalte ich mein Content-Management in den sozialen Medien?
Der Erfolg von Social Media ist stark von der Relevanz, Qualität und Aktualität der Postings und Dialoge in den sozialen Netzwerken abhängig. Dieses Content-Management muss genau geplant werden.

Wie werden die Aktivitäten von Suchmaschinen gefunden?
Social Media-Aktivitäten haben einen stark ansteigenden Einfluss auf das Ranking in Suchmaschinen. Ziel ist es, die vorderen Plätze bei Google einzunehmen. Die Social Media-Aktivitäten sollten daher in die Suchmaschinen-Optimierung (SEO) integriert werden.

SEO berücksichtigen

Wie kontrolliere ich den Erfolg meiner Social Media-Aktivitäten?
Eine Kontrolle der Wirkungen der eigenen Social Media-Aktivitäten ist unerlässlich. Zur Erfolgskontrolle der Social Media-Aktivitäten stehen eine Vielzahl kostenloser einfacher und professioneller Social Media Monitoring-Tools zur Verfügung.

Implementierung von Social Media

Kleine und mittelständische Unternehmen verfügen in der Regel nicht über die Ressourcen, eine umfassende Social Media-Konzeption innerhalb kurzer Zeit zu entwickeln und umzusetzen. Vielmehr ist ein stufenweises und pragmatisches Vorgehen bei der Implementierung sinnvoll.

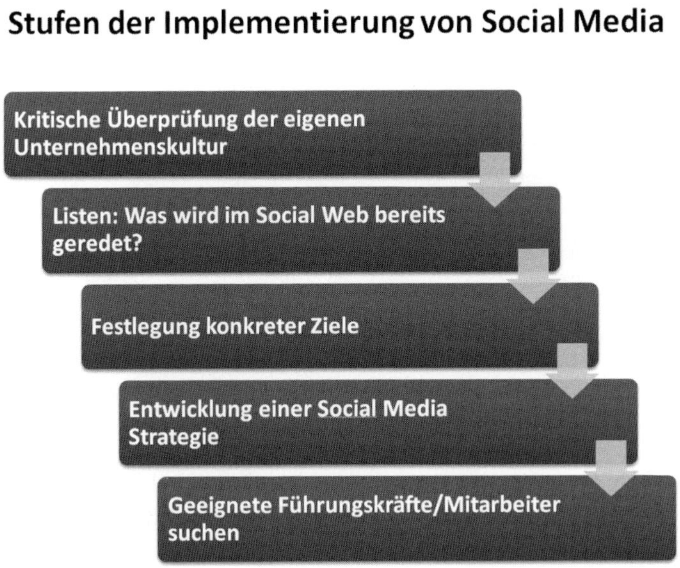

Abb. 7: Stufen der Implementierung von Social Media in kleinen und mittelständischen Unternehmen (Step 1)

Für öffentlichkeitsscheue mittelständische Unternehmen sind Öffnungsbarrieren hoch

Eine Grundvoraussetzung der Integration von Social Media in kleinen und mittelständischen Unternehmen besteht in der Überprüfung der eigenen Unternehmenskultur. Für ein sehr öffentlichkeitsscheues Mittelstandsunternehmen sind die Barrieren für eine Öffnung nach außen oftmals hoch.

Social Media Monitoring oberste Pflicht

In einem zweiten Schritt empfiehlt es sich, ein erstes Social Media Monitoring vorzunehmen: Was wird im Social Web bereits über das eigene Unternehmen geredet? Bei Vorliegen erheblicher Kritikpunkte sollte von einem voreiligen Einsatz abgesehen werden und erst eine Klärung herbeigeführt werden. Erst danach können konkrete Ziele für den Social Media-Einsatz formuliert und eine Social Media-Strategie entwickelt werden.

In kleinen und mittelständischen Unternehmen muss zudem der generell bestehende personelle Engpass berücksichtigt werden. Es gilt daher in einem nächsten Schritt, geeignete Führungskräfte und Mitarbeiter für die operative Umsetzung zu finden.

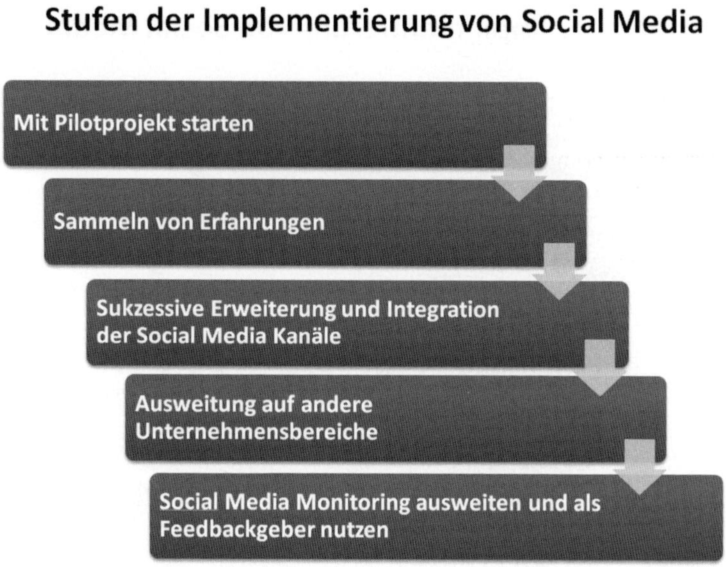

Abb.8: Stufen der Implementierung von Social Media in kleinen und mittelständischen Unternehmen (Step 2)

Mit Pilotprojekt starten

Bevor eine umfangreichere Nutzung von Social Media begonnen wird, ist es ratsam, zunächst auf einer ausgewählten Plattform ein Pilotprojekt zu starten. In der Regel wird hierfür Facebook ausgewählt, da es sich um das am meisten verbreitete soziale Netzwerk in Deutschland handelt.

Erfahrungen sammeln

Hier sollten dann erst einmal Erfahrungen im Umgang mit den Möglichkeiten des öffentlichen Dialoges gesammelt werden. Die ständig neuen Algorithmen von Google, die ansteigende Bedeutung von qualitativ hochwertigen und stets aktuellen Inhalten sowie die wachsende Bedeutung der Bewegtbild-Kommunikation für das Ranking auf Google führen zu einer immer höheren Relevanz eines systematisch betriebenen Content Marketings auch für kleine und mittelständische Unternehmen [9].

Erst wenn aufgrund der Erfahrungen ein gewisser Grad an Sicherheit mit dem Bespielen der Social Media Plattform gewonnen werden konnte, ist es sinnvoll, die genutzten Kanäle sukzessive auszuweiten und in ein geschlossenes Social Media-Konzept zu integrieren. In der Regel werden zu Beginn der Social Media-Aktivität von kleinen und mittelständischen Unternehmen Prioritäten im Bereich des Marketing und der Öffentlichkeitsarbeit gesetzt.

Marketing und Öffentlichkeit sind meist die Schwerpunkte beim Projektstart

In einer weiteren Entwicklungsstufe lassen sich die Social Media-Aktivitäten weiter ausbauen. Angesichts des immer dringlicher werdenden Fachkräftemangels bietet sich zum Beispiel die Nutzung im Personal-Marketing und Personal-Recruiting an. Immense Chancen ergeben sich auch in der Produktentwicklung. Durch Plattformen als Software as a Service (SaaS) Lösung können auch kleine und mittelständische Unternehmen die Vorteile von Crowdsourcing und Open Innovation für sich nutzen.

Aufbau in Personal-Marketing und Personal-Recruiting

In einer letzten Entwicklungsstufe gilt es, das Social Media Monitoring auszuweiten und als wichtigen Feedbackgeber zu nutzen. Einen Überblick über die zur Verfügung stehenden Tools bietet zum Beispiel der Praxisleitfaden Social Media Monitoring [10].

Social Media Monitoring ausweiten

SoLoMo: Revolution im Marketing

Der unaufhaltsame Trend der Nutzung von Social Media führt dazu, dass sich eine neue Form des Onlinegeschäfts in Form des Social Commerce herausbildet. Im Mittelpunkt dieses Social Commerce steht die aktive Beteiligung der Kunden in einem online getriebenen Kaufentscheidungsprozess. Dieser Kaufentscheidungsprozess wird zunehmend durch den Aufbau persönlicher Beziehungen zu Anbietern und Marken geprägt. Eine wichtige Rolle spielt zudem die Kommunikation der Kunden untereinander in den sozialen Netzwerken [11].

Immer mehr Kunden nutzen das Internet und vor allem auch Social Media heute mobil per Smartphone oder Tablet. Bei den Verkaufszahlen mobiler Endgeräte sind immense Wachstumsraten zu verzeichnen. Zudem hat sich auch die Usability der Endgeräte deutlich verbessert und zu einem Abbau von Akzeptanzbarrieren geführt. Mobile Commerce avanciert damit zu einem wichtigen Wachstumstreiber im Onlinegeschäft. Allen Prognosen zufolge wird Mobile Commerce den E-Commerce-Handel bereits im Jahr 2012 übertreffen. Kleine und mittelständische Unternehmen müssen sich

Mobile Commerce ist Wachstumstreiber

diesem Trend anpassen, ihre Websites mobilfähig gestalten und zudem eigene Apps anbieten.

Location Based Services im Kommen

Ein weiterer Trend liegt in der lokalen Verankerung der Social Media-Aktivitäten. Während die Nutzung des Internets in vergangenen Zeiten vor allem global ausgerichtet war, ist heute eine lokale Einbindung der Nutzer durch die zunehmende Verbreitung von Location Based Services möglich. Die reale und unmittelbare Umgebung wird auf diese Weise heute in die digitale Welt übertragen. Unterstützend in der Informationsvermittlung wirkt die exponentielle Verbreitung der QR-Codes in der lokalen und regionalen Kommunikation, zum Beispiel auf Flyern, Schaufenstern, Visitenkarten oder Plakaten. Es wird kleinen und mittelständischen Unternehmen hierdurch auf relativ einfachem Weg ermöglicht, den Kunden zur richtigen Zeit und über den richtigen Kanal sowie am richtigen Ort mit einer als positiv empfundenen Botschaft anzusprechen.

Basistrend SoLoMo

Die drei Entwicklungen Social – Local – Mobil ergeben zusammen einen Basistrend, der als SoLoMo bezeichnet wird [12]. Gerade für kleine und mittelständische Unternehmen, die ja sehr häufig über einen lokalen beziehungsweise regional geprägten Absatzraum verfügen, eröffnen sich durch diesen Basistrend vielfältige Möglichkeiten der Entwicklung neuer Geschäftsmodelle. Eines der bekanntesten Beispiele für den überwältigenden Erfolg eines derartigen neuen Geschäftsmodells auf der Basis des SoLoMo-Trends stellt die App myTaxi dar. Jedes fünfte Taxi in Deutschland nutzt inzwischen den innovativen Service des Hamburger Startup-Unternehmens Intelligent Apps GmbH. Insgesamt nehmen bereits 15.000 Taxifahrer an dem System teil, das mittlerweile auch eine Bezahlfunktion per Smartphone integriert hat.

Bewertungsdienste setzen sich zunehmend durch

Eine weitere wichtige Rolle spielen die sich zunehmend durchsetzenden Bewertungsdienste. Während in der Anfangszeit vor allem Großunternehmen einer Bewertung durch Kunden unterzogen wurden, breitet sich die Grundidee der Einschätzung und Kommentierung von Unternehmen und Services mittlerweile immer mehr aus und macht auch vor lokal agierenden kleinen und mittelständischen Unternehmen nicht halt. Für leistungsfähige Anbieter bedeuten positive Bewertungen ein unermesslich starkes Weiterempfehlungspotenzial, das gezielt zum weiteren Ausbau des Social Commerce genutzt werden kann.

Erst durch eine verstärkte Verwendung lokaler Social Media-Plattformen wie zum Beispiel Google Maps, Google Places oder Foursquare und Bewertungsdienste wie Qype können kleine und mittelständische Unternehmen in Verbindung mit mobile Devices und Apps ihre traditionellen Stärken wie Kundennähe und Serviceorientierung in Nischenpositionen auch in der virtuellen Welt voll ausspielen. In der heute zunehmend erweiterten Realität, der so genannten Augmented Reality (AR), ist es für kleine und mittelständische Unternehmen daher möglich, eine Präsenz wie Großunternehmen aufzubauen. Diese Chance gilt es jetzt zu erkennen und konsequent zu nutzen.

Im Sinne eines Dreiklangs von Social – Local – Mobile verstanden führt die Nutzung von Social Media zu einer Revolution des Marketings für kleine und mittelständische Unternehmen [13].

Der Dreiklang Social – Local – Mobile führt zu einer Revolution des Marketings

Literatur

[1] Qualman, E., Socialnomics: Wie Social Media Wirtschaft und Gesellschaft verändern – 1. Aufl., Verlagsgruppe Hüthing, Heidelberg, München 2010.

[2] Anderson, Ch.: The Long Tail – der lange Schwanz. Nischenprodukte statt Massenmarkt – Das Geschäft der Zukunft – 1. Aufl., Carl Hanser Verlag, München 2007.

[3] Bundesverband Informationswirtschaft, Telekommunikation und neue Medien e. V. BITKOM, Studie Social Media in deutschen Unternehmen, Mai 2012, http://www.bitkom.org/files/documents/Social_Media_in_deutschen_Unternehmen.pdf

[4] Simmet, H.: Verschenkte Chancen: Social Media in kleinen und mittelständischen Unternehmen, in: http://hsimmet.com/2012/04/09/verschenkte-chancen-social-media-in-kleinen-und-mittelstaendischen-unternehmen/

[5] Simmet, H.: Digitaler Dialog im Kundenservice: Chancen für den Mittelstand, in: http://hsimmet.com/2011/12/30/digitaler-dialog-im-kundenservice-chancen-fuer-den-mittelstand/

[6] Simmet, H.: Verschenkte Chancen: Social Media in kleinen und mittelständischen Unternehmen, in: http://hsimmet.com/2012/04/09/verschenkte-chancen-social-media-in-kleinen-und-mittelstaendischen-unternehmen/

[7] Simmet, H.: Keine Zukunft ohne Social Media Präsenz: Content Marketing für den Mittelstand, in: http://hsimmet.com/2012/04/12/keine-zukunft-ohne-social-media-prasenz-content-marketing-fuer-den-mittelstand/

[8] http://www.malerische-wohnideen.de/de/blog/67-unseres-gesamten-umsatzes-in-2011-kommen-nachweislich-ueber-unser-internetmarketing-web-20-social-media-marketing.html

[9] Simmet, H.: Keine Zukunft ohne Social Media Präsenz: Content Marketing für den Mittelstand, in: http://hsimmet.com/2012/04/12/keine-zukunft-ohne-social-media-prasenz-content-marketing-fuer-den-mittelstand/

[10] Steimel, B., Halemba, Ch., Dimitrova, T.: Praxisleitfaden Social Media Monitoring – Mind Business Consultants 2010.

[11] Mühlenbeck, F., Skibicki, K.: Verkaufsweg Social Commerce – Blogs, Podcasts, Communities & Co. – 2007. Steimel, B., Gentsch, P., Dimitrova, T.: Praxisleitfaden Social Commerce – Mind Business Consultants 2012.

[12] Ringel, Tim: SoLoMo - Die Social Local Mobile Bewegung, in: http://www.marketing-boerse.de/Fachartikeldetails/SoLoMo-Prozent96-Die-Social-Local-Mobile-Bewegung/

[13] Simmet, H.: Revolution im Marketing für kleine und mittelständische Unternehmen: SoLoMo als Erfolgsfaktor, in: http://hsimmet.com/2012/07/22/revolution-im-marketing-fur-kleine-und-mittelstandische-unternehmen/

Hürden crossmedialer Kommunikation

Heinrich Holland

Der folgende Beitrag untersucht den Status Quo von Crossmedia-Kommunikation und die Integration von Online und Offline im Dialogmarketing in der Praxis. Der Wandel des Mediennutzungsverhaltens mit der Zunahme des digitalen Dialogs verändert nachhaltig die Kommunikation und damit das crossmediale Dialogmarketing.

Management Summary

Die Integration von Online- und Offlinemedien im Dialogmarketing führt zu einer Wirkungsverstärkung. Trotz der validierten Wirkung von Crossmedia zeichnen sich zahlreiche Barrieren und Herausforderungen in der Praxis ab, welche eingehend beleuchtet und kritisch hinterfragt werden.

Problemstellung

Das Thema Crossmedia ist im Zuge der weiter zunehmenden Informationsüberlastung nach wie vor aktuell. Aus der Sicht des Marketings gilt es, relevante Zielgruppen mit einem Höchstmaß an Effizienz anzusprechen. Unternehmen fordern immer wieder konkrete Wirkungsnachweise und die optimale Allokation der Marketingbudgets. Gleichzeitig wird klassische Kommunikation, wenn eindimensional geschaltet, zunehmend ineffizienter.

Steigende Interaktivität

Die Medien erfahren eine steigende Interaktivität durch die Verwendung von Rückkanälen. Die Digitalisierung macht aus den Medien Dialogmedien.

Die Medienwechselbereitschaft nimmt stetig zu; immer mehr Menschen nutzen Medien mittlerweile parallel. Ein erhöhter Wiedererkennungseffekt durch crossmediale Ansprache kann somit durch die

http://www.marketing-boerse.de/Experten/details/Heinrich-Holland

Parallele Nutzung differenzierter Touchpoints

parallele Nutzung differenzierter Touchpoints zu einer Steigerung der Werbeeffizienz führen.

Abb. 1: Wirkung crossmedialer Vernetzung

Qualitative Studie

Für die vorliegende Studie wurden acht qualitative Experteninterviews geführt, um die Resultate aus einer Sekundäranalyse anhand von praktischen Erkenntnissen zu überprüfen. Insgesamt wurden sechs der Interviews persönlich und zwei der Interviews telefonisch durchgeführt. Folgende Experten konnten für die vorliegende Untersuchung befragt werden:

- André Lutz: Geschäftsführer der Agentur defacto kreativ GmbH.
- Boris Lakowski: Geschäftsführer von Sternsdorf Lakowski & Partner.
- Ingo Grosch: Senior Strategic Planner der Agentur Young & Rubicam.
- Helma Finkenauer-Linnerth: Gesellschafter-Geschäftsführerin ihrer Unternehmensberatung.
- Martin Bauer: Managing Partner der Agentur Wunderman.
- Kerstin Jourdan: Ressortleiterin Direktmarketing bei der Direktbank ING-DiBa.
- Stephanie Carroux: Senior Consultant der Deutschen Post AG.
- Marco Fischer: Geschäftsführer der Agentur Die Firma GmbH.

Crossmediale Planung und Erfolgskontrolle

Organisatorische Planung notwendig

Crossmediales Dialogmarketing verlangt ein Höchstmaß an organisatorischer Planung, da eine übergreifende Vernetzung stattfinden muss.

Aufgrund der Komplexität crossmedialer Kampagnen fordert die Praxis ein funktionierendes Kampagnenmanagement, das Richtlinien für die Kanäle, Prozesse und Aufgabenverteilungen klar definiert. Sorgfältig abgestimmte Agenturnetzwerke sind dabei ebenso gefragt wie eine nachhaltige Integration neuer Kanäle wie Social Media. Crossmediale Kampagnen, als Teilgebiet von integrierter Kommunikation, fordern von der Organisation, die Ressourcen und Aktivitäten sämtlicher relevanter Aktivitäten integrieren und koordinieren zu können. Eine Voraussetzung dafür ist, dass die Organisation beziehungsweise Organisationsstruktur dementsprechend aufgestellt ist. Abb. 2 zeigt den Prozess der Planung und Realisierung einer crossmedialen Dialogmarketing-Kampagne.

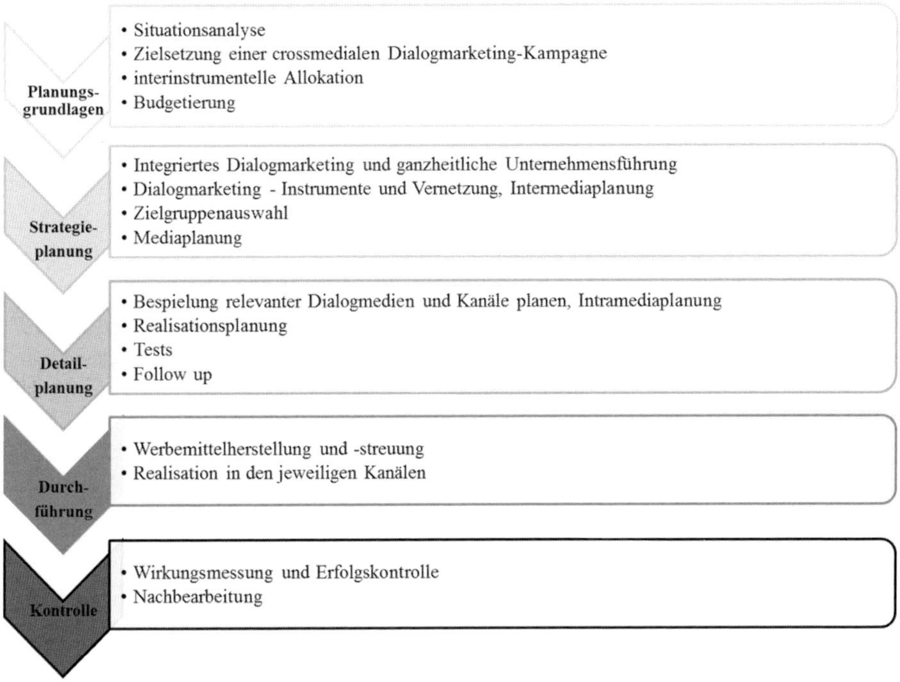

Abb. 2: Phasen einer crossmedialen Dialogmarketing-Kampagne [1]

Als Ergebnis der Studie werden auf der Basis der Sekundärforschung und der Experteninterviews Hindernisse und Herausforderungen für die crossmediale Kommunikation deutlich.

Hindernisse

Die formale und inhaltliche Verknüpfung der Kommunikationskanäle ist entscheidend

Sowohl in der Produkt- als auch Markenkommunikation bieten Crossmedia-Ansätze ideale Möglichkeiten einer zielgruppengenau verzahnten Ansprache. Wichtig dabei ist die formale und inhaltliche Verknüpfung der Kommunikationskanäle, welche jedoch noch immer ein Hindernis in der Praxis darstellt. Eine Barriere liegt dabei auf strategischer Ebene. Eine wirkliche Orchestrierung der Kanäle fällt gerade im B2B-Bereich oftmals aufgrund mangelnden fachlichen Know-hows schwer (Interview mit Marco Fischer). Es gibt einen deutlichen Handlungsbedarf bei der besseren Verknüpfung der Mediengattungen auf struktureller und konzeptioneller Ebene.

Budgetbeschränkungen

Budgetbeschränkungen sind eine Barriere für die vernetzte Kommunikation

Die Mehrzahl der befragten Experten sieht Budgets als eine der größten Barrieren, wenn es um den Einsatz vernetzter Kommunikation geht. Die Praxis ist sich einig, dass Crossmedia immer effizienter als einkanalig, aber heutzutage teilweise ein Luxus sei. „Die Frage ist einfach, kannst Du es Dir leisten?"

Erfolgskontrolle

Die gesteigerte Wirkung crossmedialer Kommunikation muss in der Erfolgskontrolle nachgewiesen werden

Übereinstimmend wird zudem das Thema Messbarkeit und der absolute Leistungsnachweis genannt. Als Grund wird das Fehlen genügender aussagekräftiger Daten über die Wirksamkeit bemängelt. Methodisch ist es tatsächlich schwierig, die Wirksamkeit crossmedialer Dialogkampagnen zu vergleichen. Hier lautet die Frage, ob „Eins plus Eins wirklich Drei ergibt oder doch nur 1,8", weil sich die Zielgruppen überschneiden.

Die ING-DiBa wendet die crossmediale Vernetzung der Kanäle mittlerweile standardmäßig an. Crossmedia ist Teil der Marketingstrategie. Nach Ansicht von Kerstin Jourdan wird die Zurückhaltung anderer Unternehmen darin vermutet, dass sich viele die Frage stellen, ob „es tatsächlich mehr bringt, wenn als Vorlauf Klassik und Online geschaltet wird, um mit einem Mailing darauf aufzubauen oder ob nicht die Response eines Mailings genauso viel gebracht hätte" (Interview mit Kerstin Jourdan). Dies sei einer der Hauptgründe für die Zurückhaltung. Boris Lakowski unterstreicht diese Einschätzung mit der Aussage: „der fehlende Glaube an die Wirkung" (Interview mit Boris Lakowski).

Organisationsstrukturen

Die Experten nennen als weiteren Hindernisgrund organisatorische Gründe. Integrierte Kommunikation und damit crossmediale Vernetzung erfordern ein hohes Maß an strategischer Planung im Vorfeld sowie interdisziplinärer Abstimmung während der Durchführung. Dabei ist es notwendig, dass die Kanäle in einem hohen Maße aufeinander abgestimmt und vernetzt sind. Oftmals werden die jeweiligen Kanäle in den Unternehmen aber von unterschiedlichen Einheiten, also Spezialisten oder Channel Managern mit eigener Budgetverantwortung, organisiert (Interview mit Stephanie Carroux). Damit scheitert der Wille nach Vernetzung meist schon auf strategischer Ebene. Die autarke Verantwortung einzelner Disziplinen führt dann dazu, dass einzelne Kanäle für sich optimiert werden, eine gesamtheitliche Optimierung aus Sicht der Zielgruppe jedoch nicht erfolgt (Interview mit André Lutz).

Die Organisationsstrukturen vieler Unternehmen erschweren die Integration

Neutrale Bewertung

Nach André Lutz scheitert eine Vernetzung hauptsächlich aufgrund „fehlender Medienneutralität" (Interview mit André Lutz). Jede Spezialagentur beansprucht und verteidigt den jeweiligen Kanal und erschwert somit eine Multichannel-Vernetzung. Auf Seiten der Unternehmen liegt es oftmals an der stark ausgeprägten „Abteilungsdenke", welche Crossmedia behindert (Interview mit Boris Lakowski). Viele Unternehmen seien auch heute noch linienförmig organisiert und unterliegen somit langen Entscheidungswegen. Für eine funktionierende crossmediale Dialogmarketing-Kampagnenführung ist Content aus dem Produktmanagement, Daten der IT, Eventkommunikation und ein funktionierendes CRM-System notwendig und zeitnah aufeinander abzustimmen (Interview mit André Lutz). Viele Unternehmen sind jedoch stark von einer „Silodenke" geprägt (Interview mit Boris Lakowski).

Medien werden oft nicht neutral bewertet

Fehlende Medienkompetenz

Im B2B-Bereich liegt es der Ansicht von Marco Fischer nach nicht nur an der Medienneutralität, sondern auch an der Medienkompetenz und dem Know-how der Mitarbeiter. Im B2C-Bereich ist die Medienkompetenz oftmals fundierter, allerdings gibt es auch dort „immer wieder groß angelegte und crossmedial gedachte Kampagnen, die schlecht ausgesteuert und nicht konsequent umgesetzt sind." (Interview mit Marco Fischer). Vor allem im Bereich Social Media

Mangelndes Know-how und fehlende Medienkompetenz führen zu schlecht geplanten Kampagnen

lässt sich eine fehlende Kompetenz in Hinblick auf die Integration bisweilen feststellen.

Komplexität

Crossmediale Kampagnen sind komplex

Die Komplexität von crossmedialen Kampagnen liefert hier ein weiteres Hindernis. Helma Finkenauer-Linnerth nennt neben dem Aufwand crossmedialer Kampagnen auch den zunehmenden Leistungs- und Zeitdruck sowie Kosten- und Effizienzdruck, dem sich viele Marketer ausgesetzt sehen. „Damit fehlt die Chance kreativ zu sein." (Interview mit Helma Finkenauer-Linnerth). Im Allgemeinen sind in der Praxis gerade bei größeren Unternehmen oftmals mehrere Agenturen für eine Crossmedia-Kampagne eines Unternehmens zuständig, was die Komplexität der Organisation um ein Vielfaches erhöht.

Herausforderungen

Aus den Ergebnissen der untersuchten Studien und der Experteninterviews ergeben sich nennenswerte Herausforderungen für das Marketing.

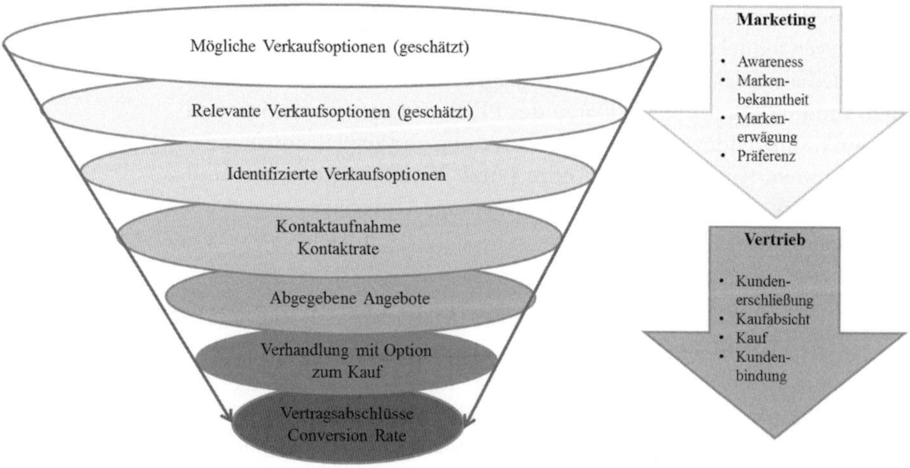

Abb. 3: Sales Funnel-Analyse und Actions für Marketing und Vertrieb [2]

Sales Funnel

Ausgehend vom Sales Funnel-Konzept soll der Konsument auf jeder der Stufen in der Art dialogisch begleitet werden, dass als Resultat ein loyaler Kunde mit der Bereitschaft, das Produkt oder die Marke zu empfehlen, generiert werden kann (vergleiche Abb. 3) (Interview mit André Lutz).

Konsumenten auf jeder der Stufen des Sales Funnel dialogisch begleiten

Das Sales Funnel-Konzept wird in diesem Zusammenhang kontrovers diskutiert. Der Konsument soll bevorzugt an jedem relevanten Touchpoint abgeholt werden, da das Funnel-Konzept die komplette Bandbreite digitaler Kommunikationsmöglichkeiten nicht genügend abdecken kann. Die Unternehmen sollten gerade im Hinblick auf die integrierte Kommunikation die Stimme des Konsumenten umfassend beachten und die damit verbundenen Möglichkeiten der digitalen Kanäle in vollem Umfang ausschöpfen.

Herausforderung: Eingliederung Social Media

Das Web 2.0 gewinnt zunehmend an Bedeutung; viele Menschen engagieren sich mittlerweile in Social Communities, Blogs oder Foren. Damit steigt folglich auch die Relevanz einer effizienten Integration in die crossmediale Kampagnenplanung. Die neuen Möglichkeiten dieser Kommunikationsform stellen allerdings große Herausforderungen an Marketers dar (Interview mit Martin Bauer). Kerstin Jourdan unterstreicht die Notwendigkeit, den Kunden als Empfehler auch im Social Media positiv aktivieren zu können (Interview mit Kerstin Jourdan).

Gerade im Bereich Social Media bestehe noch immenser Handlungsbedarf und Herausforderungen für beteiligte Akteure. Der personelle Aufwand darf dabei nicht unterschätzt werden und eine Social Media Guideline ist zwingende Voraussetzung (Interview mit Helma Finkenauer-Linnerth). Man muss sich auch hier zunächst die Frage nach der sinnvollen Eingliederung der Social Media-Strategie in die Gesamtkommunikation stellen. Die neuen medialen Möglichkeiten verlangen zwingend neue und innovative Konzepte. Beim klassischen Dialogmarketing haben Marketers „den Hut" auf und können direkt steuern (Interview mit Martin Bauer). Im Gegensatz dazu wird nun auch der Kunde zum Sender von Botschaften und Markenbotschaften (Interview mit Kerstin Jourdan).

Social Media Guidelines sind zwingend

Kunde wird zum Sender und zum Markenbotschafter

Allerdings führt Social Media automatisch zu einem gewissen Kontrollverlust. War der Sales Funnel früher relativ präzise planbar,

Social Media führt zu Kontrollverlust

wird eine Prognose in Zeiten der partizipativen Kommunikation deutlich erschwert (Interview mit André Lutz). Zudem gibt es „nichts langweiligeres, als langweiligen oder gar keinen Content in Social Media". (Interview mit Martin Bauer). Die Ideen müssen von Beginn an interaktiv konzeptioniert sein, um dann auch im Sinne von crossmedialer Vernetzung ins Web 2.0 verlängert werden zu können.

Hype von Social Media überschritten

Einig sind sich die Experten darin, dass der Hype um Social Media seinen Höhepunkt bereits passiert hat und zunehmend ernsthafter über eine strategische Einbindung und Integration von Social Web Applikation in die Kommunikationsstrategie nachgedacht wird (Interview mit Ingo Grosch).

Planung Customer Journey

Auch das Zusammenspiel zwischen Print und Online war in der Anfangsphase sehr fehleranfällig. Die Kernkompetenz bleibt, nicht nur im Hinblick auf die neuen Medien und Kanäle, der Transport einer „guten Geschichte". Wichtig ist, wie bei jeder Kommunikation, dass die Idee beziehungsweise die Story bereits im Vorfeld für den Konsumenten attraktiv und interaktiv geplant wurde. Nur wenn der Konsument an einem gewissen Punkt abgeholt wird, zeigt sich eine gewünschte Wirkung. Die Praxis spricht hierbei von der sogenannten „Customer Journey", also die kommunizierte Erlebniswelt, welche für den Bedarfsträger den eigentlichen Nutzen des Kommunikationsobjektes darstellt (Interview mit Marco Fischer).

Die Customer Journey ist als kommunizierte Erlebniswelt für den Kunden zu planen

Dabei geht es auch auf Seiten der Agenturen oder Unternehmen um die „Freiheit im Kopf und die Leidenschaft für ein Thema" (Interview mit Helma Finkenauer-Linnerth). Nur wenn eine Idee gut genug ist, um bei der Zielgruppe bestehen und den Konsumenten am jeweiligen Touchpoint dialogisch involvieren zu können, geht das Gesamtkonzept des crossmedialen Dialogmarketings auf und der gewünschte Erfolg tritt ein.

Veraltete Unternehmensstrukturen aufbrechen

Die Problematik vorhandener Organisationsstrukturen auf Agenturseite wie auch auf Unternehmensseite birgt große Herausforderung für das crossmediale Dialog-Kampagnenmanagement der Zukunft. Als Lösungsansatz sollten veraltete Unternehmensstrukturen und das Silodenken aufgebrochen werden. Steering Commitees, die sich um

Silodenken muss aufgebrochen werden

Schnittstellen kümmern, Thinktanks oder Innovationszirkel können dabei helfen, eine erfolgreiche Planung von crossmedialen Kampagnen überhaupt zu ermöglichen (Interview mit Marco Fischer).

CRM als Voraussetzung

Die Einbindung eines umfassenden CRM ist mittlerweile eine allgemein anerkannte Forderung und Voraussetzung für funktionierendes Dialogmarketing. CRM-Software als Steuerungsinstrument dient dazu, optimale Kundenorientierung zu gewährleisten. Eine große Herausforderung stellt hierbei das Leadmanagement dar, gerade wenn digitale Kanäle implementiert werden sollen. Die Messung solch qualifizierter Leads gestaltet sich diesbezüglich einfacher als die Verknüpfung beziehungsweise Integration der Leads mit den vorhandenen CRM-Systemen (Interview mit Marco Fischer).

Ein weiteres Problemfeld und damit eine Herausforderung an crossmediale Vernetzung stellt die Thematik der Medienkonvergenz dar. Medienkonvergenz ist das Zusammenwachsen ehemals getrennter Medienbereiche als Resultat der fortschreitenden Digitalisierung und der technischen sowie inhaltlichen Entwicklung in den Medien. Die Installation geeigneter Schnittstellen müsse bereits im Vorfeld beachtet werden. Außerdem stellt sich die Frage nach dem Medienbruch. Crossmedia baut schon per se Medienbrüche auf. Um das volle Potenzial von Crossmedia ausschöpfen zu können, ist es für die Anwender zwingend notwendig, Offline- und Onlinemaßnahmen effizient miteinander zu verzahnen, um zum Beispiel durch intermediäre Verweise, QR-Codes, Bluetooth Hotspots oder ähnliches den Medienbruch abzuschwächen.

Off- und Online-maßnahmen effizient verzahnen

Was spricht gegen Crossmedia-Kampagnen?

Die Wirkung von Crossmedia wurde hinreichend belegt. Es kann jedoch eine große Divergenz zwischen Anspruch und Wirklichkeit festgestellt werden. So weisen nicht nur Studien auf zahlreiche Barrieren crossmedialer Kommunikation hin, auch die Experten bestätigen die Problematik aus Erfahrungen in der Praxis.

Unternehmensgröße hat einen deutlichen Einfluss!

Trotz der verifizierten Wirkung und der Euphorie soll Crossmedia nicht als das alleinige Allheilmittel verstanden werden. Die Frage, welche Art von Kommunikationsmaßnahmen eingesetzt werden sollen, muss immer auf strategischer Ebene und vor allem individuell erfolgen. Exemplarisch ist in diesem Zusammenhang die Unternehmensgröße zu nennen. Die Vernetzung von Kanälen ist komplexer und kostenintensiver als einkanalige Kommunikation. Zwar führen crossmediale Kampagnen zu einem Synergieeffekt; kleinen und mittleren Unternehmen wird eine Umsetzung jedoch unter der Annahme eines geringeren verfügbaren Budgets oftmals erschwert. Crossmedia bedeutet zudem nicht, alle Kanäle mit identischer Botschaft zu bespielen (Interview mit Martin Bauer). Deshalb ist eine kommunikative Organisationsstruktur zur inhaltlichen Abstimmung eine weitere Bedingung, um den Komplexitätsaufwand von vernetzten Kampagnen hinreichend bewältigen zu können.

Die Vernetzung von Kanälen ist komplex und kostenintensiv

Crossmedia ist nicht zwangsläufig für jede Aufgabe notwendig

Es muss nicht immer zwangsläufig Crossmedia sein. In manchen Fällen kann es auch sinnvoll sein, ausschließlich digital zu werben oder nur klassisch. Immer dann, wenn sich die Zielgruppe nur in einem Kanal bewegt und eine Integration mit anderen Medien den Streuverlust erhöhen würde, könne diese Strategie Früchte tragen (Interview mit André Lutz).

Nur noch wenige rein monomediale Kampagnen

Eine gute Kampagne müsse nicht zwingend eine Zielgruppenübergabe und einen Medienwechsel durch einen explizit kommunizierten Call-to-Action bewirken (Interview mit Ingo Grosch). Gleichzeitig ist Ingo Grosch aber auch der Ansicht, dass es kaum erfolgreiche Kampagnen gibt, die monomedial arbeiten und somit keine integrierte Kommunikation über mehrere Medien leisten. Eigentlich böten sich immer mehrere Touchpoints an, die dann auch zumindest thematisch und formal integriert bespielt werden sollten... ob das dann schon crossmedial oder „nur" integriert sei, hänge sicher von der Definition ab (Interview mit Ingo Grosch).

Es gibt kaum erfolgreiche monomediale Kampagnen

Fazit

Crossmediale Kommunikation bietet Chancen für das Dialogmarketing und den digitalen Dialog

Crossmediales Dialogmarketing wirkt und birgt neben zahlreichen Chancen auch Herausforderungen für Marketers in der Zukunft. Dialogmarketing setzt darüber hinaus deutliche Handlungsimpulse, liefert Informationen, bietet Interaktionsmöglichkeiten und animiert zum Kauf. Die Vernetzung von Offline- und Onlinemedien wird zum Teil in der Praxis erfolgreich umgesetzt. Nach wie vor besteht jedoch immenser Nachholbedarf bei einem Großteil der Marketers. Die nachfolgende Grafik verdeutlicht neben einem entwickelten Wirkungsmodell crossmedialer Vernetzung im Dialogmarketing den Status Quo der Barrieren und Herausforderungen.

Folgende Voraussetzungen gelten für das Gelingen der crossmedialen Kommunikation:

- Crossmediale Kommunikation setzt eine inhaltliche, zeitliche und formale Integration voraus!

Das wohl wichtigste Postulat des crossmedialen Dialogmarketings ist die Forderung nach inhaltlicher, zeitlicher und formaler Integration. Es besteht ein deutlicher Handlungsbedarf bei der besseren Verknüpfung der Mediengattungen vor allem auf struktureller und konzeptioneller Ebene. Neue technologische Entwicklungen, der Medienwandel und die Individualisierung des Nutzerverhaltens stellen nach wie vor neue Herausforderungen an die Werbekommunikation. Die schon seit Längerem postulierte komplette Verschmelzung der klassischen und neuen Medien zu multimedialen Angeboten, im multimedialen Verständnis kombiniert und integriert, wird jedoch noch einige Zeit in Anspruch nehmen.

- Crossmediale Kommunikation setzt eine entsprechende Organisation voraus!

Eine der größten Herausforderungen für die erfolgreiche Vernetzung von Online und Offline im Dialogmarketing bleibt die Thematik der Organisation und die Frage nach der Definition von Verantwortlichkeiten und Prozessen. Erfolgreiches Vernetzen kann nur dann funktionieren, wenn Beteiligte aus unterschiedlichen Disziplinen in Teamarbeit miteinander agieren und auch externe Dienstleister optimal in den Kooperationsprozess eingebunden werden. Unternehmen müssen in diesem Kontext geeignete Organisationsstrukturen schaffen und notwendige personelle und finanzielle Ressourcen bereitstellen.

Teams und externe Dienstleister müssen miteinander agieren

Die Komplexität crossmedialer Dialogkampagnen könnte hierdurch bewerkstelligt werden und der gewonnene Synergieeffekt den Mehraufwand kompensieren.

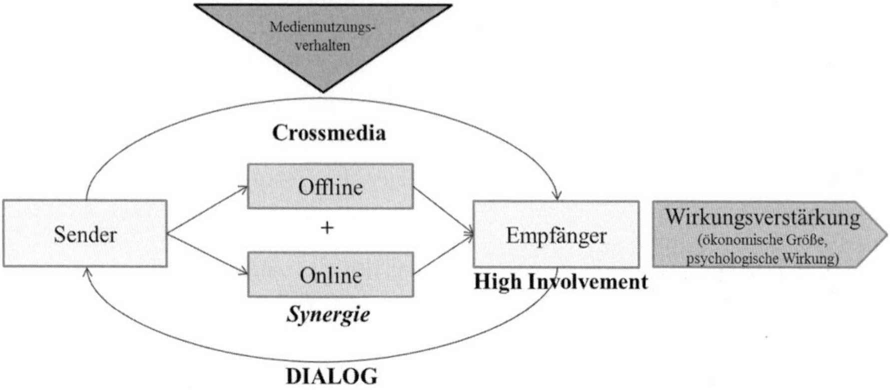

Barrieren	**Herausforderungen**
Budgets / Leistungsnachweis	Wirksamkeitsnachweis / crossmediale Reichweite
Organisationsstruktur	Interdisziplinäre Abstimmung / Strategie / Kampagnenmanager / Freiraum für Kreativität
Schnittstellen	Umfassendes CRM / Schnittstellen
Komplexität	Verantwortlichkeiten / Prozesse
Medienneutralität	Medienkonvergenz
Know How	Neue Kanäle integrieren / Story / Ideen

Abb. 4: Wirkungsmodell, Barrieren und Herausforderungen

- Crossmediale Kommunikation wird durch den Wandel der Mediennutzung gefördert!

Ausbau vorhandener Touchpoints erzeugt Nähe zum Kunden

Abschließend kann vor allem der Wandel der Mediennutzung – gerade bei jüngeren Zielgruppen – das Argument pro Vernetzung von Online- und Offline-Maßnahmen im Dialogmarketing stärken. Die mediale Parallelnutzung und der Wandel hin zu den digitalen und sozialen Kanälen unterstreicht die Notwendigkeit einer personalisierten Kundenansprache. Der Ausbau vorhandener Touchpoints durch eingängige und wiedererkennbare Kommunikation und die Besetzung unterschiedlicher Mediakanäle erzeugt räumliche Nähe zum Kunden und verstärkt das Argument nach crossmedialer Integration.

Literatur

[1] Quelle: in Anlehnung an Holland 2009, S. 23

[2] Quelle: in Anlehnung an Schawel, Billing, 2009, S. 166

Bruhn, Manfred: Integrierte Unternehmens- und Markenkommunikation, Strategische Planung und operative Umsetzung. – 5. Auflage, Stuttgart 2009.

Burow, Detlef: Synergien zwischen klassischer Werbung und Dialogmarketing. – In: Schwarz, Torsten (Hrsg.): Leitfaden Dialog Marketing, Das kompakte Wissen der Branche. – S. 71-76, Waghäusel 2008.

Fürsich, Elfriede: Medienkonvergenz als Risiko und Chance. – In: Hohlfeld, Ralf, Müller, Philipp, Richter, Annekathrin, Zacher Franziska (Hrsg.): Crossmedia – Wer bleibt auf der Strecke? – Beiträge aus Wissenschaft und Praxis, S. 54-69, Berlin 2010.

Gleich, Uli: Mediennutzung in konvergenten Medienwelten. – In: Media Perspektiven, S. 549-554, 11/2010.

Holland, Heinrich: Direktmarketing, Im Dialog mit dem Kunden. – 3. Auflage, München 2009.

Meinert, Marion: On- und Offline – Dialogmarketing kombinieren. – In: Schwarz, Torsten (Hrsg.): Leitfaden Dialog Marketing, Das kompakte Wissen der Branche. – S.77-82, Waghäusel 2008.

Schawel, Christian, Billing, Fabian: Top 100 Management Tools, Das wichtigste Buch eines Managers. – 2. Auflage, Wiesbaden 2009 .

Wiedmann, Rainer: Crossmedia – Dialog über alle Medien. – In: Schwarz, Torsten, Braun, Gabriele (Hrsg.): Leitfaden Integrierte Kommunikation, Wie das Web 2.0 das Marketing revolutioniert, Mit 36 Fallbeispielen aus der Praxis. – S. 157-172, Norderstedt 2006.

Schöne neue Onlinewelt – Status Quo und Trends im Werbemarkt

Silke Lebrenz

Die deutsche Wirtschaft brummt wieder. Trotz Schuldenkrise im Euroraum wuchs das Bruttoinlandsprodukt im vergangenen Jahr um satte drei Prozent und erzielte damit eines der besten Ergebnisse seit der Wiedervereinigung. Vor allem die Kauflust der Konsumenten sowie kräftige Investitionen im Inland sorgten für volle Auftragsbücher bei den Unternehmen.

Die Zeichen für die wirtschaftliche Entwicklung des Landes sind positiv – dennoch sieht der Werbemarkt mit gemischten Gefühlen in die Zukunft. Die große Frage ist, welche Pläne die deutschen Unternehmen in puncto Werbung haben. Findet ein Umbruch bei der Verteilung der Werbetöpfe statt? Drängen die Onlinemedien die klassischen Formate weiter zurück? Steht den Medien aufgrund der vielfältigen und innovativen Werbeformate im Internet ein Paradigmenwechsel mit all seinen Chancen und Risiken ins Haus? Diesen und anderen Fragen geht der Dialog Marketing Monitor 2012 nach.

Dialog Marketing Monitor 2012

Zum 15. Mal in Folge veröffentlichte die Deutsche Post AG im Juni den Dialog Marketing Monitor 2012 (DMM) – eine umfassende Studie, die den deutschen Werbemarkt aus Sicht der Auftraggeber beleuchtet. Basis der Studie sind 2.750 telefonische Interviews mit Marketingverantwortlichen in deutschen Unternehmen, die detailliert Auskunft über ihre Marketingaktivitäten und -budgets in 2011 geben. Dabei berücksichtigt der DMM sowohl die internen Aufwendungen der Unternehmen in Form von Personal- und Sachkosten als auch ihre externen Kosten. Letztere werden heruntergebrochen bis auf die einzelnen Stufen der Wertschöpfungskette wie zum Beispiel Konzeption, Produktion oder Distribution. Somit lassen sich auch

Erfasst werden die gesamten Werbeaufwendungen der Unternehmen einschließlich der internen Kosten

http://www.marketing-boerse.de/Experten/details/Silke-Lebrenz

Internalisierungstrends oder Budgetverschiebungen zwischen den einzelnen Stufen der Wertschöpfungskette aufdecken.

Der Schwerpunkt der Studie liegt – nomen est omen – auf dem Dialogmarketing. Darüber hinaus werden jedoch auch die Klassikmedien sowie die Medien mit Dialogelementen erhoben – alles in allem 18 verschiedene Werbeinstrumente aus den drei Bereichen Klassikmedien, Dialogmarketingmedien sowie Medien mit Dialogelementen.

Hinzu kommen Erkenntnisse aus detaillierten Einzelgesprächen mit ausgewählten Vertretern von Großunternehmen aber auch dem Mittelstand, Praxisbeispiele und Fachausführungen zu aktuellen Themen.

Deutscher Werbemarkt wird umfassend dokumentiert

Auf diese Weise dokumentiert der Dialog Marketing Monitor die deutsche Werbelandschaft umfassend und beleuchtet ihre Entwicklung aus verschiedensten Blickwinkeln.

Struktur des Werbemarktes – Überblick

Klassikmedien	Dialogmarketing-Medien	Medien mit Dialogelementen
· TV-Werbung	· Volladressierte Werbesendungen	· Messen
· Funkwerbung	· Teil- und unadressierte Werbesendungen	· Aktionen in Geschäften, z.B. Promotion, Couponing
· Anzeigenwerbung	· Aktives Telefonmarketing	· Kundenzeitschriften
· Beilagenwerbung	· Passives Telefonmarketing	· Faxwerbung
· Plakat- und Außenwerbung	· E-Mail-Marketing	· SMS-Werbung
· Kinowerbung	· Eigene Website (Aufbau und Pflege der Homepage)	
	· Externes Onlinemarketing (Display- oder Videowerbung, Suchmaschinenmarketing, Affiliate-Marketing, Social Media Marketing, Mobile Display Advertising)	

Quelle: MRSC/TNS Infratest © Deutsche Post

Abb. 1: Struktur des Werbemarktes – Überblick

Werbemarkt Deutschland

2011 brachte noch keine Zeitenwende

Trotz der wirtschaftlichen Turbulenzen im Euroraum, brachte 2011 der deutschen Werbewirtschaft noch keine „Zeitenwende“. Die Unternehmen schreiben vielmehr die wirtschaftlichen Entwicklungen von 2010 fort – wenn auch teilweise akzentuierter. Intern sparen die Unternehmen weiterhin rigoros an Personal- und Sachkosten.

Dadurch sinkt der Gesamtwerbemarkt 2011 um -0,9 Prozent auf 75,6 Milliarden Euro.

Für die Unterstützung durch externe Dienstleister, seien es Kreative, Agenturen oder Medien, greifen die Budgetverantwortlichen trotz Sparkurs jedoch tiefer in die Tasche. Die Werbebranche kann sich wie im Vorjahr über ein Umsatzplus von drei Prozent freuen und verbucht insgesamt 55,8 Milliarden Euro (2010: 54,2 Milliarden Euro).

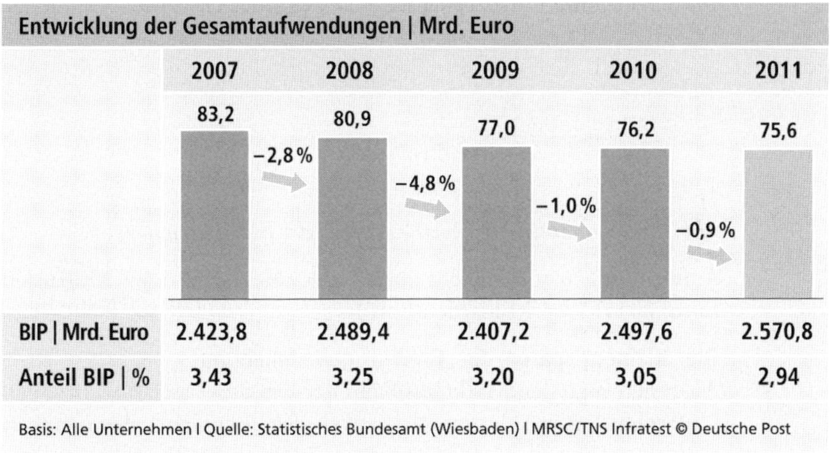

Abb. 2: Entwicklung der Gesamtaufwendungen

Wachstumsmarkt Dialogmarketing

Bei der Verteilung der Werbebudgets ist der klare Gewinner das Dialogmarketing. Während der Werbemarkt insgesamt schrumpft, legt das Dialogmarketing um +0,7 Milliarden Euro zu (2010: 27,0 Milliarden Euro, 2011: 27,7 Milliarden Euro). Dadurch wächst der Dialogmarketing-Anteil am Werbekuchen um zwei Prozentpunkte und liegt gleichauf mit den Klassikmedien.

Während der Werbemarkt schrumpft, gewinnt das Dialogmarketing

Finanziert wird das Wachstum des Dialogmarketing vor allem von Handelsunternehmen, die insgesamt +0,8 Milliarden Euro mehr für Dialogmarketing ausgeben (2010: 9,5 Milliarden Euro, 2011: 10,3 Milliarden Euro), während das produzierende Gewerbe seine Aufwendungen weitgehend konstant hält (2010: 3,9 Milliarden Euro, 2011: 4,0 Milliarden Euro) und das Dienstleistungsgewerbe seine

Die großen Dialogmarketingwerber sind die Handelsunternehmen

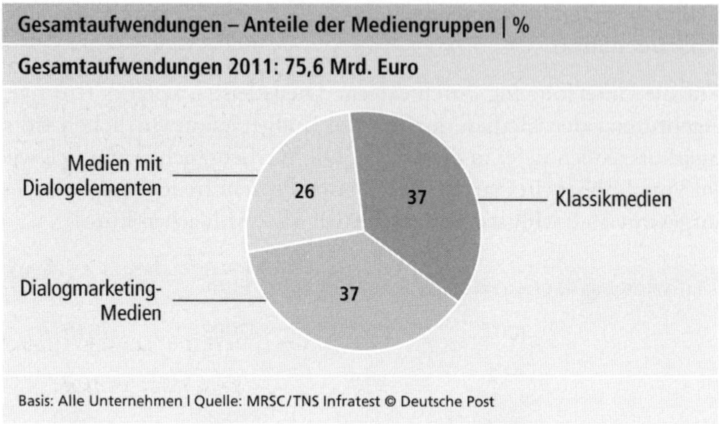

Abb. 3: Gesamtaufwendungen – Anteile der Mediengruppen

Aufwendungen sogar leicht zurückschraubt (2010: 13,6 Milliarden Euro, 2011: 13,4 Milliarden Euro).

Die „Kleinen" sparen, die „Großen" geben mehr aus

Analysiert man den Markt aus Sicht der Umsatzklassen der einzelnen Unternehmen, so lassen sich zwei gegensätzliche Bewegungen ausmachen: Fast alle Großunternehmen mit mehr als 25 Millionen Euro Jahresumsatz haben schon vor Jahren die Vorteile des Dialogmarketing für sich entdeckt. In dieser Umsatzklasse liegen die Nutzeranteile konstant bei 96 Prozent (2010: 95 Prozent). In 2011 verstärken diese Unternehmen ihre Investitionen ins Dialogmarketing deutlich (2010: 15,5 Milliarden Euro, 2011: 16,1 Milliarden Euro).

Großunternehmen verstärken ihre Investitionen

Bei den Kleinstunternehmen mit weniger als 0,25 Millionen Euro Jahresumsatz hingegen liegt der Nutzeranteil traditionell deutlich niedriger (2010: 71 Prozent). In 2011 findet das Dialogmarketing jedoch auch unter Kleinstunternehmen deutlich mehr Anhänger und der Nutzeranteil schnellt auf 79 Prozent hoch. Trotz der zunehmenden Beliebtheit sinken jedoch die Gesamtaufwendungen in dieser Umsatzklasse spürbar (2010: 3,0 Milliarden Euro, 2011: 2,8 Milliarden Euro). Einsparungen realisieren die Kleinstunternehmen vor allem durch eine Umschichtung ihrer ohnehin schmalen Werbebudgets. Sie verzichten zunehmend auf die kostspieligeren Instrumente wie zum Beispiel die volladressierten Werbesendungen und wechseln zu den

Gesamtaufwendungen sinken bei Kleinstunternehmen

kostengünstigeren Onlinemedien, vor allem zur unternehmenseigenen Website und zum externen Online-Marketing.

Mailings und Onlinemedien gleichauf

Für Werbesendungen und für Onlinemedien wenden die Unternehmen mit 12,0 beziehungsweise 12,1 Milliarden Euro eine vergleichbare Summe auf. Während jedoch der Markt für die Werbesendungen stabil bleibt (2010: 11,9 Milliarden Euro, 2011: 12,0 Milliarden Euro), legt der Markt für Onlinemedien – der schon in den letzten beiden Jahren ordentlich gewachsen ist – noch einmal kräftig zu (2010: 11,2 Milliarden Euro, 2011: 12,1 Milliarden Euro). Das Telefonmarketing liegt mit insgesamt 3,6 Milliarden Euro weit abgeschlagen auf dem dritten Platz und hat im Vergleich zum Vorjahr noch einmal deutlich verloren (-0,3 Milliarden Euro).

Telefonmarketing hat im Vergleich zum Vorjahr deutlich verloren

Betrachtet man die einzelnen Medien im Dialogmarketing, so ist weiterhin die adressierte Werbesendung der finanzielle Spitzenreiter mit 9,5 Milliarden Euro (2010: 9,4 Milliarden Euro). Hinzu kommen weitere 2,4 Milliarden Euro für die teil- und unadressierte Variante des Mailings (2010: 2,4 Milliarden Euro). Vor allem die Händler nutzen sowohl voll- als auch teil- und unadressierte Werbesendungen, um mit ihren Kunden in Kontakt zu treten.

Adressierte Werbesendung finanzieller Spitzenreiter

Deutlich zugelegt haben im Vergleich zum Vorjahr erneut die eigene Website mit einem Plus von 0,6 Milliarden Euro (2010: 5,2 Milliarden Euro, 2011: 5,8 Milliarden Euro) und das externe Online-Marketing mit einem Plus von 0,4 Milliarden Euro (2010: 4,0 Milliarden Euro, 2011: 4,4 Milliarden Euro). Das E-Mail-Marketing hingegen profitiert nicht vom Online-Boom. Die Aufwendungen für dieses Medium bleiben konstant (2010: 2,0 Milliarden Euro, 2011: 1,9 Milliarden Euro).

Deutlich zugelegt haben die eigene Website und das Online-Marketing

Während das aktive Telefonmarketing sich mit 2,0 Milliarden Euro behauptet (2010: 1,9 Milliarden Euro), kommt es vor allem beim passiven Telefonmarketing erneut zu Einsparungen (-0,3 Milliarden Euro).

Onlinemedien

Wie schon im Vorjahr setzt sich der Trend zum Online-Marketing unvermindert fort. Dies gilt sowohl hinsichtlich der Budgets als auch in Bezug auf die Entwicklung von neuen Lösungen. Dennoch wächst der Markt nicht im Gleichschritt. Zwischen den einzelnen Onlineinstrumenten zeigen sich vielmehr deutliche Unterschiede in der Entwicklung.

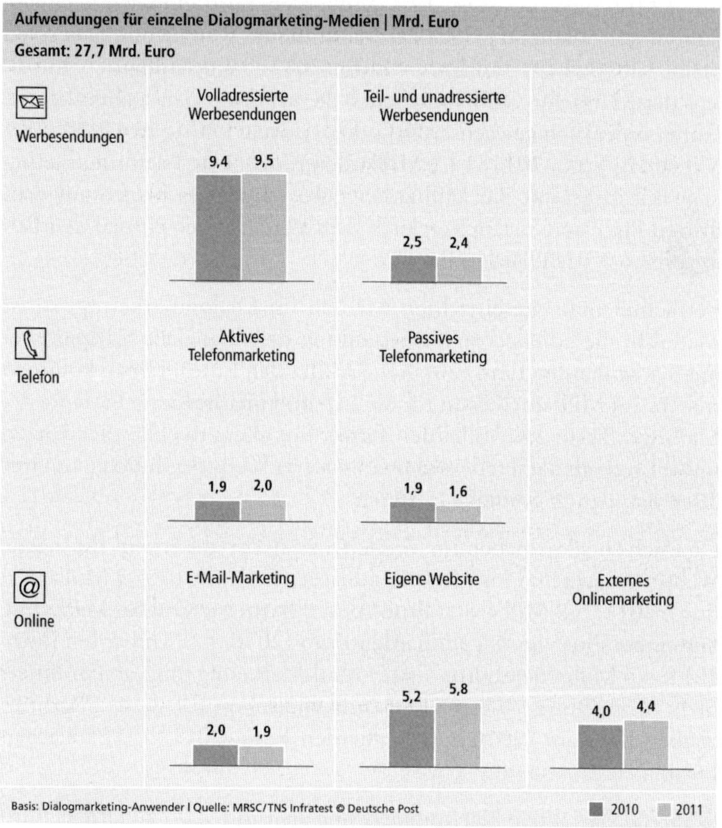

Abb. 4: Aufwendungen für einzelne Dialogmarketing-Medien

E-Mail-Marketing

E-Mail-Marketing gewinnt neue Nutzer

Wieder deutlich häufiger eingesetzt wird E-Mail-Marketing. Nach einem kurzzeitigen Rückgang 2010 erreicht die Zahl der Anwender nun mit 681.000 einen neuen Höchststand. In erster Linie handelt es sich bei den rund 140.000 „Neuzugängen" um Kleinstunternehmen vor allem aus dem Dienstleistungssektor: Bei zwei Drittel dieser Unternehmen liegt der jährliche Unternehmensumsatz unter 0,25

Millionen, bei dem restlichen Drittel zwischen 0,25 Millionen und 1 Million Euro. Entsprechend niedrig fallen ihre „Einstiegsbudgets“ mit rund 500 Euro im Jahr aus. Dadurch sinken insgesamt die durchschnittlichen Aufwendungen pro Unternehmen um 800 Euro auf durchschnittlich 2.900 Euro.

Auffällig ist dabei der Trend zur Externalisierung. Die niedrigeren durchschnittlichen Budgets machen sich ausschließlich bei den internen Personal- und Sachkosten bemerkbar (2010: 2.250 Euro, 2011: 1.350 Euro). Für externe Dienstleister hingegen geben die Unternehmen im Schnitt sogar rund 100 Euro mehr aus als im Vorjahr (2010: 1.450 Euro, 2011: 1.550 Euro). Dabei fließt der Großteil des Geldes zu gleichen Teilen in die Konzeption und Planung sowie die Produktion und technische Realisierung von E-Mails mit jeweils rund 600 Euro.

1,9 Milliarden Euro für E-Mail-Marketing

Insgesamt bleibt der Gesamtmarkt für E-Mail-Marketing trotz deutlicher Zuwächse bei den Anwenderzahlen knapp stabil bei 1,9 Milliarden Euro (2010: 2,0 Milliarden Euro). Zum rasanten finanziellen Wachstum des Onlinemarktes trägt das E-Mail-Marketing somit nicht bei. Ein Grund dafür ist der konstante Budgetkurs der Großunternehmen mit einem Umsatz von mindestens 25 Millionen Euro, die nahezu unverändert 1,2 Milliarden Euro für E-Mail-Marketing aufwenden und damit fast zwei Drittel der Gesamtaufwendungen aufbringen.

Trotz steigender Nutzerzahlen gehen die persönlichen Meinungen zum E-Mail-Marketing stark auseinander: Die einen sehen hierin ein kostengünstiges und umweltschonendes Medium, andere wiederum bemängeln die fehlende Seriosität und mangelnde Resonanz. Vor allem bei den kleinen und mittleren Unternehmen kommt zudem noch eine persönliche Abneigung gegenüber diesem Medium und Zweifel am Erfolg hinzu.

> *„Da bin ich selber nicht glücklich, wenn ich E-Mails bekomme. Und deswegen verschicke ich gewerblich auch keine. Wobei (…) in unseren Direktmails hatten wir abgefragt, ob man einen E-Mail-Newsletter abonnieren möchte und ich glaube, von insgesamt 8.000 versendeten Mails kamen keine Antworten zurück. Insofern machen wir so was überhaupt nicht.“*
> (Einzelhandel, Mittelstand)

> *„So was nervt einfach, weil man mittlerweile so viele E-Mails kriegt. Ich lösche alle beziehungsweise 90 Prozent die ich bekomme und so machen es andere auch. Und deswegen bin ich nicht der 190te, der Newsletter raushaut."*
> Produzierendes Gewerbe, Mittelstand

Eigene Website

71 Prozent aller deutschen Unternehmen sind im Internet

Die unternehmenseigene Website erlebt ein Verbreitungshoch. Stolze 71 Prozent aller deutschen Unternehmen sind inzwischen im Internet präsent. Mit einem Plus von 8 Prozentpunkten ist damit die eigene Website der Publikumsrenner des Jahres. Da sich bereits für wenige Euro eine eigene Website programmieren lässt, gehört die große Masse der Homepages den Versicherungsvertretern, Einzelhändlern und Handwerkern um die Ecke. Auch die neuen Unternehmenswebsites wurden zu 80 Prozent von Kleinstunternehmern aus allen Branchen mit einem durchschnittlichen Minibudget von rund 900 Euro ins Netz gestellt.

Aber auch bei den großen Unternehmen hat sich in puncto Website viel getan: Zwar haben fast alle großen Unternehmen mit mehr als einer Million Jahresumsatz schon seit Jahren eine eigene Website, in 2011 wurden jedoch diese Internetauftritte für eine halbe Milliarde Euro stark ausgebaut und überarbeitet.

Siegeszug der Smartphones

Treiber dieser Entwicklung ist insbesondere der Siegeszug der Smartphones. Die Unternehmen registrieren sehr aufmerksam, dass die Zugriffe auf ihre Websites immer häufiger mobil erfolgen und reagieren darauf mit einer Optimierung der eigenen Websites für mobile Endgeräte (2010: 9 Prozent aller Websites optimiert, 2011: 14 Prozent).

Insgesamt wächst der Markt für die eigenen Websites damit um 0,6 Milliarden Euro (2010: 5,2 Milliarden Euro, 2011: 5,8 Milliarden Euro).

> *„Wir haben seit diesem Jahr eine eigene Mobile-Seite gelaunched. Es ist nicht mehr die einfache Homepage. Wir haben sie für das iPhone angepasst. Sie musste handlicher werden, damit man nicht mehr hin- und herscrollen muss. Die haben wir gelaunched und an der muss immer weiter gearbeitet werden."*
> Produzierendes Gewerbe, Top-Werber

Angesichts der vielen kleinen Budgets verwundert es nicht, dass die meisten Websites statischer Natur sind. In erster Linie liefern die Homepages Informationen über Unternehmen, Produkte und Leistungen oder die Möglichkeiten zur Kontaktaufnahme wie Telefonnummern oder E-Mail-Adressen. Interaktive Elemente bietet nach wie vor nur eine Minderheit. Zwar betreiben immerhin 18 Prozent einen Internetshop auf ihrer Website, aber nur 15 Prozent bieten die Möglichkeit, einen Newsletter zu abonnieren, 11 Prozent haben eine Verknüpfung zu sozialen Netzwerken wie zum Beispiel einen Facebook-Connect- oder Share on Twitter-Button integriert. Eigene Kommunikationsplattformen finden sich nur auf 8 Prozent der Websites.

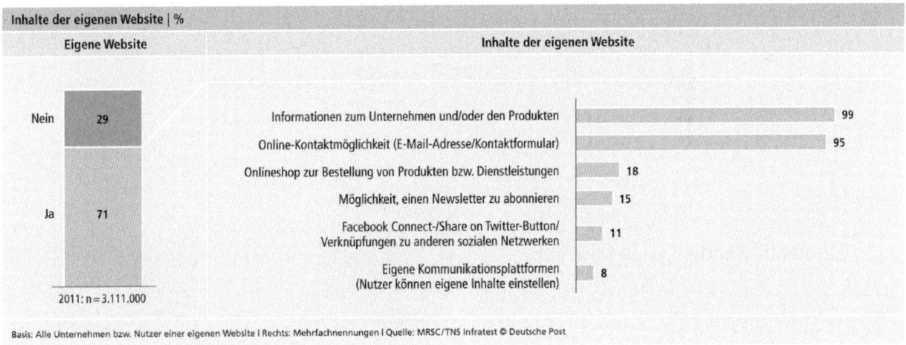

Abb. 5: Inhalte der eigenen Webseite

Externes Online-Marketing

Hinter dem Begriff des externen Online-Marketings verbirgt sich eine große Vielfalt unterschiedlicher Instrumente, zu denen insbesondere Display-Werbung (inklusive Bannerwerbung), Suchmaschinen-Marketing, Affiliate-Marketing, Social Media Marketing und Mobile Display Advertising zählen.

Externes Online-Marketing mit einem Gesamtmarkt von 4,4 Milliarden Euro

Wie im Vorjahr nutzte auch 2011 jedes dritte Unternehmen externes Online-Marketing. Im Gegensatz zur eigenen Website wachsen die Nutzerzahlen beim externen Online-Marketing nicht spürbar, dennoch geben die Unternehmen im Jahresvergleich deutlich mehr aus, um ihr externes Online-Marketing zu realisieren. Pro Unternehmen beträgt das Budget durchschnittlich 4.100 Euro, insgesamt summiert sich der Gesamtmarkt auf 4,4 Milliarden Euro bei einem Jahreswachstum von circa zehn Prozent.

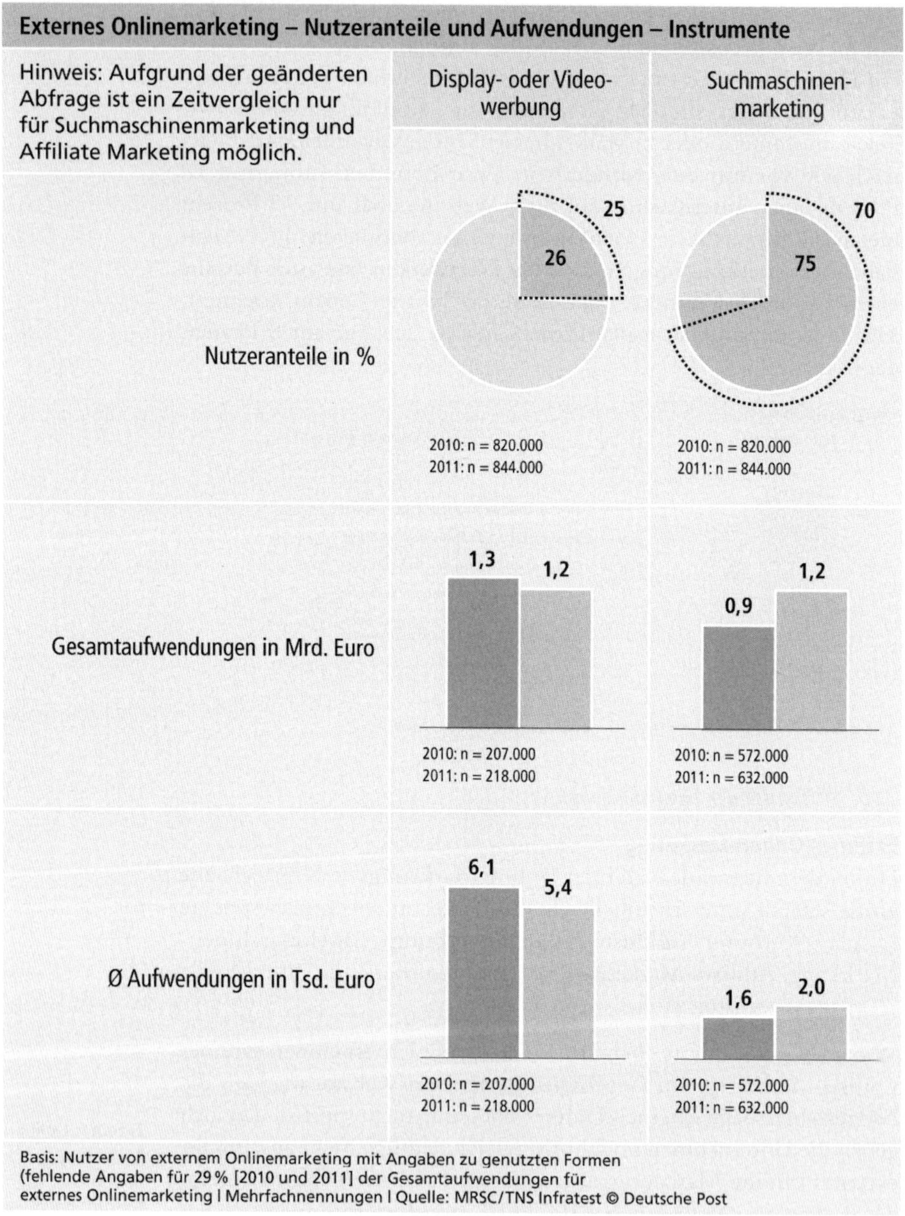

Abb. 6: Externes Online-Marketing – Nutzeranteile und Aufwendungen – Instrumente

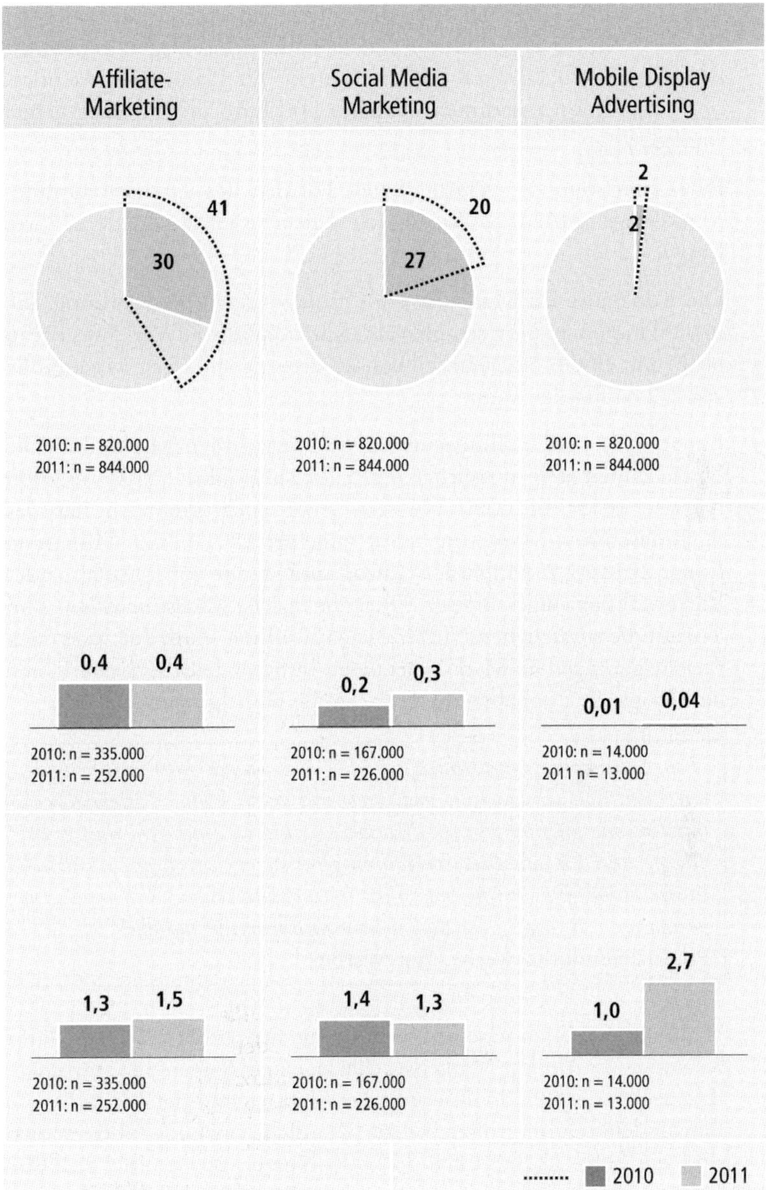
Affiliate-Marketing
Social Media Marketing
Mobile Display Advertising
41
30
20
27
2
2
2010: n = 820.000
2011: n = 844.000
2010: n = 820.000
2011: n = 844.000
2010: n = 820.000
2011: n = 844.000
0,4
0,4
0,2
0,3
0,01
0,04
2010: n = 335.000
2011: n = 252.000
2010: n = 167.000
2011: n = 226.000
2010: n = 14.000
2011 n = 13.000
1,3
1,5
1,4
1,3
1,0
2,7
2010: n = 335.000
2011: n = 252.000
2010: n = 167.000
2011: n = 226.000
2010: n = 14.000
2011: n = 13.000
2010
2011

Von diesem Geld gehen circa drei Viertel an externe Dienstleister, vor allem für die Distribution. Die Schaltkosten schlagen im Schnitt mit circa 2.400 Euro zu Buche, während für Planung/Konzeption und Produktion zusammen nur circa 500 Euro im Jahr ausgegeben werden.

Betrachtet man die verschiedenen Formen des externen Online-Marketings einzeln, so zeigen sich deutliche Unterschiede in ihrer Entwicklung:

Die Konstante im Markt ist die Display- oder Videowerbung, die sowohl in puncto Nutzerzahlen als auch Finanzen auf Vorjahresniveau bleibt mit einem Nutzeranteil von 26 Prozent und einer Marktgröße von 1,2 Milliarden Euro.

Suchmaschinen-Marketing steigt

Einen Boom erlebt hingegen das Suchmaschinen-Marketing: Die Nutzerzahlen steigen spürbar um 5 Prozentpunkte (2010: 572.000 Nutzer, 2011: 630.000 Nutzer). Aber auch finanziell hat das Suchmaschinen-Marketing stark zugelegt (2010: 0,9 Milliarden Euro, 2011: 1,2 Milliarden Euro) und damit zur Display- oder Videowerbung aufgeschlossen. Dieses finanzielle Wachstum ist nur zum Teil auf die zusätzlichen Nutzer zurückzuführen. Zum Teil ist es auch Preissteigerungen im Markt geschuldet. Insbesondere die Bietverfahren bei Google & Co. haben die Preise in die Höhe getrieben.

> *„Ein Suchwort standardmäßig über das ganze Jahr zu belegen, wird deutlich schwieriger, weil viel, viel mehr kleine Unternehmen mittlerweile Suchmaschinen-Marketing nutzen. Dadurch, dass es bei Google und Co. ein Bieterverfahren gibt, steigen die Preise natürlich in die Höhe. Das heißt, hier muss man genau sehen: Will man eine permanente Belegung der Suchwörter und wenn ja, welche?“*
> Produzierendes Gewerbe, Top-Werber

Affiliate Marketing Sorgenkind

Während das Suchmaschinenmarketing sich erfolgreich am Markt behauptet, ist Affiliate Marketing eher zu einem Sorgenkind geworden. Ihm setzen die Oligopolisierung des Marktes und der Verdacht von Betrugsdelikten im großen Stil zu. Deutliche sinkende Nutzerzahlen sind die Folge (2010: circa 330.000 Nutzer, 2011: circa 250.000 Nutzer). Finanziell schlägt sich dieser Rückgang aber noch nicht nieder.

Wunderkind Social Media

Seit Jahren ist Social Media als Wunderkind des externen Online-Marketings in aller Munde. 2011 scheint es den Durchbruch geschafft zu haben: Die Nutzeranteile schnellen nach oben (2010: 20 Prozent, 2011: 27 Prozent) und auch finanziell investieren die Unternehmen mit 0,3 Milliarden Euro fast genauso viel in Social Media wie in Affiliate Marketing (2010: 0,2 Milliarden Euro).

Gewaltiger Anstieg bei Facebook, Twitter stabil

Geprägt wird der Markt vor allem von Facebook. Für fast 90 Prozent der Unternehmen realisiert sich Social Media Marketing über einen Firmenaccount bei Facebook. Das ist ein gewaltiger Anstieg, letztes Jahr lag der Anteil bei nur 60 Prozent. Fast alle Unternehmen verlinken ihre Webseiten über Connect-Buttons mit sozialen Netzwerken. Während der Anteil an Twitter-aktiven Unternehmen stabil bleibt, sind die Zahlen für weitere Netzwerke eingebrochen. Auch das Mitdiskutieren in Foren, Blogs oder sozialen Netzwerken haben viele Unternehmen wieder eingestellt.

> *„Dass wir jetzt bei Facebook sind, haben wir abgeguckt bei anderen. Wenn andere das machen, versuchen wir das auch mal."*
> Einzelhandel, Mittelstand

Mobile Marketing weiterer Hoffnungsträger

Der zweite Hoffnungsträger für die Zukunft ist Mobile Marketing. Im Rahmen des DMM wird darunter verstanden, dass ein Unternehmen entweder per SMS wirbt, oder Mobile Display Advertising macht (zum Beispiel im Rahmen von Apps) oder seine Website für kleine Displays optimiert beziehungsweise eine eigene Website für mobile Endgeräte programmiert hat. Der Anteil der Unternehmen in Deutschland, die die mobile Zielgruppe in ihrer Werbung berücksichtigen, ist mit 10 Prozent zwar schon höher als im letzten Jahr (2010: 6 Prozent), im Vergleich zur Verbreitung von Smartphones und Tablet-PCs in der Bevölkerung jedoch noch sehr gering.

> *„Wir merken auch, dass bei dem Online-Thema ein Trend zum Thema Mobile entsteht. Dass ganz viele Leute, wenn sie das Internet nutzen, dies über Mobile Devices tun."*
> Produzierendes Gewerbe, Top-Werber

Der Nutzeranteil von 10 Prozent kommt hauptsächlich durch die Optimierung der eigenen Website für mobile Endgeräte zustande. SMS-Werbung stagniert seit Jahren auf äußerst geringem Niveau und auch das Mobile Display Advertising steckt noch in den Kinderschuhen mit verschwindend kleinen Nutzerzahlen und Budgets.

Der Newcomer Social Media

Hochfliegende Erwartungen

In den Marketingabteilungen herrscht Aufbruchstimmung beim Thema Social Media: Hochfliegende Erwartungen wechseln sich ab mit großer Unsicherheit über die technische Umsetzbarkeit und den wirtschaftlichen Erfolg. Der Pressehype sowie die massive Präsenz der Verbraucher auf Facebook & Co. lockt zahlreiche Unternehmen an.

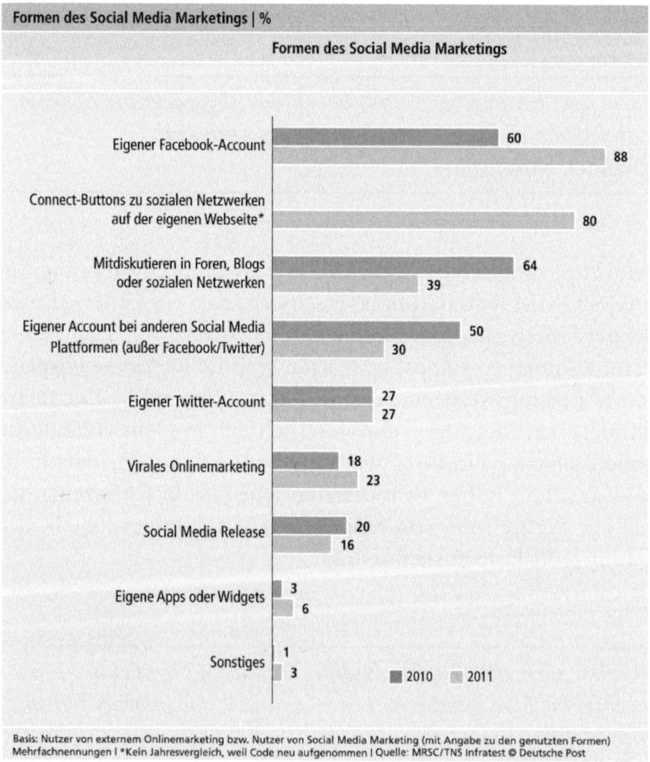

Abb. 7: Formen des Social Media Marketings

Die Triebfeder hierfür ist jedoch nicht immer ein konkretes Marketingkonzept, sondern vielmehr der Wunsch und/oder der Druck „dabei zu sein". Die Folgen sind mitunter Ratlosigkeit und Skepsis, wie Social Media für das eigene Unternehmen genutzt werden kann.

> *„Ich habe aktuell noch kein Rezept, wie ich über Facebook Kunden gewinne. Es herrscht ein bisschen Ratlosigkeit. (...) Wir schauen es uns bei anderen Banken an, aber gesehen haben wir noch keine, die das geknackt hat."*
> Finanzdienstleister, Top-Werber

Social Media nur als Kommunikationsplattform....

Social Media wird hauptsächlich als PR-Instrument genutzt

Die großen Unternehmen nutzen Social Media bislang vor allem als PR-Instrument, das ihnen den informellen, direkten Dialog mit den eigenen Kunden und eine stärkere Markenbindung ermöglicht. Diese Schnittstellenfunktion wird sich in den nächsten Jahren noch stärker etablieren und ausgebaut werden. Unsicherheit herrscht bei den Top-Werbern jedoch darüber, ob sich die Aufwendungen für Social Media auch in messbaren Umsätzen niederschlagen werden.

> *„Social Media kann natürlich auch Verkauf, aber es darf nicht das Kernthema sein. Das sind die Nähe zur Marke und das Markenerlebnis. Die emotionale Verbindung zur Marke steht für mich da eigentlich im Vordergrund. Serviceaspekte stehen für mich im Vordergrund. Es kann auch ein Bestandteil sein, wenn wir neue Angebote bewerben, aber das sollte nicht Kern des Auftritts sein."*
> Dienstleister, Top-Werber

... oder auch als Verkaufskanal?

Der Mittelstand hingegen lotet genau diese Einsatzmöglichkeit bereits aus. Da diese Unternehmen häufig nur über ein eng begrenztes Werbebudget verfügen, muss sich jeder Werbe-Euro am Abverkauf messen lassen. Ein teures Ausprobieren von neuen Werbeformen ist finanziell nicht machbar. Facebook ermöglicht es ihnen jedoch relativ einfach und unschlagbar kostengünstig einen Account probeweise zu eröffnen, in der Hoffnung darüber Neukunden zu generieren.

> *„Meine eigene Homepage kann ich alleine nicht bearbeiten. Dazu brauche ich jemanden. Facebook hingegen ist relativ leicht. Ich nehme die Bilder und lade sie hoch, schreibe irgendwas oder lade einen Bericht hoch. Dann ist die Sache für mich erledigt."*
> Produzierendes Gewerbe, Mittelstand

Social Media Hoffnungsträger für die Zukunft?

Social Media und Mobile Marketing Zukunftstrend

Social Media wird besonders in Hinblick auf junge Zielgruppen als relevant angesehen und genau wie mobiles Internet als normaler Bestandteil des zukünftigen Lebens und damit auch als Zukunftsfeld für Dialogmarketing antizipiert.

> *„Wir sehen, dass [...] das Thema Social Media und Mobile eher die Jüngeren anspricht. Und um die zu erreichen, nutzen wir Social Media."*
> Produzierendes Gewerbe, Top-Werber

> *„Kann durchaus auch sein, dass auch bei mir Social Media wichtiger wird. Weil die Kunden ja damit groß geworden sind. Ein Zwanzigjähriger [...] der ist natürlich mit Facebook groß geworden und somit wird auch Facebook interessant. Wie schnell es geht, kann keiner sagen."*
> Einzelhandel, Mittelstand

Ob dies gelingt und sich Social Media die Nutzer – und deren Werbebudgets – auch in Zukunft sichern kann, ist jedoch noch mit einem großen Fragezeichen versehen. 2012 verspricht ein spannendes Jahr für die Werbebranche zu werden. Einigkeit herrscht jedoch in einem Punkt: Das Dialogmarketing wird weiter wachsen.

> *„Online- und Dialog- Marketing sehe ich in Deutschland weiterhin wachsen."*
> Telekommunikation, Top-Werber

Literatur

Dialog Marketing Monitor 2012, www.deutschepost.de/dmm

Dialogmarketing – Ein Überblick über den Rechtsrahmen

Jens Eckhardt

Mit dem Schlagwort „Digitaler Dialog“ werden aus Marketing- und Kommunikationssicht verschiedene Ansätze und Aktivitäten verbunden. Gemeinsam ist allen, dass dabei Personen im Zentrum des Dialogs stehen – sei es als Teilnehmer in Social Media Communities, sei es als Nutzer von Internetseiten oder sei es als Wissensträger im Rahmen der Collaboration in der Cloud.

Datenschutzrecht, Wettbewerbsrecht und das Marken- und Namensrecht beachten

Aus rechtlicher Sicht rückt damit das Datenschutzrecht ins Zentrum der Betrachtung. Darüber hinaus sind natürlich auch das Wettbewerbsrecht- und das Marken- und Namensrecht zu beachten. Auch wenn es zuweilen bei der Entwicklung, Einführung und Nutzung von Social Media und Collaboration als hinderlich empfunden wird, so dient es doch dem Schutz der Beteiligten – sei es in Form des Persönlichkeitsrechts, der Meinungsfreiheit oder des Schutzes von Unternehmens- und Markennamen vor Missbrauch. Damit dient es – jedenfalls mittelbar – allen Beteiligten. Denn nur eine seriöse Nutzung schafft Vertrauen, das wiederum erforderlich ist für den Erfolg von Social Media und digitalem Dialog.

Über den Vertrauen schaffenden Rechtsrahmen gibt der nachfolgende Beitrag einen Überblick. Dem Überblick ist eine Einführung in das Datenschutzrecht vorangestellt, um ein alle Themen übergreifendes Verständnis zu schaffen.

Einführung in das Datenschutzrecht

Social Media werden in der Diskussion immer wieder mit dem Datenschutzrecht in Verbindung gebracht. Die Auswirkungen der „Datenschutzskandale“ der Vergangenheit haben zum einen deutlich gemacht, dass ein solcher Imageschaden spürbare und nachhaltige Auswirkungen für Unternehmen haben kann. Ein Vertrauensverlust

http://www.marketing-boerse.de/Experten/details/Jens-Eckhardt

schädigt das betroffene Unternehmen aber auch den Social Media-Channel als solchen. Zum anderen haben die „Datenschutzskandale" das Thema so in die öffentliche Aufmerksamkeit gebracht, dass bei den Adressaten des digitalen Dialogs ein Problembewusstsein entstanden ist. Dieses zu ignorieren, würde sich rächen.

Datenschutzrecht – Wann ist es zu beachten?

Datenschutzrecht greift ein, sofern personenbezogene Daten erhoben oder verwendet werden

Wann ist das Datenschutzrecht zu beachten? Das Datenschutzrecht greift ein, sofern und soweit personenbezogene Daten erhoben oder verwendet werden. Hierunter fallen alle Informationen über eine bestimmte oder bestimmbare natürliche Person. Dies wird nachfolgend an einigen Beispielen verdeutlicht.

Die Informationen allein über ein Unternehmen (juristische Personen wie GmbH, AG) fallen grundsätzlich nicht unter das Datenschutzrecht. Das Datenschutzrecht ist beim Umgang mit diesen Daten allerdings zu beachten, wenn zu einem Unternehmen auch eine Ansprechperson erfasst wird. Denn die Informationen in dem Datensatz können dieser Person zugeordnet werden. Darüber hinaus bezieht der TK-Datenschutz (Telekommunikationsgesetz) in seinem Anwendungsbereich auch Unternehmen generell ein.

E-Mail-Adressen

Sobald eine E-Mail-Adresse einem Menschen zugeordnet werden kann, ist ein personenbezogenes Datum gegeben

Sobald einer E-Mail-Adresse der Name eines Menschen zugeordnet werden kann, ist ein personenbezogenes Datum gegeben. Bei jeder E-Mail-Adresse, die aus einem Namen einer natürlichen Person gebildet ist, wie zum Beispiel jenseckhardt@beispielsfirma.de oder info@jenseckhardt.de, ist diese allein schon deshalb ein personenbezogenes Datum.

Wenn einer sonstigen E-Mail-Adresse ein Name zugeordnet werden kann, ist dies ebenfalls der Fall. Dies gilt insbesondere, wenn eine anonyme Firmen-E-Mail-Adresse, wie einkauf@beispielsfirma.de, der zuständigen Person namentlich zugeordnet werden kann. Diese Zuordnung kann auf der Erhebung weiterer oder auf der Verwendung bereits vorhandener Daten beruhen. Wird also das Nutzungsverhalten der Empfänger von Werbe-E-Mails oder Newslettern analysiert, liegt es nahe, dass das Datenschutzrecht zur Anwendung kommt. Das kann beispielsweise für das Öffnen des Newsletters und das Klicken in dem Newsletter gelten.

IP-Adressen

Einordnung dynamischer IP-Adressen aktuell heftig umstritten

Während die sogenannte statische IP-Adresse recht einheitlich stets als personenbezogenes Datum bewertet wird, ist die Einordnung dynamischer IP-Adressen aktuell heftig umstritten. Eine Ansicht bewertet die dynamische IP-Adresse generell als personenbezogenes Datum. Diesen Standpunkt nehmen auch die deutschen Datenschutzaufsichtsbehörden überwiegend in der Praxis ein. Die wohl (noch) herrschende Meinung hingegen stuft die IP-Adresse nur dann als personenbezogenes Datum ein, wenn die verarbeitende Stelle die IP-Adresse tatsächlich einem Menschen zuordnen kann [1]. Die verarbeitende Stelle kann beispielsweise der Betreiber einer Internetpräsenz mit Analysetool sein.

Hinweis: Es gilt – auch über die Diskussion über die IP-Adresse hinaus –, dass das Datenschutzrecht zu beachten ist, wenn nicht sicher zwischen der Verarbeitung von nicht personenbezogenen und personenbezogenen Daten (zum Beispiel IP-Adressen bei Analyse-Tools) tatsächlich getrennt werden kann. Es ist – bildlich gesprochen – auf das schwächste Glied abzustellen.

Cookies

Enthalten sogenannte Cookies Informationen wie Benutzernamen oder statische IP-Adressen oder sonst einen Menschen identifizierende Merkmale, ist von der Personenbezogenheit auszugehen.

Sonderfall: Selbstidentifikation des Nutzers

Zu einer Selbstidentifikation kann es kommen, wenn unter Nutzung eines Cookies eine Bestellung, eine namentliche Anmeldung oder auch der Versand einer E-Mail erfolgt [2]. Die Besonderheit ist dann, dass es zwar nicht schon beim Setzen des Cookies, aber später zu einer Selbstidentifikation des Nutzers kommt und damit das Cookie zu einem personenbezogenen Datum werden kann.

Anonymisieren als Ausschluss des Datenschutzrechts

Das Anonymisieren führt grundsätzlich zur Nichtanwendung des Datenschutzrechts. Das Verändern personenbezogener Daten derart, dass die Einzelangaben über persönliche oder sachliche Verhältnisse nicht mehr oder nur mit einem unverhältnismäßig großen Aufwand an Zeit, Kosten und Arbeitskraft einer bestimmten oder bestimmbaren natürlichen Person zugeordnet werden können, wird als anonymisieren verstanden [3]. Es sollte stets darüber nachgedacht werden, ob eine anonymisierte Verwendung möglich ist.

Grundsätze des Datenschutzrechts

Der deutsche Gesetzgeber hat die Bewertung von Online-Sachverhalten dadurch erschwert, dass in Bezug auf diese in Deutschland grundsätzlich drei verschiedene Gesetze zur Anwendung kommen können:

- das Telekommunikationsgesetz (TKG),
- das Telemediengesetz (TMG) und
- das Bundesdatenschutzgesetz (BDSG).

Bei Social Media und digitalem Dialog kommt das Telemedienrecht zur Anwendung

Überwiegend kommen in Bezug auf Social Media und digitalen Dialog die Datenschutzbestimmungen des Telemedienrechts (TMG) zur Anwendung. Allerdings kommt stattdessen das BDSG zur Anwendung, wenn es darum geht, dass Mitarbeiter in Social Media „vertreten" sind oder sein sollen. Es gelten dann Spezialregelungen des BDSG. Im Kontext von Collaboration in Form von Kommunikation in der Cloud kann zusätzlich und zum Teil vorrangig der TK-Datenschutz (TKG) zum Tragen kommen. In jedem Fall gilt daneben das BDSG, wenn das TMG und das TKG keine speziellere Regelung enthalten. Die Abgrenzung ist gesetzlich leider nicht so eindeutig geregelt, dass sie in der Praxis tatsächlich einfach umsetzbar wäre. Kurzum: Was kompliziert klingt, kann in der Rechtspraxis zuweilen auch kompliziert – aber nicht unlösbar – sein.

Für die Frage der Verwendung von Nutzungsdaten im Online-Marketing – zum Beispiel für Analysen wie bei Google Analytics oder das Lesen von Werbe-E-Mails – kommt typischerweise das TMG zur Anwendung. Das TMG wird daher in den Vordergrund der vorliegenden Darstellung gestellt.

Das Datenschutzrecht ist – vereinfacht gesagt – durch vier Grundsätze geprägt. Mit diesem „Baukasten" lassen sich im Groben alle Datenschutzfragen einordnen:

- Verbot mit Erlaubnisvorbehalt
- Zweckbindung
- Transparenz
- Datensparsamkeit

Verbot mit Erlaubnisvorbehalt und Zweckbindung

Das Verbot mit Erlaubnisvorbehalt und die Zweckbindung sind so eng verzahnt, dass sie „in einem Atemzug" zu betrachten sind.

Alles ist verboten, es sei denn, es ist konkret erlaubt – so lässt sich der Fachbegriff „Verbot mit Erlaubnisvorbehalt" umschreiben. Jede

Erhebung und jeder nachfolgende „Verarbeitungsschritt“ muss für sich zulässig sein. Für die Verwendung personenbezogener Daten bedarf es daher entweder einer Erlaubnis im Gesetz oder der Einwilligung des Betroffenen.

Der datenschutzrechtliche Grundsatz der Zweckbindung bedeutet, dass die Verwendung von personenbezogenen Daten nur für den Zweck zulässig ist, zu dem sie rechtmäßig erhoben worden sind. Sollen die Daten für einen anderen Zweck verwendet werden, greift in Bezug auf den neuen Zweck wieder das Verbot mit Erlaubnisvorbehalt.

Beispiele für das Verbot mit Erlaubnisvorbehalt und die Zweckbindung

Wenn die Zusendung per E-Mail zulässig ist, ist nicht automatisch auch die Auswertung der Reaktion zulässig

- Wenn die Verwendung der E-Mail-Adresse für die Zusendung von Werbung zulässig ist, ist nicht automatisch auch die Auswertung der Reaktion auf die E-Mail (zum Beispiel Analyse des Klickverhaltens in der E-Mail) zulässig.
- Eine IP-Adresse eines Internetnutzers, die technisch bedingt beim „Ansurfen“ einer Internetseite erfasst werden muss, darf zwar zum Ermöglichen des „Ansurfens“ verwendet werden. Die Zulässigkeit der Analyse des Nutzungsverhaltens anhand dieser IP-Adresse erfordert jedoch zusätzlich entweder eine Einwilligung oder eine gesetzliche Zulässigkeit.

Transparenz

Ein weiterer wesentlicher Grundsatz des Datenschutzrechts ist Transparenz. Das Datenschutzrecht sieht, um diese Transparenz zu schaffen, allgemeine Hinweispflichten vor [4]. Die Information soll den Betroffenen – so die Vorstellung des Gesetzgebers – in die Lage versetzen, sein Verhalten entsprechend dieser Information auszurichten: Er soll entscheiden können, ob seine Daten so verwendet werden.

Unzureichend, weil nichtssagend, ist beispielsweise: „Wir verwenden Ihre Daten nur entsprechend dem geltenden Datenschutzrecht.“ Erforderlich ist, dass der Betroffene konkret über Zweck, Art und Umfang der Erhebung und Verwendung seiner Daten sowie darüber, wer diese Daten erhebt und an wen diese Daten übertragen werden, unterricht wird. Dem Nutzer muss mit den an ihn gerichteten Informationen verständlich gemacht werden, zu welchem Zweck er seine Daten mitteilt und was mit diesen Daten geschieht.

Datenschutzerklärung (Privacy Policy) auf der Internetseite bereithalten

Der Inhalt dieser Unterrichtung muss nach dem TGM für den Nutzer jederzeit abrufbar sein [5]. Die Unterrichtung muss auch zu Beginn des Nutzungsvorgangs und nicht erst danach erfolgen [6]. Eine solche Gestaltungsmöglichkeit besteht beispielsweise darin, die Unterrichtung in einer Datenschutzerklärung – manchmal auch als „Privacy Policy" bezeichnet – auf der Internetseite bereitzuhalten [7]. Der Hinweis sollte auf der Startseite stehen oder durch einen entsprechend bezeichneten Link von dort aus erreichbar sein.

Transparenz schafft Vertrauen

Dabei ist auch zu beachten, dass Transparenz Vertrauen schafft. Die Transparenz sollte daher nicht nur als hinderlich empfunden werden, sondern zur „Kundenbindung" und als „Wettbewerbsvorteil" genutzt werden. Das gilt gleichermaßen gegenüber neuen Kunden, bestehenden Kunden und Mitarbeitern.

Datensparsamkeit

Das TMG verlangt, dass dem Nutzer eine anonyme oder pseudonyme Nutzung ermöglicht wird, soweit dies technisch möglich und zumutbar ist [8]. Der Nutzer ist hierüber auch zu informieren. Nur die für die Nutzung des Dienstes erforderlichen Angaben dürfen als Pflichtangaben ausgestaltet sein. Auch allgemein gilt im Datenschutzrecht, dass über den Einzelnen so wenig Daten wie möglich erhoben und verwendet werden sollten.

Einwilligung

Für die Verwendung von Nutzungsdaten nach den Datenschutzbestimmungen des TMG sind zunächst das Verbot mit Erlaubnisvorbehalt und der Grundsatz der Zweckbindung zu beachten (siehe oben). Demnach ist für die Verwendung von Nutzungsdaten entweder die Einwilligung des betroffenen Nutzers erforderlich oder eine gesetzliche Regelung muss greifen.

Hinweis: Wenn eine gesetzliche Zulässigkeitsregelung nicht einschlägig ist, dann muss die Einwilligung des Betroffenen eingeholt werden.

Der Text der Einwilligung legt – über die gesetzlichen Erlaubnistatbestände hinaus – den Rahmen einer zulässigen Erhebung und Verwendung von personenbezogenen Daten fest. Voraussetzung ist allerdings, dass der Betroffene zustimmt. Daraus leiten sich zwei Anforderungen an eine Einwilligung ab:

- Der Text der Einwilligung muss dem Betroffenen VOR einer entsprechenden Zustimmungserklärung bekannt gemacht werden UND
- es muss daraufhin eine eindeutige Reaktion des Gefragten erfolgen, die als seine Zustimmung gewertet werden kann.

Wichtig ist also: Ein Ablauf nach dem Muster „Zustimmen, dann Text anzeigen" genügt nicht. Der Interessierte muss zuerst den Text lesen können, BEVOR er seine Einwilligung – zum Beispiel durch das Anklicken eines Bestätigungsbuttons – erklärt.

Interessent muss vor Einwilligung Text lesen können

Der Text der Einwilligung dient der Transparenz. Der Interessierte muss konkret über Zweck, Art und Umfang der Erhebung und Verwendung seiner Daten sowie darüber, wer diese Daten erhebt, unterrichtet werden. Dem Nutzer muss mit dieser Information verständlich gemacht werden, zu welchem Zweck er seine Daten mitteilt und was mit diesen Daten geschieht. Nur wenn er dies verstehen kann, kommt eine wirksame Einwilligung zustande.

Hinweis: Die Einwilligung muss freiwillig erklärt werden (Freiwilligkeit der Einwilligung).

Gegen den allgemeinen Grundsatz der Freiwilligkeit wird dann verstoßen, wenn der Betroffene keine Entscheidungsalternative hat, ob seine personenbezogenen Daten verwendet werden. Eine nicht freiwillige Einwilligung ist unwirksam.

Eine nicht freiwillige Einwilligung ist unwirksam

Hinweis: Als besondere Ausprägung des Erfordernisses der Freiwilligkeit ist in § 28 Abs. 3b BDSG ausdrücklich das sogenannte Kopplungsverbot geregelt.

Nach dem sogenannten Kopplungsverbot ist eine Einwilligung unwirksam, wenn die Erbringung einer Leistung von der Einwilligung in die Verarbeitung oder Nutzung der Daten für Werbezwecke abhängig gemacht wird [9].

Neben den vorgenannten inhaltlichen Vorgaben sind auch formale Anforderungen zu beachten. Werden diese Formerfordernisse nicht beachtet, ist die Einwilligung grundsätzlich unwirksam. Nach dem Bundesdatenschutzgesetz muss die Einwilligung grundsätzlich der Schriftform genügen.

Für das Online-Marketing ist daher entscheidend, dass das TMG in § 13 Abs. 2 TMG (und auch § 94 TKG und § 28 Abs. 3a BDSG) die sogenannte elektronische Erklärung der Einwilligung kennen. Die Voraussetzungen sind – vereinfacht – zusammengefasst, dass

1. der Nutzer seine Einwilligung bewusst und eindeutig erteilt hat,
2. die Einwilligung protokolliert wird UND
3. der Nutzer den Inhalt der Einwilligung jederzeit abrufen kann und der Nutzer die Einwilligung jederzeit mit Wirkung für die Zukunft widerrufen kann.

Die Einwilligung muss also durch ein aktives Tun ausgelöst werden (beispielsweise ein „Maus-Klick" oder das Ausfüllen eines Freifeldes). Es muss protokolliert werden, wer der Urheber der Einwilligung ist. Wegen des Grundsatzes der Datensparsamkeit muss hierfür die Angabe der E-Mail-Adresse genügen. Des Weiteren muss der Zeitpunkt sowie der unveränderte Text der Einwilligungserklärung protokolliert werden. Die Informationen sollten für die Dauer des Nutzungsverhältnisses vorgehalten werden.

Hinweis: Nach § 13 Abs. 2 Nr. 4 TMG (und auch § 94 Nr. 4 TKG und § 28 Abs. 3b BDSG) muss für den Nutzer jederzeit der Widerruf der Einwilligung möglich sein.

§ 13 Abs. 3 TMG regelt für Telemediendienste zusätzlich, dass der Nutzer vor der Erklärung seiner Einwilligung auf sein Recht zum jederzeitigen Widerruf der Einwilligung hingewiesen werden muss und auch dieser Hinweis – wie der Text der Einwilligung – jederzeit abrufbar ist.

Allgemeine Pflicht, den Betroffenen über sein Widerrufsrecht zu informieren

Darüber hinaus besteht nach § 28 Abs. 4 BDSG die allgemeine Pflicht, den Betroffenen über sein Widerrufsrecht bezüglich der Verwendung seiner Daten für Werbung zu informieren.

Der Verwender der Daten trägt die Beweislast für die Zulässigkeit der Erhebung und Verwendung der Daten. Es genügt also nicht, dass alle Anforderungen eingehalten sind, sondern der Werbetreibende muss dies auch beweisen können. Gelingt dieser Beweis nicht, gelten in einem gerichtlichen Verfahren – vereinfacht gesagt – die Zulässigkeitsvoraussetzungen als nicht erfüllt.

Gesetzliche Regelung als Grundlage

Für die Verwendung von Nutzungsdaten nach den Datenschutzbestimmungen des TMG sind zunächst das Verbot mit Erlaubnisvorbehalt und der Grundsatz der Zweckbindung zu beachten (siehe oben). Demnach ist für die Verwendung von Nutzungsdaten entweder die Einwilligung des betroffenen Nutzers erforderlich oder eine gesetzliche Regelung muss greifen.

Hinweis: Wenn keine Einwilligung eingeholt wird, dann müssen die Voraussetzungen einer gesetzlichen Zulässigkeitsregelung gegeben sein, um datenschutzkonform zu handeln.

Personenbezogene Daten, die erforderlich sind, um die Inanspruchnahme von Telemedien zu ermöglichen und abzurechnen, sind sogenannte Nutzungsdaten [10]. Diese dürfen nur erhoben und verwendet werden, soweit dies erforderlich ist, um die Inanspruchnahme von Telemedien zu ermöglichen und abzurechnen [11]. Danach darf der Betreiber einer Internetpräsenz beispielsweise die IP-Adresse eines Nutzers der Internetseite erfassen, um die Nutzung der Internetseite zu ermöglichen.

Nach dem Ende dieser Nutzung dürfen die Nutzungsdaten nur verwendet werden, soweit sie für Zwecke der Abrechnung mit dem Nutzer erforderlich sind. Diese Daten werden dann als Abrechnungsdaten bezeichnet [12].

Beispielsweise muss der Betreiber einer Internetseite die IP-Adresse des Nutzers der Internetseite grundsätzlich unverzüglich nach Beendigung der Nutzung löschen. Eine Ausnahme greift nur ein, wenn die IP-Adresse – was typischerweise nicht der Fall ist – zur Abrechnung der Nutzung der Internetseite erforderlich ist.

Nutzungsprofile dürfen bei Verwendung von Pseudonymen erstellt werden

Für Zwecke der Werbung, der Marktforschung oder zur bedarfsgerechten Gestaltung der Telemedien darf der Diensteanbieter Nutzungsprofile bei Verwendung von Pseudonymen erstellen, sofern der Nutzer dem nicht widerspricht. Der Diensteanbieter hat den Nutzer auf sein Widerspruchsrecht im Rahmen der Unterrichtung nach § 13 Abs. 1 TMG hinzuweisen. Diese Nutzungsprofile dürfen nicht mit Daten über den Träger des Pseudonyms zusammengeführt werden [13].

Allein unter diesen Voraussetzungen dürfen Nutzungsdaten nach dem TMG kraft Gesetzes – also ohne Einwilligung des Betroffenen

– für Werbezwecke verwendet werden. Für die Praxis ergeben sich daraus enge Grenzen für die datenschutzkonforme Verwendung von Nutzungsdaten.

Nutzungsprofile

Für die Erstellung von Nutzungsprofilen ergeben sich aus dem zuvor Erläuterten drei Abstufungen:

- Erstellung personenbezogener Nutzungsprofile: grundsätzlich nur mit Einwilligung,
- pseudonymisierte Nutzungsprofile: ohne Einwilligung unter bestimmten gesetzlichen Voraussetzungen bis zum Widerspruch des Betroffenen zulässig (siehe nachfolgend),
- anonymisierte Nutzungsprofile: mangels Personenbezug keine datenschutzrechtliche Beschränkung.

Den weitesten Spielraum eröffnet die Einwilligung

Den weitesten Spielraum eröffnet die Einwilligung. Ob diese Gestaltung marketingtechnisch in Betracht kommt, ist eher zu bezweifeln, da die Einwilligung zunächst abgefragt und von dem Betroffenen eindeutig erklärt werden müsste (siehe oben).

Die Erstellung von Nutzungsprofilen zur Werbung und zur Marktforschung ist gesetzlich erlaubt, sofern drei Voraussetzungen gemeinsam beachtet werden (sogenannte pseudonyme Nutzungsprofile nach § 15 Abs. 3 TMG):

- Es müssen Pseudonyme verwendet werden.
- Der Betroffene muss im Zuge der Erhebung seiner Daten auf sein Widerspruchsrecht gegen die Erstellung von Nutzungsprofilen hingewiesen worden sein; ein nachträglicher Hinweis genügt nicht.
- Das Nutzungsprofil darf nicht mit dem Träger des Pseudonyms zusammengeführt werden.

Pseudonymisieren

ist das Ersetzen des Namens und anderer Identifikationsmerkmale durch ein Kennzeichen zu dem Zweck, die Bestimmung des Betroffenen auszuschließen oder wesentlich zu erschweren [14].

Der Betroffene muss über sein Widerspruchsrecht informiert werden. Das schließt es ein, dass der Betroffene darüber zu informieren ist, dass Nutzungsprofile erstellt werden. Der Hinweis muss zu Beginn der Nutzung des Dienstes durch den Betroffenen erfolgen. Ein Hinweis nach Beginn oder gar nach Abschluss der Profilierung genügt nicht.

Anonyme Auswertungen

bedürfen grundsätzlich keiner datenschutzrechtlichen Erlaubnis, da mit der Anonymisierung das Datenschutzrecht eigentlich nicht mehr anwendbar ist. Bei der Erstellung anonymer Nutzungsprofile muss die Anonymität bereits bei der Erhebung der Information, beispielsweise des Klick-Verhaltens, gegeben sein.

Webtracking-Tools

Ein zwischenzeitlich typischer Anwendungsfall der Regelungen über Nutzungsprofile sind Analyseverfahren zur Reichweitenmessung bei Internetangeboten. Zu der datenschutzkonformen Ausgestaltung dieser Analyseverfahren hat der sogenannte Düsseldorfer Kreis in einem Beschluss vom 26./27.11.2009 Stellung genommen [7].

Düsseldorfer Kreis ist die Zusammenkunft der obersten Aufsichtsbehörden für den Datenschutz im nicht-öffentlichen Bereich

Der Düsseldorfer Kreis ist die Zusammenkunft der obersten Aufsichtsbehörden für den Datenschutz im nicht-öffentlichen Bereich. Sein Beschluss ist nicht gesetzesgleich, sondern stellt die Ankündigung des Verwaltungshandelns der Datenschutzaufsichtsbehörden dar.

Der Düsseldorfer Kreis führt in diesem Beschluss aus, dass viele Web-Seitenbetreiber das Surf-Verhalten der Nutzerinnen und Nutzer analysierten. Diese Analyse erfolge zu Zwecken der Werbung und Marktforschung oder bedarfsgerechten Gestaltung der Angebote der Seitenbetreiber. Zur Erstellung derartiger Nutzungsprofile würden die Seitenbetreiber vielfach Software beziehungsweise Dienste verwenden, die von Dritten kostenlos oder gegen Entgelt angeboten werden [7]. Es geht also um Google Analytics und vergleichbare Verfahren.

2012 haben sowohl die bayerische als auch die nordrhein-westfälische Datenschutzaufsichtsbehörde diesen Beschluss einer Anfrage an Unternehmen zum Einsatz von Google Analytics zugrunde gelegt.

Datenschutzkonforme Gestaltungsmöglichkeiten

Der Beschluss des Düsseldorfer Kreises ist vor dem Hintergrund der oben dargestellten Rechtslage nicht wirklich überraschend. Er stellt – und das ist positiv für die Praxis – einige bis dahin unterschiedlich diskutierte Fragen klar.

Düsseldorfer Kreis stellt das anwendbare Datenschutzgesetz klar

- Der Düsseldorfer Kreis wendet das TMG an, damit ist das anwendbare Datenschutzgesetz klargestellt.
- Er führt auch aus, dass für den Einsatz solcher Analyseverfahren drei Möglichkeiten in Betracht kommen: Die Analyse des Nutzungsverhaltens unter Verwendung vollständiger IP-Adressen (einschließlich einer Geolokalisierung) sei aufgrund der Personenbeziehbarkeit dieser Daten nur mit bewusster, eindeutiger Einwilligung zulässig. Liege eine solche Einwilligung nicht vor, ist die IP-Adresse vor jeglicher Auswertung so zu kürzen, dass eine Personenbeziehbarkeit ausgeschlossen ist [7]. Die Kürzung läuft auf eine Anonymisierung hinaus. Die Rechtsauffassungen sind allerdings noch nicht einheitlich, ob eine Kürzung der IP-Adresse um drei Ziffern für eine Anonymisierung genügt [7]. Als dritte Möglichkeit kommen pseudonyme Nutzungsprofile nach § 15 Abs. 3 TMG in Betracht.
- Ferner stellte der Düsseldorf Kreis – und das war besonders wichtig – klar, dass der nach § 15 Abs. 3 TMG erforderliche Hinweis im Rahmen der Datenschutzerklärung (Privacy Policy) gegeben werden kann. Es bedarf also keiner gesonderten „Einblendung“.
- Auch genügt die Kürzung der IP-Adresse um die letzten drei Stellen, um von einem Pseudonym im Sinne des § 15 Abs. 3 TMG ausgehen zu können. Allerdings sagt der Düsseldorfer Kreis damit auch aus, dass die ungekürzte IP-Adresse – nach seiner Ansicht – noch kein Pseudonym sei.

Pseudonyme Nutzungsprofile

Zu den pseudonymen Nutzungsprofilen nach § 15 Abs. 3 TMG weist der Düsseldorfer Kreis in seinem Beschluss vom 26.27.11.2009 zunächst darauf hin, dass die IP-Adresse selbst kein Pseudonym ist und konkretisiert die Anforderungen sodann wie folgt [7]:

Betroffener kann Widerspruch gegenüber Nutzungsprofilen einräumen

- „Den Betroffenen ist eine Möglichkeit zum Widerspruch gegen die Erstellung von Nutzungsprofilen einzuräumen. Derartige Widersprüche sind wirksam umzusetzen.
- Die pseudonymisierten Nutzungsdaten dürfen nicht mit Daten über den Träger des Pseudonyms zusammengeführt werden. Sie müssen gelöscht werden, wenn ihre Speicherung für die Erstellung der Nutzungsanalyse nicht mehr erforderlich ist oder der Nutzer dies verlangt.

- Auf die Erstellung von pseudonymen Nutzungsprofilen und die Möglichkeit zum Widerspruch müssen die Anbieter in deutlicher Form im Rahmen der Datenschutzerklärung auf ihrer Internetseite hinweisen."

Hinweis: Der gesetzlich zwingend erforderliche Hinweis auf den Einsatz solcher Analyse-Tools kann in der allgemeinen Datenschutzerklärung („Privacy Policy") der Internetseite erfolgen. Der Hinweis auf Analyse-Tools muss daher nicht individuell bei jedem Seitenaufruf angezeigt werden.

Diese Anforderungen zur Umsetzung des Widerspruchs ließen sich allerdings dahin verstehen, dass der Widerspruch individuell im jeweiligen Einzelfall umgesetzt werden (können) muss. Der Nutzer dürfte daher eigentlich nicht darauf verwiesen werden, dass er sich gegen Nutzungsprofile durch die Installation von „Plug-ins" in seinen Browser wehren kann [15]. Aber insoweit war das „letzte Wort" mit diesem Beschluss noch nicht gesprochen. In der Abstimmung zwischen dem Hamburgischen Beauftragten für den Datenschutz und die Informationsfreiheit mit Google im September 2011 ließ dieser diese in seiner Stellungnahme zu Mindestmaßnahmen zum rechtskonformen Einsatz von Google Analytics ein solches Plug-in genügen. Damit muss dies auch bei anderen Analyse-Tools ausreichend sein.

Bereitstellung durch Analyse-Dienstleister

Dieser Beschluss des Düsseldorfer Kreises weist noch auf einen weiteren wichtigen Aspekt hin. „Hostet" ein Dienstleister die Analysesoftware auf seinen Systemen und/oder nimmt ein Dienstleister die Auswertung vor, so ist dies ebenfalls ein datenschutzrechtlich relevanter Vorgang. Auch diese Übertragung muss den Anforderungen des Datenschutzrechts genügen. Um diesen Anforderungen zu genügen, fordert der Düsseldorfer Kreis einen Vertrag über die Auftragsdatenverarbeitung nach Maßgabe des § 11 BDSG [7].

Bei Dienstleistern außerhalb der EU ist Auftragsdatenverarbeitung nach deutschem Recht nicht zulässig

Bei Dienstleistern außerhalb der EU/des EWR ist nach deutschem Datenschutzrecht eine Auftragsdatenverarbeitung rechtlich nicht möglich [16]. Es muss auch zusätzlich geprüft werden, ob bei diesen ein angemessenes Datenschutzniveau im Sinne der §§ 4b, 4c BDSG gegeben ist.

Fazit zur Analyse des Nutzungsverhaltens

Zusammengefasst zeigt sich: Die Analyse von Nutzungsverhalten steht im Fokus der Datenschutzaufsichtsbehörden. Die Einführung solcher Tools ist datenschutzrechtlich nicht auf die „leichte Schulter" zu nehmen.

Sonderfall: Google Analytics

Die Nutzung von Google Analytics ist ein Sonderfall, weil zwischen dem Hamburgischen Beauftragten für den Datenschutz und die Informationsfreiheit (LfDI Hamburg) und Google im September 2011 eine Abstimmung zur rechtskonformen Nutzung erfolgte. Dies darf aber nicht dahin missverstanden werden, dass Google Analytics das einzige zulässige Tool zur Reichweitenmessung ist oder dass es das einzige „mit Segen" der Datenschutzaufsichtsbehörden sei.

In einer Stellungnahme hat der LfDI Hamburg die Mindestmaßnahmen zum rechtskonformen Einsatz von Google Analytics veröffentlicht. Diese Mindestmaßnahmen werden auch durch die übrigen deutschen Datenschutzaufsichtsbehörden als ausreichend zur Nutzung von Google Analytics akzeptiert. Beispielsweise hat die Datenschutzaufsichtsbehörde NRW diesen Ansatz in 2012 ihrer Anfrage an Unternehmen zum Einsatz von Google Analytics zugrunde gelegt.

Die Abstimmung ist durch vier Eckpunkte gekennzeichnet:

- Schriftlicher Vertrag über die ADV.
  Voraussetzung der Nutzung von Google Analytics ist der Abschluss eines Vertrags über Auftragsdatenverarbeitung entsprechend dem durch den LfDI Hamburg mit Google abgestimmten und von Google bereitgehaltenen Muster.

- Hinweis auf Verwendung von Google Analytics und das Widerspruchsrecht in der Datenschutzerklärung auf der Internetseite.
  Es muss auf der Internetseite – im Rahmen der sogenannte Privacy Policy – ein Hinweis „möglichst" entsprechend dem mit Google abgestimmten Text auf den Einsatz von Google Analytics sowie der Hinweis auf das Widerspruchsrecht erfolgen.

- Kürzung der IP-Adresse durch Einstellung des Google Analytics-Programmcodes auf der jeweiligen Internetseite.
  Es muss ein durch Google bereitgehaltener Programmcode in den Quelltext der Internetpräsenz implementiert werden, der sicherstellt, dass die IP-Adresse vor ihrer Verwendung durch Google Analytics um das letzte Oktett gekürzt wird.

Der LfDI Hamburg weist darauf hin, dass Altdaten, die ohne Kürzung der IP-Adresse und ohne Einholen einer Einwilligung in Google Accounts gespeichert sind, gelöscht werden müssen. Ebenso macht er einen Vorbehalt, dass sich die Bewertung durch die Umsetzung der geänderten Europäischen Datenschutzrichtlinie 2002/58/EG ändern kann. Letzteres bleibt abzuwarten.

Altdaten ohne Kürzung der IP-Adresse in Google Accounts müssen gelöscht werden

Diese Abstimmung ist auch unter einem anderen Aspekt interessant. Denn in der Sache handelt es sich bei der Nutzung von Google Analytics um die Nutzung eines Cloud Service in einer Public Cloud in einem Drittstaat „mit Segen" der Datenschutzaufsichtsbehörden. Interessant ist das deshalb, weil die Zulässigkeit der Nutzung einer Public Cloud in einem Drittstaat im Kontext des Cloud Computing besonders heftig diskutiert wird.

Zulässigkeit der Nutzung einer Public Cloud in einem Drittstaat wird heiß diskutiert

Facebook-Like-Button

Mit dem Schlagwort Social Media wird auch stets der sogenannte „Like-Button" von Facebook verbunden. Die Xamit Bewertungsgesellschaft mbH beschreibt im Datenschutzbarometer 2010 die Funktionsweise wie folgt [17]:

„Der Betreiber einer Webseite kann einfach einen von Facebook zur Verfügung gestellten Skript-Code einbinden. Besucht der Internetsurfer Max Mustermann eine so vorbereitete Webseite, dann sieht er einen kleinen Button mit einem nach oben gerichteten Daumen, der die Beschriftung „Like" oder „Gefällt mir" trägt. Ist Max ein Facebook-Nutzer, könnte er auf diesen Button klicken, um anderen Facebook-Mitgliedern mitzuteilen, dass ihm diese Webseite oder ein Element darauf, etwa ein spannender Bericht, besonders gut gefällt.

Doch was ist inzwischen unbemerkt von Max passiert? Nachdem er die Webadresse in den Browser eingetippt hat, fordert dieser die entsprechende Webseite an. Je nach gewählter Button-Variante ist in der Webseite ein iframe von Facebook oder ein Skript eingebettet. Beide Varianten nehmen über eine von Facebook bereitgestellte Schnittstelle Kontakt mit dem sozialen Netzwerk auf.

So erfährt Facebook, welche Webseite angesehen wurde, die IP-Nummer des Rechners, auf dem die Seite angeschaut wurde und Max'

Benutzer-ID von Facebook – sofern Max gleichzeitig bei Facebook eingeloggt ist.

Ohne auch nur einmal auf den Button geklickt zu haben, informiert Max auf diese Weise Facebook während des Surfens über alle von ihm besuchten Seiten, die den Like-Button eingebunden haben. Max bemerkt davon nichts. Klickt Max auf den Button und ist dabei gleichzeitig bei Facebook angemeldet, so erhalten seine Freunde in ihrem Facebook News-Feed eine Mitteilung, welche Webseite er mag inklusive eines Links zu dieser Seite.“ [17]

Einbau des Facebook-Like-Buttons für Internetseitenbetreiber noch nicht geklärt

Die Einbindung dieser Funktion erscheint – auf den ersten Blick – für den Betreiber der Internetseite nicht problematisch; wenn auch die rechtliche Bewertung noch nicht abschließend geklärt ist. Dieser Betrachtung ist das Unabhängige Landeszentrum für den Datenschutz (ULD), die Datenschutzaufsichtsbehörde Schleswig-Holstein, in einem Arbeitspapier zu Facebook-Like-Button vom 19.08.2011 entgegen getreten [18].

Das ULD geht in seinem Arbeitspapier von der Verantwortung des Webseitenbetreibers für die Erhebung und Verwendung personenbezogener Daten durch den Like-Button aus. Die Argumentation des ULD mag rechtlich angezweifelt werden, in der Sache hat es damit aber dennoch den Like-Button in der Rechtspraxis – jedenfalls zunächst – zum Problem des Webseitenbetreibers gemacht. Das ULD geht in diesem Arbeitspapier auch davon aus, dass es durch den „Like-Button“ zur Erhebung und Verwendung personenbezogener Daten kommt. Damit ist das Datenschutzrecht anwendbar.

Wenn nun der Betreiber der Internetseite als derjenige betrachtet wird, welcher die vorgenannten Daten an Facebook übermittelt, stellt sich die Frage, wonach dies zulässig ist:

Eine Einwilligung entsprechend den datenschutzrechtlichen Vorgaben liegt wohl nicht vor. Denn die Einwilligung müsste vor der Erhebung erfolgen, was – nach derzeitigem Stand – wohl nicht praktikabel umgesetzt werden kann, da eine Einblendung oder „Vorschaltseite“ erforderlich wäre. Die Zulässigkeit müsste sich daher aus einer gesetzlichen Regelung ergeben. Es bestehen erhebliche Zweifel, dass die Übertragung der Daten als Bestandteil der Nutzung der Internetseite gesehen werden kann, da die Nutzung der Internetseite auch ohne diese Übertragung möglich ist. Damit scheidet auch die Verwendung nach den Regeln für Nutzungsdaten aus.

Die Voraussetzungen eines pseudonymen Nutzungsprofils nach § 15 Abs. 3 TMG liegen ebenfalls nicht vor, da der Düsseldorfer Kreis die IP-Adresse nicht als Pseudonym akzeptiert [7]. Es ist auch nicht Sinn des „Like Buttons", dass nicht festgestellt werden kann, welcher Nutzer die Seite besucht.

Erhebliche Zweifel an der Anwendbarkeit der Interessensabwägungsklausel

Es könnte versucht werden, auf die Interessensabwägungsklausel nach § 28 BDSG zurückzugreifen. Zunächst bestehen schon erhebliche Zweifel an der Anwendbarkeit der Interessensabwägungsklausel nach § 28 BDSG. Denn das TMG enthält insoweit vorrangige Regelungen, nach denen aber die Verwendung nicht gerechtfertigt werden kann. Ebenso zweifelhaft ist, ob die Datenschutzaufsichtsbehörden im Rahmen einer solchen Interessensabwägung zur Zulässigkeit der Datenübertragung kämen. Denn die Ausführungen der Datenschutzaufsichtsbehörden zur Erstellung von Nutzungsprofilen sprechen eher dagegen.

Ein weiteres Problem ist der Grundsatz der Transparenz. Dem Betroffenen muss sowohl bei der Einwilligung als auch bei einer gesetzlichen Zulässigkeit erklärt werden, was mit seinen Daten wie und durch wen passiert. Das mag möglich sein, stellt aber – jedenfalls derzeit noch – eine Herausforderung dar.

Rechtsprechung zum Facebook-Like-Button?

Das Landgericht Berlin sowie als Rechtsmittelgericht das Kammergericht Berlin hatten sich ebenfalls mit der Zulässigkeit des Facebook-Like-Buttons befasst. Allerdings bewerteten beide Gerichte nicht abschließend die datenschutzrechtliche Zulässigkeit des Facebook-Like-Buttons als solchen. Die Gerichte befassten sich mit der Frage, ob die Verwendung des „Like-Button" auf der Grundlage des Gesetzes gegen den unlauteren Wettbewerb (UWG) angegriffen werden könne. Dies wurde durch diese Gerichte aber allein aufgrund von Argumenten nach dem UWG verneint: Sie kommen zu dem Ergebnis, dass der behauptete Datenschutzverstoß, selbst wenn er gegeben sein sollte, nicht den geltend gemachten Unterlassungsanspruch nach dem UWG begründet. Es handelt sich dabei um eine Besonderheit des UWG und nicht des Datenschutzrechts.

Zweifel an der Zulässigkeit der Gestaltung des Facebook-Like-Buttons sind der Entscheidung des Kammergerichts dennoch zu entnehmen; jedenfalls dann, wenn auf der Internetseite nicht ausreichend über die Abläufe bei der Betätigung des Facebook-Like-Buttons informiert wird [19].

Zusammenfassung

Die Verwendung des Facebook-Buttons ist nicht auf die „leichte Schulter" zu nehmen

Es zeigt sich: Es ist noch nicht abschließend geklärt, ob der Facebook-Like-Button datenschutzkonform eingesetzt werden kann. Die Verwendung des Facebook-Like-Buttons sollte daher – wie jeder datenschutzrelevante Vorgang – nicht auf die „leichte Schulter" genommen werden.

Social Media

Die Bandbreite der mit dem Begriff Social Media verbundenen Ansätzen macht eine pauschale oder einheitliche rechtliche Bewertung unmöglich. Für die rechtliche Bewertung kommt es daher immer auf die konkrete Nutzung an.

Das Datenschutzrecht kann bei der Nutzung von Social Media unter zwei Gesichtspunkten zur Anwendung kommen: zum einen in Bezug auf die externen Nutzer, die mit dem Unternehmen in Verbindung treten wollen und zum anderen in Bezug auf die Mitarbeiter, die für das Unternehmen in Social Media präsent sein sollen.

Unternehmenspräsenz in Social Media Communities

Soweit Unternehmen Social Communities zur Selbstdarstellung nutzen, ergeben sich aus rechtlicher Sicht dadurch keine Befreiungen von gesetzlichen Vorgaben. Diese Präsenzen in Social Communities werden rechtlich – vereinfacht gesagt – wie Webseiten im Internet außerhalb der jeweiligen Social Community behandelt.

Das bedeutet im Überblick: Es gilt die Pflicht zur Vorhaltung einer Privacy Policy, soweit personenbezogene Daten von Besuchern erhoben werden (§ 13 Abs. 1 TMG). Ebenso gilt die sogenannte Impressumspflicht (§ 5 Abs. 1 TMG) mit der Pflicht zu bestimmten Angaben über das Unternehmen. Hinzu kommt, dass das Unternehmen für diese Präsenz ebenso haftet, wie für sonstige Internetpräsenzen (beispielsweise für Links auf fremde Internetseiten).

Inhalte fremder Profilseiten dürfen nicht kopiert werden

Es dürfen also ebenfalls nicht einfach Inhalte fremder Profilseiten, Fanpages oder Tweets kopiert und selbst genutzt werden. Hier besteht die Gefahr von Urheberrechtsverletzungen.

Ebenso gelten für Werbung und sonstige Äußerungen die allgemeinen rechtlichen Grenzen. Werbeaussagen müssen sich daher am Wettbewerbsrecht messen lassen, sodass beispielsweise für vergleichende Werbung die Grundsätze des UWG hierfür zu beachten sind. Auch für Direct Messages in Social Media Networks gelten die Beschränkungen des UWG für die Werbung mittels elektronischer Nachrichten, sodass hierfür grundsätzlich eine ausdrückliche Einwilligung des Empfängers erforderlich ist. Ebensowenig dürfen Äußerungen beleidigend oder sonst rechtswidrig sein.

Werbeaussagen werden am Wettbewerbsrecht gemessen

Das Verbot der Schleichwerbung erlangt in Social Media besondere Bedeutung. Es muss nach dem TMG und dem UWG klar zwischen redaktionellen Inhalten und Werbung getrennt werden (§§ 4 Nr. 3 UWG, 6 Abs. 1 TMG). Kommerzielle Kommunikation muss auch klar als solche erkennbar sein (§ 6 Abs. 1 TMG). Problematisch sind – zumindest nach deutschem Recht – auch gekaufte Tweets; wenn also beispielsweise Werbe-Tweets durch Stars gegen Bezahlung erfolgen.

Klar zwischen redaktionellen Inhalten und Werbung trennen

Hinweis: Technische Schwierigkeiten oder die fehlende Möglichkeiten zur Umsetzung von gesetzlichen Pflichtangaben befreien nicht von der jeweiligen gesetzlichen Pflicht.

Mitarbeiter in Social Media auf Wunsch des Unternehmens

Während für die Nutzer die bereits dargestellten „Spielregeln" zur Anwendung kommen (s.o. beispielsweise zur Analyse des Nutzerverhaltens), kommen in Bezug auf die Mitarbeiter spezielle Datenschutzregeln zur Anwendung, wenn sie im Internet selbst erkennbar als Person für das Unternehmen auftreten. Sowohl die gesetzlichen Zulässigkeitsregelungen als auch die Möglichkeit zur Einwilligung sind enger als bei sonstigen Nutzern.

Für Beschäftigte (Legaldefinition in § 3 Abs. 11 BDSG) existiert in § 32 BDSG eine spezielle Datenschutzregelung. Die gesetzlichen Zulässigkeitsregelungen kommen wohl nur dann als datenschutzrechtliche Rechtfertigung in Betracht, wenn es originär zur Funktion des Mitarbeiters gehört, in Social Media präsent zu sein. Dies trifft beispielsweise auf „Social Media Speaker" zu und kann auf Pressesprecher zutreffen. Das gilt aber nicht automatisch für jeden, der im Bereich Marketing, Vertrieb oder gar in sonstigen Bereichen für das Unternehmen tätig ist.

Einwilligung des Beschäftigten erforderlich

In allen anderen Fällen oder wenn diese Funktion nicht hinreichend klar ist, ist die Einwilligung des Beschäftigten erforderlich. Die Rechtspraxis geht allerdings davon aus, dass ein Beschäftigter nur eingeschränkt freiwillig über „Wünsche" seines Arbeitgebers entscheiden kann. Daher wird datenschutzrechtlich die Möglichkeit der Einwilligung als Rechtsgrundlage tendenziell verneint und nur in eng begrenzten Fällen zugelassen. Es ist daher datenschutzrechtlich gar nicht so leicht, mit Mitarbeitern in Social Communities präsent zu sein.

Social Media Guideline gibt den Aktivitätsrahmen vor

Neben der datenschutzrechtlichen Fragestellung ist es generell sinnvoll, dem Mitarbeiter durch eine Social Media Guideline seinen Aktivitätsrahmen und seinen Spielraum zu Äußerungen vorzugeben.

Mitarbeiter in Social Media in ihrer Freizeit

Neben der durch das Unternehmen gewollten Präsenz von Mitarbeitern in Social Media ist auch die private Präsenz von Mitarbeitern in Social Media ein Thema geworden. Dabei geht es nicht nur um schlagzeilenträchtige Negativpostings sondern ebenso um positive Äußerungen von Mitarbeitern; insbesondere wenn sich Mitarbeiter plötzlich selbst zum Sprecher für das Unternehmen „aufschwingen".

Abgesehen davon, dass es dem Unternehmen negativ entgegen schlagen kann, wenn der Eindruck entsteht, dass der Mitarbeiter zu solchen privaten Äußerungen angestiftet oder instruiert ist, kann es auch sein, dass sich ein Mitarbeiter mit positiven Ansätzen in seinen Äußerungen „vergalloppiert".

Social Media Guidelines

Diese können hier ebenfalls helfen. Sie können beispielsweise dazu genutzt werden, den Mitarbeitern gegenüber klarzustellen, dass sich auch in Social Media nur die offiziellen Unternehmensvertreter äußern. In den Guidelines kann auch klargestellt werden, dass die Mitarbeiter gerne deutlich machen können, für wen sie arbeiten, aber eben nicht berechtigt sind „für das Unternehmen" sondern nur „für sich" zu sprechen. Das soll Mitarbeiter nicht daran hindern, über das Unternehmen in Social Media zu sprechen, aber eben nicht als angeblicher oder scheinbar verdeckter Vertreter „für das Untenehmen".

Es kann auch angezeigt sein, Mitarbeiter darauf hinzuweisen, das Betriebs- und Geschäftsgeheimnisse nicht in Social Media veröffentlicht werden dürfen. Ebenso kann es geboten sein, an die strafrechtlichen Grenzen von Äußerungen (beispielsweise Beleidigungen, Schmähkritik oder falschen Tatsachenbehauptungen) zu erinnern; das gilt zumal, wenn bekannt ist, bei wem der Äußernde beschäftigt ist, damit solche

Äußerungen nicht auch zum Problem des Arbeitgebers werden. Diese Vorgaben gelten zwar bereits kraft Gesetz und sind strafrechtlich sanktioniert, aber dennoch kann eine „kleine Erinnerung" nicht schaden, da eine solche Äußerung in Social Media andere "Kreise ziehen" kann, als am Stammtisch oder unter Freunden.

Mitarbeiter sind bei privaten Äußerungen durch Meinungsfreiheit geschützt

Der Arbeitgeber hat dabei aber zu beachten, dass der Mitarbeiter bei privaten Äußerungen durch die Meinungsfreiheit geschützt ist und daher Äußerungsverbote rechtlich nur eingeschränkt haltbar sind. Es sollte daher nicht der Versuch unternommen werden, mit Social Media Guidelines die Mitarbeiter zu „zensieren" oder ihnen einen „Maulkorb zu verpassen".

Ein weiterer Aspekt der privaten Nutzung von Social Media ist die Frage der Nutzung während der Arbeitszeit. Diese Diskussion ist nicht neu. Letztlich gelten dieselben Grundsätze wie bei der privaten Internetnutzung am Arbeitsplatz. Auch die Nutzung privater mobiler Endgeräte ändert nichts daran, dass ein Arbeitnehmer während seiner Arbeitszeit „seine Zeit" in erster Linie seinem Arbeitgeber schuldet. Arbeitgeber sowie Arbeitnehmer sind allerdings gut beraten, sich an sozialadäquate Regelungen zu halten beziehungsweise solche – gegebenenfalls in Betriebsvereinbarungen – festzulegen.

Für Social Media Guidelines ergeben sich damit drei Schritte:

- Klarstellen, ob eine Nutzung durch Mitarbeiter für das Unternehmen (zum Beispiel Vertrieb, Marketing) erfolgen soll oder (nur) private Nutzung zulässig ist.
- Entscheiden, ob und in welchem Umfang die Nutzung während der Arbeitszeit (un-)zulässig ist.
- Erstellen einer Social Media Guideline.

ID-Grabbing in Social Media Networks

Die Nutzung von Social Media wirft aber nicht nur datenschutzrechtliche Fragestellungen auf. Es kommt auch zu Kollisionen um die Verwendung von Marken und Unternehmensnamen, wegen Aussagen in Social Media oder Direktwerbung.

Wie beim Entstehen des Internets müssen Unternehmen feststellen, dass in Social Networks ihre Marken oder ihre Unternehmensbezeichnung bereits von Dritten genutzt wird. Das Problem wird unter dem Schlagwort ID-Grabbing thematisiert und ist dem seinerzeitigen Domain-Grabbing rechtlich weitgehend gleich gelagert. Denn ebenso wie bei der Domainregistrierung erfolgt bei der automatisierten Anmeldung von Profilseiten keine Prüfung der Berechtigung des Anmeldenden.

Die Betreiber von Social Networks haben allerdings überwiegend spezielle Meldeverfahren eingerichtet, um gegen solche Registrierungen vorgehen zu können. Daneben bleibt der Gang vor die Gerichte. Ähnlich wie bei Domains ist damit zu rechnen, dass die Gerichte nach dem Prinzip, „wer zuerst kommt, mahlt zuerst" entscheiden. Wie bei Domains wird die Rechtsprechung Ausnahmen von dem Prinzip machen, wenn der später Kommende die „besseren Rechte" hat (beispielsweise Inhaber einer berühmten Marke ist). Die zu Domains entwickelte Rechtsprechung gibt hierzu gute Leitlinien.

ID-Registrierung: „Wer zuerst kommt, mahlt zuerst"

Selbst wenn es aufgrund der Gestaltung des Social Networks oder der Rechtslage zu Koexistenzen kommt, besteht das Verbot der Irreführung. Es darf nicht der Eindruck erzeugt werden, dass es sich um eine offizielle Präsenz eines Dritten handelt.

Collaboration

Durch die technischen Entwicklungen zum Dialog und zur Kommunikation verändert sich auch die unter dem Stichwort Collaboration neu verstandene Kommunikation am Arbeitsplatz. Die Kommunikation verlagert sich von der E-Mail zur Kommunikation in Social Communities und zum Austausch von Information und der Zusammenarbeit in die Cloud.

Vertrauliches muss vertraulich bleiben

Die Fragen, die sich in diesem Kontext stellen, sind zunächst auf den Schutz der Vertraulichkeit des Dialogs der Zusammenarbeitenden ausgelegt. Denn auch in diesem Rahmen muss sichergestellt werden, dass Vertrauliches vertraulich bleibt. Dies gilt insbesondere bei der Kommunikation via Social Media.

Nutzung von Cloud Services erfordert vertraglich klare Regeln

Die Nutzung der Cloud, um dort Wissen, Arbeitsunterlagen, -fortschritte und -ergebnisse beispielsweise allen an einem Projekt Beteiligten zugänglich zu machen, wirft die in der jüngeren Vergangenheit stark diskutierten Fragen über die Nutzung von Cloud Services auf. Die Nutzung von Cloud Services erfordert eine vertraglich klare Regelung darüber, welche Leistung (nur Infrastruktur (Infrastructure as a Service) oder auch Software (Software as a Service)) erbracht wird, mit welcher Verfügbarkeit die Leistung erbracht wird und wie die Sicherheit beziehungsweise die Vertraulichkeit der Daten in der Cloud sichergestellt wird. Datenschutzrechtlich sind ebenfalls umfangreiche Regelungen und Festlegungen zu treffen. Deren Ausgestaltung hängt maßgeblich davon ab, ob die Cloud in der EU beziehungsweise im EWR oder außerhalb davon realisiert wird. Insgesamt besteht rechtlich ein umfangreicher Regelungs- und Vereinbarungsbedarf [20]. Dieser sollte bei der Einführung von Cloud Services frühzeitig in Angriff genommen werden.

E-Mail-Marketing

Im Kontext des Digitalen Dialogs muss auch das E-Mail-Marketing erwähnt werden. Auch wenn es fast schon „old fashioned" wirkt, nimmt es weiterhin einen erheblichen Stellenwert ein.

Neben den datenschutzrechtlichen Beschränkungen bei der Erhebung der E-Mail-Adressen und der Feststellung der Reaktion des Empfängers (beispielsweise Öffnungs- und Klickverhalten) ist auch das Gesetz gegen den unlauteren Wettbewerb (UWG) von besonderer Bedeutung. Denn danach ist klar geregelt, dass grundsätzlich eine ausdrückliche Einwilligung die Voraussetzung für die Zulässigkeit ist [21].

Ausdrückliche Einwilligung Pflicht

Das entscheidende Problem ist der Nachweis der Einwilligung. Hierfür hat sich nach der Grundsatzentscheidung des BGH in 2004 [22] das sogenannte Double-Opt-in herausgebildet. Allerdings war dies in der Anfangszeit durchaus rechtlichen Angriffen ausgesetzt.

Eine grundsätzliche Anerkennung des Double-Opt-in für das E-Mail-Marketing ist durch den BGH in 2011 erfolgt [23]. Der BGH führt in dieser Grundsatzentscheidung zum Double-Opt-in insbesondere aus:

- „... Nach Eingang der erbetenen Bestätigung kann angenommen werden, dass der Antrag tatsächlich von der angegebenen E-Mail-Adresse stammt. ..."

  Damit ist klargestellt, dass das Double-Opt-in im Normalfall als Nachweis genügt.

Double-Opt-in reicht als Nachweis

- „Kann der Verbraucher darlegen, dass die Bestätigung nicht von ihm stammt, war die Werbezusendung auch dann wettbewerbswidrig, wenn die E-Mail-Adresse im Double-Opt-in-Verfahren gewonnen wurde.“

  Die Darlegungslast für seine Nichtanmeldung liegt zunächst beim Adressaten der E-Mail, wenn ein Double-Opt-in eingesetzt wurde. Erst wenn er dafür gute Gründe darlegt, ist der Versender in der Beweislast.

Diese Entscheidung des BGH aus dem Jahr 2011 ist damit für die Rechtssicherheit beim E-Mail-Marketing ein großer Fortschritt.

Ausblick EU-Datenschutz-Grundverordnung

Die EU-Kommission hat am 25.01.2012 den Vorschlag einer Datenschutz-Grundverordnung (DSGVO-E) veröffentlicht. Diese würde das BDSG und die Datenschutzbestimmungen des TMG weitgehend ablösen. Diese DSGVO-E soll den Datenschutz unionsweit einheitlich und unmittelbar regeln. Sie will insbesondere auch eine datenschutzrechtliche Antwort auf die technologische Entwicklung und die unterschiedliche Handhabung von Datenschutz in den EU-Mitgliedsstaaten geben.

Der Vorschlag hat in 11 Kapiteln 91 Artikel und umfasst zusammen mit den Erwägungsgründen circa 94 Seiten. Ob die DSGVO in der vorgeschlagenen Form in Kraft treten wird, ist nicht sicher. Denn sie steht seit der Veröffentlichung in der Kritik und zwar in fast jeder Hinsicht [24].

Jedenfalls hat sie aber noch einen recht langen Zeithorizont. Denn nach der derzeitigen Vorstellung der EU-Kommission soll sie 2014 verabschiedet werden und wäre dann nach Ablauf von zwei weiteren Jahren – also 2016 – anzuwenden. Realistischer dürfte nach dem derzeitigen Stand der Kritik jedoch eher eine Verabschiedung deutlich später – möglicherweise erst 2016 – sein, was zu einer Anwendung ab 2018 führen würde.

Die DSGVO ist daher aktuell noch kein Handlungsmaßstab in der Praxis.

Fazit

Der digitale Dialog umfasst viele Facetten des elektronischen Marketings. Diese entwickeln sich nicht rechtsfrei. Auch die neuen Kommunikationsformen müssen die rechtlichen Grenzen beachten. Was häufig auf den ersten Blick wie ein „Hemmschuh" aussieht, muss sich nicht wie ein solcher auswirken. Das setzt allerdings voraus, dass rechtliche Bewertungen Bestandteil der strategischen Entwicklung des digitalen Dialogs im Unternehmen sind.

Neue Kommunikationsformen müssen rechtliche Grenzen beachten

Es darf dabei auch nicht übersehen werden, dass der Rechtsrahmen aus gutem Grund dem Schutz der Betroffenen dient. Denn wer will schon ständig SPAM bekommen oder sehen, wie Trittbrettfahrer mit der eigenen Marke gutes Geschäft machen und dabei gleichzeitig die eigene Marke schmarotzend schädigen.

Rechtsrahmen dient dem Schutz des Betroffenen

Der digitale Dialog ist damit auch eine rechtliche Herausforderung, die offen in Angriff genommen werden kann. Die Vergangenheit hat auch gezeigt, dass die Rechtspraxis – wenn auch zuweilen nach Anlaufschwierigkeiten – die beteiligten Interessen angemessen austariert.

Literatur

[1] Jens Eckhardt: „IP-Adresse als personenbezogenes Datum — neues Öl ins Feuer Personenbezug im Datenschutzrecht — Grenzen der Bestimmbarkeit am Beispiel der IP-Adresse", CR 2011, S. 339.

[2] Jens Eckhardt: „Datenschutzerklärungen und Hinweise auf Cookies", S. 46 ff, ITRB 2005.

[3] Gesetzliche Definition des § 3 Abs. 6 BDSG.

[4] § 13 Abs. 1 TMG.

[5] § 13 Abs. 1 S. 3 TMG.

[6] § 13 Abs. 1 S. 1 TMG.

[7] Beschluss der obersten Aufsichtsbehörden für den Datenschutz im nicht-öffentlichen Bereich am 26./27. November 2009 in Stralsund zur datenschutzkonformen Ausgestaltung von Analyseverfahren zur Reichweitenmessung bei Internet-Angeboten.

[8] § 13 Abs. 6 TMG.

[9] weiterführend: Jens Eckhardt: „Datenschutz im Direktmarketing nach dem BDSG – Quo vadis", CR 2009, S. 337.

[10] § 15 Abs. 1 TMG.

[11] § 15 Abs. 1 TMG.

[12] § 15 Abs. 4 TMG.

[13] § 15 Abs. 3 TMG.

[14] so gesetzlich definiert in § 3 Abs. 6a BDSG.

[15] Unabhängige Landeszentrum für Datenschutz Schleswig Holstein (ULD), Stellungnahme „Datenschutzrechtliche Bewertung des Einsatzes von Google Analytics", Januar 2009.

https://www.datenschutzzentrum.de/tracking/20090123_GA_stellungnahme.pdf (Zuletzt eingesehen am 24.05.11).

[16] § 3 Abs. 8 Satz 3 BDSG

[17] Xamit Bewertungsgesellschaft mbH: „Datenschutzbarometer 2010 – Neue Herausforderungen für Datenschützer", S. 13,

http://www.xamit-leistungen.de/downloads/XamitDatenschutzbarometer2010.pdf (Zuletzt eingesehen am 24.05.11).

[18] Unabhängiges Landeszentrum für den Datenschutz (ULD), Datenschutzrechtliche Bewertung der Reichweitenanalyse durch Facebook vom 19.08.2011.

[19] KG Berlin, Beschluss v. 29.04.2011, Az. 5 W 88/11.

[20] Eckhardt, IM, 2011, S. 55 ff.

[21] Leitfaden E-Mail-Marketing 2.0, Hrsg. Torsten Schwarz, „Rechtliche Rahmenbedingungen im E-Mail-Marketing", S. 409-431.
Leitfaden Online Marketing, Hrsg. Torsten Schwarz, „E-Mail-Marketing – Rechtliche Rahmenbedingungen", S. 742-755.
Leitfaden Online Marketing, Hrsg. Torsten Schwarz, „Datenschutz", S. 755-771.
Leitfaden Online Marketing Band 2, Hrsg. Torsten Schwarz, „Nutzungsdaten – Welche Analysen sind datenschutzkonform?", S. 957-970.

[22] BGH, Urteil vom 11.03.2004, I ZR 81/01].

[23] BGH, Urteil vom 10.02.2011, I ZR 164/09.

[24] Eckhardt CR 2012, S. 195 ff., Eckhardt BvD-News 1/2012, S. 26 f.

MONITORING UND OPTIMIERUNG

2

AUTOREN

Karl-Heinz Maier
Als Director Central Europe bei Webtrends ist er für den Auf- und Ausbau des direkten und indirekten Vertriebs in Zentraleuropa verantwortlich.

Dominic Stöcklin
Der Senior Berater Social Media ist seit Anfang 2011 bei Goldbach Interactive (Schweiz) AG tätig und verantwortlich für Social Media Monitoring.

Andrea Ahlemeyer-Stubbe
Die Diplom-Statistikerin, seit 2012 Director Strategic Analytics bei DRAFTFCB, ist als Data-Mining- und CRM-Spezialistin international tätig.

Martin Nitsche
Er ist Gründer und Geschäftsführer der Solveta GmbH und seit 2002 Vizepräsident im DDV sowie Dozent an der DDA und der Fachhochschule Wedel.

Ausführliche Autorenbeschreibung ab Seite 426

Webmonitoring – Theorie und Praxis

Karl-Heinz Maier

2

Um was es beim Webmonitoring im Grundsatz geht, ist einfach erklärt: Es geht, auf den Punkt gebracht, um das, was wer, wo, wann und wie im großen weiten Web macht. Diejenigen, die sich dafür interessieren, sind in der Regel Unternehmen, die wissen wollen, was über ihre Produkte, Marken und Dienstleistungen im Internet gesprochen wird. Dazu gehört auch die Frage, wie Kunden beziehungsweise potenzielle Kunden mit entsprechenden Onlineangeboten interagieren.

Was macht wer, wo, wann und wie im großen weiten Web?

Soweit zum Grundsatz. Was aber im Prinzip einfach klingt, ist in der weiteren Betrachtung, und vor allem in der Umsetzung, wesentlich komplexer. Das beginnt schon bei der Definition von Webmonitoring. Der Bundesverband Digitale Wirtschaft (BVDW) stellt fest, dass als Webmonitoring ursprünglich die Beobachtung von Online-Meinungs- und Stimmungsbildern in Internetforen und auf Webseiten bezeichnet wurde [1].

Dann hat sich jedoch ein Paradigmenwechsel vollzogen: Es war nicht mehr nur ein Kanal, nämlich das vorwiegend stationär betrachtete Web, der analysiert werden sollte, sondern mehrere: Hinzu kamen soziale Netzwerke wie Facebook, Twitter und Blogs sowie mit dem Siegeszug der Smartphones der mobile Kanal samt Apps. Gerade Social Media rückten zunehmend in den Mittelpunkt der Aufmerksamkeit, sodass inzwischen die Begriffe Web- und Social Media Monitoring teilweise gleichbedeutend verwendet werden. Andere Marktbeobachter und -teilnehmer wiederum sehen Webmonitoring als Oberbegriff und Social Media Monitoring als (wichtigsten) Teilbereich.

Webmonitoring – ein weites Feld

Ohne die Frage der Begriffsklärung weiter zu strapazieren, ist es doch wichtig festzuhalten, was im Folgenden unter Webmonitoring zu

http://www.marketing-boerse.de/Experten/details/Karl-Heinz-Maier

verstehen ist: Webmonitoring im umfassenden Sinn bezeichnet die Identifikation, Erfassung und Analyse von User Generated Content einerseits (Matthias Fank) [2], also etwa Blog-Einträge, Facebook-Posts und Tweets. Hinzu kommt andererseits die Beobachtung des Verhaltens von Nutzern im Internet, und zwar auf allen Kanälen, sprich im klassischen Web, in sozialen Netzwerken und im mobilen Kanal. Unter Marketing-Gesichtspunkten bietet es sich außerdem an, die Messung der Performance von Online-Kampagnen in die Definition mit einzubeziehen. Und schließlich bezeichnet der Begriff automatisierte, also softwarebasierte Verfahren.

Anwendungsfelder gehen über Marketing und Kampagnen-Management hinaus

Die Anwendungsfelder von Webmonitoring gehen deutlich über Marketing und Kampagnen-Management hinaus: Der BVDW nennt Reputationsmanagement, Wettbewerbsbeobachtung, Marktforschung, Public Relations bis hin zur politischen Kommunikation als weitere Bereiche.

Den Grund, warum der Begriff Webmonitoring hier bewusst sehr weit gefasst ist, liefert eine aktuelle Studie von Forrester Consulting [3]. Kernaussage: Aufgrund der Fragmentierung von Kanälen und Technologien – vor allem mobile und soziale Kanäle – entstehen unterschiedliche digitale Touchpoints mit der Zielgruppe. Das Internet wird zum Splinternet.

Internet wird zum Splinternet

Dessen Auswirkungen müssen Marketer verstehen, um die richtigen Rückschlüsse daraus für ihr Unternehmen ziehen zu können. Denn sie sind gezwungen, sich an eine neue Multichannel-Umgebung anzupassen. Notwendig dafür ist laut Forrester ein multidisziplinärer Ansatz: Technologien, Organisation, Prozesse und Messung stehen in einer Wechselwirkung und tragen zur Wirksamkeit des Marketing bei. Anders formuliert: Künftiger Erfolg im interaktiven Marketing ist untrennbar mit einer effektiven Messung aller digitalen Kanäle verbunden.

Alle digitalen Kanäle müssen gemessen werden

Webknowledge

Thema unter akademischen Vorzeichen noch wenig ausgeprägt

Diese Notwendigkeit beschäftigt inzwischen nicht zuletzt die Wissenschaft, auch wenn die Auseinandersetzung mit dem Thema unter akademischen Vorzeichen insgesamt noch wenig ausgeprägt ist. Eine Ausnahme macht die Arbeit von Matthias Fank, Professor für Informationsmanagement an der Fachhochschule Köln. Mit

Webknowledge hat er einen Management-Ansatz entworfen, der Webmonitoring in die Unternehmenskultur einbettet und einen Rahmen schafft, um das Monitoring mit betriebswirtschaftlichem Nutzen zu betreiben.

Bausteine dieses Management-Ansatzes sind
- Ziele,
- Anspruchsgruppen,
- Quellen,
- Key Performance Indicators (KPI),
- Technologie und
- Vorgehen.

Ohne eine Zieldefinition läuft Webmonitoring ins Leere. Dabei müssen sich die Entscheidungsträger darüber im Klaren sein, dass es zu Zielkonflikten zwischen unterschiedlichen Anforderungen der einzelnen Funktionsbereiche im Unternehmen kommen kann. Deshalb ist es notwendig, zusammen mit den Zielen auch einen strategischen Rahmen abzustecken.

Eng verknüpft mit der Definition der Ziele ist laut Fank die Frage der Anspruchsgruppen. Hier gilt es genau abzugrenzen, welche Gruppen für das Unternehmen von besonderer Bedeutung sind. Ähnliches gilt für die Quellen: Das ganze Internet zu beobachten, ist illusorisch, es muss also eine qualifizierte und systematische Auswahl getroffen werden. Daran schließt sich die Definition der KPIs, also geeigneter Kennzahlen an. Eine nicht ganz leichte Aufgabe, worauf im Folgenden noch genauer einzugehen sein wird. Bei der Auswahl der Technologie ist einerseits darauf zu achten, dass sie tatsächlich sehr große Datenmengen bearbeiten kann. Andererseits sollten auch Innovations- und Entwicklungsfähigkeit gegeben sein. Und schließlich unterteilt der Webknowledge-Ansatz das Vorgehen in vier Einzelschritte: Identifizieren der Quellen, Indexieren der gewonnenen Daten, deren Analyse und daraufhin das Handeln aufgrund der gewonnenen Erkenntnisse.

Technologie muss große Datenmengen bearbeiten

Die Praxis: Vielzahl von Online-Aktivitäten auswerten

So viel zur Wissenschaft. Wie sieht Webmonitoring jedoch in der Praxis aus? Das sollen zwei konkrete Fallbeispiele veranschaulichen. Der weltweit führende Nahrungsmittelhersteller Nestlé unterhält

Beispiel Nestlé mit 50 verschiedenen Onlineauftritten

allein in Deutschland fünfzig verschiedene Onlineauftritte für seine Markenprodukte: von den kleinsten Marken-Sites bis hin zum interaktiven Ernährungsstudio, das 45 Millionen Page Impressions im Jahr verzeichnet.

Um die Verbraucher und ihre Anforderungen besser zu verstehen, wurde eine einheitliche Lösung implementiert, welche die Performance dieser einzelnen Internetpräsenzen länder-, marken- und medienübergreifend zentral messen und auswerten kann. So werden konsistente Informationen zum Online-Besucherverhalten gesammelt und in sinnvolle Handlungsstrategien umgesetzt. An erster Stelle stand bei Nestlé die Festlegung relevanter KPIs. Denn nur anhand aussagekräftiger Kennzahlen lassen sich Website-Performance und Konversionsrate auch wirklich messen und vergleichen. Das Unternehmen entschied sich für einige wenige, aber langfristig sinnvolle KPIs wie etwa Page Impressions, Page Views, Visits beziehungsweise Visitors und die Verweildauer.

Rich Media-Aspekt entscheidend

Von besonderer Bedeutung war für Nestlé der Rich Media-Aspekt: Alleine das Ernährungsstudio umfasst zahlreiche Web 2.0-Tools wie Checks & Tests, Community-Treff, Diäten-Wiki oder Abnehm-Blog. Für Rich Internet Applications sind besondere Kennzahlen relevant wie etwa Anzahl der Ansichten pro Besuch oder die Verweildauer. Und bei Video erweisen sich die durchschnittliche Sichtungsdauer oder die Abbruchrate als maßgebend. All diese Kennzahlen und Daten, die durch Webmonitoring gewonnen wurden, fließen wiederum in die Optimierung der jeweiligen Onlineangebote von Nestlé ein: In Vevey am Genfer See unterhält das Unternehmen ein Center für das weltweite Social Media Monitoring. Dort werden nicht nur soziale Netzwerke beobachtet, sondern auch Reaktionen angestoßen, etwa im Fall von negativen Darstellungen in Blogs.

Die Herausforderung des Monitoring verschiedener Kanäle zeigt das Bespiel eines großen deutschsprachigen Rundfunk- und Fernsehsenders. Denn Radio- und TV-Sendungen werden nicht mehr ausschließlich über die klassischen Kanäle, sondern auch über Web verbreitet. Das heißt, das Publikum hat die Wahl, wie und über welches Medium es die Inhalte nutzen möchte. Um sich davon ein genaueres Bild zu machen, ist es erforderlich, eine möglichst umfassende Performance-Messung der medialen Inhalte über die unterschiedlichen Kanäle wie Websites, mobile Endgeräte und soziale Plattformen zu etablieren. Ziel ist es, vergleichbare Kennzahlen für den traditionellen Fernsehkanal und Internet-TV zu entwickeln.

Das Problem dabei ist, dass in beiden Kanälen völlig verschiedene Nutzungsgewohnheiten vorherrschen. Die eingesetzte Webmonitoring-Lösung erfasst alle relevanten Kennzahlen der Online-Video-Nutzung wie die durchschnittliche Betrachtungsdauer, welcher Videoplayer eingesetzt wird und welche Formate und Qualitäten angefordert werden. Diese werden im System gesammelt und mit den Daten aus der traditionellen TV-Messung zusammengeführt. Eines der Ergebnisse des Webmonitoring lautet: Online-TV ist zwar auf dem Vormarsch, aber das traditionelle Fernsehen hat bei der Nutzungsdauer mit großem Abstand noch die Nase vorn. Zudem schwankt der Onlinewert stark zwischen den einzelnen Sendeformaten.

So führt Webmonitoring zum Erfolg

Strategie, Ziele und Anbieterauswahl müssen genau abgewogen werden

Wie gerade dieses Beispiel zeigt, sind solche, für die Unternehmensstrategie entscheidenden Informationen, nicht das Ergebnis von spontanen Monitoring-Aktionen. Im Gegenteil: Strategie, Ziele, Anbieterauswahl – all das sollte genau abgewogen werden.

Die Startphase: nichts überstürzen

Zu Beginn die Ziele definieren

Webmonitoring beginnt sinnvollerweise mit einer Definition der Ziele, die ein Unternehmen erreichen will. So sieht es nicht nur der bereits vorgestellte Webknowledge-Ansatz vor, so hat es sich auch in der Praxis bewährt. Dabei ist entscheidend, in die Zieldefinition alle Unternehmensbereiche einzubinden, die ein potenzielles Interesse an Kennzahlen aus der weiten Web-Welt haben. Das können PR, Marketing und Vertrieb sein, aber auch der Kundenservice und das Produktmanagement. Trotzdem sollte einem Verantwortlichen oder einem kleinen Gremium die Verantwortung für das Projekt übertragen werden.

Kriterien für die Anbieterauswahl festlegen

Daran schließt sich die Anbieterauswahl an. Welcher der richtige ist, hängt sehr stark vom Einzelfall ab und lässt sich nicht pauschal beantworten. Es gibt allerdings ein paar Kriterien, die zu beachten sich in jedem Fall lohnt. Erstens: Welche Referenzkunden kann der Anbieter vorweisen? Gibt es überzeugende Beispiele für konkrete Problemlösungen bei Kunden? Zweitens: Welche Beratungskompetenz hat der Anbieter? Ist er in der Lage, das gesamte Webmonitoring-

Projekt beratend zu begleiten? Auch hier können Referenzen als Entscheidungskriterium herangezogen werden. Wichtig ist es, während des Auswahlprozesses darauf zu achten, inwiefern das Beratungsteam in der Lage ist, auf die individuelle Situation des Unternehmens einzugehen.

Branchen-Know-how berücksichtigen

Ein wichtiges Stichwort in diesem Zusammenhang ist das Branchen-Know-how. Und drittens sollte die Webmonitoring-Lösung selbst einige wichtige Kriterien erfüllen: Wenn eine leistungsstarke Lösung einfach zu bedienen ist, wenn sich Funktionen von selbst erklären, erleichtert das den Umgang im Unternehmensalltag enorm. Außerdem ist zu berücksichtigen, dass die Lösung flexibel und skalierbar ist, um die immer schnellere Entwicklung etwa im Bereich Social Media abzubilden. Ein Blick auf die Releases, auf deren zeitliche Dichte und den jeweiligen Innovationsschritt, helfen bei der Einschätzung.

KPIs: Weniger ist mehr

Auch wenn die Versuchung groß ist: Im Zweifel eine größere Zahl an KPIs in das Webmonitoring einzubeziehen, bringt nicht mehr Qualität: Im Gegenteil: Weniger ist mehr. Es bietet sich also an, fokussiert vorzugehen. Die Kernfrage dabei lautet: Was ist für das Unternehmen relevant? Die Antwort darauf richtet sich nach der Branche und den Geschäftszielen des Unternehmens: Dient etwa die Website vor allem der Lead-Generierung, sind sicherlich die durchschnittlichen Kosten pro Lead aussagekräftig. Bei einer Händler-Website dagegen ist der Bestellwert interessant. Geht es darum, die Online-Kundenberatung im Rahmen einer Image-Kampagne in den Vordergrund zu stellen, sind Daten über die Akzeptanz der Kunden, etwa Verweildauer oder Zahl der Visits, relevant.

15 - 20 Kennzahlen messen

Die Anzahl der KPIs sollte überschaubar sein. Je nach Projekt sind 15 bis 20 Kennzahlen, die gemessen werden sollten, eine gute Richtlinie. Alles darüber birgt die Gefahr, dass Reports unübersichtlich werden. Manche Webmonitoring-Hersteller bieten die Möglichkeit zusammen mit den Marketern im Kundenunternehmen die für sie relevanten KPIs in einem Workshop zu erarbeiten. Dabei gilt als wichtigstes Auswahlkriterium, inwieweit die Kennzahlen zum Geschäftserfolg beitragen.

Unabhängig von der Auswahl der KPIs ist entscheidend, dass eine Betrachtung der festgelegten Kennzahlen im Zeitverlauf stattfindet. Wer seine KPIs wöchentlich ändert, wird keine sinnvolle Handlungsstrategie daraus ableiten können. Modifikationen der KPIs sind also nur dann sinnvoll, wenn sich auch die Geschäftsziele des Unternehmens geändert haben.

Reporting: einen Überblick gewinnen – und behalten

Bei der Betrachtung der KPIs gibt es zwei grundsätzlich verschiedene Blickwinkel: Einerseits entsteht bei der Auswertung der KPIs über die Zeit ein Benchmarking-System, das einen Überblick über die Entwicklung wichtiger Kennzahlen liefert. So kann ein interner Index, zum Beispiel Index 100, veranschaulichen, wie ein Prozess verläuft. Daraus lassen sich Rückschlüsse zum Beispiel für die Suchmaschinen-Optimierung (SEO) oder für die Gestaltung von Online-Kampagnen ziehen. Andererseits geben KPIs auch Einblicke in Zusammenhänge, das heißt die Kennzahlen helfen, bestimmte Effekte zu verstehen und nachzuvollziehen.

Diese Unterscheidung darf jedoch nicht dazu führen, Bereiche und Kanäle gesondert zu beobachten. Vielmehr sollte ein Dashboard, auch Kennzahlen-Cockpit genannt, einen Überblick über alle als relevant definierten Kanäle geben. Dabei spielt die Visualisierung eine entscheidende Rolle: Die Möglichkeit, die gewonnenen Kennzahlen und Daten übersichtlich und benutzerfreundlich aufzubereiten, für

Kennzahlen-Cockpit gibt Überblick über die relevanten Kanäle

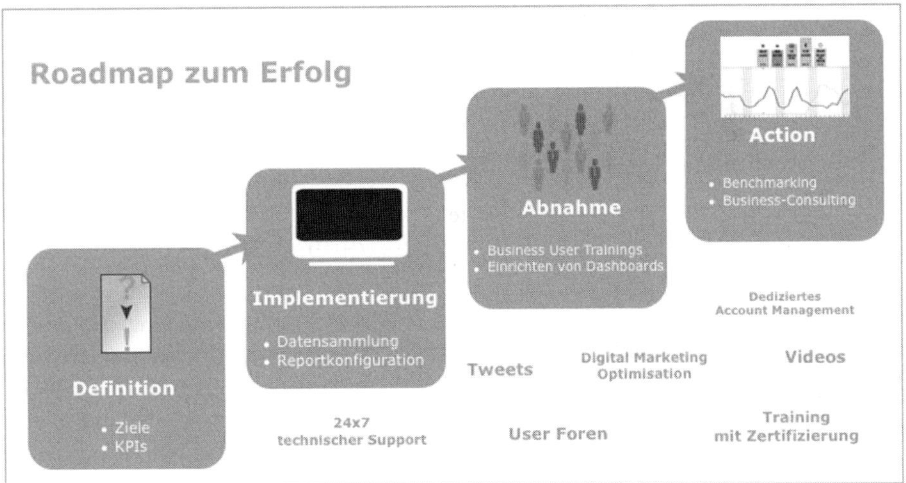

Abb. 1: Ein Dashboard schafft einen Überblick, was in allen relevanten Kanälen vorgeht.

eine gemeinsame Nutzung im Unternehmen zu sorgen sowie Nutzerprofile anzulegen, fließt idealerweise bereits in die Anbieterauswahl mit ein. Diese Optionen erleichtern es, Änderungen bei Schlüsselkennzahlen schnell zu entdecken und die Performance über Kanäle und Kampagnen hinweg zu vergleichen.

Gerade davon sollten Marketing-Experten Gebrauch machen: Es kommt darauf an, das gesamte Marketing-Ökosystem zu erfassen – völlig unabhängig von der Datenquelle einschließlich Tags, Feeds und öffentlichen Datensätzen. So können Kennzahlen, Daten und Informationen auch kreativ zueinander in Beziehung gesetzt werden. Dies macht oftmals Zusammenhänge sichtbar, die ansonsten verborgen geblieben wären.

Optimierung: mit Schwung in die nächste Runde

Dauerhafter und kontinuierlicher Prozess

Webmonitoring ist kein einmaliges Projekt, sondern ein dauerhaftes, ein kontinuierlicher Prozess. Deshalb schließt sich an die erstmalige Definition der KPIs und die ersten Erfahrungen und Erfolge eine zweite Runde an. Diese beginnt sinnvollerweise mit einer Zwischenbilanz. Danach besteht die Möglichkeit, etwa einige KPIs einfließen zu lassen, die im ersten Schritt zwar als wichtig definiert, aber aus Gründen der Klarheit und Anschaulichkeit nicht berücksichtigt wurden. Auch der umgekehrte Weg ist denkbar, nämlich KPIs herauszunehmen, die sich als wenig hilfreich erwiesen haben. Das gilt ebenso für den Tausch oder das Zusammenfassen von Kennzahlen.

In der Optimierungsphase bietet es sich auch an, etwa bei Online-Kampagnen die Zielgruppen zu konzentrieren oder zu erweitern. Ein E-Mail-Newsletter zum Beispiel, der in einem Testlauf an eine eng definierte Zielgruppe versandt wurde, könnte im nächsten Schritt an einen deutlich erweiterten Empfängerkreis geschickt werden. Dabei ist es besonders interessant, die Analyseergebnisse miteinander zu vergleichen.

Belohnt werden diejenigen, die Neues ausprobieren

Gerade bei der Optimierung des Webmonitoring-Ansatzes gilt es, Mut zur Veränderung zu zeigen: Wenn etwas nicht funktioniert, etwa ein Satz von Kennzahlen, sollten sich die Verantwortlichen das eingestehen und gezielt andere Wege gehen. Belohnt werden diejenigen, die ausgetretene Pfade verlassen, Neues ausprobieren und Experimente wagen.

Monitoring-Daten intelligent nutzen

Die Erkenntnisse aus dem Webmonitoring können in die Website-Optimierung, die Kampagnensteuerung, die Verbesserung von Shopping-Optionen und Kundengewinnung einfließen. Es besteht aber auch die Möglichkeit, die gewonnenen Daten in IT-Systemen weiterzuverarbeiten, beispielsweise in Data Warehouses oder Business-Intelligence-Systemen. Das ist etwa für Unternehmen der Finanzdienstleistungsbranche von großem Interesse.

Informationen über Website-Visits von Kunden, über Suchabfragen und Downloads sind aber auch in Lösungen zum Kundenbeziehungsmanagement (Customer Relationship Management, CRM) gut aufgehoben: Sie liefern die Basis für einen vielversprechenden, direkten Kundenkontakt vor Ort. So schlägt Webmonitoring nicht nur eine Brücke zwischen den bislang eher getrennt betrachteten Welten des Online-Marketing und der Unternehmens-IT; es stellt auch eine Verbindung zwischen der Online- und der Offlinewelt her.

Brücke zwischen Online- und Offlinewelt

Fazit

Beim Webmonitoring ist die gründliche Vorbereitung schon der halbe Erfolg. Nur wer weiß, was er will, findet auch den Weg dorthin. Eine Software, die zukunftssicher ist und die neben einem guten Überblick auch differenzierte Einblicke gewährt, führt unmittelbar auf die Zielgerade. Eine kontinuierliche Optimierung des Monitoring-Ansatzes, samt Kreativität und Mut zum Experiment, sorgt schließlich dafür, dass das Online-Marketing der Konkurrenz immer eine Nasenlänge voraus ist.

Gründliche Vorbereitung schon der halbe Erfolg

Checkliste

- ❑ Auf die Vorbereitung kommt es an.
- ❑ Zeit für Anbieter-Screening nehmen, lohnt sich.
- ❑ Wohlüberlegte Definition von KPIs zahlt sich aus.
- ❑ Webmonitoring ist eine Daueraufgabe.
- ❑ Keine Angst vor der eigenen Courage: Neues wagen!

Literatur

[1] Bundesverband Digitale Wirtschaft (Hrsg.), Social Media Monitoring, 39 S., Düsseldorf 2011.

[2] Fank, Matthias, Krömer, Jan: Webknowledge. Der Management-Ansatz für Webmonitoring, in: Social Media Magazin, Nr. 1/2012, S. 4 - 10, Social Media Verlag, Köln 2012.

[3] Forrester Consulting, The Implications of the Splinternet and Future of Web Analytics, 15 S., Cambridge, MA 2011.

Brauckmann, Patrick (Hrsg.), Webmonitoring: Gewinnung und Analyse von Daten über das Kommunikationsverhalten im Internet, 412 S., UVK Verlagsgesellschaft, Konstanz 2010.

2 Vergleich von Social Media Monitoring-Software

Dominic Stöcklin

Das Thema Social Media Monitoring hat in den letzten Jahren immer mehr an Popularität und Breitenwirkung gewonnen. Parallel zu dieser Entwicklung sind in den letzten Jahren auch immer mehr Anbieter von Social Media Monitoring-Tools oder Social Media Monitoring-Services auf den Markt gekommen. Diese massive Zunahme an Social Media Monitoring-Lösungen führte zu einem hoch komplexen Angebot an unterschiedlichen Lösungen. So listen beispielsweise Ken Burbary und Adam Cohen in ihrem Social Media Monitoring-Wiki schon über zweihundert unterschiedliche Social Media Monitoring-Tools auf [1]. Ziel dieses Kapitel ist es, ein wenig Licht ins Dunkel des Angebots an unterschiedlichen Social Media Monitoring-Lösungen zu bringen.

Über 200 Social Media Monitoring-Tools

Social Media Monitoring-Tools

Unter Social Media Monitoring wird das Auffinden, Auswerten und Bearbeiten von relevanten Beiträgen im Social Web verstanden. Dies erfolgt mit Hilfe von bestimmten Prozessen und Tools sowie anhand im Vorfeld definierter Suchqueries. Damit können folgende Ziele erarbeitet werden:

- Verbesserung des Marktverständnisses,
- Sicherung der Reputation,
- Abwendung von potenziellen Krisen,
- Erkennung von relevanten Opinionleadern,
- Kontaktaufnahme und Dialogführung mit potenziellen Kunden,
- Verbesserung von Kundenzufriedenheit und -bindung.

Ein Social Media Monitoring-Tool muss dementsprechend in der Lage sein, möglichst viele der oben aufgelisteten Funktionen zu unterstützen.

http://www.marketing-boerse.de/Experten/details/Dominic-Stoecklin

Unterscheidung von Screening und Monitoring

Wichtiger Faktor sind untersuchte Quellen

Von Social Media Monitoring muss das gezielte Screening von einzelnen Quellen unterschieden werden. Während dem sich das Screening auf ausgewählte Quellen beschränkt, wird beim Social Media Monitoring das Ganze (Social) Web nach Beiträgen durchsucht. Dementsprechend spielt die Anzahl untersuchter Quellen eines Tools eine maßgebliche Rolle bei der Beurteilung der Qualität [8].

Abgrenzung Management-Tools

Owned Media und Earned Media

Neben Social Media Monitoring-Tools stehen Community Managern bei der Betreuung ihrer eigenen Communities sogenannte Social Media Management-Tools zur Verfügung. Diese Management-Tools sollen die Community Manager bei der Moderation der Community, beim Management des Contents oder bei der Erstellung von einfachen Wettbewerben unterstützen und ferner über Funktionalitäten im Bereich der Analyse von Social Media Präsenzen verfügen [2]. Während die Social Media Management-Tools die Erstellung von Content sowie die Moderationen auf den eigenen Plattformen (Owned Media) unterstützen, vereinfachen Social Media Monitoring-Tools das Auffinden sowie die Verarbeitung von Beiträgen auf eigenen und fremden Plattformen (Owned Media und Earned Media). Sinnvollerweise wird eine Kombination von kompatiblen Tools angestrebt, um beide Prozesse so effizient und effektiv wie möglich zu unterstützen. Dabei gibt es auf beiden Seiten erste Lösungen, mit welchen sämtliche Funktionalitäten durch ein Tool abgedeckt werden können.

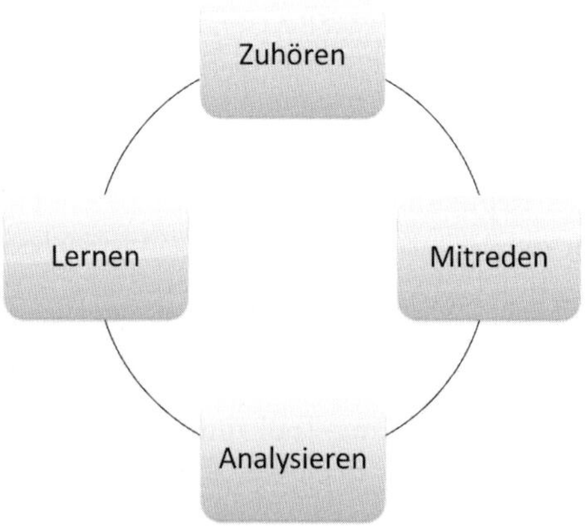

Abb. 1: Social Media Monitoring-Kreislauf (Quelle: eigene Darstellung)

Dialog

Entscheidend ist die Schnittstelle zwischen dem Auffinden von Beiträgen auf Earned Media Plattformen oder der Publikation von Beiträgen auf Owned Media Plattformen und der Weiterverarbeitung dieser Beiträge respektive dem eigentlichen Dialog.

Funktionsweise

Die Funktionsweise von Social Media Monitoring-Tools wird hier anhand des Tools „Heartbeat" des Herstellers Sysomos erklärt [4]:

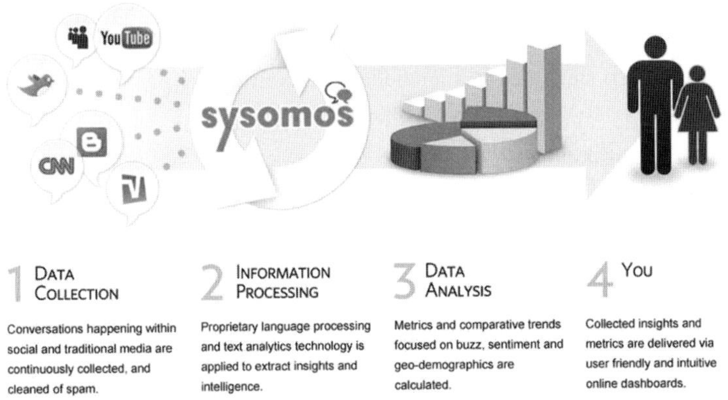

Abb. 2: Social Media Monitoring-Funktionsweise (Quelle: Sysomos)

Das Social Media Monitoring-Tool Heartbeat von Sysomos

- durchsucht das Web nach bestimmten Queries (Keyword-Kombinationen, häufig Markennamen) und
- kennzeichnet die gefundenen Inhalte, unter anderem anhand bestimmter definierter Tags, auch Filter genannt (Markenname oder Themen).
- Die Inhalte werden anschließend auf Dashboards oder Listenansichten dargestellt und können anhand der Tags gefiltert oder verglichen werden. Freie Suchen sind innerhalb der definierten Queries möglich, aber je nach Umfang aufwendig in der Berechnung.

Die richtige Tool-Auswahl

Entscheidend für die richtige Auswahl eines Social Media Monitoring-Tools sind folgende grundsätzliche Fragen, welche sich jedes Unternehmen vor einer Evaluation möglicher Social Media Monitoring-Tools stellen sollte:

- Welche Ziele will ich mit meinen Social Media Monitoring-Aktivitäten verfolgen?
- Welche Bedürfnisse hat mein Unternehmen respektive haben die relevanten Anspruchsgruppen an ein Social Media Monitoring-Tool?
- Wie hoch sind meine finanziellen Spielräume bei der Beschaffung eines Social Media Monitoring-Tools?

Kriterienkatalog

Basierend auf den Antworten zu den oben genannten Fragen, sollte ein individueller Kriterienkatalog erstellt werden. Somit können die einzelnen Anbieter miteinander verglichen werden. Ein Kriterienkatalog kann die folgenden Elemente enthalten.

Kriterien	Tool A	Tool B	Tool C
Unternehmung			
Technische Kriterien			
Quellen			
Filter			
Analytics			
Engagement			
Interface			
Administration			
Preis			

Abb. 3: Kriterienkatalog für Tool-Auswahl (Quelle: eigene Darstellung)

Hierbei muss angemerkt werden, dass es absolut essentiell ist im Vorfeld zu prüfen, ob der entsprechende Toolanbieter bereits Kunden im jeweiligen Land hat oder im entsprechenden Sprachraum vertreten ist. So kann eine ausreichende Quellenabdeckung am ehesten gewährleistet werden.

Klären, ob die Quellenabdeckung gewährleistet ist

Vorstellung Tool-Report

Betrachtet man die Entwicklung der unterschiedlichen Social Media Monitoring-Tools, so stellt man eine beachtliche Entwicklung über die letzten Jahre fest. Die führenden Systeme von Radian6, Sysomos oder Brandwatch wurden konsequent weiterentwickelt und immer mehr alternative Lösungen schließen die Lücke zu den führenden Anbietern. Diese Weiterentwicklung führte unter anderem dazu, dass einzelne Anbieter ihr Leistungsspektrum durch Engagement-Konsolen, Analytics-Systeme oder Social CRM-Lösungen angereichert haben. So sind neue Maßstäbe, was den Umfang an bereitgestellten Funktionalitäten angeht, gesetzt worden.

Die führenden Systeme: Radian6, Sysomos oder Brandwatch

Des Weiteren sind auf dem Social Media Monitoring-Markt drei zentrale Entwicklungen erkennbar:

1. Eine leichte Konsolidierung ist zu erkennen. Erste Anbieter verabschieden sich aus dem Monitoring-Tool-Markt oder entwickeln ihre Lösungen in andere Richtungen weiter.
2. Einzelne Anbieter entziehen sich erfolgreich dem umkämpften Hauptmarkt, indem sie Nischen-Lösungen anbieten. Dies kann einerseits ein Fokus auf bestimmte Branchen (zum Beispiel Reisebranche) oder andererseits Fachbereiche (zum Beispiel Reputationsmanagement) sein [5].
3. Erfolgreiche Anbieter wie Radian6 oder Sysomos wurden von größeren Unternehmungen gekauft, um deren Leistungsspektrum um Social Media Monitoring-Funktionalitäten anzureichen [6, 7]. So entstand ein kompetitiver, spannender Markt an unterschiedlichen Social Media Monitoring-Lösungen, welcher nur schwer zu überblicken ist.

Fokussierung auf Branchen

Aufgrund der rasenden Entwicklung im Bereich der Social Media Monitornig-Tools, betrachtet die Goldbach Interactive (Switzerland) AG, im weiteren Goldbach Interactive genannt, den Markt in

Jährlicher Tool-Report

regelmäßigen Abständen und erstellt auf jährlicher Basis einen Tool-Report. Dieser Tool-Report ermittelt und bewertet die spannendsten Social Media Monitoring-Tools [3].

Vorgehen

Wie in den vergangenen zwei Jahren wurde, basierend auf einer Longlist von circa zweihundert Social Media Monitoring-Tools, eine Shortlist mit den zwanzig bis dreißig spannendsten Lösungen zusammengestellt. Die Monitoring-Tools auf der Shortlist haben miteinander gemeinsam, dass sie den wichtigsten funktionalen Ansprüchen entsprechen. Zu diesen Grundvoraussetzungen gehören Sprach- und Ländereingrenzungen, integrierte Workflowprozesse oder eine möglichst vollständige Quellenabdeckung (News-Seiten, Blogs, Foren, Twitter, Facebook, YouTube). Alle Tools wurden auf der Shortlist angeschrieben und um Test-Accounts gebeten. Erfreulicherweise stellte eine Großzahl der angeschriebenen Tool-Anbieter einen solchen Test-Account zur Verfügung. Wo dies nicht möglich war, sind Webinare durchgeführt worden. Die Tools sind unter Einbezug folgender Kriterien miteinander verglichen worden:

Test-Accounts nutzen

- Quellenabdeckung und Präsenz (Qualität der Quellenabdeckung, historische Daten, weltweite Präsenz)
- Setup (Service und Support, Eingabe von Suchbegriffen)
- Engagement (Social Profiles, Conversation History, Workflow, Alert-Funktionen)
- Reporting (E-Mail Reports, individuelles Dashboard)
- weitere Funktionalitäten (Sentiment, Filtermöglichkeiten, Mobile Auftritt)
- Design (Userfreundlichkeit, Optik)
- Preis/Leistungs-Verhältnis

Daneben wurde ein Kriterienkatalog an sämtliche Tool-Anbieter versandt. Die gesammelten Informationen bildeten die Basis für die folgende Bewertung der unterschiedlichen Tools [3].

Professionelle Monitoring-Tools

Im Bereich der Quellenabdeckung und Präsenz überzeugen die Tools Brandwatch, Visible Intelligence und SM2. Letzteres bietet historische

Daten bis in 2007 und weist eine weltweite Präsenz auf. Über eine sehr umfangreiche Quellenabdeckung verfügt auch Visible Intelligence. Dieses Tool kann zudem historische Daten, die länger als ein Jahr zurück liegen, liefern.

Setup

In der Kategorie Setup waren die Tools Meltwater Buzz, Brandwatch und Sysomos Heartbeat besonders überzeugend. Meltwater Buzz hat ein gutes und leicht verständliches Setup-Interface und bietet umfangreiche Supportmöglichkeiten. Brandwatch ist schnell aufgesetzt und verfügt über weitergehende Möglichkeiten beim Aufsetzen der Suchbegriffe (beispielsweise die Möglichkeit mit Hilfe eines Befehls nach Plural-Formen zu suchen). Sysomos Heartbeat wiederum überzeugt durch die umfangreichen Setup-Möglichkeiten und ein Filtersystem mit der Unterscheidung von Queries und Tags.

Engagement

Betreffend Engagement ist Radian6 der klare Spitzenreiter und überzeugt mit einer eigenen Engagement-Konsole. Diese Konsole muss aber auf den Computern installiert werden; es besteht kein Zugriff über den Browser. Neben Radian6 beeindruckt insbesondere auch Engagor mit sehr übersichtlichem Workflow-Management und einer spannenden Integration von Engagement-Funktionalitäten. Neben diesen beiden Platzhirschen bietet das Tool von UberVU umfangreiche Interaktions-Optionen und gute Workflow-Funktionalitäten.

Reporting

Wie beim Engagement ist Radian6 auch beim Reporting an der Spitze, dicht gefolgt von den Tools der Anbieter uberVU, Sysomos Heartbeat und Engagor. Im Gegensatz zur Konkurrenz lässt Radian6 bei der Darstellungsart der Daten, durch die unterschiedlichen und flexibel anpassbaren Dashboards, keine Wünsche offen und verfügt bei diesem Kriterium über deutlich mehr Funktionalitäten im Vergleich mit der Konkurrenz. Die hohe Flexibilität geht so weit, dass Benutzer beim ersten Herantasten an das Tool teilweise überfordert sind.

Weitere Funktionalitäten

Weiter sind die Funktionalitäten Sentiment Analyse, Filtermöglichkeiten und Zugänglichkeit über mobile Endgeräte untersucht worden. Hier ist wiederum Radian6 an erster Stelle, wobei Sysomos Heartbeat, Meltwater Buzz und Brandwatch überzeugen.

Design

In Punkto Design überzeugen Engagor und uberVU besonders durch intuitive Handhabung, Userfreundlichkeit sowie Schnelligkeit. Sysomos Heartbeat hebt sich durch ein aufgeräumtes Interface und die übersichtlich dargestellten Daten ab. Brandwatch wiederum besticht durch umfangreiche Anpassungsmöglichkeiten der Darstellung der Daten.

Preis-Leistungs-Verhältnis

Über das beste Preis-Leistungs-Verhältnis verfügen der ComMonitor von Netbreeze und die Tools von MemoNews und Viralheat. Diese Tools bieten gute Leistungen zu einem attraktiven Preis, aber auch weniger Funktionalitäten an. Ferner fällt auch Sysomos Heartbeat auf, welches in einem etwas höheren Preissegment angesiedelt ist, aber ein hervorragendes Preis-Leistungs-Verhältnis anbietet. Besonders die hohe Anzahl der Suchbegriffe überzeugt.

Alle Tools haben sich stark weiterentwickelt

Tool-Anbieter, welche über alle Kategorien hinweg dominieren sind Radian6, Sysomos, Brandwatch und Engagor. Diese Tools hatten die meisten Stärken und bieten gute Ergebnisse bezüglich Datenabdeckung, Funktionalitäten und Design. Grundsätzlich haben sich aber alle Tools stark weiterentwickelt. Die Bezeichnung Monitoring-Tool wird vielen Anbietern nicht mehr gerecht, da immer mehr Funktionen angeboten werden. Vor allem im Bereich Engagement und Social CRM haben die Anbieter starke Fortschritte gemacht.

Die folgende Abb. 4 zeigt abschließend einen Überblick über die vielversprechendsten Social Media Monitoring-Tools

Full Service Solution Provider

Die Tools der Unternehmen Cogia Intellect, Synthesio und Ethority sind ebenfalls sehr überzeugend. Bei diesen Lösungen wird vor allem viel Wert auf Setup, Kundenbedürfnisse und Betreuung gelegt. Deswegen bezeichnet Goldbach Interactive diese drei Unternehmen als Full-Service Solution Provider. Insbesondere bei stark individuellen Kundenwünschen wird empfohlen, diese Unternehmen bei der Tool-Auswahl mit zu berücksichtigen.

Unternehmen	Tool	Quellenabdeckung/ Präsenz	Setup	Engagement	Reporting	Weitere Funktionalitäten	Design	Preis/Leistungs-Verhältnis
bc.lab GmbH	bc.lab Monitoring	2	1	3	1	2	1	2
BrandsEye	BrandsEye	2	2	2	2	3	1	2
Brandwatch GmbH	Brandwatch Tool	4	3	3	2	4	3	2
Buzzcapture BV	Brand Monitoring, Buzzcare, Social Narrowcast	3	1	3	2	3	2	1
Netbreeze GmbH	ComMonitor	2	2	1	2	1	1	4
Engagor Bvba	Engagor	2	1	4	3	2	3	1
Meltwater Group	Meltwater Buzz	2	3	3	1	4	1	2
MeMo News AG	Monitoring V1	2	2	2	1	1	1	4
Radian6	Radian6 Dashboard, Engagement Console	3	2	4	3	4	1	2
SDL	SDL SM2	4	2	3	2	3	1	1
Sysomos	Sysomos Heartbeat, Map	3	3	3	3	4	3	4
uberVU Ltd	uberVU	3	1	4	3	2	4	2
Viralheat	Viralheat	2	1	2	1	1	1	4
Visible	Visible Intelligence	4	2	3	2	2	2	2
Webfluenz Pte Ltd	Webfluenz	1	2	3	2	2	1	2

Abb. 4: Toolbewertung (Quelle: Goldbach Interactive)
Skala von 1 = erfüllt die Erwartungen bis 4 = übertrifft die Erwartungen substantiell

Synthesio hat von den drei genannten Tools besonders überzeugt. Durch die persönliche Betreuung und Kategorisierung der gefundenen Daten, bietet das Tool sehr interessante Möglichkeiten. Cogia Intellect überzeugt durch eigens programmierte Suchalgorithmen, Gridmaster hat seine Stärken hinsichtlich Qualität der gefundenen Daten.

Kostenfreie Tools

Kostenfreie Tools decken auch viele Funktionalitäten ab

Neben den professionellen Tools und Solution-Providern gibt es auch verschiedene kostenfreien Tools, welche erstaunlich viele Funktionalitäten abdecken. Der bekannteste Anbieter unter den kostenfreien Tools ist Google mit seinen Google Alerts. Dieses Kapitel beschränkt sich auf die spannendsten Tools für das Monitoring von Facebook und Twitter, basierend auf einem Beitrag von Stephanie Assmann [8].

Facebook

Beim Monitoring von Facebook gilt es zu berücksichtigen, dass die Suchmaschinen nur öffentliche Beiträge durchsuchen können. Einzelne Anbieter bieten zusätzlich das Monitoring der eigenen Facebook-Fanseite an. Dies ist ein wesentlicher Vorteil, der bei der Auswahl eines Gratis-Tools für das Monitoring von Facebook zwingend zu berücksichtigen ist. Hier sind als Tools zu nennen:
- Booshaka (trends.booshaka.com)
- Kurrently ((www.kurrently.com)
- Quirk.li (www.quirk.li)

Twitter

Eine rudimentäre Suchfunktion bietet Twitter selbst unter der URL search.twitter.com an. Diese Suchfunktion ist jedoch, was die Anzahl Beiträge und den Betrachtungszeitraum anbelangt, beschränkt; eine Beschränkung, welche auch für die meisten Gratis-Tools gilt. Wer Beiträge auf Twitter vollumfänglich monitoren will, kommt deshalb um einen Anbieter mit API-Schnittstelle nicht herum. Die Lösungen dieser Anbieter sind jedoch in der Regel kostenpflichtig.

Tools

- Twittersuche (search.twitter.com)
- Twittercrawl (www.twittercrawl.de)
- Topsy (www.topsy.com)

Literatur

[1] Burbary, K. & Cohen, A.: A Wiki of Social Media Monitoring Solutions. http://wiki.kenburbary.com

[2] Goldbach Interactive: Social-Media-Management-Tools im Test. http: //www.goldbacginteractive.com/aktuell/fachartikel/social-media-management-tools-im-test/

[3] Goldbach Interactive: Social Media Monitoring Tool Report 2012. http: //www.goldbachinteractive.com/aktuell/fachartikel/social-media-monitoring-tool-report-2012

[4] Sysomos: Heartbeat - Social Media Monitoring Dashboard. http:// www.sysomos.com/products/overview/heartbeat/

[5] Assmann, S. & T3N: Social-Media-Monitoring: Tools und Dienstleister im Überblick. http://t3n.de/magazin/social-media-monitoring-social-web-immer-blick-229561/

[6] Webseite Salesforce: http://www.salesforce.com/company/news-press/press-release/2011/03/110330.jsp

[7] Webseite Marketwire: http://www.marketwire.com/press-release/Marketwire-Acquires-Sysomos-1286185.htm

[8] Assmann, Stephanie & T3N. Social-Media-Monitoring: Tools und Dienstleister im Überblick: http://t3n.de/magazin/social-media-monitoring-social-web-immer-blick-229561/

Predictive Targeting: Als Erster wissen, was Kunden wünschen

2

Andrea Ahlemeyer-Stubbe

Es würde einem Unternehmen den entscheidenden Vorsprung im sich rasant wandelnden Online-Business verschaffen, wenn es aktuell und flexibel neue Entwicklungen im Markt vorhersagen könnte. Wenn es kontinuierlich relevante Informationen identifizieren, Wünsche und Trends erkennen könnte, um darauf adäquat und schnell zu reagieren. Diesen Herausforderungen begegnet das Predictive Targeting.

Vorsprung durch Identifizierung relevanter Informationen

Marketing 2.0

Unternehmen greifen offline auf die Analyse unternehmensinterner Datenbestände unter anderem mit Reporting, Data Mining und Marktbeobachtungen zurück. Um Erfolge zu messen oder neue Bedarfe ihrer Zielgruppen schon früh zu erkennen und möglichst schnell darauf eingehen zu können. Online werden meist kostengünstige Webanalysen (Klickrates, Page-Impressions...) als Messlatte herangezogen.

Doch das Web entwickelt sich rasant und mit ihm seine Nutzung. So bot es vor noch nicht einmal zehn Jahren statische Websites (Web 1.0), ließ diese dann dynamisch werden (1.5) und trat ab 2005 als Web 2.0 in die interaktive Phase – und das Web 3.0 steht bereits in den Startlöchern. Mit vielfältigen Angeboten und Anwendungsmöglichkeiten durchdringt das Medium Internet den globalen Markt, alle Gesellschaftsschichten und Ethnien.

51,4 Millionen Menschen in Deutschland (73,1 Prozent) sind bereits online [1]. Sie nutzen das Web immer ausgiebiger (Suche, E-Mail, Shopping, Foren, Blogs, Podcasting, Onlinespiele ...) und zunehmend auch für die Recherche nach Produkten und Dienstleistungen. So hat sich das Internet zum weltweiten, hart umkämpften Marktplatz entwickelt.

http://www.marketing-boerse.de/Experten/details/Andrea-Ahlemeyer-Stubbe

2011 machten die Ausgaben für Online-Marketing 19,6 Prozent der Gesamtaufwendungen für Werbung aus, mit steigender Tendenz in allen Branchen [2]. Denn dieser Marktplatz eröffnet die vielfältigsten Marketingmöglichkeiten – und fordert daher auch völlig neue Marketing-Strategien. Zeitgemäße Werbung muss medienübergreifend, zielgruppenspezifisch und relevant sein. Wer neue Kunden finden und Bestandskunden an sich binden will, muss diese heute ganz persönlich mit maßgeschneiderten Botschaften ansprechen. Nur auf diesem Weg lassen sich die Response- und die Konversionsraten steigern. Dabei gilt es, die Kosten möglichst niedrig zu halten [3].

Logfile-Analysen vollziehen Besucherwege nach

Diesen Herausforderungen begegnen neue Technologien und Methodiken. So liefert die Logfile-Analyse (Logfiles = internetbasierte Protokolldaten) Informationen zur Herkunft des Besuchers, zum Browser, den er nutzt, sowie zu Anzahl und Art der von ihm besuchten Seiten.

Anhand dieser Informationen erfahren Unternehmen mehr über das typische Klickverhalten ihrer Kunden. Sie bestimmen mit diesem Wissen als Grundlage zum Beispiel die Positionierung der Werbung für ihr Produkt, die ihre Kunden am besten anspricht. Oder sie nutzen die Erkenntnisse über Ein- und Ausstiegsseiten zur kontinuierlichen Verbesserung der Struktur ihrer Websites und optimieren so ihre Repräsentanz im Web.

Social Media Monitoring immer wichtiger

Immer wichtiger wird es, auch Daten, die im Rahmen von Social Media-Kampagnen beziehungsweise durch Social Media Monitoring gewonnen werden, als Treiber für die Unternehmensentwicklung zu nutzen.

Predictive Behavioral Targeting

Für die strategische Planung sind zuverlässige Vorhersagen über zukünftige Entwicklungen im Verhalten und im Bedarf der Kunden unerlässlich. Das Predictive Behavioral Targeting stellt solche Vorhersagen auf ein statistisch abgesichertes Fundament.

Was es leistet

Predictive Behavioral Targeting liefert fundierte Prognosen über das wahrscheinliche zukünftige Verhalten von Website-Besuchern und macht so Kundenprofile wirklich spannend. Natürlich sind nach wie vor auch Informationen zu den historischen und aktuellen Gewohnheiten wertvoll. Denn Predictive Targeting „lernt" auch aus „alten" Daten, wobei als „alt" schon die Daten vom Vortag bezeichnet werden. Doch es gilt zudem, im Kundenverhalten Muster zu identifizieren, die zum Beispiel auf den speziellen Bedarf eines bestimmten Users hinweisen.

Aus Mustern im Kundenverhalten lernen

Angewandte Methoden

Neben Data Mining kommen beim Predictive Behavioral Targeting Methoden wie deskriptive Statistik, Click-Stream-Analysen, Diskriminanzanalyse, Regressionsverfahren, Entscheidungsbäume, Neuronale Netze, Case-Based Reasoning (CBR) oder Zeitreihen-Analysen zum Einsatz.

Die Erstellung der Vorhersagemodelle über das zukünftige Verhalten der Website-Besucher basiert auf Analysen von Userprofilen und Userstrukturen (Alter, Lebensstil, Zugehörigkeit zu Peer Groups, Surfverhalten ...). So erfolgt zum Beispiel die Entscheidung, welches Banner welchem User gezeigt werden soll, auf Grundlage der Sites, die er besucht. Oder auf Basis dessen, was er auf diesen Sites tut und welche Interessen er im Social Web offenbart. Unterschieden wird in OnSite Behavioral Targeting (für eine spezifische Website) und Network Behavioral Targeting (Analysen in komplexen Netzwerken, die mehrere Websites umfassen).

OnSite- und Network-Verhalten erlaubt Prognosen

Während das Contextual Advertising auf Basis des Contents die Seite identifiziert, die am besten für eine Anzeige geeignet ist, identifiziert das Predictive Behavioral Targeting auf Grundlage des Nutzerverhaltens in der Vergangenheit die geeignete Person für ein Angebot. Durch die Möglichkeit, Nutzerprofile zu identifizieren, eröffnet das Predictive Behavioral Targeting den Weg für Relevant Advertising.

Weiterentwicklung

Die Komplexität des Predictive Behavioral Targeting ist Garant für aussagekräftige Vorhersagen, aber auch Ursache für einen hohen Zeitbedarf, wenn alle Vorgänge „von Hand" ausgeführt werden. Je mehr Zeit vergeht, bis die Informationen aus dem Predictive Behavioral Targeting in der richtigen Form am rechten Ort bereitstehen, desto kürzer wird der Vorsprung, den sie verschaffen.

Erfolgskritischer Faktor: Zeitaufwand für manuelle Analysen

Um den benötigten Zeitaufwand extrem zu minimieren, wurde für die Modellierung des Realtime-Online-Verhaltens das vollautomatische Predictive Targeting entwickelt.

Vollautomatisches Predictive Targeting

Automatisierung verschafft Vorsprung

Unter Einsatz der notwendigen Algorithmen zu Analysen in Echtzeit eröffnet das vollautomatische Predictive Targeting neue, individuelle und nachhaltige Formen der Kommunikation – und bietet dabei den entscheidenden Zeitvorsprung – durch Modellierung des Realtime-Online-Verhaltens.

Vorhersagemodelle werten immense Datenmengen aus

Dies bedeutet einen Evolutionsschritt vergleichbar dem vom Handwerk zur Fabrikation – inklusive Abstriche an der Komplexität. Der klassische Weg, komplexe Vorhersagemodelle von Hand zu bauen, steht für die „Meisterwerkstatt". Doch auch ein großer Stab von Analytikern kann die immensen Datenmengen nicht in Echtzeit bewältigen – eine vollautomatisierte „Montagestraße" für Vorhersagemodelle dagegen schon.

Module

Kernstück des vollautomatischen Predictive Targeting-Systems ist der Bau von Vorhersagemodellen. Dabei beinhaltet ein Modul alle Funktionalitäten, um mit einem Team von Analytikern komplexe Vorhersagemodelle von Hand zu bauen („Meisterwerkstatt"). Das zweite Modul („Montagestraße") baut vollautomatisiert einfache, klickbasierte Vorhersagemodelle, sichert automatisch deren Qualität und stellt sie zur Anwendung bereit.

In der „Montagestraße" werden alle Modelle berechnet, bei denen es sich um eine relativ einfache Aufgabenstellung aus dem Bereich der Vorhersagen (Predictive Modelling) handelt. Das sind zum Beispiel die Modelle, deren Zielvariable eine dichotone Struktur haben (geklickt oder nicht geklickt, gekauft oder nicht gekauft, besucht oder nicht besucht und Ähnliches). Diese Vorhersagemodelle decken unter anderem einen großen Teil der Aufträge zur Banneroptimierung durch Behavior Targeting ab. Spezialanalysen wie Clusteranalysen werden durch das Analyseteam in der „Werkstatt" durchgeführt.

Jedes Modell erhält eine eigene ID

Durch einen administrativen Prozess wird entschieden, ob ein Vorhersagemodell in der Werkstatt oder in der Montagestraße gefertigt werden soll. Jedes Modell erhält eine eindeutige ID (Identifikation) und wird archiviert. Folgende wesentliche Elemente beinhaltet die Montagestraße:

Module des automatischen Targeting-Systems

- Steuerung:
  - Administration
  - Modellmanagement
  - Variablenverwaltung
- Modellentwicklung:
  - Selektion der Zielvariable=1 und Selektion der Zielvariable=0
  - Modellspezifische Stichprobenziehung
  - Bereitstellung Entwicklungsdatei Train und Validierungsdatei Test
  - Modellentwicklung
  - Modellvalidation
  - Qualitätsmonitor
  - Freigabeprozess
  - Übergabeprozess
- Modellüberprüfung
  - Modellspezifische Stichprobenziehung
  - Modellüberprüfung
  - Qualitätsmonitor
  - Bestätigungsprozess
- Modellarchiv
- Variablen-Aufbereitung und -Bereitstellung

Wie es funktioniert

Die Bereiche „Meisterwerkstatt“ (Arbeitsbereich des Analyseteams) und „Montagestraße“ (automatisches Targeting) werden in die bestehende Architektur eines Unternehmens so eingebunden, dass die Umgebung und ihre Vorteile soweit wie möglich genutzt werden können.

Generell gilt: Alle entwickelten Modelle werden als Code/Skript übergeben und inklusive ihrer Metadaten in einem Archiv auch über ihren Einsatz hinaus archiviert. Die Anwendung der auf den Modellen basierenden Skripte erfolgt als letzter Schritt der Variablen-Berechnung am Ende einer Session beziehungsweise eines Slots, vergleichbar der Berechnung einer komplexen Profilvariablen. Für jedes aktive Modell wird somit immer zum Zeitpunkt der allgemeinen Profilvariablen-Berechnung der jeweilige Prognosewert pro Unique Client (individueller User) berechnet und in einer eigenen Variable gespeichert.

Prognosewert pro Unique Client in eigener Variable

Targetbuilder ordnet Profile Zielgruppen zu

Diese modellspezifischen Variablen werden dann, vergleichbar allen anderen genutzten Profilvariablen, dem Targetbuilder (Instrument zur Auslieferung zielgruppenspezifischen Contents) zur eigentlichen Zielgruppenbestimmung zur Verfügung gestellt.

Im Targetbuilder werden diese Vorhersagefunktionen neben Und/Oder-Verknüpfungen von Profilen verwendet, um Zielgruppen für Online-Kampagnen bereitzustellen und zu kennzeichnen. So wird jeder User mit den treffenden Bild- und Textwelten und passenden Angeboten angesprochen.

Datenflüsse und Datenbasis

Die Basis für alle Analysen bilden die erhobenen Surf- und Verhaltensdaten des Unique Client auf den jeweiligen Websites sowie seine Interessen, die er im Social Web erkennen lässt (Social Graph). Idealerweise können diese durch Informationen aus Befragungen oder Login-Daten angereichert werden.

Man kann zwischen Standard-/generellen und verhaltens-/interessensbedingten Informationen unterscheiden. Diese Profil- und Verhaltensdaten pro Unique Client werden mit Bezug auf unterschiedliche Zeitfenster berechnet. Aus beiden wird eine Vielzahl von Variablen gebildet.

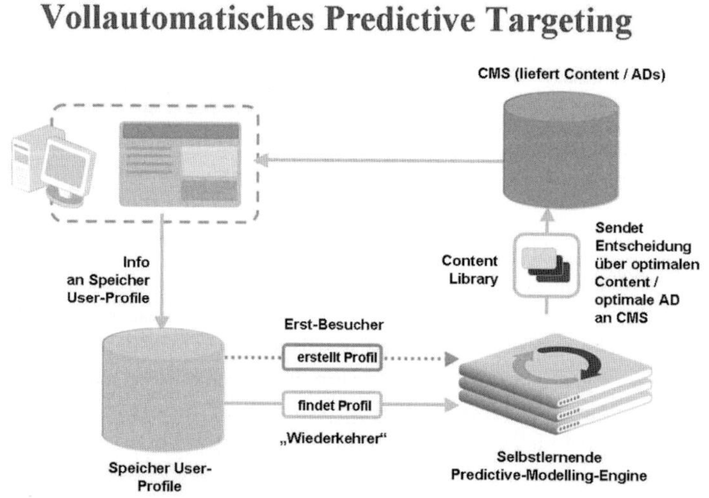

Abb. 1: Vollautomatisches Predictive Targeting – vereinfachter Ablauf [4]

Im Rahmen der Modellierung in der Montagestraße kommt nur ein geprüftes Subset von Variablen zum Einsatz, um die für die Automatisierung unerlässliche Stabilität, Robustheit und Performance zu gewähren. Damit eine Modellierung unter Nutzung der aktuellen Session erfolgen kann, ist es unabdingbar, dass zu jedem beliebigen Zeitpunkt in einer Session auf die Session-Daten zugegriffen werden kann.

Ein wesentlicher Teilschritt der täglichen Profilbildung ist die Datenaufbereitung. Sie wird sowohl für die Modellbildung und -überprüfung als auch für die Anwendung, also die Berechnung von Scorewerten, benötigt und ist der zeitkritischste Bereich.

Datenaufbereitung zeitkritischster Bereich

Herausforderungen/kritische Erfolgsfaktoren

Die Komplexität des vollautomatischen Predictive Targeting und der Modellierung des Realtime-Online-Verhaltens birgt einige statistische Herausforderungen: Bei der Stichprobenziehung muss die minimale sinnvolle Anzahl der Event=1 (zum Beispiel Klicks), Schichtungsverhältnisse, Sampling-Routinen et cetera sensibel festgelegt werden. Prognoseverfahren sind hinsichtlich Güte der Vorhersage, Stabilität, Performance in der Entwicklung und so weiter auszuwählen. Robustheit, Laufzeitverhalten, Parametrisierung, Fehlererkennung und Automatisierbarkeit müssen bei der Auswahl qualitätssichernder Methoden berücksichtigt werden [5].

Prognoseverfahren sorgfältig auswählen

Damit das vollautomatische Predictive Targeting sein volles Potenzial entfalten kann, sollten zudem noch folgende kritische Erfolgsfaktoren bedacht werden:

Predictive Targeting – kritische Erfolgsfaktoren

- Reale und „gefühlte" Verstöße gegen den Datenschutz.
- Wem gehören welche Daten und wie dürfen sie genutzt werden?
- Die Verknüpfung der Daten aus der Onlinewelt mit den Informationen aus den Marketing-Datenbanken.
- Umgang mit „Cookie-Löschern".
- Priorisierungsvorgaben im Adserver.
- Das gezeigte Werbemittel ändert sich im Laufe der Kampagne oder passt nicht zur Zielgruppe.
- Beeinflussen nicht kontrollierbare Optimierungsschritte/Algorithmen des Adservers das ursprünglich vorhergesagte Klickverhalten massiv?
- Fehlen Tags (Meta-Informationen über Ursprung oder Verwendungszweck) im Banner?
- Erfolgen so wenig Klicks, dass es zu lange dauert, eine kritische Menge zum Modellieren zu erhalten?

Mögliche Anwendungsfelder

Gelingt es, die Relevanz von Onlineangeboten zu steigern, erhöht sich die zu erwartende Response (zum Beispiel Klicks) und damit der ROI (Return-of-Investment) für ein Unternehmen.

Zielgruppengenau Werben

Das vollautomatische Predictive Targeting ermöglicht es, zielgruppengenau zu werben, neue Kunden zu gewinnen und Bestandskunden besser zu binden. Und mit zunehmender Weiterentwicklung der Technologien werden sich auch die Anwendungsfelder ausweiten, die bisher dem klassischen Scoring vorbehalten waren.

Anwendung Kundenbindung

Kunden binden durch maßgeschneiderte Angebote

Im Bereich der Kundenbindung schärft das Predictive Targeting unter Miteinbeziehung von Informationen aus der Welt des Social Web die Bestandskundenprofile. Sobald ein Kunde sich zum Beispiel auf der Unternehmens-Website einloggt, können ihm genau auf seine Interessen zugeschnittene Gutscheine, Angebote oder Special Features präsentiert werden.

Zudem unterstützt das vollautomatische Behavioral Targeting auch klassische Aufgaben wie die Entwicklung und Durchführung präventiver Maßnahmen auf Kunden mit hoher Kündigungsgefährdung.

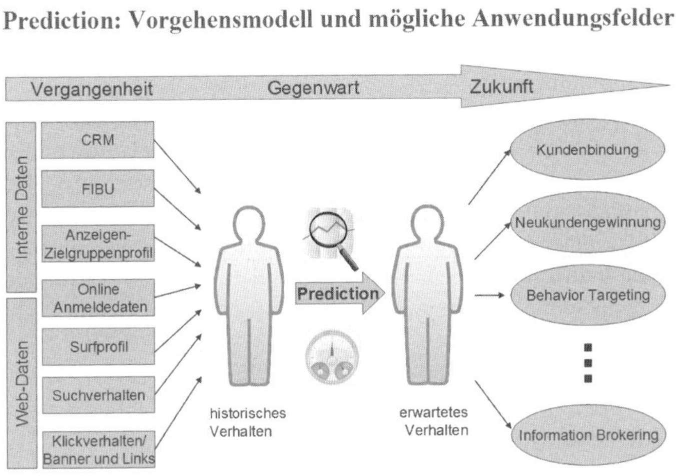

Abb. 2: Prediction: Vorgehensmodell und mögliche Anwendungsfelder

Kündigungs-gefährdete Bestandskunden erkennen

Das geschieht durch Identifikation der Merkmale/Faktoren, die mit hoher Signifikanz zur Kündigung bei Bestandskunden führten (retrograder Ansatz). Diese Merkmale/Faktoren werden auf den aktiven Kundenbestand übertragen und identifizieren so Bestandskunden mit hoher Kündigungsgefährdung.

Anwendung Neukundengewinnung

Interessenten für Produkte identifizieren

Um neue Kunden zu gewinnen, gilt es, neue Interessenten/Leads für die jeweiligen Produkte zu identifizieren und gezielte Kommunikationsstrategien zu entwickeln (Welchen Kunden erreiche ich über welchen Werbeweg, wann und wo?). Welche Inhalte (Content) sprechen die Zielgruppe an und in welchem Kontext? Das Predictive Behavioral Targeting findet Antworten auf diese Fragen und liefert wertvollen Input für innovative Produktentwicklung unter Berücksichtigung crossmedialer Aspekte.

Behavioral Targeting

… ist eine Werbe-Methode, mit deren Hilfe Werbebotschaften gezielt bestimmten Usern gezeigt werden. Es können mit Hilfe des vollautomatischen Predictive Targeting auf der gleichen Website, abhängig von den vorhandenen Kundenprofilen, zeitgleich unterschiedliche profilspezifische Banner gezeigt werden. Zum Beispiel zeitgleich auf derselben Platzierung Banner für Kosmetik,

Autos, Reisen, ... Das heißt: Dieselbe Platzierung kann mehrfach verkauft werden.

Information Brokering

Je aussagekräftiger die Profildaten, desto effektiver können sie als strategischer Erfolgsfaktor genutzt werden. Das vollautomatische Predictive Targeting stellt spezifische und selektierbare Zielgruppeninformationen bei der Vermarktung der Adressen und Qualifikationsmerkmale und zur Entwicklung innovativer Business-Modelle (zum Beispiel im Anzeigenverkauf) bereit. Auf weite Sicht dient es zudem zur Erweiterung von Mafo-Daten um „echte Profildaten".

Ein Anwendungsbeispiel aus der Praxis

Ein Online-Medienhaus registrierte vor ein paar Jahren einen stetigen Rückgang der Response auf seine Online-Bannerwerbung.

Es stellte sich die Aufgabe, prototoypisches Surfverhalten als Indikator für die Zugehörigkeit der User zu bestimmten Zielgruppen zu finden. Die Ergebnisse dieser Analyse sollten für Target-Bannerwerbung genutzt werden. Das heißt, Kunden, die eine Schwellenwahrscheinlichkeit zu einer bestimmten Zielgruppe überschreiten, erhalten relevante zielgruppenspezifische Werbeeinblendungen (Banners).

Mit Hilfe eines vollautomatischen Textmining-Verfahrens wurde eine Verpixelung und Idexierung (AGOF-Code) der Sites zur Identifikation der Inhalte durchgeführt. Die relevanten Logfile-Daten wurden ermittelt und selektiert. Um diese anzureichern, wurden zur Aufbereitung ergänzend Daten aus den Kundeninformationen (Login) herangezogen.

Durch die Analyse der Daten (Regressionen und Entscheidungsbäume) wurden Regeln aufgedeckt, die die Zuordnung zu einer bestimmten Zielgruppe erlaubten. Nachdem die gefundenen Regeln im Hinblick auf ihre Generalisierbarkeit überprüft und validiert waren, wurden sie an den Adserver/Targetbuilder zur Steuerung der aktuellen Werbeeinblendungen übergeben.

Somit erhielten die User bei jedem Besuch auf der Website die Werbeeinblendungen, die ihren Vorlieben am besten entsprachen. Das Ergebnis: Die Klickrate auf die Bannerwerbung des Online-

Medienhauses ist 2,5 - 3,3 Mal besser – und diese Entwicklung hält stetig an.

Bannerklickrate verdreifacht

Fazit

Vollautomatisches Predictive Targeting und Modellierung des Realtime-Online-Verhaltens stehen am Anfang ihrer Entwicklung. Sie sind wertvolle Instrumente, vorausgesetzt, bei der Implementierung und im Umfeld werden Anforderungen und kritische Erfolgsfaktoren sorgfältig beachtet.

Auswertung des letzten Klicks in Echtzeit

Denn dann berücksichtigt das vollautomatische Predictive Targeting auch den buchstäblich letzten Klick in Echtzeit und seine Vorhersagen erfolgen flexibel und top-aktuell. So ermöglicht es rasche Reaktionen auf Veränderungen und Tendenzen auf dem sich rasant wandelnden Online-Marktplatz.

Literatur

[1] Quelle: AGOF e.V. / internet facts 2012-02, http://www.agof.de/index.583.html

[2] OVK ONLINE REPORT 2012/ 01 – bvdw.org/fileadmin/bvdw-shop/ovk_report2012_1.pdf

[3] David S. Evans –The Online Advertising Industry: Economics, Evolution and Privacy – in The Journal of Economic Perspectives, Volume 23, Number 3, pp. 37-60(24), Verlag: American Economic Association, 2009, http://www.ingentaconnect.com/content/aea/jep/2009/00000023/00000003/art00003

[4] Andrea Ahlemeyer-Stubbe – Vollautomatisches Predictive Targeting und Modellierung des Realtime-Online-Verhaltens in Deutscher Dialogmarketing Verband e. V. (Hrsg.) – Dialogmarketing Perspektiven 2010/2011, Tagungsband 5, wissenschaftlicher interdisziplinärer Kongress für Dialogmarketing, S. 217-225, Gabler-Verlag, 2011.

[5] Petra Perner (Hrsg.), Case-Based Reasoning and the Statistical Challenges, Springer-Verlag 2007.

Roland Fiege, Social Media Balanced Scorecard: Erfolgreiche Social Media-Strategien in der Praxis: Erfolgreiche Corporate Social Media-Strategien in der Praxis, Springer-Verlag, erscheint im 3. Quartal 2012.

Prof. Dr. Shirley Coleman / Andrea Ahlemeyer-Stubbe: A Practical Guide to Data Mining for Business and Industry, Verlag: John Wiley & Sons Limited, erscheint im 1. Quartal 2013.

Digitale Kundenwerte

2

Martin Nitsche

Das Ziel eines Unternehmens ist der Gewinn. Und auch wenn man in der „New Economy“ manchmal das Gefühl hatte, dass diese Binsenweisheit nicht immer aufging, zeigen heute viele Unternehmen, dass sehr wohl Gewinne im Internet zu erzielen sind. Die zunehmende Digitalisierung kann sogar neue, zusätzliche Ertragschancen schaffen.

Digitalisierung birgt neue Chancen

Doch wie kann man aus den Kundenbeziehungen Erträge schöpfen? Welche Dimensionen der Wertschöpfung gibt es, und wie kann man sie nutzen? Muss vielleicht das Geschäftsmodell überarbeitet werden, um die neuen Gegebenheiten optimal ausnutzen zu können?

Die Wertschöpfung eines Kunden für ein Unternehmen kann viele Facetten haben. Im Folgenden werden wir die zwölf Dimensionen des digitalen Kundenwerts genauer betrachten und zum Abschluss zeigen, wie sie integriert genutzt werden können.

Ertrags-Wert

Die Basis für eine Wertbetrachtung bildet nach wie vor der monetäre Wert eines Kunden, das heißt der Umsatz, oder besser der Deckungsbeitrag, den man aus der Kundenbeziehung generieren kann. Als heiliger Gral des CRMs gilt dabei der Customer Lifetime Value: Alle suchen ihn – und keiner hat ihn je gefunden.

Dabei ist das Konzept doch eigentlich so einfach, nehmen wir zum Beispiel einmal Zahnpasta: Der durchschnittliche Deutsche verbraucht laut einer Untersuchung der Bundeszahnärztekammer 5,4 Tuben im Jahr (Zahnärzte empfehlen mindestens sieben Tuben). Eine Tube kostet knapp zwei Euro, und wenn wir von einer Gewinnspanne von dreißig Prozent für den Hersteller ausgehen, dann liegt der Deckungsbeitrag im Jahr bei etwas über zehn Euro. Ein vierzigjähriger Kunde mit vielleicht

http://www.marketing-boerse.de/Experten/details/Martin-Nitsche

noch dreißig Jahren Bedarf für Zahnpasta kommt unter Einberechnung von zwei Prozent Inflation und einem Zinsfuß von vier Prozent auf einen Kundenlebenswert von 74,16 Euro. Als Komplettanbieter mit Reinigungsmitteln für „die Dritten" könnten wir für die Zeit nach dem siebzigsten Geburtstag sogar noch weitere Erträge einplanen.

Prognosen sind schwierig

In der Praxis gestaltet sich diese Berechnung ungleich schwerer. „Prognosen sind schwierig, besonders wenn sie die Zukunft betreffen" – so lautet ein beliebtes Bonmot, das Mark Twain, Karl Valentin, Niels Bohr oder auch Winston Churchill zugeschrieben wird. Nicht nur die Annahmen für Inflation und Zinsfuß sind dabei das Problem. Zusätzlich benötigt man Berechnungen über die wahrscheinliche zukünftige Produktnutzung und eine Vorhersage von Kundenbeziehungsdauern. Nichts desto trotz sind diese Modelle in vielen Branchen, unter anderem in der Telekommunikation und der Bankenbranche, weit verbreitet. Der Ertragswert ist das eigentliche Ziel einer Kundenbeziehung, und man sollte ihn, zumindest mit einer gewissen Genauigkeit, vorhersagen können.

Werbe-Wert

Neben dem Ertragswert ist in manchen Branchen der Werbewert einer Kundenbeziehung relevant. Zeitungen und Zeitschriften basieren beispielsweise schon immer auf der Kombination von direkten Ertragswerten aus der Kundenbeziehung (Verkaufspreis des Mediums) und Werbewerten (Erlösen aus Anzeigen). Das Aufkommen des Internets hat, auch bedingt durch die Problematik der Bezahlung von kleinen Beiträgen und der internationalen Nutzung von Webseiten, zu einem vermehrten Auftreten von rein auf dem Werbewert basierten Geschäftsmodellen geführt.

Google wäre sicherlich niemals erfolgreich geworden, wenn man bei jeder Recherche einen geringen Betrag für die Nutzung der Suchmaschine aufwenden müsste. Ursprünglich versuchte Google die Suchmaschine über die Lizenzierung der Technik für Unternehmen zu finanzieren – bis man geschickte Wege gefunden hat, bei jeder Suche relevante Werbung zu verteilen. Heute wird Googles Umsatz zu 96 Prozent durch Werbeeinnahmen getragen.

Natürlich ist die Nutzung der Suchmaschine nicht wirklich kostenlos. Schon der Wirtschaftswissenschaftler Milton Friedman hat gezeigt, dass es so etwas wie einen kostenlosen Lunch nicht gibt („There's No Such Thing as a Free Lunch."). Die Rechnung zahlt der Werbetreibende, der Konsument bedankt sich mit seiner Aufmerksamkeit – und mit Klicks. Geschäftsmodelle auf Basis des Werbewerts gewinnen weiter an Bedeutung, zur vertieften Betrachtung sei das Buch „Free" [1] von Chris Andersen, Journalist und Chefredakteur des Wired Magazines, empfohlen.

Die Rechnung zahlt der Werbetreibende

Cross-Selling-Wert

Immer mehr Unternehmen erkennen aber auch, dass in der Kundenbeziehung an sich schon ein Wert liegt, der über den reinen Verkauf des Kernprodukts hinausgeht. Cross-Selling ist das Stichwort, beispielsweise in der Finanzdienstleistungsbranche oder der Telekommunikation. Doch man kann Cross-Selling noch viel weiter fassen.

Die Vision von Amazon lautet zum Beispiel nicht, der größte Buchhändler der Welt zu werden – das ist Amazon wohl auch schon gelungen. Stattdessen legt Amazon fest: „Our vision is to be earth's most customer centric company; to build a place where people can come to find and discover anything they might want to buy online." Da wundert es dann auch nicht mehr, dass der Anteil der Medien am Umsatz gerade mal noch bei 38 Prozent liegt – und da sind nicht nur Bücher, sondern auch schon CDs, Filme und Spiele mitgerechnet.

Hier haben viele Unternehmen und gesamte Branchen noch Nachholbedarf. Ist ein Kunde erst gewonnen, sollte diese Kundenbeziehung optimal ausgeschöpft werden. Dabei ist es weniger relevant, welche Produkte man selber schon anbietet. Vielmehr ist von Interesse, welche Produkte der Kunde noch bei einem kaufen würde – und wenn man diese nicht selbst produziert, sollte man sie einfach zukaufen.

Kundenbeziehung optimal ausschöpfen

Loyalitäts-Wert

Als vierter Wertbaustein kommt der Loyalitäts-Wert hinzu. In verteilten Märkten steigen die Kosten für die Gewinnung eines Kunden überproportional zum Wert des Kunden in der ersten Phase der Kundenbeziehung, zum Beispiel der ersten Bestellung. Um so wichtiger wird es, den Kunden „bei der Stange zu halten" und die Beziehung zum Unternehmen zu stärken. Dabei ist eine vertragliche

Wichtig: Den Kunden „bei der Stange halten"

Bindung in vielen Branchen, vom Zeitschriftenabonnement bis zum Zehnjahresvertrag für eine Versicherung, gewohnte Übung.

Dass dieses Konzept auch im Onlinebereich möglich und sinnvoll ist, zeigt Amazon mit dem Dienst „Amazon Prime". Durch die einmalige Zahlung von 29 Euro bekommt der Kunde ein Jahr lang kostenlosen Premiumversand ohne Mindestbestellwert für sich und die ganze Familie. Wann immer er überlegt, online etwas zu kaufen, schaut er dann sicherlich bei Amazon nach – denn dort hat er den Versand ja nun "kostenlos".

Lebensphasen-Wert

Neben der reinen Fortführung der aktuellen Verkäufe in die Zukunft bietet die Kundenloyalität noch eine weitere Chance: Die Partizipation an der Entwicklung des Kunden und die Möglichkeit auf zusätzliche, wertvollere Verkäufe. So basiert beispielsweise das Geschäftsmodell des Finanzdienstleisters MLP auf dem Lebensphasen-Wert: Studenten der „richtigen" Studiengänge, zum Beispiel angehende Mediziner oder Ingenieure, werden kurz vor dem Eintritt ins Berufsleben gewonnen und dann intensiv betreut.

Aber auch Apple scheint bereits frühzeitig Kunden an die Marke binden zu wollen, schließlich sind Schüler und Studenten die einzige Kundengruppe, die Rabatt auf die Rechner bekommt und mit der iTunes University und dem Anfang des Jahres 2012 vorgestellten E-Book-Reader 2.0 werden neue Angebote für genau diese interessante Zielgruppe geschaffen.

Synergie-Wert

Auch zusätzliche Ertragschancen durch Synergien im Konzern oder durch Kooperationen können genutzt werden. Die Sparkassengruppe zeigt seit Langem, wie Synergien aus Kundenbeziehungen im Konzernverbund, vom Girokonto über den Bausparvertrag und die Lebensversicherung bis zum Leasing, genutzt werden können.

Im Web Ertragschancen aus dem Kernprodukt gering

Gerade bei vielen Internet-Geschäftsmodellen sind die Ertragschancen aus dem Kernprodukt gering. Da bietet es sich geradezu an, die Beziehungen zu den Kunden über Kooperationen mit anderen

Anbietern zu veredeln. Der Softwareanbieter Buhl, Hersteller eines vielgenutzten Steuerprogramms, monetisiert beispielsweise seine Kundenbeziehungen indem er Angebote von Kooperationspartnern an sie versendet. Diese Angebote können finanziellen Bezug haben, zum Beispiel Versicherungs- oder Bankprodukte, müssen sie aber nicht. Auch Energie- und Telekommunikationsangebote werden gestreut. Das bringt nicht nur weitere Erträge, sondern auch zusätzliche Kontaktmöglichkeiten (Stichwort Loyalisierung), denn die Steuererklärung ist nur einmal im Jahr von Interesse.

Referenzwert

Der Referenzwert nutzt die Bereitschaft des Kunden zur aktiven Empfehlung des Unternehmens und seiner Produkte. Früher zeigte sich dies hauptsächlich in Empfehlungsprogrammen, nach dem Motto: Zeitschriftenabonnement gegen Akkuschrauber oder Topf-Set.

Das Internet verbreitert die Nutzungsmöglichkeiten – von Bewertungsplattformen bis hin zum "Like" auf Facebook kann der Kunde Referenzen gewähren. Diese Chance zur Bewertung ihres Angebots durch die eigenen Kunden und Fans nutzen viele Unternehmen allerdings noch nicht strukturiert. Vor allen Dingen sind die meisten Unternehmen nicht in der Lage, die Bewertungen direkt dem Kunden zuzuordnen und so auch zu einer differenzierten Betrachtung des Werts der einzelnen Kundenbeziehung zu gelangen.

Korrekter Umgang mit Kritik fällt vielen Unternehmen nicht leicht

Allerdings sollte dabei auch beachtet werden, dass negative Bewertungen genauso einfach zu verteilen sind wie positive Erfahrungen. Der korrekte Umgang mit Kritik fällt vielen Unternehmen nach wie vor sehr schwer – und schnell entwickelt sich aus der singulären Unmutsäußerung ein Shitstorm, der das Unternehmensimage nachhaltig ankratzen kann.

Netzwerk-Wert

Neben der aktiven Referenz kann aber auch schon das Netzwerk eines Kunden an sich zu einem Wert für das Unternehmen werden. Viele Geschäftsmodelle von Xing bis Facebook leben von der Vernetzung der Kunden untereinander und ein Kunde mit Tausenden oder gar Millionen von Zuhörern ist für Twitter sicherlich wertvoller als jemand, der nur bei seinen beiden engsten Freunden Gehör findet.

Praktisches Umsetzen des Netzwerk-Werts fällt schwer

Während die sozialen Netzwerke, sowohl im Privat- als auch Geschäftsleben, implizit vom Wert ihres Netzwerkes leben, fällt die praktische Umsetzung dieses Werts den meisten anderen Branchen noch sehr schwer. Bosch nutzt die Vernetzung seiner Kunden in beispielhafter Weise sowohl im Handwerk als auch im Privatkundenbereich. Ähnlich zum Referenzwert liegen die Schwierigkeiten aber auch hier in der Identifizierung der aktiven Netzwerker und der Zuordnung ihres Wertes zum Kundenwert.

Effizienz-Wert

Kunden übernehmen den Kundenservice

Dass wir unsere Überweisungen selber eintippen, daran haben wir uns längst gewöhnt. Und auch die jährliche Eingabe des Stromzählerstands ist üblich geworden. Es gibt aber noch viel mehr Möglichkeiten, die Effizienzwerte von Kunden zu nutzen und damit Geld für das Unternehmen zu sparen. Einige Unternehmen testen beispielsweise, inwieweit der Kundenservice vielleicht von den Kunden selbst übernommen werden kann.

Ein Vorreiter ist hier die Mobilfunkbranche, in der „Kunden-helfen-Kunden"-Portale zunehmend üblich werden. Schauen Sie sich zum Beispiel die Plattform der Mobilfunkexperten von Base, einer Marke von E-Plus, an. Nicht nur, dass die Kunden sich hier untereinander helfen und so dem Unternehmen hohe Kosten im Bereich der Servicehotline sparen – sie sind auch noch stolz darauf zu helfen, beziehungsweise glücklich, dass ihnen kompetent von anderen Menschen geholfen wird.

Preis-Wert

Neben der Möglichkeit, Kosten zu sparen, tritt zunehmend auch der Versuch, zusätzliche Erträge durch eine niedrige Preissensibilität mancher Kundengruppen zu generieren. Eine Mine für einen Kugelschreiber kann bei Montblanc 7,50 Euro kosten. Dafür bekommt man problemlos auch mehrere neue Kugelschreiber. Ein extremes Beispiel ist Zubehör und Erweiterung von Computern. Eine RAM-Erweiterung auf 16 GB kostet bei Apple 600 Euro – die gleiche Erweiterung bei Gravis, einem alternativen Apple-Händler, kostet 180 Euro.

Interessant ist auch ein anderes Beispiel: Wenn Ihre Bank Ihnen fast 40 Euro Gebühren für die Überweisung von 2.000 Euro berechnen würde, würden es wohl einen kollektiven Aufschrei der Verbraucherschützer geben – wenn PayPal dies macht, regt es keinen auf.

Produktions-Wert

Kunden in die Entwicklung einbinden

Weiterhin gehen Unternehmen auch dazu über, die Kunden in die Produktion oder zumindest in die Entwicklung ihrer Produkte miteinzubinden. Und es stellt natürlich einen Wert für das Unternehmen dar, wenn der Kunde kostenlos umsetzbare Ideen entwickelt.

Vorreiter dieses Ansatzes war der Computerhersteller Dell, der mit Dell Idea Storm eine eigene Webseite aufbaute, um die Ideen von Kunden für die Produktentwicklung nutzen zu können. Einige der Ansätze von Tchibo Ideas sind auch bereits im Laden erhältlich.

Informations-Wert

Aber nicht nur die Lieferung von Produktideen, alle durch den Kunden gelieferten Informationen stellen einen Wert für das Unternehmen dar. Ob sie ihre Adresse angeben, Produktinteressen äußern, an Befragungen teilnehmen oder ihrem Smartphone erlauben die aktuelle Position zu melden – all dies schafft Wert auf Unternehmensseite.

Spielerische Ansätze sind interessant

Allerdings sind die meisten Unternehmen nicht in der Lage, diesen zusätzlichen Wert auch wirklich dem einzelnen Kunden zuzuordnen – und ihn beispielsweise für die Lieferung der zusätzlichen Informationen zu belohnen. Interessant sind hier spielerische Ansätze, beispielsweise die Auszeichnungen, die FourSquare für das „Einchecken“ an bestimmten Lokationen vergibt und damit den Kunden animiert, seine Position preiszugeben.

Wertschöpfung über alle zwölf Dimensionen

Die richtige Strategie beim Kundenwert treibt den Unternehmenswert. Apple ist bekannt für sein tolles Design, wenn man aber genauer hinschaut, dann steckt mehr hinter dem Erfolg. Natürlich wird der

Ertrags-Wert des Kunden genutzt und häufig ist die Preissensibilität eher gering ausgeprägt (Preis-Wert). Durch das gute Zusammenspiel der Produkte kaufen viele Kunden mehrere Geräte von Apple (Cross-Selling-Wert). Direkt nach dem Kauf liefert der Kunde bei der Registrierung die ersten Informationen ab (Informations-Wert).

Beispiel Apple

Im Apple Store können aber auch Produkte von anderen Herstellern erworben werden und liefern somit Synergie-Werte. Der Versuch mit iAds auch Werbe-Wert zu generieren, steckt eher noch in den Kinderschuhen, genau wie die Netzwerk-Werte, zum Beispiel über Ping in iTunes, die noch nicht voll zum Tragen kommen. Die hohen Referenz-Werte der Apple-Anhänger sind wohl unumstritten. Aber auch Effizienz-Werte versucht Apple, zum Beispiel über die eigene Community zur Fehlersuche, zu heben und der Loyalitäts-Wert wird mit iCloud nach oben getrieben. Die Barriere zu kündigen ist hoch, wenn man die Bequemlichkeit erst einmal zu schätzen gelernt hat. Die Nutzung des Lebensphasen-Werts, zum Beispiel bei Studenten, wurde schon aufgezeigt. Sogar am Produktionswert seiner Kunden versucht Apple zu partizipieren. Nichts Anderes ist schließlich die dreißig Prozent Umsatzbeteiligung an jeder verkauften App oder jedem verkauften Buch im App-Store.

In der Summe hat sich diese geschickte Nutzung der Kundenwerte auch im Unternehmenswert ausgedrückt. Seit 2003 ist aus dem Computerkonzern ein weltweiter Lifestyle-Konzern geworden, der alle zwei Jahre mit einer neuen Produktkategorie seinen Umsatz verdoppelt. Von 6 Milliarden Dollar im Jahr 2003 über 14 Milliarden Dollar in 2005 und 24 Milliarden Dollar in 2007 auf 44 Milliarden Dollar in 2009 und 108 Milliarden Dollar in 2011. Computer generieren nur noch rund 25 Prozent des Umsatzes. Absolut betrachtet wurde aber auch der Hardware-Umsatz in diesem Zeitraum vervierfacht. Kein Wunder, dass die Apple-Aktie ihren Wert in diesem Zeitraum auf das 32-fache gesteigert hat.

Praktische Umsetzung

Stellen Sie sich vor, Sie wüssten für jeden Kunden den individuellen Kundenwert, würden neben den Ertragswerten auch die Werbewerte nutzen können und mit den Referenz- und Netzwerkwerten Ihre Kundenzahl verdoppeln können. Wenn Sie es dann noch schaffen würden, auch die Produktions- und Informationswerte zu nutzen, würden Sie garantiert Mitarbeiter des Jahres werden.

Und wie fangen Sie jetzt an? Zunächst einmal sollten Sie ein einfaches Modell des Kundenwerts aufstellen, zum Beispiel mit einer simplen Punktebewertung, die Ergebnisse aber kundenindividuell jedem im Unternehmen zur Verfügung stellen. Dann könnten Sie 120 Ideen zur Steigerung der Kundenwerte generieren, für jede der zwölf Dimension zehn Ideen. Dann aber bitte nur eine einzige Idee umsetzen und damit erste Erfolge generieren. Und bitte denken Sie dabei immer auch an den, der die Werte für sie generiert: Den Kunden.

Bei den Berechnungen den Kunden nicht vergessen

Literatur

[1] Anderson, Ch.: Free – Kostenlos, Geschäftsmodelle für die Herausforderungen des Internets. – 304 S., Campus, 2009.

E-MAIL- UND MOBILE KOMMUNIKATION

3

AUTOREN

Dr. Torsten Schwarz
Der Trainer, mehrfacher Lehrbeauftragter und Buchautor gehört laut der Zeitschrift acquisa zu den Vordenkern in Marketing und Vertrieb.

Dr. Jürgen Seitz
Als Geschäftsführer der United Internet Dialog GmbH verantwortet er das Produktmanagement und die strategische Weiterentwicklung des Dialoglösungsportfolios.

Heiko Kasper
Der Dipl.-Kaufmann leitet als Director of Business Development das Sales-Team von Sponsormob und hat mehrere Jahre Berufserfahrung im Online- und Affiliate Marketing.

Sarah Christiansen
Sie ist PR-Assistentin für Sponsormob mit Magister in Nordische Philologie, Germanistik/Sprachwissenschaft und neuere deutsche Literatur und Medien.

Laura Lamieri
Senior Consultant am Siegfried Vögele Institut (SVI). Seit 2003 im Bereich Dialog Research & Consulting des SVI tätig.

Thorsten Schäfer
Senior Expert Marketing & Communication, seit 2003 am Siegfried Vögele Institut tätig sowie Gesellschafter und Prokurist der WINARO GmbH.

Ausführliche Autorenbeschreibung ab Seite 426

3 E-Mail-Marketing bleibt quietschlebendig

Torsten Schwarz

E-Mail polarisiert: Die einen bejubeln es als das effektivste Direktmarketing-Tool, die anderen sehen E-Mail-Werbung als den übelsten Auswuchs, den das Internet jemals hervorgebracht hat. Und beide haben recht: Für Versender ist E-Mail sehr effizient und für Empfänger ist es ein tägliches Ärgernis. Manche Unternehmen haben scheinbar kein Problem damit, mit ihren E-Mails den guten Ruf ihrer Marke nachhaltig zu schädigen. Immer mehr Unternehmen erkennen jedoch, dass nur professionelles E-Mail-Marketing nachhaltig erfolgreich ist. Und das heißt: Relevante E-Mails an die richtigen Empfänger versenden.

Relevante E-Mails an die richtigen Empfänger senden

Im Wesentlichen existieren drei Formen des „E-Mail-Marketing":

1. Spam: Versender verstoßen bewusst und vorsätzlich gegen geltendes Recht und versenden illegale E-Mail an Empfänger, deren Adressen in irgendeiner Adressliste gelandet sind. Die E-Mails enthalten kein Impressum und es ist auch keine Adresse zu ermitteln, an die eine Unterlassungserklärung geschickt werden könnte.

Kein Impressum im Spam

2. Unangeforderte E-Mail-Werbung: Unternehmen kennen die Rechtslage nicht oder riskieren bewusst Abmahnungen, indem sie E-Mails ohne Einwilligung des Adressaten versenden. Meist genügt es, per Antwort-Mail um das Streichen aus dem Adressverteiler zu bitten.

3. „Seriöse" E-Mails, bei denen der Empfänger mehr oder weniger bewusst dem Versand zugestimmt hat. Die E-Mails enthalten im Normalfall einen Abmeldelink, der im Normalfall auch ohne komplizierte Prozedur funktioniert. Ausnahmen gibt es leider noch viele.

Nur von dem dritten Weg ist die Rede, wenn in Deutschland von E-Mail-Marketing gesprochen wird. Aber genau da fängt das nächste Problem an: Viele Marketingleiter glauben, mit der Permission einen

http://www.marketing-boerse.de/Experten/details/Torsten-Schwarz

Freibrief zu haben. Weil es so einfach ist, wird munter drauf los gemailt. Am besten alles möglichst oft an den gesamten Verteiler. Und das funktioniert: Wer den gleichen Newsletter mit leicht geänderter Betreffzeile eine Woche später nochmal versendet, hat fast keine Mehrkosten, dafür aber zwanzig Prozent Umsatzsteigerung. Wer nicht einen ganzen Manntag in die Erstellung einer E-Mail-Kampagne steckt, sondern nur eine Stunde, macht trotzdem nur zwanzig Prozent weniger Umsatz. Klassische A/B-Tests beweisen: Wer mit möglichst wenig Aufwand möglichst viele E-Mails produziert, erhöht den Umsatz erheblich. Welche Schäden dabei entstehen, wird meist verdrängt.

Wer viel verschickt, verbrennt seine E-Mail-Adressen

Wer zu viel verschickt, verbrennt seine Adressen. Diese Kehrseite der Medaille wird leider viel zu selten analysiert: Wie entwickelt sich der gesamte E-Mail-Verteiler? Steigen die Abmelderaten? Haben interessante Kunden sich längst abgemeldet und nur diejenigen mit viel Zeit und wenig Geld sind noch auf der Liste? Sind die Empfänger längst dazu übergegangen, schon beim Anblick des Absendernamens die E-Mail ungelesen zu löschen? Wer sich einmal den Ruf als Absender relevanter Informationen ruiniert hat, dem hilft irgendwann auch kein Adressgenerierungsprogramm mehr. Das sind die Unternehmen, die sagen, E-Mail funktioniert nicht.

Budget für E-Mail liegt vor Social Media

Dabei funktioniert E-Mail sehr wohl. Wenn man es richtig macht. Jeweils im Dezember befragt Strongmail in den USA eintausend Marketingleiter, wo sie im Folgejahr ihr Budget erhöhen. 60 Prozent gaben an, 2012 ihr Budget für E-Mail-Marketing zu erhöhen [1]. Damit liegt E-Mail noch vor Social Media. Unternehmen merken zunehmend, dass der ROI für Social Media zu gering ist. E-Mail-Marketing dagegen liegt mit einem ROI von 42 einsam an der Spitze [2]. Zum Vergleich: Klassische Print-Mailings liegen bei sieben. Wer also einen Euro in eine Printkampagne investiert, erreicht damit im Schnitt sieben Euro Umsatz. Aber Vorsicht: dieser Wert sinkt, je mehr Unternehmen die Vorteile des E-Mail-Marketings für sich entdecken. Aktuell setzen 27 Prozent der deutschen Unternehmen E-Mail-Marketing ein [3]. Damit hat E-Mail im Jahr 2012 erstmals die Printmailings überholt. Angenommen, die restlichen drei Viertel versenden auch noch E-Mails, infolgedessen wird der Wettbewerb in der Inbox härter: Dann gibt es nämlich viermal so viele E-Mails und damit sinkt zwangsläufig die Öffnungsrate und damit der ROI.

Wer liest denn überhaupt die ganzen Newsletter noch?

Selbst wenn Sie einen wunderbaren Newsletter schreiben: Natürlich wird nicht alles gelesen, was da täglich in die Inbox gespült wird. Die Zahlen sprechen jedoch ein klare Sprache: Jeder dritte Newsletter wird gelesen. Nutzer sind aber extrem selektiv: Wenn der Absender nur sehr selten wirklich Relevantes schickt, ist der Löschen-Knopf blitzschnell gedrückt. Oft aber reicht es auch schon, dass ein Interessent den Markennamen und die Betreffzeile wahrgenommen hat, um eine messbare Umsatzsteigerung zu verzeichnen. Ungelesen wird nämlich keine E-Mail gelöscht: Absender und meist auch Betreff werden immer gelesen. Gröbster Fehler ist daher, als Absender „Unser Newsletter“ und als Betreff „September-Newsletter“ zu wählen. Lachen Sie nicht: Es gibt noch genug E-Mails, die in der Betreffzeile nicht sagen, worum es konkret geht.

Jeder dritte Newsletter wird gelesen

E-Mail-Marketing fristet leider zu oft noch ein Schattendasein. Viele meinen, was nichts kostet, sei nichts wert. Da werden blitzschnell ein paar Infos zusammengeschrieben und fix als „Newsletter“ verschickt und dann wundert man sich, dass die Klickraten so niedrig sind. Gutes E-Mail-Marketing braucht Zeit. Wer seinen Mitarbeitern nicht genügend Zeit für die Erstellung relevanter Inhalte zubilligt, darf sich nicht beschweren, wenn keiner die E-Mails liest und die Öffnungsraten in den Keller rutschen.

Gutes E-Mail-Marketing braucht Zeit

Relevanz ist der wichtigste Trend

Das Geheimnis guter E-Mails: Relevanz, Relevanz, Relevanz. Wer seine Zielgruppe kennt, weiß was interessiert. Und genau das kommt dann auch in die E-Mails rein. Mehr Geheimnisse erfolgreicher Newsletter gibt es nicht. Und Vorsicht nicht nur bei Spamfiltern: Nicht nur Googlemail und das neue Outlook.com setzen auf den sortierten Posteingang. Wenn nur wenige Prozent des Verteilers sich für Ihren Newsletter interessieren, wird er wegsortiert. Facebook macht das übrigens genauso: nur was interessant ist, wird angezeigt. Absender bekommen einen Sender-Score zugewiesen: Wer interessant ist, kann auf Gnade hoffen, alle anderen werden weggefiltert. Wer mit seinen E-Mails Spam-Beschwerden produziert, landet gleich auf der schwarzen Liste. Wie erreicht man als Versender einen möglichst hohen Sender-Score, damit die Mails nicht gleich im Müll landen? Zunächst einmal,

Interessante Inhalte im Newsletter kommen gut an

indem man E-Mails nur an Menschen schickt, die diesen E-Mails auch explizit zugestimmt haben. Aber allein mit der Einwilligung ist es noch nicht getan. Die E-Mails müssen auch interessante Inhalte haben. Und das kann man messen, indem man genau beobachtet, welche Inhalte und welche Themen von den Empfängern angeklickt werden. Und davon gibt es dann mehr. Alles was nicht angeklickt wird, fliegt in Zukunft raus. So erreiche ich nachhaltig hohe Klickraten.

Ohne Reputation läuft nichts

Einheitliche Zertifizierung in Deutschland für Versender: CSA

Die Zeiten, in denen Serien-E-Mail noch unbeschadet von eigenen Mailserver versandt wurden, sind vorbei. Das wichtigste Kriterium für Spamfilter ist der versendende Mailserver. Unternehmen müssen beweisen, dass sie seriös sind. Mit der Certified Senders Alliance (CSA) gibt es eine einheitliche Zertifizierung seriöser Versender. Die vom Verband der deutschen Internetwirtschaft eco sowie dem Deutschen Dialogmarketing Verband DDV ins Leben gerufene Initiative zertifiziert ihre Mitglieder und garantiert, dass E-Mails bei gängigen Internet Service Providern und Webmailern zugestellt werden. Fast alle E-Mail-Dienstleister sind in der CSA. Für Unternehmen selbst lohnt sich der Aufwand meist nicht. Daher arbeiten die meisten mit Dienstleistern zusammen.

Weltweite Zertifizierung über Return Path Certification

Wer weltweit versendet, sollte darauf achten, dass sein Dienstleister Mitglied der „Return Path Certification“ ist, dem weltweit größten Zertifizierungsprogramm. Eine weitere wichtige Institution ist die Messaging Anti-Abuse Working Group (MAAWG). Sie vereint die Messaging-Branche im Kampf gegen Spam, Viren und Phishing-Mails. Die MAAWG repräsentiert mehr als eine Milliarde Posteingänge von einigen der größten Netzwerkbetreiber der Welt.

Initiative für vertrauenswürdige Adressen: Dmarc

Damit kein Missbrauch mit vertrauenswürdigen Adressen getrieben wird, wurde jüngst Dmarc gegründet. Mit dieser Initiative wollen Google, Yahoo, Microsoft, Facebook und Paypal die lästigen Phishing-Mails bekämpfen. Absender definieren dann selbst, über welche Rechner ihre Domain-Mails versendet. Diese Information wird beim Domain-Name-System (DNS) zentral hinterlegt.

Professioneller Versand ist heute Standard

Noch immer glauben manche Unternehmen, Serien-E-Mails mit hauseigenen Systemen versenden zu können. Aber außer CSA-zertifizierten Versandservern gibt es noch einiges mehr, was für professionelle Versandtools spricht. Hier sind die wichtigsten Punkte, die in unserer aktuellen Studie über E-Mail-Marketing-Software analysiert wurden [4]:

Hand auf's Herz: Macht es Spaß, mit Ihrem System fix mal ein E-Mailing zu erstellen und zu versenden? Oder ist es ein stundenlanger Horrortrip? Die Usability, also die einfache Nutzbarkeit der Software ist ein wichtiger Faktor. Im Videomitschnitt der 14 Systeme, die wir beim Software-Shootout auf der Email-Expo getestet haben, können Sie live erleben, wie die Arbeitsschritte in verschiedenen Systemen aussehen (www.live-shootout.de).

Usability wichtiger Faktor bei der Softwareauswahl

Das Schöne an Profi-Tools ist, dass man seine Zielgruppen besser kennenlernt: Welche Angebote werden von welchen Zielgruppen bevorzugt angeklickt? Aber Vorsicht: Dabei werden Nutzerdaten erhoben, die nicht mit dem einzelnen Nutzer zusammengeführt werden dürfen. Wenn Ihr System erlaubt, alle E-Mail-Adressen derjenigen anzuzeigen, die auf den Link mit den nackten Männern geklickt haben, dann sollten Sie das nicht Ihrem Datenschutzbeauftragten verraten.

Es gibt auch das Gegenteil: Ihr System kann überhaupt nicht feststellen, welche Zielgruppen auf welche Links klicken. Das ist schade. Denn damit verpassen Sie die Chance, aus jedem Mailing wieder etwas mehr über Ihre Kunden zu lernen.

Jetzt kommt ein Tipp für Profis: Machen Sie sich das Leben leichter, indem Sie den Datenaustausch mit dem CRM-System mit einer Standardschnittstelle automatisieren. Auch die Inhalte können Sie bequem aus dem CMS (Content-Management-System) oder dem Onlineshop importieren. Schauen Sie, ob Ihr System solche Schnittstellen anbietet. Immer mehr Systeme erlauben auch die Visualisierung komplexer Follow-up-Kampagnen – und natürlich das bequeme Einrichten regelbasierter Transaktions- oder Triggermails.

Einfacher Datenaustausch über Schnittstellen

Alles wird mobil

Die wichtigste Nutzungsart von Smartphones ist der Abruf von E-Mails. 14,3 Prozent der Leser meines Newsletters im Juni 2012 lasen diesen von einem mobilen Endgerät aus. Bei unserem Portal Egypt-Business.com lesen 18 Prozent den Newsletter mobil. Da muss das Design natürlich angepasst werden. Es gibt eine ganze Reihe von Dingen, auf die Sie achten sollten.

Menschen lesen ihre E-Mails mobil UND am PC. Von einer reinen Mobilversion ist daher abzuraten. Während die MIME-Codierung eine Kombination von HTML und Text erlaubt, gibt es einen solchen Standard für mobile Mails derzeit noch nicht.

Größere Links für dicke Daumen

Größere Links für dicke Daumen! Auch wenn die Klickrate auf Smartphones derzeit niedriger ist als am PC – tun Sie alles für die Klickfreundlichkeit. Links müssen groß sein und auch Bilder sollten immer verlinkt sein. Großzügig Freiräume rund um die Links schaffen!

Smartphones zeigen in der Vorschau den Pre-Header an. Dieser sollte die wichtigsten Inhalte der Mail zusammenfassen und nicht Standardtexte wie „wenn Sie diese Mail nicht lesen können, klicken Sie bitte hier“ anzeigen.

Die neuen iPhones vergrößern automatisch auf Schriftgröße 12. Das führt bei kleineren Schriften dazu, dass Zeilen ineinander laufen und der Text nicht mehr lesbar ist. Die E-Mail sollte daher so programmiert sein, dass sie auf mobilen Endgeräten Schriftgröße 12 und Zeilenabstand 17 anzeigt.

Blackberries zeigen die Textversion an. Besonders im Business-to-Business ist es daher entscheidend, auch der Textversion etwas mehr Aufmerksamkeit zu schenken.

Messen Sie, wie viele Nutzer ihre E-Mails mobil abrufen und senden Sie Inhalte, die unterwegs wertvoll sind. Zum Beispiel Gutscheine, die im Laden eingelöst werden können. Machen Sie die Social-Sharing-Buttons groß genug, das erhöht die Reichweite.

Wird E-Mail vom Social Web abgelöst?

75,6 Prozent der Deutschen nutzen das Internet [5]. 85 Prozent aller Internetnutzer versenden private Mails [6]. Bei den sozialen Netzwerken jedoch sind es lediglich knapp die Hälfte (53 Prozent) der Internetnutzer in Deutschland, die diese nutzen [7].

Viel wichtiger jedoch: E-Mail wird auch zur Kommunikation mit Unternehmen genutzt – soziale Netzwerke fast gar nicht. 88 Prozent der Onliner haben Newsletter von Unternehmen abonniert [8]. Dagegen werden soziale Netze überwiegend genutzt, um Neuigkeiten von Freunden zu erfahren. Nur 33 Prozent der Nutzer folgen Unternehmen [9]. 56 Prozent sagen sogar explizit, dass sie im Social Web nicht mit Unternehmen kommunizieren wollen [10]. Bei E-Mail dagegen ist es ganz normal, dass man diesen Weg wählt, um sich über aktuelle Angebote von Unternehmen zu informieren. Über ein Drittel der Nutzer haben sechs oder mehr Newsletter abonniert [8]. Die Bereitschaft zum Empfang werblicher Nachrichten ist also vorhanden.

Soziale Netzwerke nutzen E-Mail

Natürlich ist es keine Frage, dass sich private Kommunikation von E-Mail hin zum Social Web verlagert. Das ist jedoch kein Grund, seine E-Mail-Adresse abzubestellen. Im Gegenteil: Die sozialen Netze selbst nutzen E-Mail, um ihre Mitglieder zu informieren. Auch die Anmeldung läuft meist über E-Mail. Viel wichtiger jedoch: Immer mehr Menschen lassen sich wichtige Dinge wie Rechnungen und Buchungsbestätigungen per E-Mail zusenden. Der Kanal ist lebendiger als je zuvor. Und es ist der wirkungsstärkste Kanal, um Kampagnen im Social Web anzuschieben. Beide Kanäle ergänzen sich in vielfacher Hinsicht [11].

Literatur

[1] Strongmail 2012 Marketing Trends Survey - http://www.strongmail.com/pdf/SM_Trends2012.pdf

[2] Direct Marketing Association (DMA): The Power of Direct Marketing http://www.the-dma.org/cgi/dispannouncements?article=1590

[3] Deutsche Post Dialog Marketing Monitor 2012 http://www.deutschepost.de/dpag?xmlFile=link1015573288880

[4] Marktübersicht E-Mail-Marketing Software 2012 http://www.absolit.de/studie.htm

[5] (N)ONLINER Atlas der Initiative D21 in Zusammenarbeit mit TNS Infratest http://www.nonliner-atlas.de/

[6] BITKOM: E-Mail-Nutzung in Deutschland http://www.bitkom.org/de/presse/62013_60576.aspx

[7] Statistische Bundesamt (Destatis) Mai 2012 https://www.destatis.de/DE/PresseService/Pressemitteilungen/2012/05/PD12_172_63931.html

[8] Der Europäische Social Media und E-Mail Monitor 6 Länder-Studie zum digitalen Dialog mit Facebook, Twitter, E-Mail & Co. http://www.ecircle.com/fileadmin/files/pdfs/04_Resource_Centre/4.4._Studien/DE/eCircle_Europaeischer_Social_Media_und_E-Mail_Monitor_-_Laendervergleich.pdf

[9] Youngcom! Jugendstudie 2011 http://www.youngcom.de/jugendstudie2011.php

[10] Brand Trust: Beyond the Hype – Wirksames Markenmanagement in der Digitalen Welt http://www.brand-trust.de/de/insights/studien/beyond-the-digital-hype/index.php

[11] William Schnabel: E-Mail-Marketing mit Social Media verbinden – In: Torsten Schwarz (Hrsg.): Leitfaden E-Mail-Marketing 2.0, 496 Seiten.

De-Mail – Chancen und Perspektiven für den digitalen Dialog

Jürgen Seitz

3

E-Mail ist die meist genutzte Anwendung im klassischen Internet [1] und laut einer aktuellen Umfrage von United Internet Dialog inzwischen der wichtigste Kommunikationskanal für Verbraucher beim Austausch mit Unternehmen und Behörden. Zugleich hat geschäftliche Kommunikation per Briefpost massiv an Bedeutung verloren. Dieses Kommunikationsverhalten der Konsumenten belegt nicht nur eine Umfrage von United Internet Dialog unter rund 1.000 WEB.DE und GMX Nutzern.

Briefpost hat massiv an Bedeutung verloren

Die Studie zeigt, dass digitale Kommunikation inzwischen gelebte Praxis in der Kommunikation von Verbrauchern mit Unternehmen ist. Rund vierzig Prozent der Befragten (39,7 Prozent) kommunizieren in geschäftlichen Angelegenheiten mehrmals monatlich per E-Mail – per Post tun dies rund 18 Prozent (17,7 Prozent). Über die Hälfte (51,7

Digitale Kommunikation gelebte Praxis

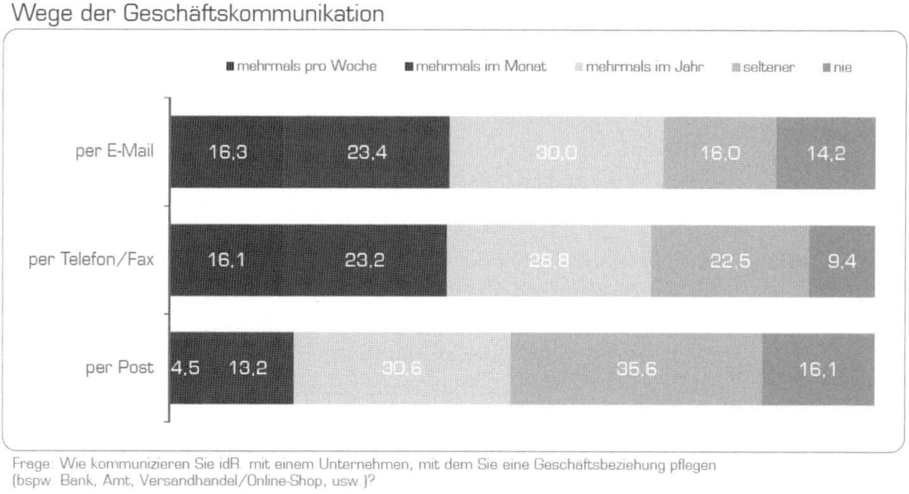

Abb. 1: Geschäftskommunikation per Post verliert an Relevanz [2]

http://www.marketing-boerse.de/Experten/details/Jürgen-Seitz

Prozent) gibt an, nur noch weniger als einmal pro Jahr per Briefpost geschäftlich zu kommunizieren. Rund siebzig Prozent der Befragten (69,7 Prozent) dagegen nutzen regelmäßig E-Mail für ihre kommerzielle Korrespondenz. Bestätigt werden diese Zahlen auch vom Geschäftsbericht der Deutschen Post, der zeigt, dass das private Briefpostaufkommen massiv zurückgegangen ist und vor zehn Jahren noch ein Viertel höher war als heute.

Digitale Kommunikation hat sich demnach als erste Wahl in der Kommunikation der Konsumenten etabliert. Unternehmen, die dieses Bedürfnis nicht bedienen, schwächen sich im Wettbewerb. Direktmarketingtreibende ohne „Onlinekanal" verzichten nicht nur auf schnellere und effizientere Kommunikationsprozesse sowie medienbruchfreie und damit effektivere Vertriebsfunnels. Auch entwickelt sich die Fähigkeit zur digitalen Pflicht- und Regel-Geschäftskommunikation vom Differenzierungsmerkmal zu einer Commodity-Leistung von Unternehmen, von der zunehmend auch Relevant-Set- und Kaufentscheidungen abhängig gemacht werden.

Nutzungsverhalten von Branche zu Branche sehr unterschiedlich

Die Umfrageergebnisse zeigen jedoch, dass die digitale Geschäftskommunikation in der Nutzungsverbreitung von Branche zu Branche noch sehr unterschiedlich ist: Während über achtzig Prozent der Befragten (82,8 Prozent) mit Onlineshops beziehungsweise Versandhändlern geschäftlich per E-Mail kommunizieren, beträgt die Quote bei Banken und Versicherungen etwas weniger als die Hälfte im direkten Vergleich (39,5 Prozent). Mit Ämtern und Behörden kommuniziert nicht einmal jeder Dritte (27,1 Prozent) per E-Mail.

Dies ist auch darauf zurückzuführen, dass Unternehmen und Behörden dem wachsenden Bedarf nach digitaler Kommunikation seitens Verbrauchern und Bürgern bei den von ihnen bereitgestellten Kommunikationswegen derzeit noch sehr unterschiedlich begegnen.

Auch wenn der digitale Kanal in der Kommunikation von Verbrauchern mit Unternehmen der bevorzugte Kommunikationsweg ist, hält eine hohe Anzahl der Befragten ihn für geschäftliche Zwecke (noch) nicht sicher genug: Über vierzig Prozent (41,2 Prozent) wollen allein deswegen nicht gänzlich auf eine papiergebundene Korrespondenz verzichten. Das zeigt, dass es hier noch Sensibilitäten gibt, insbesondere im Hinblick auf Thematiken wie Datensicherheit, Sicherheit über die Identität des Korrespondenzpartners, Nachweismöglichkeiten und vor allem die Rechtsverbindlichkeit der Kommunikationsinhalte und deren Bestand vor Gericht im Ernstfall.

Nutzung E-Mail in der Geschäftskommunikation

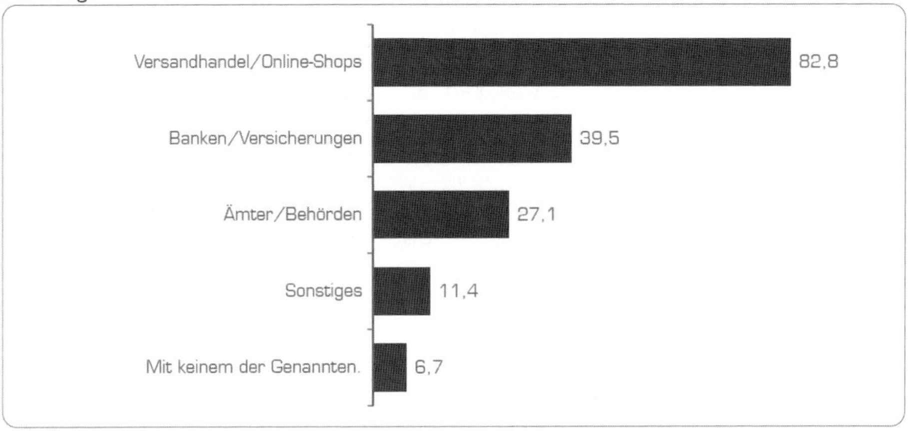

Frage: Sie haben angegeben, E-Mail für die Geschäftskommunikation zu nutzen. Mit welchen der folgenden Geschäftspartner kommunizieren Sie per E-Mail?

Abb. 2: E-Commerce-Unternehmen sind Vorreiter in der E-Mail-Nutzung [2]

Sicherheitsbewusstsein E-Mail-Kommunikation

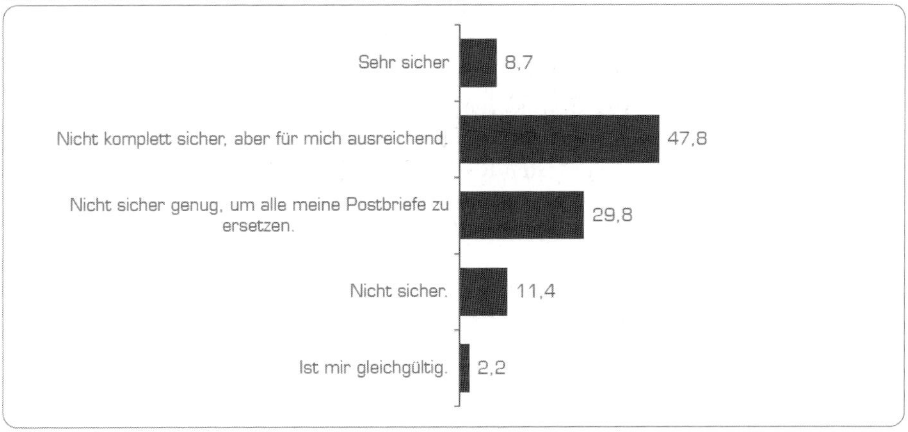

Frage: Kommen wir nun zum Thema Sicherheit im Internet. Wie sicher empfinden Sie die derzeitige E-Mail-Kommunikation?

Abb. 3: Verbesserungspotenzial hinsichtlich Sicherheit ist vorhanden [2]

Mehr Sicherheit bei E-Mails gewünscht

Zugleich fürchten immer mehr Konsumenten gefälschte E-Mails und wünschen sich bessere Orientierungshilfen und Sicherheit im digitalen Dialog. Drei von vier Nutzern fühlen sich durch Phishing bedroht, jedoch trauen sich nur knapp 57 Prozent zu, gefälschte E-Mails als solche zu erkennen. Kommerzielle Mails werden aufgrund fehlender Kennzeichnung häufig mit Spam verwechselt, und das Misstrauen gegenüber dem Absender führt zu einer geringeren Öffnungsrate der E-Mails beziehungsweise kann das Öffnen dieser Nachrichten ganz verhindern.

Hier helfen Initiativen wie beispielsweise der von WEB.DE und GMX ins Leben gerufene und inzwischen auch von t-online/ Telekom und freenet unterstützte E-Mail-Qualitätsstandard trustedDialog für eine sichere und geschützte digitale Kommunikation. Ziel von trustedDialog ist es, E-Mail-Empfänger vor betrügerischen E-Mails zu schützen und Orientierung bei der Nutzung gewünschter E-Mail-Kommunikation zu ermöglichen. Kernelemente sind die Absenderauthentifizierung und eine Integritätsprüfung der Kommunikationsinhalte.

De-Mail: Rechtssicherer Kommunikationsstandard

Im Hinblick auf den Aspekt der Rechtssicherheit von E-Mails existieren bislang einige, isolierte Ansätze, wie das Elektronische Gerichts- und Verwaltungspostfach (EGVP), der Notar-Dienst ewitness oder der E-Postbrief der Deutschen Post. All diese Dienste zeichnen sich allerdings dadurch aus, dass sie sich entweder an hochspezialisierte Zielgruppen wie Anwälte, Notare, Gerichte und Behörden richten oder aufgrund einer sehr begrenzten Reichweite bis heute nur geringe Bedeutung im geschäftlichen Kommunikationsmix entfaltet haben und deswegen mehr oder weniger ein Nischendasein fristen.

Bislang fehlt ein Kommunikationsstandard, der es ermöglicht, papiergebundene Briefpost vollständig digitalisierbar und ohne zusätzliche Infrastruktur auch von Privatkunden nutzbar zu machen und der dieselbe Rechtssicherheit wie ein papiergebundener Brief bietet.

De-Mail-Gesetz seit Mai 2011 in Kraft

Der rechtliche Rahmen für diesen wichtigen und letzten Baustein in der digitalen Kundenkommunikation wurde seitens der Bundesregierung mit dem De-Mail-Gesetz geschaffen, das seit Mai 2011 in Kraft ist. Im Gegensatz zur E-Mail können bei De-Mail sowohl die Identität der Kommunikationspartner als auch der Versand und der Eingang von De-Mails jederzeit zweifelsfrei und somit rechtsverbindlich nachgewiesen werden. Die Inhalte einer De-Mail können auf ihrem Weg durch das Internet nicht mitgelesen oder gar verändert werden – abgesicherte Anmeldeverfahren und Verbindungen zu den De-Mail-Anbietern sorgen ebenso wie verschlüsselte Transportwege zwischen den De-Mail-Anbietern für einen vertraulichen Versand und Empfang von De-Mails.

Für Privatnutzer ist De-Mail ohne technischen Aufwand direkt über ihnen bereits bekannte Web-Frontends von überall aus nutzbar. Für Unternehmen und Behörden kann De-Mail mit geringem Aufwand an bestehende Infrastruktur und Software angeschlossen und professionell genutzt werden. Im einfachsten Fall genügt ein Internetzugang, der in wenigen Minuten angelegt ist, aber auch ein massenversandfähiges De-Mail-Gateway ist mit geringem Aufwand an bestehende E-Mail-Infrastrukturen angeschlossen und über bereits installierte E-Mail-Clients nutzbar. Auch wenn die Integration in Fachanwendungen sowie die Anpassungen von unternehmensinternen Prozessen zusätzlichen Aufwand erzeugen, ist eine Basisintegration von De-Mail mit geringem Aufwand zu leisten. Die strategische Komponente von De-Mail ist die größere Herausforderung: Um De-Mail langfristig optimal in ihrer digitalen Kommunikationsstrategie zu verankern, müssen Unternehmen die Besonderheiten dieses neuen Kanals verstehen und effektiv für sich zu nutzen wissen.

Basisintegration von De-Mail mit geringem Aufwand

Rechtsverbindliche Digitalisierung aller Geschäftsfälle

De-Mail ist somit für Unternehmen und Behörden ein besonders geeigneter Kanal für jene Kommunikation mit Kunden beziehungsweise Bürgern, die bislang aus Gründen der Vertraulichkeit und Nachweisbarkeit über den klassischen, papiergebundenen Postweg erfolgen musste. Aber auch weitere Möglichkeiten wie die Zustellung rechtsverbindlicher Dokumente wie beispielsweise Verträge via De-Mail, digitale Einschreiben oder Identitätsbestätigungen erschließen sich mit De-Mail. Anders als bei E-Mail sind mit De-Mail beispielsweise sämtliche Kaufverträge, die nicht der Schriftform, also einer handschriftlichen Unterschrift, bedürfen, mit De-Mail rechtsverbindlich und elektronisch nachweisbar abgeschlossen. Bestellungen können mit wenigen Klicks und ohne zusätzlichen Login getätigt werden, was für Unternehmen wie Verbraucher eine wesentliche Komfortsteigerung im E-Commerce bedeutet.

Beispiel E-Boks in Dänemark

Erfolgsbeispiele wie E-Boks in Dänemark zeigen, dass ein gesicherter Mail-Dienst aktiv von der Bevölkerung genutzt wird: Zwei Drittel der dänischen Bevölkerung nutzen E-Boks und pro registriertem Nutzer werden jedes Jahr zahlreiche Dokumente sicher und digital verschickt, darunter Gehaltsabrechnungen, Rentenbescheide und Kontoauszüge. Entsprechend schätzen Experten der Bundesregierung, dass in den ersten zwölf Monaten nach Start der De-Mail zwei Prozent der geeigneten Briefe per De-Mail versendet werden. Mittelfristig wird De-Mail ein völlig alltäglicher Kommunikationskanal zwischen Bürgern, Behörden und Unternehmen sein.

Erhebliche Kosteneinsparpotenziale

Fast alle heute noch papiergebundenen Geschäftsprozesse können mit De-Mail künftig digitalisiert und rechtsverbindlich abgebildet werden und bieten Unternehmen beim Versand sowie in der Posteingangsbearbeitung hohe Einsparpotenziale. In Deutschland steht allein ein Portomarkt von rund zehn Milliarden Euro pro Jahr zur digitalen Konversion an. Etwa siebzig Prozent davon lassen sich künftig digitalisieren. Etwa die Hälfte, also 3,5 Milliarden Euro, fließt voraussichtlich als Einsparung in die Kassen der Unternehmen. Dazu kommen Prozesskosteneinsparungen in erheblichem Umfang.

De-Mail-Porto zwischen 20 und 33 Cent

Die De-Mail Anbieter haben Portopreise zwischen 20 und 33 Cent für das Basisprodukt von De-Mail bekanntgegeben. Versender mit größeren De-Mail-Volumina dürfen mit zusätzlichen Mengenrabatten rechnen. Dies zeigt, dass allein schon beim Porto durch De-Mail Kosteneinsparungen von über fünfzig Prozent realisierbar sind.

Einsparung von Kosten

Durch die Digitalisierung entfallen weitere Schritte der Postproduktion, wie Druck, Falzen, Kuvertierung, Frankierung und portooptimierte Sortierung. Diese Prozessschritte können Kosten – je nach Qualität, Umfang und Sendungsauflage – zwischen 20 und 80 Cent je Sendung verursachen (Micus, 2007). Mit De-Mail entfallen diese Kosten fast vollständig. Sehr hohe Kosteneinsparpotenziale sehen Unternehmen auch in der Digitalisierung ihres Posteingangs. Sind erst einmal viele Geschäftsfälle auf De-Mail und E-Mail umgestellt und viele Kunden für diese Kommunikationskanäle gewonnen, so werden sich interne Prozess- und Kostenstrukturen leicht anpassen lassen.

So entfällt nicht nur die aufwendige manuelle Bearbeitung von Briefpost wie das Öffnen, Einscannen und die themengerechte Weiterleitung. Mit Hilfe ausgefeilter Metatags, die im De-Mail-Header enthalten sind, und digitaler Regelwerke lassen sich Kundenkorrespondenzen schnell und effizient dem richtigen Sammelpostfach oder Sachbearbeiter zuordnen. Auch die Servicequalität gegenüber dem Kunden wird somit deutlich verbessert, indem Antwortzeiten minimiert und verloren gegangene Post und Irrläufer praktisch ausgeschlossen werden können.

Während De-Mail im Vergleich zum Briefporto ein bedeutendes Einsparpotenzial verspricht, ist es im Vergleich zum einfachen E-Mail-Kanal mit einem TKP von bis zu 200 - 330 Euro (20 - 33 Cent Porto) teurer. Daher ist es essenziell für Unternehmen, De-Mail als Teil einer ganzheitlichen digitalen Kommunikationsstrategie zu sehen, die alle digitalen Kanäle umfasst und eine kostenoptimierte digitale Kommunikation ermöglicht. Sämtliche Kommunikations- und Geschäftsfälle müssen analysiert und nach geeigneten Kommunikationskanälen geclustert werden. Grundsätzlich wird für viele Transaktionsthemen, Pflicht- und Regelkommunikation der Einsatz des De-Mail-Standards von Relevanz sein.

Veredelung des digitalen Kundendialogs

Der De-Mail-Standard ist jedoch nicht allein ein digitaler Briefersatz, sondern bietet darüber hinaus Möglichkeiten, den digitalen Kundendialog auch hochwertig zu gestalten. Einen maßgeblichen Vorteil liefert die besonders hohe Adressqualität: Während in der Regel circa zwanzig Prozent der herkömmlichen Postadressen beispielsweise durch Wohnungsumzug veralten und neu aufgenommen werden müssen, haben digitale Adressen auch bei einem Umzug Bestand und die De-Mail-Adresse wird aufgrund der Archivierungsfunktionen für die meisten Nutzer eine lebenslange Bedeutung haben.

Hohe Adressqualität

Damit entfallen bei De-Mail künftig weitestgehend Rückläufer sowie aufwendige und kostenintensive Adressbereinigungen. Zusätzlich hat sich jeder De-Mail-Nutzer persönlich mit seinem Personalausweis identifiziert, was es ihm ermöglicht, sich digital mit seiner bestätigten Anschrift und seinem Geburtsdatum auszuweisen. So haben die

De-Mail-Nutzer identifizieren sich mit Personalausweis

De-Mail-Teilnehmer nicht nur die Sicherheit authentifizierter Kommunikationspartner, sondern zusätzlich auch den Vorteil, auf für den Kundendialog wesentliche Merkmale wie Alter und Postanschrift digital und medienbruchfrei zugreifen zu können. Gerade im E-Commerce-Bereich stellt die Bestätigung von Alter oder Postanschrift ein wesentliches Transaktionshemmnis dar, das von Medienbrüchen und letztlich auch Warenkorbabbrüchen gekennzeichnet ist.

Die Medienbruchfreiheit kann sich auch bei der Response-Rate von De-Mail-Dialogkampagnen bemerkbar machen. Im Vergleich zum papiergebundenen Brief bietet De-Mail wesentliche Vorteile durch medienbruchfreie Antwortmöglichkeiten – mit einem Klick auf den Antwort-Button kann der Kunde auf ein Mailing reagieren, falls erforderlich rechtsverbindlich.

Weitere Möglichkeiten für Marketingzwecke

Für Marketingzwecke kann der De-Mail Standard auch optimal in Verbindung mit trustedDialog eingesetzt werden. trustedDialog kombiniert die Reichweite der E-Mail mit den Vorteilen eines sicheren und vertrauensvollen Systems. Der Dienst erreicht mehr als siebzig Prozent aller Deutschen beziehungsweise vierzig Millionen primär genutzte private E-Mail-Postfächer. Mit dem E-Mail-Siegel als Prüfzertifikat und dem Markenlogo als Senderkennung schafft trustedDialog nutzerseitig Vertrauen und Sicherheit über den Absender und ermöglicht in diesem vertrauenswürdigen Umfeld die kontrollierte Erweiterung der Rich-Media-Möglichkeiten. So werden auf der Basis von trustedDialog Bilder und Videos automatisch im Webmailer dargestellt beziehungsweise gestartet. Interaktive und multimediale Elemente wie Kataloge oder Bestellformulare erlauben einen schnellen, hochwertigen und aufmerksamkeitsstarken Kundendialog. Übertragen auf De-Mail sind die direkte Verknüpfung von Rechnungen mit digitalen Bezahlfunktionen oder Deeplinks in Kundenportalen ohne zusätzliches Login denkbar.

Mit Zielgruppenmanagement Kosten senken

In dieser Kombination werden Privatnutzer ihrem De-Mail-Postfach eine besondere Aufmerksamkeit schenken, was hohe Öffnungsraten bei der De-Mail-Kommunikation garantiert. Hier empfiehlt es sich, auf ein effektives Zielgruppenmanagement zurückzugreifen, um Kosten zu senken und Response-Raten zu optimieren. Neue Bedeutung wird auch das im Printbereich viel genutzte Transpromo, also das Einbetten von Marketingelementen in die Pflicht- und Regelkommunikation, gewinnen. Hier profitiert das Marketing von der hohen Aufmerksamkeit und Wirkung des Kerninhaltes einer Nachricht und der Hochwertigkeit des De-Mail-Kanals, ohne herkömmliche Portokosten zu verursachen. Für Unternehmen kann hier ein erhebliches Potenzial für zusätzlichen Umsatz entstehen, wenn dieser „Werbeplatz" dritten Unternehmen für ein sinnvolles und kontextspezifisches Transpromo-Marketing zur Verfügung gestellt wird; denkbar sind zum Beispiel zielortabhängige Werbung für Hotels oder Mietwagen in Reisebuchungsbestätigungen.

Zudem haben dialogmarketingtreibende Unternehmen, die den De-Mail Standard zu nutzen beabsichtigen, das zentrale Ziel, ihre De-Mail-Kommunikation interessant zu gestalten mit möglichst relevanten Inhalten. Einmal gewonnene Verbraucher wünschen sich hochwertige Kommunikationsinhalte mit Mehrwert. Es wird sich schnell als evolutorische Sackgasse erweisen, De-Mail lediglich als digitalen Brief zu verstehen und nicht die umfangreichen technologischen Möglichkeiten zu nutzen.

Perspektiven der De-Mail

Neben den technischen Verbesserungen in Verbindung mit trusted-Dialog wird der Funktionsumfang und die alltägliche Bedeutung von De-Mail aber auch durch neue Gesetzgebungen künftig deutlich ausgebaut werden. So wird De-Mail deutlichen Rückenwind durch das in Vorbereitung befindliche E-Government-Gesetz erhalten, das voraussichtlich 2013 in Kraft treten wird. Im Rahmen dessen soll zum einen die Verwaltung gesetzlich verpflichtet werden, den Bürgern die Verwaltungskommunikation per De-Mail zu ermöglichen, was der De-Mail-Nutzung deutlich Vorschub leisten wird. Zum anderen aber werden auch die Anwendungsfälle für De-Mail deutlich erweitert: So wird eine absenderbestätigte De-Mail künftig einer handschriftlichten Unterschrift gleichgestellt und erfüllt damit alle Anforderungen des Schriftformerfordernisses ohne „nasse Tinte" oder eine zusätzliche qualifizierte elektronische Signatur.

Rückenwind durch E-Government-Gesetz 2013

Dies ist im E-Government-Gesetz zwar noch auf die Kommunikation mit Behörden beschränkt, darf aber sicherlich auch als zukunftsweisend für die Kommunikation in der Privatwirtschaft gewertet werden. Gerade im Finanzbereich wird für viele Willenserklärungen noch das Schriftformerfordernis vorausgesetzt, De-Mail könnte hier zur wesentlichen Vereinfachung und Beschleunigung vieler Geschäftsprozesse beitragen.

Ein weiteres Feld, bei dem die Gesetzgebung noch einmal erheblich in Bewegung geraten dürfte, ist die digitale Identifikation per De-Mail. Während De-Mail-Nutzer sich heute schon digital mit ihrer verifizierten Postanschrift und ihrem Alter ausweisen können, erfüllt der sogenannte „De-Ident"-Dienst noch nicht alle Anforderungen an eine dem Geldwäschegesetz (GWG) konforme Identifikation, die beim Abschluss vieler Finanzprodukte erforderlich ist. Gerade erst dieses Jahr ist das GWG dahingehend angepasst worden, dass der neue Personalausweis die Anforderungen zur Identifizierung erfüllen kann. Prinzipiell bietet De-Mail vergleichbare Sicherheitsstandards wie der neue Personalausweis, und es ist sicherlich nur noch eine Frage der Zeit, bis sich auch bei De-Mail die Gesetzgebung den technischen Möglichkeiten anpasst.

Fazit: De-Mail ist mehr als nur der „bessere Brief"

De-Mail ist ein wichtiger Baustein, der die Palette digitaler Kommunikationsmöglichkeiten sinnvoll ergänzt und es erstmalig erlaubt, die gesamte Bandbreite papiergebundener Kommunikation zu digitalisieren. Dabei bietet De-Mail Kostenvorteile durch Porto- und Prozesskosteneinsparungen. De-Mail auf den „digitalen Brief" zu reduzieren, würde den technischen Möglichkeiten, die sich durch De-Mail und Digitalisierung ergeben, allerdings in keinster Weise gerecht. Heute schon bieten sich zahlreiche Einsatzmöglichkeiten für De-Mail, die den kommerziellen Kundendialog effektiver und effizienter gestalten lassen und auch in Zukunft wird De-Mail mit regelmäßigen Innovationen aufwarten können. Somit ist De-Mail heute schon nicht nur der bessere, „digitale Brief", sondern geht in seinem Nutzen deutlich darüber hinaus.

Literatur

[1] AGOF internet facts 01-2012

[2] Quelle: United Internet Media Research, De-Mail 2012: Nutzerbefragung zum Launch von De-Mail auf WEB.DE und GMX, 2012.

3 Mobile Marketing

Sarah Christiansen, Heiko Kasper

Bevor dieser Artikel Sie in die Geheimnisse des Mobile Marketings einführt, bleibt die Frage zu klären „Was ist eigentlich Mobile Marketing?“ – obwohl diese Frage schon im Kern falsch ist. Denn Mobile Marketing ist keine besondere Form des Marketings, sondern eine logische Entwicklung.

Was ist Mobile Werbung?

Die Mobile Marketing Association definiert Mobile Marketing daher seit 2009 folgendermaßen:

„Mobile Marketing is a set of practices that enables organizations to communicate and engage with their audience in an interactive and relevant manner through any mobile device or network. [...] The "set of practices" includes "activities, institutions, processes, industry players, standards, advertising and media, direct response, promotions, relationship management, CRM, customer services, loyalty, social marketing, and all the many faces and facets of marketing." To "engage" means to "start relationships, acquire, generate activity, stimulate social interaction with organization and community members, [and] be present at time of consumers expressed need." Furthermore, engagement can be initiated by the consumer ("Pull" in form of a click or response) or by the marketer ("Push")." [1]

Marketing findet heute mobil statt

Im Post-Desktop-Zeitalter ist die Nutzung von Smartphones, mobilem Internet und Online-Shopping für große Teile der Bevölkerung absolut natürlich. Da ist es nur eine logische Konsequenz, dass Werbung und Marketing sich nicht weiterhin auf Plakate, Anzeigen oder Werbespots beschränken. Marketing findet heute mobil statt. Die mobile Ausrichtung von Firmen ist essentieller als je zuvor und dennoch längst nicht bei dem angekommen, was sie in Zukunft leisten wird.

http://www.marketing-boerse.de/Experten/details/Sarah-Christiansen
http://www.marketing-boerse.de/Experten/details/Heiko-Kasper

Mobile Marketing heute

12 Millionen Menschen nutzen in Deutschland Smartphones

Die Absatzzahlen für Smartphones steigen rasant. 2011 wurden allein in Deutschland 11,8 Millionen Smartphones verkauft, was eine Steigerung von 31 Prozent im Vergleich zum Vorjahr bedeutet [2]. In Deutschland nutzen 12 Millionen Menschen ein Smartphone für private Zwecke. Davon surfen 43 Prozent auch mobil. Smartphones werden dabei hauptsächlich zur Kommunikation, Information und zum mobilen Preisvergleich genutzt. Der tatsächliche Kauf erfolgt bei 72 Prozent der Mobile-Nutzer hingegen häufig weiterhin über eine stationäre Internetverbindung [3]. Diese Zahlen zeigen deutlich das Potential des mobilen Internets, das aktuell verschenkt wird. Durch eine optimierte Mobile-Präsenz, mobile Werbung und eine an mobile Anforderungen angepasste User-Experience ließen sich diese Ressourcen und völlig neue Zielgruppen erschließen.

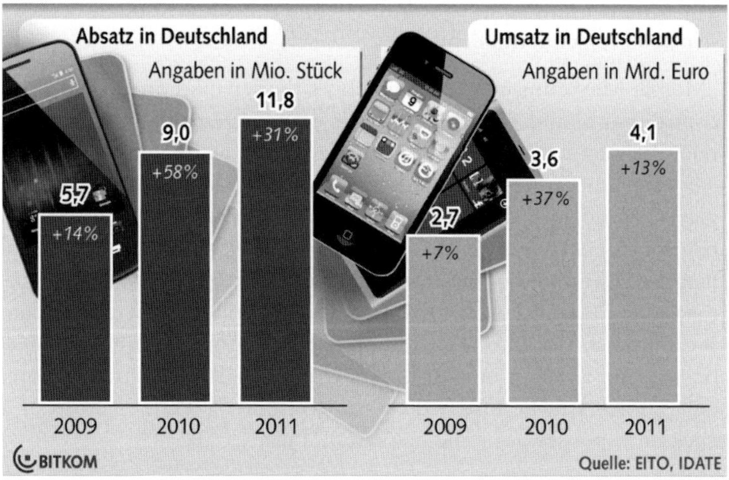

Abb. 1: Smartphone-Absatz steigt rasant [4]

Dies stellt eine aktuelle Studie zur mobilen Internetnutzung der Initiative D21 fest. Hier wird gezeigt, dass mobile Geräte das Internet selbst für Bevölkerungsgruppen, die bislang wenig Interesse für das Web gezeigt haben, zunehmend attraktiv machen. Zu verdanken ist das vor allem der großen zeitlichen und räumlichen Flexibilität, dem großen Umfang an mobilen Inhalten und der zunehmend einfacher werdenden Bedienung der Smartphones. Mobile Geräte bieten daher die große Chance, neue Zielgruppen, die sich dem Medium bisher verschlossen haben, an das Internet heranzuführen. In dem Bericht der Initiative D21 zur Studie wird gezeigt, dass sich die digitale Gesellschaft in digital souveräne und digital wenig erreichte Nutzer spaltet. Durch mobile Endgeräte werden neue Kategorien des Konsums und eine neue Qualität der Interaktion zwischen Onlinenutzern möglich. Einziges Manko sind die immer noch zu langsamen Internetübertragungsraten, die 47 Prozent der digital souveränen Nutzer von der Nutzung des mobilen Internets abhalten.

Immer noch langsame Übertragungsraten

Mobile Geräte sind folglich eine optimale Möglichkeit, Nutzergruppen, die sich bisher wenig oder gar nicht für das Internet interessieren, leicht ans Web heranzuführen. Ferner sind sie durch ihre Flexibilität eine gute Möglichkeit, den Internetkonsum auszuweiten [5].

Die Möglichkeiten, die im mobilen Internet liegen, sind demnach enorm. Dies spiegelt sich auch im Werbemarkt wider. Die Werbeausgaben werden aus traditionellen Kanälen abgezogen und vermehrt in der mobilen Werbung platziert, wie Bruce Biegel in den Direct Marketing News am 12. Januar 2012 zitiert wird: „money will continue shifting out of traditional channels and into emerging or evolving channels." [6] Laut diesem Artikel sind die Ausgaben für mobile Werbung in den USA 2011 um 41,2 Prozent, auf 1,2 Milliarden Dollar gestiegen. Ein Wachstum, das auch 2012 weiter steigen wird.

In der USA sind die Ausgaben für mobile Werbung 2011 um 41,2 Prozent auf 1,2 Milliarden Dollar gestiegen

Die Studie Kinnie 2011 konnte im Rahmen einer Werbewirkungsanalyse anhand der Werbung für ein bis dato unbekanntes Produkt zeigen, dass Mobile Advertising bereits heute als eigenständiger Werbekanal gut funktioniert. Das bis zur Kampagne unbekannte Getränk Kinnie wurde auf seine Wirkung im Hinblick auf Ad Awareness, Werbeerinnerung, Markenbekanntheit und Recall untersucht und konnte mit eindeutiger Werbewirkung überzeugen [7].

Abgesehen von Defiziten wie mangelnder Nutzerfreundlichkeit, nicht optimierten mobilen Seiten und zu langsamer Internetverbindungen, befindet sich mobile Werbung auf dem Weg zu einem großen Durchbruch.

Grundlagen – Mobile Werbung

Der Hauptnutzen der mobilen Werbung liegt darin:

- Ein Branding zu erzeugen.
- Den eigenen Traffic zu steigern.
- Downloads oder User zu gewinnen.
- Leads zu gewinnen oder
- Sales zu erreichen.

Eine Vielzahl von Werbeformate stehen zur Verfügung

Je nachdem, welche Ziele man verfolgt, stehen eine Reihe unterschiedlicher Werbemaßnahmen zur Verfügung. Diese reichen von der herkömmlichen Werbeauslieferung durch In-App-, oder Bannerwerbung, bis hin zu App Installs- und Click-to-Call-Werbung, jeweils auf Cost-per-Lead-, Cost-per-Click-, oder Cost-per-Action-Basis. Es können aber auch Rich Media in Form von Videos, Spielen oder anderen besonderen Werbemitteln verwendet werden, um eine effektive Werbewirkung zu erzielen. Dies sind nur wenige Beispiele. Mobile Werbung richtet sich nach ihren Anforderungen und erweitert sich ständig.

Dieses Angebot wird durch eine Vielzahl verschiedener Mobile Anbieter verkompliziert. Unterschiedliche Netzwerke, viele Ansprechpartner, heterogene Targeting-Techniken, kaum Standards, kein einheitliches Reporting, Abrechnung, Tracking oder fehlende ROI-Vergleichbarkeit erschweren den Einstieg in die mobile Werbung zusätzlich. Zur Orientierung soll deshalb an dieser Stelle ein kurzer Überblick über die Grundlagen des Mobile Marketings gegeben werden.

Werbeformate

Banner sind eine der geläufigsten Werbemethoden. Bannerwerbung wird in Apps als einzelnes Banner angeboten, das am oberen oder unteren Displayrand angezeigt wird. Auf mobilen Webseiten werden die Banner, neben gelegentlichen Full-Screen-Bannern, in der Regel nach dem Standard der MMA angeboten. Unter anderem sind das die Formate 300x50 Pixel, 168x28 Pixel oder 120x20 Pixel in den Formaten Gif, PNG oder JPEG. Auf mobilen Webseiten werden auch reine Text-Ads angezeigt, die zwischen 10 und 24 Zeichen umfassen können und wie die Banner einen Link beinhalten, der zu dem beworbenen Inhalt führt [8].

Abb. 2: Call-Back-Banner-Set

Mobile Werbung auch auf Tablet-PCs

Mobile Werbung wird neben Smartphones auch zum Beispiel auf Tablet-PCs gezeigt. Bei Tablets, die vorwiegend als mobiler Computer im eigenen Zuhause genutzt werden, streitet man sich über die tatsächliche mobile Nutzung. Dennoch sind eigene Landingpages auf Grund des größeren Displays von Vorteil – auch weil auf diesen Geräten nicht alle gängigen Browser unterstützt werden.

Werbenetzwerke

Das Ausliefern, das heißt Banner in Apps oder auf mobilen Seiten zu platzieren, übernehmen in der Regel Werbenetzwerke. Die betreffenden Publisher, das heißt Anbieter von Seiten oder Apps, bieten den Werbenetzwerken diese Werbeplätze an, bei denen Dienstleister Werbung für ihre Kunden (Advertiser) platzieren können.

Self-Service bei Google AdWords, Inmobi und Buzzcity

Bei diesen Werbenetzwerken werden verschiedene Konzepte unterschieden. Einen Self-Service bieten unter anderem Google AdWords, Inmobi oder Buzzcity an. Hierbei kann man nach der Registrierung neben dem Targeting die Höhe des Gebotes auf eine Werbeeinblendung und andere Kampagnenmerkmale selbst einstellen. Dabei wird eine Auslieferung auf einzelnen Publishern (das heißt Seiten oder Apps) nicht garantiert und ist des Weiteren nicht oder nur bedingt transparent (Blind Network).

Premiumnetzwerke gewährleisten genaues Targeting

Eine besondere Rolle unter den Netzwerken nehmen die Premiumnetzwerke ein. Sie können, im Gegensatz zu anderen Netzwerken, die Werbeeinblendung auf einer bestimmten Seite oder App einer Kategorie gewährleisten, während bei anderen Netzwerken eine Werbeeinblendung nur grob zugeordnet werden kann. Werbeeinblendungen bei Premiumnetzwerken sind kostspieliger, bieten jedoch durch ein genaueres Targeting auch eine präzise Kontrolle der Wirkung einer Werbung.

Auf Realtime-Bidding-Plattformen, die Werbeeinblendungen in einem Auktionsvorgang vermitteln und die zweifelsohne in dieser Reihe zu nennen sind, wird später eingegangen. Sie bieten durch ihre Zusammenarbeit mit Premium-Ad-Netzwerken den Vorteil, dass Werbeeinblendungen auf Seiten und Apps ganz bestimmter Interessen-Channel platziert werden können. Die Werbeeinblendung erfolgt dann entweder explizit in Content-Bereichen wie Lifestyle, Sport, Automobile, oder eben transparent und gezielt auf einzelnen Publishern (das heißt Seiten oder Apps), wodurch sehr genau nachvollzogen werden kann, welcher Traffic wirklich sein Geld wert ist.

Ad-Exchanges sind Aggregatoren, die auch den Traffic anderer Seiten vermarkten

Andere Netzwerke sind zum Beispiel Ad-Exchanges, wie Smaato und Inneractive, die den Zugang zu ihrem System über eine API-Schnittstelle ermöglichen. Diese Ad-Exchanges sind Aggregatoren, weil sie nicht nur eigene Publisher zur Verfügung stellen, sondern auch den Traffic anderer Werbenetzwerke vermarkten, den diese nicht monetarisieren können. Die Auslieferung der Werbung erfolgt über Adserver, die die meisten Netzwerke intern betreiben. Es gibt jedoch auch Adserver, die ihre Dienste extern anbieten und dann auch teilweise die direkte Vermarktung von Traffic übernehmen können.

Targeting und Tracking

Merkmale des Nutzers können erfasst werden, um irrelevante Werbung zu vermeiden

Die Vorteile der mobilen Werbung liegen klar im Medium. Über das Gerät, den Mobilfunkanbieter oder die Position können bestimmte Merkmale des Nutzers erfasst werden, um irrelevante Werbung zu vermeiden. Die ausgelieferte Werbung kann also auf Betriebssystem, Netzbetreiber, Gerätetyp, Land und vielem mehr abgestimmt werden. So wird einem Android-Gerät keine Werbung für Apps ausgeliefert, die ausschließlich auf iPhones funktionieren. Ebenso wird ein deutscher Nutzer keine Werbung für einen Service bekommen, der nur in den

USA angeboten wird und auf einem vermeintlichen Firmenhandy (Blackberry) werden keine Klingeltöne beworben.

Abb. 3: Android – iPhone – iPad

In Premiumnetzwerken erfolgt eine sehr genaue Zielgruppendefinition, die durch Umfragen ermittelt und aktualisiert wird. Dies ermöglicht ein präziseres Targeting als bei anderen Netzwerken. Neben den oben genannten Merkmalen können dort auch Sprache, Tageszeit, Interessen-Channel, Seiten und Apps gezielt angesprochen werden. Dadurch kann Werbung zu einem bestimmten Zeitpunkt in einer sehr präzisen Zielgruppe geschaltet werden und ist besonders gut für Branding-Absichten eines Unternehmens geeignet. Die App eines Autoherstellers wird also Sonntag am frühen Nachmittag zur Formel 1 auf den Seiten und Apps des Sportchannels gezeigt. Dies spricht eine so eingegrenzte Zielgruppe an, dass die Zahl der Käufer dieser App vermutlich sehr viel höher ist, als würde diese am Vormittag in der Woche auf unspezifischen Seiten eingeblendet werden.

An eine präzise Zielgruppe Werbung zu einem bestimmten Zeitpunkt schalten

Durch den Einsatz von Tracking kann eine Kampagne so optimiert werden, dass nicht zielführender Traffic ausgeschlossen wird. Das ist die Basis für ein optimales Targeting und damit für einen maximalen ROI (Return on Investment). Welche Kampagnen dabei wirklich optimal Traffic in Leads umwandeln, ist nicht vorherzusehen. Kampagnen-Manager sorgen dafür, dass die Mobile Kampagnen ständig überwacht und die Banner oder das Targeting fortwährend justiert werden. Dies ermöglicht viele Clicks, eine optimale Konversionsrate und sichert den Erfolg der Kampagnen.

Mit Nutzereinwilligung kann der Standort des Mobiltelefons bestimmt werden

Mobile Marketing bietet aber noch wesentlich mehr. Über GPS oder Geolocation können, sofern der Nutzer einwilligt, Applikationen den Standort eines Mobiltelefons bestimmen und Angebote der Umgebung angezeigt werden. Die Werbeeinblendungen beinhalten dann beispielsweise Unterkünfte, Restaurants, Bars, Ärzte, Geschäfte und vieles mehr. In diesem Zusammenhang kann dann zielgerichtete Werbung für ein direktes Umfeld eingeblendet werden, was dem Nutzer einen direkten Bezug zu seiner Umgebung bietet. Sind diese Informationen zudem bereits durch verschiedene Portale von anderen Nutzern bewertet, ist das optimale Werbung, die die Entscheidung des Nutzers direkt beeinflussen kann.

QR-Codes führen direkt auf eine Webseite

Als letztes Beispiel sollen hier die QR-Codes angeführt werden, die mit einer App auf dem Smartphone eingelesen werden können und direkt zu einer Website führen, auf der der Nutzer betreffendes Produkt erwerben kann. Das funktioniert in einigen Fällen schon – beispielsweise mit Kleidung, Veranstaltungstickets oder Unterhaltungs-Elektronik, die auf Plakatwänden, Displays, in Musikvideos oder auf anderen Werbemitteln dargestellt werden. Mobil können diese Gegenstände gekauft und bezahlt werden. Fahrkarten oder Konzerttickets bleiben beispielsweise direkt digital auf dem Mobiltelefon und verfügen wiederum über einen Barcode, QR-Code oder Ähnliches, der sie bei Bedarf verifiziert. Klingeltöne, Musik et cetera werden digital genutzt, physische Produkte werden dem Nutzer dann per Post oder Kurier zugestellt. Die Nutzung dieser Technik wird erst seit Kurzem ausgebaut, bietet aber großes Potential.

Mobile Werbung muss einfach sein

Das mobile Internet stellt ganz eigene Anforderungen an das Marketing. Mobile Werbung muss sich an kleine Displaygrößen und somit an begrenzte Werbeflächen und zudem auch teilweise noch langsame Übertragungsraten anpassen. Daraus folgt, sie muss einfach strukturiert und nicht aufwendig sein. So simpel diese Erkenntnis klingt, so wichtig ist sie und so selten wird sie befolgt. Außerdem muss einfachen und deutlichen Grafiken für Banner der Vorrang gegeben werden, die auch auf kleinstem Raum wirken. Textlastige Werbung oder aufwendige, detailverliebte Grafiken büßen schnell eine gute Wahrnehmung ein. Und nicht zuletzt sind einfache Registrierungs-Flows wichtig.

Einfache Registrierungsflows wichtig

Die Navigation auf einem kleinen Display, wie dem eines Smartphones, die bei aktuellen Geräten häufig mit Touchtastaturen bedient werden, ist aufwendig und nur bedingt für mehrschrittige Leads geeignet. Das Ausfüllen vieler Felder in einem umfangreichen Formular würde den Nutzer ebenso abschrecken, wie die mehrstufige Registrierung, bei der die einzelnen Formulare geladen werden müssen. Nur wenige Nutzer werden diesen Vorgang abschließen und der Werbende beschränkt das Potential seines Produktes selbst durch eine nicht durchdachte Bedienungsführung. Im nachfolgenden Teil werden einige besonders interessante Beispiele der Werbung vorgestellt, die helfen, die Nutzerfreundlichkeit von mobiler Werbung auszubauen.

Click-to-Call

Click-to-Call ist ein im Internet seit Langem etabliertes Konzept, das sich nun auch im mobilen Web bewährt. Geworben wird mit einer Werbeeinblendung, die die Aufforderung zum Anruf enthält. Mit dem Klick auf diese Werbeeinblendung wird der Nutzer auf eine Landingpage geleitet, auf der er den Anruf bestätigen oder abbrechen kann. Klickt der Nutzer erneut auf einen „Anrufen-Button", wird er direkt von seinem Mobiltelefon mit dem Callcenter des Werbekunden verbunden. Im direkten Kontakt mit einem Callcenter-Mitarbeiter kann er sich nun das beworbene Angebot erklären beziehungsweise sich individuell beraten lassen. Für den Werbenden ist ein direkter Anruf sehr wertvoll, um einen positiven Kontakt aufzubauen und das beworbene Angebot im Idealfall zu verkaufen. Besonders geeignet sind Produkte, die erklärungsbedürftig sind und mit einem größeren Werbeetat arbeiten. Versicherungen, Finanzdienstleistungen, Mobilfunkverträge und Abo-Modelle sind beispielsweise hochpreisige Produkte, die einen höheren Leadpreis rechtfertigen. Aber auch Produkte, die umfangreiche Informationen über den Kunden erfordern, profitieren von Click-to-Call, das ihnen zu mehr Nutzerfreundlichkeit verhilft.

„Anrufen-Button" verbindet direkt mit dem Callcenter

Die Größe eines Smartphonedisplays stellt eine natürliche Hürde für das Ausfüllen umfangreicher Anmeldeformulare dar. Nur wenige Nutzer werden eine mehrseitige Registrierung auf einem Handydisplay vornehmen und nur wenige werden sich die Mühe machen, die Anmeldung zu einem späteren Zeitpunkt auf einem anderen Gerät wie dem Notebook oder dem stationären Rechner auszufüllen. In den meisten Fällen wird eine erfolgreiche mobile Werbung bei einer langen Anmeldung gestoppt und der kostbare Lead verschenkt. Click-to-Call ist daher ideal, um dem Nutzer das Ausfüllen zu ersparen, leitet ihn zu einem Callcenter, wo er zusätzliche Beratung erhält und seine Angaben mündlich vornehmen kann und erhält zudem noch ohne langes Suchen Antworten auf eventuelle Fragen und eine eingehende Beratung.

Kampagnen, die mit dieser Technik arbeiten, bieten je nach Werbenetzwerk unterschiedlich gute Click-Trough-Rates. (Als Click-Trough-Rate wird die Relation zwischen der Werbeeinblendung und der Anzahl der Nutzer, die auf die Landingpage gelangen, bezeichnet.) Diese Raten können je nach Netzwerk variieren. In einem Premiumnetzwerk ist die Click-Trough-Rate durch die Ansprache einer besser definierten Zielgruppe beispielsweise besser als in einem Blind Network. Durch eine präzise Aussteuerung kann diese Click-Trough-Rate positiv beeinflusst werden. Diese Rate liegt im Vergleich zu anderen Werbeformen bei Click-to-Call im Durchschnitt.

Callcenter sollten vor allem in den Abendstunden und am Wochenende verfügbar sein

Der Vorteil liegt in höheren Abschlussraten, die durch den Kontakt zum Callcenter erzielt werden. Voraussetzung, um Click-to-Call nutzen zu können, ist lediglich die Anbindung eines Unternehmens an ein Callcenter. Dieses sollte vor allem in den Abendstunden und am Wochenende verfügbar sein. Denn wie Statistiken zeigen, wird vor allem zum Abend, das heißt, auf dem Rückweg vom Arbeitsplatz und in dualer Nutzung zu anderen Medien am Abend sowie am Wochenende, Gebrauch von mobilen Endgeräten gemacht. Gerade in diesem Zeitraum ist Werbung sinnvoll und natürlich erfolgen auch dann die Anrufe, die ein Callcenter bearbeiten muss.

Zusammenfassend lässt sich also sagen, dass sich mit einem Callcenter die komplizierte Handhabung von notwendigen Formularen für bestimmte Registrierungen im mobilen Internet umgehen lässt und Click-to-Call daher der Inbegriff guter User-Experience ist.

Call-Back

Den Nutzen von Callcentern macht sich das Mobile Marketing auch bei Call-Back zu eigen. Bei diesem Verfahren klickt der Nutzer auf ein Banner, das ihm auf einer mobilen Website oder in einer App eingeblendet wird. Er wird dann auf eine Landingpage geleitet, auf der ein Click-Flow beginnt. Dieses Verfahren wird, ebenso wie Click-to-Call, gern für Angebote verwendet, die intensiver Beratung oder einer umfangreichen Registrierung bedürfen. Besonders Produkte aus den Bereichen Telekommunikation, Finanzen, Entertainment, Fitness und Mobilfunk sind prädestiniert für Call-Back. Sie weisen häufig Abo-Modelle mit längerer Laufzeit auf und verfügen daher über ein größeres Werbebudget, das den Einsatz eines Callcenters rechtfertigt. Im Unterschied zu Click-to-Call muss die Verbindung zu einem Callcenter allerdings nicht unmittelbar erfolgen, sondern kann zu einem gewünschten, späteren Zeitpunkt durch einen Rückruf durch das Callcenter geschehen.

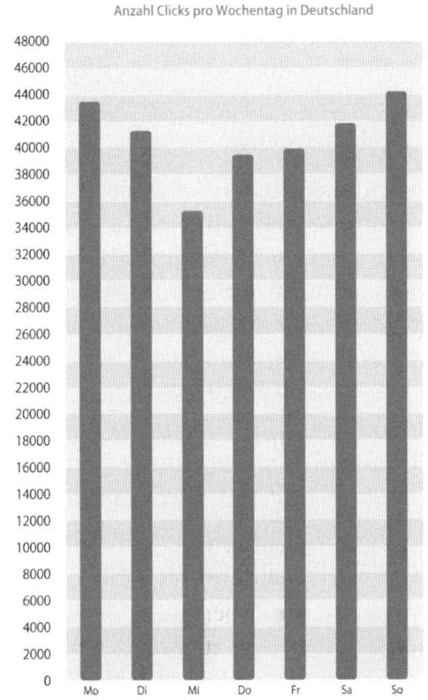

Abb. 4a: Anzahl Clicks pro Wochentag in Deutschland

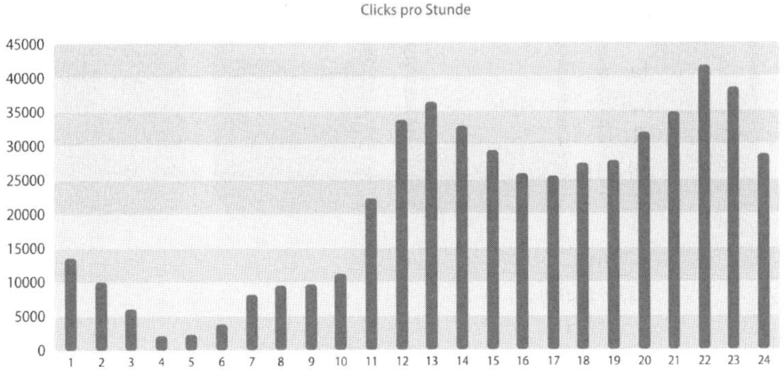

Abb. 4b: Clicks pro Stunde

Für Rückruf Zeitfenster auswählen

Der Click-Flow, auf den der Nutzer geleitet wird, umfasst (je nach Anforderung des Advertisers) in der Regel 3 - 4 kurze Seiten, auf denen der Nutzer seine Telefonnummer anonym eintragen und einen gewünschten Tag sowie ein Zeitfenster für den Rückruf auswählen kann. Er wird dabei jedes Mal durch die Auswahl eines Objektes direkt auf die nächste Seite geleitet, so dass die notwendigen manuellen Eingaben auf ein Minimum reduziert werden – ein sehr mobil-freundlicher Flow. Es kann, je nach Angebot und Werbepartner, eine weitere Seite zwischengeschaltet werden, auf der vertriebsrelevante Angaben abgefragt werden.

Mit diesen Daten kann der Nutzer dann bei dem Rückruf noch spezifischer beraten werden. Um das zu veranschaulichen: Mit Call-Back kann ein Mobilfunkanbieter Nutzer eines anderen Anbieters und beispielsweise auf einem bestimmten Mobilfunkgerät gezielt durch Werbeeinblendungen ansprechen und ein Vertragsmodell bewerben, das eine bestimmte Zielgruppe anspricht. Während des Flows kann er verschiedene vertriebsrelevante Angaben erfragen, die in diesem konkreten Fall, beispielsweise die durchschnittliche Dauer eines Telefonats, die monatliche Nutzung des Internets über das Handy und andere Präferenzen sein könnten. Mit diesen Daten kann der Callcenter-Mitarbeiter beim Rückruf den potentiellen Kunden gezielt beraten und ihm einen idealen Tarif empfehlen.

Abb. 5: Call-Back-Flow

Bei der Erhebung der Daten muss der ausdrückliche Wunsch des Kunden vorliegen

Bei der Erhebung der Daten wird und muss darauf geachtet werden, dass ein ausdrücklicher Wunsch des Konsumenten vorliegt (Double-Opt-in-Verfahren). Dies verhindert, dass mobile Nutzer gegen ihren Willen für einen Rückruf registriert werden. Es gewährleistet zudem die Datensicherheit, indem es verhindert, dass Telefonnummern widerrechtlich an Callcenter weitergegeben werden. Und genauso garantiert es dem Callcenter, dass nur Nutzer mit tatsächlichem Interesse an einem Rückruf in die Datenbank gelangen. Bei einer Abrechnung auf Lead-Basis wird das von Bedeutung, da nicht für unbestätigte Leads gezahlt werden muss.

Die Telefonnummern der Nutzer, die ihren Rückrufwunsch bestätigt haben, werden dann gemeinsam mit den Daten zur Rückruf-Zeit an das Callcenter übermittelt (als Bundle oder in Echtzeit) und müssen dann von den Mitarbeitern bearbeitet werden.

Dem Nutzer erleichtert Call-Back die Informationsbeschaffung, während dieses Verfahren dem Callcenter den Kontakt zu potentiellen Kunden bringt, die sich tatsächlich für ein betreffendes Produkt interessieren.

Trend – Realtime-Bidding

Eine relativ neue Technik und erst seit Kurzem für den Mobil-Bereich verfügbar, ist Realtime-Bidding (im Folgenden RTB genannt). Bei diesem vollautomatisierten Prozess wird in Echtzeit durch verschiedene Werbenetzwerke auf eine bestimmte Werbeeinblendung geboten. Je nach Modell der einzelnen RTB-Plattform, erhält meistens das zweithöchste Gebot den Zuschlag. Damit sollen Gebotsausreißer vermieden werden. Der Bieter mit diesem Gebot darf seine Werbung dann einblenden. Zwischen der Anfrage an den Server beim Aufrufen einer Seite und dem Laden der Werbung liegen dabei in der Regel nur 4 Millisekunden.

Meist erhält das zweithöchste Gebot beim RTB den Zuschlag um Gebotsausreißer zu vermeiden

Im Detail passiert Folgendes:
Eine App oder eine Webseite bietet eine Werbeeinblendung prinzipiell verschiedenen Werbenetzwerken und Premium-Werbenetzwerken an. Diese Anfrage kann gleichzeitig oder in einer Reihenfolge geschehen. In diesem Beispiel wird eine Werbeeinblendung zunächst einem klassischen Netzwerk und danach einer RTB-Plattform angeboten. Liegt keine Buchung durch eines der klassischen Netzwerke vor, bietet die besagte App beziehungsweise Website ihre Werbeeinblendung ebenfalls einer RTB-Plattform an. Diese lässt zu, dass verschiedene Interessenten transparent auf die Werbeeinblendung bieten. Dabei wird diese Einblendung in bestimmte Targeting-Kriterien kategorisiert,

wie unter anderem Endgerät, Netzbetreiber, Land, Tages-/Uhrzeit, bestimmte Content-Channel oder eben seitengenau. Sponsormob sowie andere Bieter, die an diese RTB-Plattform angeschlossen sind, bieten dann automatisiert über einen individuellen, targetingabhängigen TKP-Preis (Tausend-Kontakt-Preis) auf diese Werbeeinblendung. Ist der Bieter dabei schnell genug und gleichzeitig zweithöchstbietend, kann der Bieter die Werbung (seines Kunden) in der App oder auf der Website einblenden.

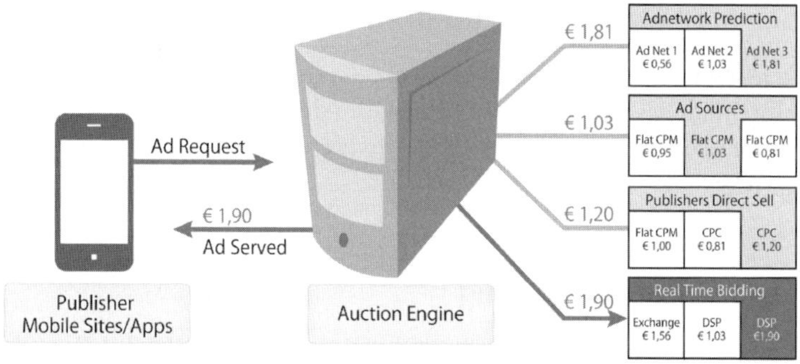

Abb. 6: Auction Engine

Der große Vorteil an RTB liegt darin, dass man sehr genau nachvollziehen kann, wo die Werbung des Kunden eingeblendet wurde. Wesentlich genauer als es in herkömmlichen Werbenetzwerken möglich ist. Des Weiteren können durch spezielle Tracking-Technologien die jeweiligen Consumer-Aktivitäten (zum Beispiel Sales, Leads, Downloads) umfassend abgebildet werden. Die Conversions, also die Umsatzraten nach Impression und Klick, die dadurch erzielt werden, wirken sich wiederum in der historischen und zukünftigen Betrachtung auf den Preis aus, der für eine Werbeeinblendung geboten wird.

Mit RTB genau wissen, welche Werbeeinblendungen gute oder schlechte Conversions liefern

Neben der gezielten Einblendung der Werbung für eine bestimmte Zielgruppe bietet dieses komplexe Verfahren die Möglichkeit, genau verfolgen zu können, welche Werbeeinblendungen gute oder schlechte Conversions liefern. Betrachtet man diesen selbstlernenden Algorithmus über einen längeren Zeitraum, kann man daraus Schlüsse ziehen, welches Targeting die besten Ergebnisse erzielt. Dabei werden wichtige Erfahrungswerte gesammelt, um das Werbebudget des Kunden maximal wirksam einzusetzen. So ergibt sich am Ende ein Targeting, das sich an eine bestimmte Zielgruppe richtet, die über ihr

Mobiltelefon, den Netzanbieter, das Land, eine Interessengruppe und sogar eine Tageszeit angesprochen wird. Damit könnte beispielsweise die Werbung einer Bundesliga-App am Samstag zur Sportschau auf Seiten beworben werden, die sich an Sport-Interessierte richten. Das Ergebnis ist eindeutig – der Werbende kann gezielt werben und so das Optimum mit seinem Werbebudget, also einen maximalen Return-on-Investment erreichen.

Durch das spezifischere Targeting der Zielgruppe kann zudem ein weiterer Mehrwert erreicht werden. Ein Werbekunde kann nicht nur einfach Performance, das heißt Werbeeinblendungen, aussenden, sondern durch die gezielte Platzierung auf bestimmten Flächen, in bestimmten Interessens-Channeln oder auf spezifischen Seiten, ein gewisses Branding in seiner Zielgruppe erreichen.

Wie fange ich mit Mobile Werbung an?

Wie eingangs bereits angedeutet, gibt es eine Menge verschiedener Werbemittel, Werbenetzwerke, Targeting-Möglichkeiten, Werbepartner und Abrechnungsmodelle. Es ist daher komfortabel, sich einen Dienstleister zu suchen, der einem diese Arbeit abnimmt.

Der folgende Abschnitt erhebt keinen Anspruch auf Vollständigkeit. Naturgemäß kann hier, stellvertretend nur für den Performance-Sektor und aus der Erfahrung bei Sponsormob berichtet werden, wie die Anfangsphase mit einem Dienstleister für mobile Werbung abläuft. Dies gilt daher als Beispiel und ist nicht als vollständige Darstellung vorgesehen.

Sollte sich jemand dafür entscheiden, mit einem Dienstleister mobil werben zu wollen, der noch keine Erfahrung mit mobiler Werbung hat, wird zunächst über die Werbemittel für mobile Werbung nachgedacht. Wichtig ist, dass der Kunde über eine optimierte mobile Landingpage und ein Banner verfügt. Das bedeutet wenige Bilder, die Ladezeit benötigen und ein kleines, übersichtliches Design. Sind diese Werbemittel nicht vorhanden, können sie auf Wunsch bereitgestellt werden. Die in 3.1 vorgestellten, verschiedenen Bannergrößen werden über zwei Grundgrößen generiert. Das Standard Image Banner 6:1 mit 768x128 Pixel oder das Full-Screen Image Banner 10:16 mit 800x1280 Pixeln bilden dabei die Grundlage für alle weiteren Bannergrößen.

Kunde muss über eine optimierte mobile Landingpage und ein Banner verfügen

Soll die Werbung auf Performance-Basis durchgeführt werden, das heißt, es wird eine Abrechnung auf Grund von vorher definierten Zielen gewünscht, wird im nächsten Schritt ein CPA-Preis (also ein Preis für die betreffende Aktion) ermittelt.

Dazu erfolgt zunächst ein CPC-Test, das heißt, ein Cost-per-Click-Test. Dabei wird ein bestimmtes Budget des Kunden genutzt, um seine Werbung auf CPC-Basis auszuliefern. Aus Erfahrungswerten wird ein individueller Click-Preis festgelegt, für den eine Click-Anzahl innerhalb des Testbudgets garantiert wird.

Während der Laufzeit werden dann verschiedene Targeting-Optionen wie beispielsweise Carrier und Endgeräte in verschiedenen Werbenetzwerken getestet, um zum Beispiel die Leadrate (auch Sale oder Download sind denkbar) zu ermitteln. Aus dem Verhältnis zwischen Clicks und tatsächlichem Lead, der Conversion, wird dann ein CPA-Preis (ein Cost-per-Action-Preis) errechnet. Der Preis also, der dem Kunden später für eine Aktion berechnet wird – unabhängig von den einzelnen Clicks.

Dies ist der übliche Weg bei einer CPA-Kampagne. Natürlich kann ein Kunde, wenn er ein Branding für sein Produkt erreichen möchte, auch einfach Werbung ohne Performance-Ziel aussenden. In diesem Fall wird die Werbung über verschiedene Netzwerke ausgesendet, auf vielen Seiten oder in Apps platziert und per Impressions abgerechnet.

Quo vadis Mobile Marketing?

Großes Potential im mobilen Marketing

Wie eingangs bereits kurz angerissen, liegt ein großes Potential im mobilen Marketing, das bislang weitestgehend ungenutzt bleibt. Die Studie zur mobilen Internetnutzung, durchgeführt von der Initiative D21, konstatiert dem mobilen Internet nach der eingehenden Untersuchung der Nutzungsgewohnheiten unterschiedlicher Bevölkerungsgruppen ein überwältigendes Potential:

„Mobiles Internet birgt also offenbar aufgrund der hohen Flexibilität und mithilfe einfach bedienbarer Endgeräte das Potenzial, auch bisher digital wenig Erreichte an das Internet heranzuführen und so zu einem Entwicklungsschub für die digitale Gesellschaft in Deutschland beizutragen.“ [9]

Laut der Studie ist unsere Gesellschaft in zwei Teile geteilt – die „Digital wenig Erreichten“ und die „Digital Souveränen“ stehen sich dabei gegenüber. Die digital wenig erreichten Nutzer, die nur gelegentlich bis selten Gebrauch vom Internet machen, umfassen dabei immerhin 62 Prozent der deutschen Bevölkerung. Eine große Gruppe, die den digitalen Medien einen enormen Aufschwung geben könnte, wenn sie sich intensiver mit diesen beschäftigen würde. Tatsächlich zeigt die Studie, dass die geringe technische Hürde mobiler Geräte und die ständige Verfügbarkeit das mobile Internet für einen Einstieg in die digitale Gesellschaft attraktiv machen [10]. Mobile hat also die Möglichkeit, auch digital ferne Gruppen zu erschließen. Sollte die Mobile-Branche also ihre Hausaufgaben machen und Übertragungsgeschwindigkeiten ausbauen, M-Commerce und mobile Zahlungsmöglichkeiten vorantreiben und das Budget für mobile Werbung erhöhen, wird Mobile der größte und effektivste Werbemarkt werden und das ohnehin schon jetzt steigende jährliche Werbebudget weiter anziehen.

Digital wenig erreichte Nutzer umfassen 62 Prozent der deutschen Bevölkerung

Im technischen Bereich geht der Trend zum Ausbau des Location-based Marketing und der Rich Media. Unter dem Stichwort „Always-On“, der ständigen Begleitung durch das Smartphone, werden wichtige Aufgaben und Funktionen vom mobilen Gerät verlangt. Ständiger Preisvergleich, ununterbrochene Erreichbarkeit und eine Verbindung zu Freunden über soziale Netzwerke ist heutzutage jederzeit selbstverständlich und in Zukunft nicht mehr wegzudenken. Dies macht Mobile auch für den Offlinehandel zu einem wichtigen Medium. Das Verhalten der Konsumenten ändert sich. Online- und Offlinehandel sind nicht weiter getrennte Welten, sondern verbinden sich durch Mobile und bieten damit die Vorteile von direkter Verfügbarkeit, Beratung und Service mit mobilen Coupons, Online-Preisvergleichen und -Bewertungen durch andere Nutzer [11]. Die ortsgebundenen Werbeeinblendungen, die ein Mobile-Nutzer sieht, werden spezifischer und selbstverständlicher und zu einem wichtigen Werbemittel für herkömmliche Offlinegeschäfte reifen.

Im technischen Bereich geht der Trend zu Location-based Marketing und Rich Media

Vor allem wird das Kaufverhalten aber immer weniger von Werbung beeinflusst werden, sondern zunehmend über die soziale Vernetzung. Die bloße Einblendung von Werbung wird folglich abnehmen und der Orientierung am sozialen Umfeld Platz machen, das durch Location-based Marketing in Kombination mit Social Media oder Bewertungs-Portalen unterstützt und geleitet werden kann. Das bedeutet für die mobile Werbung einen Wechsel von der heutigen Einblendung von Werbebannern hin zu Apps, die zur Kundenbindung eingesetzt werden, zu vermehrtem Mobile Couponing und zu einer Konzentration auf das virale Marketing durch die mobile Umgebung des Kunden [12]. Die mobile Werbelandschaft wird sich von dem Branding-Spielplatz, der sie bisher für wenige Leuchttürme mit großem Budget war, zu einem obligatorischen Schauplatz für jeden Werbetreibenden entwickeln. Mobile entwickelt sich vom Branding-Mittel zu einem ganzheitlichen Konzept, das auch den direkten Vertrieb umfasst. Digitale Produkte, Verträge, Mitgliedschaften und vieles mehr werden direkt über das Smartphone erworben [13].

Mobile entwickelt sich vom Branding-Mittel zu einem ganzheitlichen Konzept

Rich Media, ein weiterer Trend, der im Mobile-Bereich stark zunimmt, ist bereits heute in der mobilen Werbung vertreten. Der Begriff Rich Media bezeichnet in erste Linie Werbung, die optisch oder akustisch angereichert ist. Werbung durch Videos, kleine Spiele, Audio oder Animationen werden eingesetzt, um die Aufmerksamkeit eines Nutzers zu erreichen. Die Werbung regt zur Interaktion an und bindet den Nutzer so für eine gewisse Zeit an das Produkt. Diese Form der Werbung ist vor allem für Branding-Kampagnen von Unternehmen mit großem Werbebudget geeignet. In Zukunft wird die Technik, die notwendig ist, um diese Werbemittel herzustellen, günstiger und dadurch der breiten Masse an Advertisern zugänglich gemacht werden. Im wachsenden Mobile-Markt wird sie als Chance gesehen werden, sich von anderer Werbung abzuheben. Mobile Werbung wird folglich interaktiver werden.

Rich Media regt zur Interaktion an und bindet die Nutzeraufmerksamkeit

Zusammenfassend lässt sich sagen, dass Mobile Marketing schon heute eine bedeutende Rolle auf dem Werbemarkt spielt. Mit der zunehmenden Bedeutung von mobiler Werbung in neu erschlossenen Bevölkerungsgruppen und bei Werbetreibenden wird mehr Werbebudget in die mobile Werbung fließen und somit den Weg für neue Werbeformen ebnen. Location-based Marketing wird zu einem essentiellen und effektiven Werbemittel für den Offlinehandel. Gratis Apps, Mobile Couponing oder social-network-basierte Empfehlungen werden zu Neukunden und einer starken Kundenbindung führen. Mobile Werbung wird weniger für Branding-Zwecke genutzt werden, als für einen direkten, performance-basierten, mobilen Vertrieb von digitalen und nicht digitalen Produkten. Gefördert wird dies durch aufwendigere und effektivere Werbung mit Videos und Rich Media.

Location-based Marketing wird zu einem effektiven Werbemittel für den Offlinehandel

In den nächsten zwei bis fünf Jahren werden sich unglaubliche Veränderungen ereignen und es wird ausgesprochen spannend sein, diese mitzuerleben.

Literatur

[1] http://www.mmaglobal.com/news/mma-updates-definition-mobile-marketing. letzter Abruf 30.5.2012.

[2] Vgl.: http://www.bitkom.org/de/presse/8477_70921.aspx. letzter Abruf am 22.3.2012.

[3] Vgl.: http://www.bvdw.org/medien/mobile-studien-von-bvdw-und-google-deutschlands-online-marketer-verschenken-marktpotenzial-im-mobile-web-?media=3036. letzter Abruf am 2.4.2012.

[4] Pressemeldung BITKOM am 09.01.2012 http://www.bitkom.org/de/presse/8477_70921.aspx

[5] Vgl.: http://www.initiatived21.de/wp-content/uploads/2012/02/Mobile_Internetnutzung_2012.pdf. letzter Abruf 15.5.2012.

[6] http://www.dmnews.com/mobile-marketing-to-explode-in-2012/article/222991/. letzter Abruf 2.4.2012.

[7] Vgl.: http://www.bvdw.org/mybvdw/media/download/bvdw-studie-kinnie-2011.pdf?file=2151. letzter Abruf 14.5.2012.

[8] Vgl.: http://www.google.com/url?sa=t&rct=j&q=&esrc=s&source=web&cd=1&ved=0CFAQFjAA&url=http%3A%2F%2

Fmmaglobal.com%2Ffiles%2Fmobileadvertising.pdf&ei=vC2qT5K9E8qF4gT_59mKBQ&usg=AFQjCNE6KizRmm9b

jLZkSgVyVsNaHz8J2g. letzter Abruf am 9.5.2012.

[9] http://www.initiatived21.de/wp-content/uploads/2012/02/Mobile_Internetnutzung_2012.pdf. S.4, letzter Aufruf 14.5.2012.

[10] Vgl.: ebd. S. 5.

[11] Vgl.: http://mobilbranche.de/2011/09/interview-achim-himmelreich-uber-location-based-services-und-die-zukunft-des-einzelhandels/6353. letzter Abruf 30.5.2012.

[12] Vgl.: ebd. letzter Abruf 30.5.2012.

[13] Vgl.: http://services.google.com/fh/files/blogs/our_mobile_planet_germany_de.pdf. letzter Abruf 30.5.2012.

3 Immer und überall – Mobile Websites im Auge des Betrachters

Laura Lamieri, Thorsten Schäfer

Das Internet ist längst mobil und begleitet uns zunehmend durch den Alltag. Sei es bei der Suche in Google, dem Checken der Mails, beim Social Networking oder bei der Reiseplanung. Neue Technologien wie der QR-Code bringen den User zusätzlich dazu, sich mit dem Thema Mobile Web auseinanderzusetzen. In Zukunft wird auch das Mobile Payment an Bedeutung gewinnen.

Die rasante Entwicklung des Mobile Web spiegelt sich beeindruckend in Zahlen wider: Während in Deutschland in 2009 noch rund 5,7 Millionen Smartphones verkauft wurden, wird im Jahr 2012 bereits ein Absatz von knapp 16 Millionen erwartet. Bis 2009 liefen insgesamt 33,3 Millionen GB Daten übers mobile Internet, 2011 lag der Datenstream mit 108 Millionen GB bei mehr als der dreifachen Menge [1].

28 Prozent haben beim Einkaufen bewusst das Smartphone dabei

Dass mittlerweile achtzig Prozent der täglichen stationären Internetnutzer auch täglich mobil online sind, verwundert bei diesen Zahlen nicht. 28 Prozent haben dabei bewusst das Smartphone beim Einkaufen dabei, um Preise vergleichen zu können, 56 Prozent nutzen ihr Smartphone zum Zeitvertreib in der Pause [2].

Doch mobiles Internet wird auch zuhause gerne genutzt. Dies zeigt einen Trend: Das mobile Internet ersetzt das stationäre nicht nur dort, wo dieses gerade nicht verfügbar ist, sondern wird auch aus Bequemlichkeit parallel genutzt – und zwar von Zielgruppen allen Altersstufen, wie eine Studie des Siegfried Vögele Instituts zeigt: So gehört für die Jungen zum Beispiel das mobile Internet zuhause mit Spielen und Videos zu ihrem persönlichen „Chill-Programm", während Ältere gerne Informationen wie Börsenkurse oder Nachrichten bequem vom Sofa aus abfragen [3].

Das Mobile Web birgt also großes Zukunftspotenzial – auch für werbetreibende Unternehmen. Doch wer denkt, das mobile Internet

http://www.marketing-boerse.de/Experten/details/Laura-Lamieri
http://www.marketing-boerse.de/Experten/details/Thorsten-Schaefer

folge denselben Gesetzmäßigkeiten wie das stationäre Web und wäre lediglich eine Miniaturform davon, ist klar im Irrtum. Mobiles Internet ist nicht das stationäre Internet en miniature. Es hat seine eigene Logik, und vor allem bei der Leistungsfähigkeit gibt es deutliche Unterschiede.

Entscheiden sich Unternehmen für eine mobile Website, so ist es eine zwingende Notwendigkeit, dass sie die zentralen Unterschiede zwischen stationärem und mobilem Internet kennen.

Verhältnis normaler Bildschirm zum Smartphone liegt bei circa 5:1

Das Verhältnis eines normalen Bildschirms zum Smartphone liegt bei ungefähr 5:1. Das heißt, gerade einmal zwanzig Prozent eines Bildschirms sind auf einem Smartphone abbildbar. Die Inhalte im mobilen Bereich müssen daher anders, konkreter und vor allem fokussierter dargestellt werden.

Mobiles Web muss einfacher zu bedienen sein

Hinzu kommt: Seit Zeiten mit GSM haben sich die Netzkapazitäten seit 1995 zwar um den Faktor zehntausend vervielfacht, aber: mobile Verbindungsgeschwindigkeiten liegen immer noch weit hinter denen des stationären Internets. Das mobile Web muss daher um einiges einfacher zu bedienen sein als das stationäre und vor allem zielbezogene Funktionen aufweisen.

Da die Nutzung des mobilen Internets an nahezu jedem Ort möglich ist, wird die Aufmerksamkeit des Users sehr stark von den gerade jeweils vorherrschenden Umfeldfaktoren, zum Beispiel Lautstärke, Lichtverhältnisse, Umgebung beeinflusst. Das Unternehmen hat keinen Einfluss darauf, von wo aus die User die Seite nutzen. Gerade weil diese Kriterien – anders als beim stationären Web – nicht regulierbar sind, ist es umso notwendiger, mit geeigneten Mitteln die Aufmerksamkeit des Users aufrechtzuerhalten und eine einfache Bedienung sicherzustellen. Dabei spielt die Gestaltung eine Schlüsselrolle. Als Herausgeber einer mobilen Website muss man sich stets dessen bewusst sein, dass die Inhalte der Seite unterwegs konsumiert werden. Genau darauf muss sich die Gestaltung einstellen. Nur wenn dies verstanden wird, kann eine mobile Website userfreundlich sein. Das Nutzungserlebnis muss zu der Dynamik des Mediums passen.

Das Siegfried Vögele Institut befasst sich im Kern mit Fragen der Wahrnehmung und Wirkung von Werbung. Es war daher eine logische Konsequenz, die Prof. Vögele Dialogmethode® weiterzuentwickeln und auf alle Onlinemedien zu übertragen. Auf den folgenden Seiten werden auf dieser Basis komprimiert die wichtigsten Regeln für die Gestaltung mobiler Webseiten vorgestellt.

Gewohntes und Gelerntes respektieren

User haben über Jahre im World Wide Web gelernt, wo sie Wichtiges erwarten dürfen. Es macht daher Sinn, bestimmte Konventionen der Webgestaltung einzuhalten. Dabei sollte der grundsätzliche Aufbau von Websites geläufig sein. Die Konventionen haben den Zweck, Erwartungen zu erfüllen, Vertrautheit zu vermitteln und damit auch Entscheidungen zu vereinfachen. Besonders bei der Platzierung von Elementen auf der Website und der Gestaltung von Links haben sich Konventionen durchgesetzt [4]. Studien beweisen, dass der User innerhalb von fünfzig Millisekunden (ms) weiß, ob ihm eine Website gefällt oder nicht. Innerhalb von fünfhundert ms entsteht Vertrauen [5].

Innerhalb von 500 ms entsteht Vertrauen

Besonders bei Seitenorientierung zeigen sich Unterschiede zwischen stationär und mobil. Während stationäre Websites von der Seitenorientierung her meistens auf ein horizontales Format ausgerichtet sind, sollten mobile Websites dagegen ihr Layout im Hochformat halten. Auch wenn die meisten Smartphones die Seiten bereits im horizontalen Format anzeigen können, ist das vertikale Format Ausgangspunkt und Grundorientierung, da das Endgerät in der Regel auch bei anderen Nutzungsszenarien in diesem Format bedient wird. Es empfiehlt sich daher beim Design von mobilen Websites ein einspaltiges, linksbündiges Text-Layout. Eine horizontale Navigation beziehungsweise ein horizontales Layout (mehrspaltiger Text) sollte dagegen vermieden werden [6].

Seitenorientierung im Web horizontal, mobil im Hochformat

Grundsätzlich lassen sich Websites auf zwei Arten auf dem Endgerät darstellen. Zum einen über sogenannte Mobile-Sites, zum anderen über Smartphone-Sites, die das „echte Internet“ auf dem Endgerät wiedergeben. Je nach mobilem Endgerät ist die Software automatisch dazu in der Lage, den jeweiligen Seitentyp zu erkennen und zu öffnen. Mobile Websites sind eigenständig für mobile Endgeräte konzipierte Seiten. Sie zeichnen sich gegenüber dem stationären Webauftritt meist durch eine konzentrierte, reduzierte Darstellung der zentralen Funktionen und Rubriken aus und tragen in Sachen Usability dem mobilen Kontext Rechnung: Schnell ladbare, kleinere Bilddateien und

Mobiler Webauftritt mit konzentrierter und reduzierter Darstellung einfach mit dem Finger auswählbare Rubriken sind nur zwei Beispiele für die Anpassung an die Modalitäten des mobilen Webs [7].

Die Einbindung einer Call-Back-Funktion wird empfohlen

Zusätzlich empfiehlt sich die Einbindung und Nutzung von gerätespezifischen Funktionen in die mobile Website, wie zum Beispiel Call-Back-Funktion, Vibrations-Feedback bei der Auswahl von Buttons oder GPS. Entscheidet sich ein Unternehmen für die Darstellung seines Webauftritts als Smartphone-Site, so erfolgt die Darstellung des kompletten Webauftritts „en miniature" auf dem Smartphone. Hierbei sollte sichergestellt sein, dass die Darstellung auf dem kleinen Smartphone-Bildschirm gut bedienbar bleibt, dass unter anderem der Seitenaufbau auch mit einem mobilen Internetzugang schnell erfolgt, alle Inhalte gut sicht- und lesbar sowie anklickbare Elemente auch auf dem Smartphone leicht auswählbar sind.

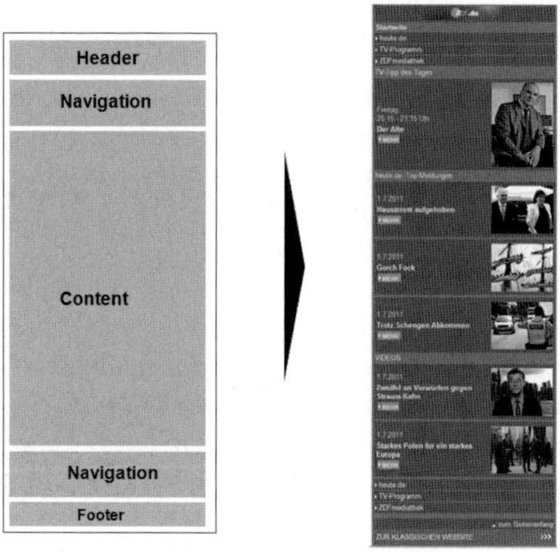

Abb. 2: Seitenaufbau mobiler Websites [8]

Die Entscheidung für die eine oder andere Variante muss wohl überlegt sein und ist meist auch unter Kostengesichtspunkten zu sehen. Aus Usability-Sicht jedoch stellt die Mobile-Site in der Regel die bedienungsfreundlichere Alternative dar.

Übersichtlich gestalten

Grundsätzlich gibt es folgende zentrale Aspekte, um Übersichtlichkeit herzustellen:

- Prägnanz,
- Hierarchie und
- Aufgeräumtheit / „Weißraum".

Scannen, Skimmen, Lesen

Das Wahrnehmungsverhalten des Users läuft dabei stets nach dem gleichen Schema Scannen, Skimmen, Lesen ab. Beim Scannen werden die Seiteninhalte grob überflogen. Der User sucht nach relevanten Inhalten über eine auffällige Gestaltung. Dabei wird eine Menge an Informationen aufgenommen. Aber nur wenige von diesen Informationen werden tatsächlich im Hirn verarbeitet. Aufgenommen werden beim Scannen hervorstechende Informationen, Überschriften, prägnante Bilder und Links. Fließtext hingegen wird kaum Beachtung geschenkt. Im nächsten Schritt möchte der User beim Skimmen die wichtigsten Inhalte möglichst schnell finden und aufnehmen. Der Fokus sollte daher auf sehr informative Elemente wie Listen, Tabellen, Grafiken, Textkästen und Links gelegt werden. Dabei sollte nur eine verständliche Aussage pro Absatz getroffen werden. Erst beim letzten Schritt, dem Lesen, erfolgt eine systematische, vollständige Aufnahme und Verarbeitung der Informationen. Erst jetzt wird allen Text- und Bildinformationen Beachtung geschenkt [9].

Augenkamera-Tests konnten beweisen, dass die Wahrnehmung auf mobilen Websites der oben genannten Logik folgt. Beim mobilen Surfen auf Informationsportalen wurden in den Tests unter anderem folgende Ergebnisse beobachtet:

- Bilder, Headlines sowie Fettdrucke fallen als erstes ins Auge.
- Icons, die den Kontext unterstützen, finden schnell Beachtung.
- Der Blickverlauf wandert über Bilder zu Fettdruck zu Text, das heißt, mit Hilfe von Bildern in Kombination mit Texten lässt sich die Blickhierarchie gezielt steuern.
- Andersfarbige oder hervorgehobene Elemente im Text (zum Beispiel Werbeanzeigen) werden ebenfalls rasch wahrgenommen. [10]

In diesem Sinne bestätigen die Ergebnisse der Augenkamera-Tests mobiler Websites die Wahrnehmungshierarchie der Prof. Vögele Dialogmethode, die aussagt, dass die menschliche Wahrnehmung festgelegt ist: (Bewegte) Bilder werden vor Grafiken, diese wiederum vor Überschriften wahrgenommen, am Ende der Hierarchie steht der Fließtext [11].

Auf dem Smartphone nur die wichtigsten Inhalte präsentieren

Eine klare Informations-Hierarchie auf mobilen Websites sollte unbedingt eingehalten werden. Das bedeutet: Extreme Konzentration auf die wesentlichen Informationen. Der relativ kleine Bildschirm auf Smartphones zwingt dazu, nur die wichtigsten Inhalte zu präsentieren. Entgegen dem stationären Web ist das Scrollen auf Smartphones gängiger. Allerdings sollte nicht ins Endlose gescrollt werden. Ab einem bestimmten Punkt macht es mehr Sinn, Informationseinheiten mit eindeutigen Namen zu installieren, die in der Navigation direkt ansteuerbar sind. Bei Tablet-PCs wie dem IPad hat sich die „Wischbewegung“ zum Blättern beim Lesen von Inhalten durchgesetzt [12].

Klare Navigationsstrukturen ein Muss

Klare Navigationsstrukturen sowie eine deutliche Visualisierung des Standorts in der Seiten-Navigation sind Grundvoraussetzungen für eine bedienungsfreundliche mobile Webseite. Bei der Gestaltung empfiehlt es sich, unterhalb eines Headers mit Logo die Navigation mit den wichtigsten Kategorien zu platzieren. Kleine Bilder oder Icons können die Navigation visuell unterstützen. Der Einsatz eines Teaser-Bildes, das zwischen Header und Navigation platziert wird, ist ebenfalls möglich. Stellt ein Suchfeld eine zentrale Funktion dar, so wird dies häufig auch oberhalb der Navigationselemente platziert. Im mittleren Seitenbereich bietet sich die Möglichkeit, Content-Elemente zu platzieren, wobei hier auch mit Teaser-Bildern gearbeitet werden sollte.

In Augenkamera-Tests konnte bewiesen werden, dass auch im mobilen Web die Wahrnehmungshierarchie der Prof. Vögele Dialogmethode gilt, in der Bilder vor Texten die Aufmerksamkeit der User erregen [13]. Im Seitenfuß können nach Bedarf noch weitere Kategorien angezeigt oder Links angebracht werden, die zu weiteren, jedoch weniger häufig genutzten, Navigationskategorien führen. In diesem Zusammenhang sind sogenannte „Escape-Points“, mit denen der User die Möglichkeit hat, direkt zur nächsten/übergeordneten Ebene oder zurück zur Startseite zu gelangen, zentral für eine zielgerichtete mobile Navigation und optimale User-Orientierung. Die „Escape-Points“

sollten möglichst unten auf der Seite platziert werden, damit der User nicht hochscrollen muss [14].

„Escape-Points" unten auf der Seite plazieren

Dem Leser Orientierung geben

Eine gute Webnavigation ist aus zwei Gründen besonders wichtig. Zum einen besitzt der User beim Surfen im Web weder ein Richtungsgefühl im räumlichen Sinne noch ein Gefühl des Ausmaßes des virtuellen Raums, in dem er sich bewegt. Eine räumliche Orientierung (wie in physischen Räumen) ist nicht möglich. Der User orientiert sich daher im Rahmen einer konzeptuellen Hierarchie: der Navigations-Struktur [15]. Daher muss eine Web-Navigation dem User maximale Orientierung auf jeder Unterseite geben und dessen Fragen sicher und schnell beantworten.

Folgende Informationen sind dem User bei der Navigation dabei besonders wichtig:

1. Wo bin ich? (Logo)
2. Was ist das hier?
3. Bin ich hier gut aufgehoben? (Ist der Anbieter vertrauenswürdig?)
4. Wo war ich? (Auf welchem Weg bin ich hier her gekommen?)
5. Wohin kann ich gehen? [15]

Im mobilen Web ist die Frage der Orientierung aufgrund der beschränkten Platzmöglichkeiten zum Anbringen von Navigationselementen eine noch größere Herausforderung: Nicht immer können alle möglichen Menüpunkte auf der jeweiligen Ebene angezeigt werden, sondern es muss selektiert werden, welche Kategorien als „Landmarken" ausreichen. Auch bei der Seitennavigation im mobilen Web gilt es also, sich auf das Wesentliche zu beschränken: So sollten im oberen Seitenbereich oder bei der Navigation in tiefere Ebenen grundsätzlich nur diejenigen Optionen gezeigt werden, welche für die aufgerufene Seite relevant sind. Dies setzt eine sorgfältige Analyse im Vorfeld der Website-Konstruktion voraus, um diejenigen Navigationselemente zu identifizieren, die im mobilen Kontext zentral sind.

Orientierung im mobilen Web eine große Herausforderung

Links auf den einzelnen Seiten sollen den User auf eine andere Seite oder eine Unterseite führen. Links müssen deutlich als solche

Links deutlich kennzeichnen

gekennzeichnet sein, da sie ansonsten ihre Wirkung verfehlen. Der User sollte an der Benennung des Links sofort erkennen, auf welche Zielseite dieser führt beziehungsweise welche Frage er beantwortet. Für alle Links sollte außerdem durchgehend die gleiche Darstellung gewählt werden. Zentral im mobilen Kontext ist die einfache Auswahl per Finger oder Stift. Das heißt, sowohl die Größe als auch der Abstand der auswählbaren Elemente sollte ausreichend groß gestaltet werden. Ausgewählte Links sollten nach deren Nutzung unbedingt gekennzeichnet werden. Ansonsten liegt ein klarer Filter für eine gute Userführung vor, da die Frage „Wo war ich bereits?“ nicht beantwortet wird.

Zielgruppengerecht gestalten

Zielgruppen bei der Gestaltung berücksichtigen

Ebenso wie im stationären Web sollten auch auf mobilen Webseiten die unterschiedlichen Zielgruppen berücksichtigt werden. Nicht nur bei der werblichen Ansprache, sondern auch bei der Gestaltung der Seiten. So gelten beispielsweise für ältere Menschen vollkommen andere Gestaltungsregeln als für junge Menschen oder für die weibliche Zielgruppe andere Gestaltungsnormen als für das männliche Pendant. Je mehr Informationen über die Zielgruppe bekannt sind, desto eher kann der mobile Webauftritt auf die Bedürfnisse der User abgestimmt werden. Wichtige Fragen sind daher zum Beispiel, welche mobilen Endgeräte vorwiegend von der Zielgruppe genutzt werden und in welchen Nutzungssituationen sowie zu welchem Zweck die User die mobile Website aufrufen. Sowohl die Webstatistik (zum Beispiel das Auslesen von Browser-Typen) als auch Zielgruppen-Befragungen können hier wertvolle Informationen liefern.

Ästhetisch gestalten

Für eine ästhetische Gestaltung mobiler Webseiten empfiehlt es sich, sich zunächst mit den Farbgesetzen vertraut zu machen. Denn auch mittels Farben kann die Aufmerksamkeit des Users gezielt gelenkt werden. Farben haben eine psychologische, symbolische und soziale Wirkung und unterliegen den Wahrnehmungsgesetzen. Besonders aber ist im mobilen Web darauf zu achten, dass durch ein hohes Kontrastverhältnis eine gute Lesbarkeit gewährleistet ist, da die Endgeräte oft an Orten mit schlechten Lichtverhältnissen genutzt

Hohes Kontrastverhältnis und gute Lesbarkeit wichtig

werden. Aber auch die gezielte Auswahl von Bildelementen steuert den Blickverlauf im mobilen Web. Bilder sind auch hier zentrale „Haltepunkte“ für das Auge, wie Augenkamera-Untersuchungen des Siegfried Vögele Institut beweisen konnten [16].

Aktivierend gestalten

Dem Nutzer sollten zu jeder Zeit seine Entscheidungen erleichtert werden. Dies wird dadurch erreicht, dass der Nutzen auf den ersten Blick für den User erkennbar ist. Er sollte konkret, kurz und prägnant dargestellt werden. Dem User muss im mobilen Web eine noch überschaubarere Anzahl an Alternativen geboten werden als im stationären Web. Aufgrund des geringen Platzangebots sollte auf irrelevante Informationen verzichtet und das Kommunikationsziel stets im Auge behalten werden. Zentral ist, dass das Ziel möglichst einfach und schnell erreicht werden kann: Besonders auffällige und leicht auswählbare Call-to-Action-Elemente und Formulare, bei denen nur die nötigsten Inhalte ausgefüllt werden müssen, sind nur zwei Beispiele dafür, wie eine wirkungsvolle User-Aktivierung im mobilen Kontext erfolgen sollte

Nur die notwendigsten Inhalte abfragen

Fazit

Die Bedeutung des mobilen Internets wird in Zukunft noch weiter wachsen. Es übernimmt bereits heute viele Funktionen des stationären Webs. Dennoch ist es keine Miniatur davon. Das mobile Internet stellt neue Anforderungen an die Konzeption und Umsetzung von Webseiten. Der Grund dafür ist nicht allein das kleine Display, sondern auch die vielfältigen Nutzungs-Situationen. Eine userfreundliche, kontext-adäquate Gestaltung ist zentral: Eine klare Hierarchie mit extremer Konzentration auf das Wesentliche. Nur die wichtigsten Inhalte prägnant und nutzerorientiert präsentieren. Der kleine Bildschirm zwingt dazu. Darüber hinaus muss der User durch eine klare Navigation, die nur zentrale Kategorien enthält, und eine ausreichende Zahl an Escape-Points sicher durch die mobile Webseite geleitet werden.

Kurze Wege zum Ziel, schlanke Eingabe-Masken und ein leicht steuerbarer Abschlussprozess durch den User sind die wichtigsten

Erfolgsfaktoren für eine handlungsaktivierende Website. Dabei müssen die Elemente zur Handlungsaktivierung noch deutlicher als im stationären Web gestaltet sein. Ebenso wichtig ist es, dem User jederzeit ein klares Feedback zu geben (zum Beispiel bei Klick Farbe oder Vibration).

Gelingt all dies, so stellen mobile Websites eine hervorragende Möglichkeit zur sinnvollen Erweiterung der Kommunikations- und Vertriebskanäle in Unternehmen dar.

Literatur

[1] BITKOM: Smartphone-Absatz steigt rasant, Presseinformation, Berlin, 2012. BITKOM: Zeitenwende auf dem Handy-Markt, Presseinformation, Berlin 2012.

[2] BVDW/Google/Ipsos: Mobile Consumer Evolution 2011, Hamburg/Düsseldorf, 2012.

[3] Lamieri, L., Schäfer, T.: Mobile Websites im Visier, SVI Whitepaper – http://sv-institut.de/studien-publikationen/svi-whitepapers.html, Königstein, 2012.

[4] Meiert, J. O.: Usability-Konventionen: Grundlagen und Beispiele, http://meiert.com/de/publications/articles/20061208 [20.05.2011]. Nielsen, J., Loranger, H.: Prioritizing Web Usability – New Riders Press, Berkeley (CA), 2006.

[5] Lindgaard G., Fernandes G. J., Dudek C. & Brown, J.: Attention web designers: You have 50 milliseconds to make a good first impression! Behaviour and Information Technology, 25:115 – 126, 2006.

[6] Fling, B.: Mobile Design and Development. O'Reilly Media, Sebastopol, 2009.

[7] E-Commerce-Center Handel ECC: Und wie sieht Ihre Website auf einem Smartphone aus? http://www.ecc-handel.de/gestaltung_mobiler_websites.php [06.07.2012]. MobiThinking: Designing Usable Pocket Rockets: A Three Step Guide to Usability on the Mobile Web, http://mobithinking.com/sites/mobithinking.com/files/dotMobi_Mobile_Usability_Best_Practice.pdf [13.07.2012].

[8] Quelle: Fling, B.: Mobile Design and Development. O'Reilly Media, Sebastopol, 2009, www.m.zdf.de [01.07.2011]

[9] Wirth, T:. Missing Links – über gutes Webdesign – 2. Auflage, Hanser-Verlag, München, 2004.

[10] Lamieri, L., Schäfer, T.: Mobile Websites im Visier, SVI Whitepaper, http://sv-institut.de/studien-publikationen/svi-whitepapers.html, Königstein, 2012.

[11] Vögele, S.: Dialogmethode. Das Verkaufsgespräch per Brief und Antwortkarte – Verlag Moderne Industrie, München, 2004.

[12] Nielsen, J.: Mini-IA: Structuring the Information About a Concept – http://www.useit.com/alertbox/mini-ia.html [04.07.2011].

[13] Lamieri, L., Schäfer, T.: Mobile Websites im Visier, SVI Whitepaper, http://sv-institut.de/studien-publikationen/svi-whitepapers.html, Königstein, 2012.

[14] MobiThinking: Designing Usable Pocket Rockets: A Three Step Guide to Usability on the Mobile Web, http://mobithinking.com/sites/.../dotMobi_Mobile_Usability_Best_Practice.pdf, 20.07.2011. Armbrüster, C., Voss, F., Neul, M., Horst, K.: Usability Monitor 2010: Das mobile Web – Zum Stand der Dinge, Bad Homburg, 2009.

[15] Krug, S.: Don't make me think – 2. Auflage, mitp-Verlag, Heidelberg, 2006.

[16] Lamieri, L., Schäfer, T.: Mobile Websites im Visier, SVI Whitepaper, http://sv-institut.de/studien-publikationen/svi-whitepapers.html, Königstein, 2012.

Alby, T.: Das mobile Web, Hansa-Verlag, München, 2008

ANFRAGEN ALS CHANCE ZUM DIALOG NUTZEN

4

AUTOREN

Svea Rassmus
Die Social Media Managerin für die DB Vertrieb GmbH betreut dort die strategische, konzeptionelle und operative Koordination der Social Media-Aktivitäten.

Christian Maybaum
Der Global Social Media Coordinator im Bereich Konzernkommunikation der Deutschen Post DHL ist Gründer des Fachbeirats des „Social Media Excellence"-Kreises.

Gunter Fritsche
Der Senior Vice Präsident Sales und Service ist verantwortlich für den Onlinevertrieb und -Service in der Telekom Deutschland GmbH.

Gero Niemeyer
Er ist Vorsitzender der Geschäftsführung der Deutschen Telekom Kundenservice GmbH (DTKS) mit 15.000 Mitarbeitern und über dreißig Standorten in Deutschland.

Carsten Wallmeier
Er leitet bei der Deutsche Telekom Kundenservice GmbH (DTKS) das Operations Office des Bereichs Kompetenzcenter

Ausführliche Autorenbeschreibung ab Seite 426

4

ANFRAGEN ALS CHANCE ZUM DIALOG NUTZEN

„DB Bahn" bietet Service und Dialog auf Augenhöhe

Svea Rassmus

4

Es wurde und wird viel über die Deutsche Bahn, insbesondere über den Personenverkehr, im Social Web gesprochen. In Communities, Foren, Blogs, sozialen Netzwerken und vielem mehr findet ein reger Austausch statt, der ein enormes Potenzial für die Bahn bedeutet. Potenzial im Sinne der strategischen Punkte: Kunden begeistern! Gemeinsam gestalten!

Vom Monitoring zum Service- und Marketingkanal

Das seit 2009 professionell betriebene Social Media Monitoring und die Analyse der „Netzgespräche" ergaben gerade in der Anfangszeit ein stark negativ konnotiertes Bild. Diese Erkenntnis gab den Impuls, sich an der Kommunikation zu beteiligen und in einen direkten Dialog mit den Kunden zu treten, aufzuklären, Hilfe zu leisten und zu informieren.

Den ersten Schritt ging der Personenverkehr und somit die Marke „DB Bahn" mit Hilfe des zu diesem Zeitpunkt privat betriebenen Twitter-Accounts @db_info. Dieser wurde übrigens der Bahn auf Anfrage vom Betreiber mit den Worten: „Wer nett fragt, bekommt auch etwas geschenkt" übertragen. Die folgende „Einwegkommunikation" enthielt und enthält bis zum heutigen Tag Verkehrs-, Störungsmeldungen, werbliche Angebote und Produktinformationen, die sich jeder abonnieren kann.

Zuerst Einwegkommunikation bei @db_info

Dass die Kommunikation mit dem Kunden nicht nur in eine Richtung funktioniert, wurde im Oktober 2010 durch die „Chef-Ticket"-Kampagne sichtbar und im Social Web langanhaltend und kritisch diskutiert. Vertrieblich erfolgreich, zeigten jedoch die Reaktionen und Wortmeldungen auf der Facebook-Pinnwand, dass sich Kunden gern über ein bestimmtes Angebot hinaus zu Bahnthemen austauschen

http://www.marketing-boerse.de/Experten/details/Svea-Rassmus

wollten und einen Anlaufpunkt im Netz suchten, der nicht den klassischen Supportkanälen entsprach. Ein klar definiertes Bedürfnis von kanalspezifischer Kundenkommunikation gab den Ausschlag für das Konzept eines Kundendialog- und -servicekanals des Personenverkehrs der Deutschen Bahn im Social Web. Anfänglich wurde dies auf Twitter beschränkt und im Dezember 2011 auf Facebook erweitert.

Servicekanal zuerst auf Twitter und dann auf Facebook

Die vier Grundbausteine der Social Media-Strategie

Die Entscheidung, sich kommunikativ auf die Mechanismen und die Akteure des Social Webs einzulassen, zog eine genaue strategische Positionierung und eine anfängliche Beschränkung auf Dienste und Netzwerke mit sich. Die Fokussierung auf Twitter und Facebook als neue Heimat des Service- und Dialogkanals „DB Bahn“ ergab sich aus dem einfachen Vergleich der deutschsprachigen Nutzerzahlen, der verschiedenen Netzwerke und Dienste und bestehender Auftritte anderer Großunternehmen wie der Lufthansa, der Telekom und anderen Bahnunternehmen.

Die Auftritte von „DB Bahn“ sind organisatorischer Bestandteil des Online-Vertriebs des Personenverkehrs der Deutschen Bahn und haben den Kunden in Bezug auf Zufriedenheit, Nähe, Absatz und Marke im Fokus. Auf die Social Media-Strategie übertragen, ergaben sich vier zentrale Bausteine:

Dialog als Grundvoraussetzung für alle Aktivitäten des Personenverkehrs im Social Web. Information als die Basis von Service, zum Beispiel Verspätungs- und Störungsmeldungen sowie Information als Marketingleistung mit inhaltlich wertvoller Angebots- und Produktkommunikation. Ferner soll Nutzwert durch Applikationen geschaffen werden, die die Mobilität der Kunden vereinfachen. Temporäre Kampagnen dienen, als vierter Baustein, der Fan-, Follower- und Neukundengewinnung und sollen Mehrverkehr generieren.

Die vier Bausteine: Dialog, Informationen, Nutzwert und Kampagnen

Kommunikation, Prozesse und Strukturen

Die besonderen Herausforderungen bei der grundsätzlichen Entscheidung der Bahn, im Social Web aktiv zu werden, bestand in der Komplexität eines Großkonzerns mit seinen unterschiedlichen Bereichen und der starken öffentlichen Aufmerksamkeit. Bevor im

Eine Herausforderung: die große öffentliche Aufmerksamkeit

April 2011 der grundsätzliche Startschuss zur konzernweiten Steuerung der Aktivitäten im Social Web fiel, wurden vielfältige Gespräche geführt und Prozesse abgestimmt, zum Beispiel mit dem Betriebsrat, dem Kunden- und Mitarbeiterdatenschutz, den Arbeitsrechtlern sowie verschiedenen Organisationseinheiten und Fachabteilungen.

Bewusst wurden schließlich zwei Kanäle auf Facebook eingerichtet: Ein Servicekanal für den Kundendialog des Personenverkehrs [1] und ein Informationskanal [2], der über die verschiedenen Geschäftsbereiche und Corporate-Aktivitäten berichtet und Fragen dazu beantwortet. Ziel war es, den jeweiligen interessierten Zielgruppen schnell, passgenau und kompetent Auskunft geben zu können. Mit zwei Kanälen werden die individuellen Bedürfnisse besser fokussiert und übersichtlich bearbeitet.

Zwei Kanäle für die unterschiedlichen Zielgruppen

Da sich die Aktivitäten im Social Web an die Dynamik des Mediums und deren Akteure anpassen, sind die Gespräche und die vermittelnden Informationen innerhalb der Deutschen Bahn in einem ständigen Fluss.

Gespräche und Informationen ständig im Fluss

Zur besseren Koordination und internen Kommunikation etablierte der Personenverkehr 2011 die weisungsbefugte Koordinierungsstelle für Social Media-Aktivitäten im Personenverkehr. Diese setzt sich aus Vertretern aller relevanten Fachbereiche, wie zum Beispiel Online-Vertrieb, DB Regio, DB Fernverkehr, Konzernmarketing und Konzernkommunikation zusammen. Primäre Aufgabe ist die Bewertung geplanter Social Media-Aktivitäten im Ressort und die Entscheidung über deren Umsetzung und Qualität. Das sichert die Einführung konzertierter und zielgerichteter Auftritte im Social Web, unterstützt bei der Ressourcen- und Budgetplanung, dient dem Risikomanagement, der Dokumentation und dem Erfahrungsaustausch untereinander.

Fördernd, wenn nicht sogar ausschlaggebend in der internen Kommunikation, der Aufklärungsarbeit und des späteren Trainings von Mitarbeitern war das „Social Media-Handbuch des Personenverkehrs". Dieses wurde federführend, unterstützt durch die jeweiligen Fachabteilungen, durch das Social Media-Management des Online-Vertriebs und DB Dialog (als Dienstleister) erstellt.

Social Media-Handbuch fördernd für interne Kommunikation

Es beinhaltet unter anderem die Social Media-Strategie von DB Bahn, die Ziele und Aufgaben des Dialog-Teams sowie die Beschreibung der genutzten Social Media-Kanäle und ihrer kommunikativen und viralen Besonderheiten. Außerdem sind darin Leitfäden für die Kommunikation, also grundsätzliche Entscheidungen was, wie und in welcher Form bearbeitet wird, Aussagen zum Datenschutz und anderen relevanten Rechtsthemen enthalten. Einen großen Raum nehmen die Organisation und die Prozessbeschreibung zu Eskalationsfällen, zur Krisenintervention, der Zusammenarbeit und Abtretungen an andere Fachbereiche und das Issue-Management ein.

Der Einsatz eigener Mitarbeiter war erfolgsentscheidend

Verschiedene Analysen von Kundenerwartungen im Social Web, die eigene Erfahrungen mit der „Chef-Ticket"-Seite auf Facebook und die Rückmeldungen, die von anderen Unternehmen zu ihren Aktivitäten im Netz kamen, führten sehr früh zum Entschluss, das Social Media-Team aus Mitarbeitern des DB-Kundenservice zu rekrutieren. Voraussetzung war dabei nicht, dass die Mitarbeiter bereits vielfältige private Erfahrungen mit Twitter, Facebook & Co. hatten, sondern, dass sie über Markenidentifikation, fundiertes Fachwissen, Einfühlungsvermögen und ein kommunikatives Talent zum freien Schreiben verfügten.

Strategisch und konzeptionell werden die Social Media-Auftritte von „DB Bahn" durch die Social Media-Manager von DB Vertrieb geleitet, die teils aus der DB, teils von extern kamen. Das bündelt Kompetenzen im Bereich des Community-/Content-Managements und bei bahnspezifischen Fachthemen und gewährleistet eine gute Vernetzung innerhalb des Konzerns.

Agents sind gutausgebildete Supportmitarbeiter

Das Training der für Social Media zuständigen Mitarbeiter erfolgte in mehreren didaktischen und zeitlichen Einheiten und war immer auch Bestandteil der täglichen Arbeit. Die Basisschulung wurde und wird anhand des „Social Media-Handbuchs" durchgeführt. Sie enthält verschiedene Themenblöcke wie zum Beispiel den Datenschutz und rechtliche Komponenten, bei denen die Mitarbeiter von internen Fachleuten unterrichtet werden, mit denen sie auch später in der täglichen Arbeit Rücksprache halten.

Alle Schulungseinheiten enthalten praktische Beispiele von Twitter- oder Facebook-Dialogen und typischem User-Verhalten, die eigenständig bearbeitet und anschließend im Team diskutiert und ausgewertet wurden. Es werden keine Textbausteine für die Beantwortung verwandt, sondern Inhalte anhand von fachlichen Vorgaben und freien Formulierungen erstellt. Dies stellt gleichzeitig wesentliche Prozesse der täglichen Arbeitsweise der Agents nach und ist teambildend.

Textbausteine werden für die Antworten nicht verwendet

Die Arbeit der Social Media-Agents unterliegt einer ständigen Qualitätskontrolle durch das Social Media-Management von DB Vertrieb und DB Dialog. Die Agents erhalten innerhalb ihrer Mitarbeiter- und Teamgespräche Schulungen aus der täglichen Praxis und werden auf bestimmte Produkte, Ereignisse und Kommunikationen durch Fragen-Antworten-Kataloge und Kommunikationstrainings speziell geschult.

Qualität durch Content- und Community-Management

Der Erfolg eines Service- und Dialogkanals im Social Web hängt maßgeblich an vier Komponenten, die sich leicht von den Kundenbedürfnissen ableiten lassen: schneller kompetenter Service, Raum für kritischen Austausch, spezielle Angebote und (selbst)helfende Inhalte.

Die Basis liefert „DB Bahn“ mit einem gut abgestimmten Content-Management, welches informative und werbliche Inhalte in einer zurückhaltenden Frequenz beisteuert. Hinzu kommen ein fachlich kompetentes und kommunikativ regulierendes Community-Management, welches durch eine gut ersichtliche Netiquette unterstützt wird, sowie ein ausgewogenes Kampagnen-Management, das zielgruppenrelevante Angebote erarbeitet und anbietet.

Netiquette unterstützt

Das Team arbeitet in einem Dreischichtsystem, werktags von 6 bis 22 Uhr und von 10 bis 22 Uhr an Wochenenden und Feiertagen.

Dreischichtsystem 7 Tage die Woche

Die Bearbeitung der Anfragen erfolgt nach der einfachen Dreiteilung: Sichter, Kommunikator, Emphatisant. Hereinkommende Tweets, Postings und Kommentare werden gesichtet und in „zu beantworten“ und „nicht zu beantworten“ unterteilt und einer weiteren Bearbeitung zugewiesen. Danach wird direkt eine Antwort gegeben

Jede Antwort im „Vier-Augen-Prinzip" gegengelesen

oder bei Bedarf erst recherchiert. Letztendlich wird jede Antwort vom Emphatisanten im „Vier-Augen-Prinzip" gegengelesen und freigegeben. Das hilft, versteckte Ironie, eine missverständliche Antwort oder Rechtschreibfehler zu vermeiden und ist wesentlicher Teil der Qualitätssicherung.

Essenziell wichtig ist das öffentliche Community-Management

Essenziell wichtig, da jederzeit für die Kunden ersichtlich, ist das Community-Management. Es stellt einen sicheren Umgang mit Dialogspitzen zum Beispiel bei Verkehrsstörungen, medienwirksamen Aktionen und Fällen mit Eskalationspotenzial sicher. Im „Social Media-Handbuch" erarbeitete Handlungshinweise, Arbeitsprozesse und Eskalationswege ermöglichen hier schnelle Reaktionszeiten und persönliche Ansprachen zur Deeskalation. Dies gilt auch bei vielschichtigen Anfragen im normalen Tagesgeschäft.

Bei Krisen arbeiten alle relevanten Abteilungen zusammen

Die definierten Prozesse bei Eskalationen und möglichen Krisen umfassen die Informationswege und die Zusammenarbeit mit der Konzernkommunikation, den Pressesprechern des Personenverkehrs sowie den einzelnen Fachabteilungen und geben Handlungshinweise für die Kommunikation zurück ins Netz. Transparenz und Offenheit haben hier obersten Stellenwert.

Als Ordnungsrahmen für den Umgang mit Beschimpfungen, rechtlichen Verstößen und zum inhaltlichen Positionieren der einzelnen „DB Bahn"-Auftritte wurde eine kurze und gut verständliche Netiquette erstellt. Damit und durch die definierten „Öffnungszeiten", die den Kunden über die Servicezeiten informieren, haben die Social Media-Agents eine gute Struktur an der Hand.

Vorherige Nennung des Grundes bei Löschung von Meinungs-äußerungen

Die Umsetzung der Netiquette erfolgt fallspezifisch und beinhaltet eher freundliche Hinweise auf Fehlverhalten als ein Löschen von Meinungsäußerungen. Ist ein Entfernen von Inhalten unumgänglich, wird kurz öffentlich über den Grund informiert und dann gelöscht. Dieses Vorgehen beugt zum einem dem Vorwurf der Zensur vor und verfolgt zum anderen einen pädagogischen Ansatz.

Das Hier und Jetzt mit dem Blick in die Zukunft

Dialogteam bearbeitete 24.000 Tweets

Mit Stand Juli 2012 haben die beiden Twitter-Accounts @db_bahn und @db_info mehr als 63.800 Follower. Im ersten Jahr des Twitter-Kanals @db_bahn bearbeitete das Dialog-Team circa 24.000 Tweets.

Die Fans bei DB Bahn auf Facebook belaufen sich auf mehr als 123.000 User. Dort wurden in nur sechs Monaten circa 14.000 Beiträge und Kommentare beantwortet. Das Service-Team kam dabei auf eine Lösungsquote der Fragen und Probleme von knapp 99 Prozent bei Twitter und über 98,5 Prozent auf Facebook. Damit mussten nur wenige Anfragen an andere Abteilungen abgegeben werden.

Die meistgefragten Themen rund ums Bahnfahren sind Fragen zu Angeboten und Preisen des Personenverkehrs, Informationen zu Zugverbindungen und aktuelle Reiseinformationen im Zug. Aber auch Auskünfte rund um die unterschiedlichen BahnCards und Online-Services werden häufig nachgefragt.

Die Service- und Dialog-Kanäle von „DB Bahn" sind im Sinne von zeitnahem Kundenservice und adäquater Kommunikation im Social Web angekommen. Das bedeutet aber auch, dass die strategischen Ziele ausgebaut und ergänzt werden. So spielt zum Beispiel die Reichweite im Social Web eine wichtige Rolle, da nicht alle Kundengruppen des Personenverkehrs auf Twitter und Facebook agieren. Die Erarbeitung von Social Media-Konzepten für neue Netzwerke und Dienste oder die Etablierung einer Community stehen ganz oben auf der Agenda.

Reichweite spielt im Social Web eine wichtige Rolle

Literatur und Blogs

[1] http://facebook.com/DBBahn
[2] http://facebook.com/DeutscheBahn

Social Web und E-Commerce

http://netzwertig.com
http://www.futurebiz.de
http://onlinemarketing.de
http://t3n.de
http://www.medienmilch.de
http://etailment.de
http://www.thomashutter.com
http://www.gruenderszene.de
http://www.stadt-bremerhaven.de
http://www.lead-digital.de
http://www.basicthinking.de/blog/
http://allfacebook.de/
http://karrierebibel.de
http://www.ethority.de/weblog/

Zahlen, Fakten und Statistiken:

http://www.socialbakers.com/
http://www.bitkom.org
http://mashable.com/about/
http://meedia.de
http://www.socialmediaexaminer.com

4 Kundenkommunikation in Social Media bei der Deutschen Post DHL

Christian Maybaum

„Ein großes Dankeschön an @DeutschePostDHL und @dhlexpress für Eure schnelle Hilfe! :-)“ So lautete die Nachricht einer Twitter-Nutzerin, nachdem die Community-Manager ihr Problem mit der Sendungsverfolgung lösen konnten. Einen verärgerten Kunden in einen zufriedenen Kunden verwandeln – das ist unabhängig vom genutzten Kanal ein wichtiges Ziel der Kundenkommunikation. Der entscheidende Unterschied im Social Web: Anders als bei Telefon- oder E-Mail-Support, findet der Dialog zwischen Kunde und Unternehmen öffentlich statt und kann von anderen Nutzern mitverfolgt werden – leicht können die Zahlen in die Tausende gehen.

Dialog findet öffentlich statt

Für Unternehmen ist es zwingend erforderlich, sich auf die neuen Kanäle einzustellen und entsprechende Strategien zu entwickeln. Auf welchen Kanälen erwarten die Kunden ein Feedback? Was genau sind ihre Erwartungen? Und was muss getan werden, um diesen gerecht zu werden?

Die Geschwindigkeit, in der Nachrichten in sozialen Medien ausgetauscht werden, prägt die Erwartungshaltung der Kunden. Eine schnelle Reaktion auf Fragen oder Kritik ist ein wesentlicher Bestandteil erfolgreicher Kommunikation im Social Web. Letztlich gilt: Je schneller und besser eine Anfrage geklärt wird, desto positiver bleibt der Vorgang und damit das Unternehmen in Erinnerung. Im Bewusstsein der Bedeutung von Social Media für das Unternehmen begann die Deutsche Post DHL im Jahr 2010 eine Social Media-Strategie zu implementieren.

Schnelle Reaktionen werden erwartet

Mit den Menschen in den Dialog treten

Für einen international agierenden Konzern mit 470.000 Mitarbeitern in 220 Ländern gibt es viele Herausforderungen beim Aufbau einer

http://www.marketing-boerse.de/Experten/details/Christian-Maybaum

globalen Social Media-Strategie. Es gab bereits einige Präsenzen auf Facebook und Twitter, doch fehlte ein einheitlicher Auftritt und eine übergreifende Struktur. Auf welchen Kanälen möchte man präsent sein? Liegt die Verantwortung dafür lokal oder zentral? Und wie werden die verschiedenen Aktivitäten koordiniert? Dabei galt es, die gesamte Organisation und ihre Mitarbeiter "mitzunehmen". Denn Social Media kann nicht isoliert betrachtet werden, sondern muss alle relevanten Interessengruppen einbeziehen, um die vorhandenen Potenziale voll auszuschöpfen.

Organisation und Mitarbeiter „mitnehmen"

Bei der Entwicklung der Strategie spielte das Wissen darüber, was im Netz „geredet" wird, eine zentrale Rolle. Das Ziel lautete, Transparenz über alle relevanten Diskussionen im Social Web zu erhalten und diese nach Quantität und Qualität auszuwerten. Voraussetzung hierfür sind spezielle Monitoring-Tools, die eigens für die Anforderungen der Deutschen Post DHL zugeschnitten wurden.

Zuhören unabdingbar für erfolgreiches Krisenmanagment

Zuhören trägt aber nicht nur zu einer effizienteren Kundenkommunikation bei, sondern ist unabdingbar für erfolgreiches Krisenmanagement – wie die Deutsche Post DHL im Jahr 2010 leidvoll erfahren musste. Damals verstrichen einige Tage, bis das Unternehmen auf einen Artikel einer kubanischen Bloggerin aufmerksam wurde, die DHL (zu Unrecht) als „politischen Filter" des Castro-Regimes beschuldigte. Inzwischen hatte das Thema aber bereits in die klassischen Medien übergegriffen. Ausgehend von diesem Fall wurde ein umfangreicher Monitoring-Prozess aufgesetzt, um sicherzustellen, dass kritische Themen künftig frühzeitig erkannt und durch schnelle und nachhaltige Reaktionen erfolgreich gemanagt werden können.

Vom Zuhören zum strategischen Framework

Governance, Engagement und Intelligence als Basis für die Implementierung der Social Customer Care

Die von der Konzernkommunikation initiierte Social Media-Strategie der Deutschen Post DHL fußt auf drei Säulen: Governance, Engagement und Intelligence.

Unter „Governance" ist der Auf- und Ausbau von Social Media Know-how im gesamten Unternehmen zu verstehen. Hierfür wurde ein umfangreiches Kompendium an Werkzeugen entwickelt: ein Social Media-Handbuch mit Anleitungen und Praxisbeispielen für die erfolgreiche Umsetzung der Business-Ziele im Social Web, Guidelines für Kundenservice-Mitarbeiter und Community-Manager, diverse

Online-Schulungen – und natürlich auch Social Media Guidelines für alle 470.000 Mitarbeiter des Unternehmens. Denn ein nicht unbeträchtlicher Anteil der Wortmeldungen im Social Web kommt von den eigenen Mitarbeitern, die in den sozialen Netzwerken gewissermaßen als Markenbotschafter fungieren.

Unter „Engagement" werden alle Aktivitäten des Konzerns zusammengefasst, bei denen eine Dialog-Orientierung im Mittelpunkt steht. Darunter befinden sich zahlreiche Facebook-Pages, Twitter-Accounts oder YouTube-Channels, die für unterschiedliche Geschäftsfelder, Produkte oder Marketing-Aktivitäten eingerichtet wurden. Diese Aktivitäten unter ein einheitliches Dach zu stellen, war das Ziel – und dabei immer wieder die zentralen Fragen zu stellen: Welche Berechtigung hat das, was wir als Deutsche Post DHL tun? Wie zahlt es in unsere Zielsetzungen ein?

„Intelligence" beinhaltet die umfassenden Monitoring-Aktivitäten im Social Web zur Identifikation aller relevanten Quellen und Meinungsführern. Hierfür wurde ein Set aus relevanten Keywords, gängigen Abkürzungen und Produktnamen zusammengestellt, das flexibel an aktuelle Themen und Entwicklungen angepasst werden kann. So können alle Aktivitäten und Kommunikationskanäle kontrolliert und aktuelle Auswertungen dazu erstellt werden, wie die Kunden die Marke und einzelne Produkte beurteilen – und welche Verbesserungen und neue Produkte sie sich wünschen.

Zusammenstellung eines Sets von relevanten Keywords

Die Monitoring-Berichte reichen von ausführlichen Evaluation-Reports, über Ad-hoc- und Exception-Reports bis hin zu monatlichen Auswertungen für den Konzernvorstand.

Der Erfolg für Deutsche Post DHL

Beim E-Postbrief der Deutschen Post lässt sich eine erfolgreiche Einbettung von Monitoring-Erkenntnissen in bestehende Business-Prozesse gut veranschaulichen. Es wurde eine Verknüpfung zwischen Monitoring-Tool und Kundenservice-Prozess geschaffen, die es den Kundenservice-Mitarbeitern ermöglicht, über ein einfach zu bedienendes Cockpit alle relevanten Meldungen, Kundenbeschwerden und Fragen aus den unterschiedlichen Kanälen zentral angezeigt zu bekommen und entsprechend schnell auf den betreffenden Kanälen zu reagieren. Darüber hinaus wurde auch proaktiv Hilfe angeboten, noch

Cockpit verknüpft Monitoring-Tool und Kundenservice-Prozess

bevor der E-Postbrief-Kunde verärgert den Kundenservice anspricht. All dies trug wesentlich zur Kundenzufriedenheit bei. Das mit der Business Intelligence Group (B.I.G.) realisierte Projekt wurde 2011 mit dem European Digital Communication Award ausgezeichnet.

Kurz nach dem Launch des E-Postbrief im Juli 2010 begann eine lebhafte Diskussion im Web, ausgehend von einem bekannten deutschsprachigen Blogger. Dabei wurden diverse Schwachstellen des E-Postbriefs aufgelistet und die Sinnhaftigkeit des neuen Produkts infrage gestellt.

Aufkommende Diskussionen rechtzeitig erkennen

Doch dank des Monitoring-Systems konnte der Konzern die aufkommende Diskussion rechtzeitig erkennen und zeitnah reagieren, was unter den Usern durchaus Anerkennung fand. Unter anderem wurden die Meinungsführer der Diskussion zu Live-Web-Konferenzen eingeladen, in denen der Projektleiter zu den Kritikpunkten offen und ehrlich Stellung nahm.

Teilnahme am Dialog – mehr als Kundenservice!

Soziale Netzwerke nehmen immer mehr Einfluss auf die Entscheidungsfindung

Deutsche Post DHL nutzt erfolgreich Netzwerke wie Facebook, Twitter und YouTube für die Diskussion mit Kunden und anderen Stakeholdern. In den vergangenen Jahren konnten im gesamten Unternehmen neue Strukturen, Strategien, Ressourcen und Prozesse entwickelt, implementiert und fortlaufend optimiert werden. Für immer mehr Menschen spielen die sozialen Netzwerke eine bedeutende Rolle und nehmen somit auch immer mehr Einfluss auf die Entscheidungsfindung – zum Beispiel bei Produktempfehlungen.

Auch für Personalgewinnung, Marktforschung, Vertrieb und Kundenservice bieten Aktivitäten im Social Web ein großes Potenzial. Über Social Media können Unternehmen direkt Einfluss auf die öffentliche Diskussion nehmen und somit Teil der Online-Community werden. Denn anders als bei klassischen Medien ist dort die Berichterstattung nicht von einzelnen „Gatekeepern" abhängig.

Mitarbeiter müssen eigenständig handeln

Dabei sind entsprechend geschulte Mitarbeiter von immenser Bedeutung. Denn eigenständiges Handeln ist ein entscheidender Faktor, um schnellen und zielführenden Service zu gewährleisten. Das bedeutet bei einem global agierenden Unternehmen 24 Stunden am Tag und 7 Tage die Woche Erreichbarkeit und zeitnahes, personalisiertes

Feedback auf dem jeweiligen Kanal. Dieses Ziel erfordert die Beteiligung und Motivation des gesamten Unternehmens. Die Deutsche Post DHL arbeitet zielstrebig an einer stetigen Verbesserung der Kundenkommunikation, um auch langfristig die Bekanntheit und die Reputation des Unternehmens zu stärken.

„Telekom hilft" – Kundenservice im Social Web

Gunter Fritsche, Gero Niemeyer, Carsten Wallmeier

4

„Telekom hilft" ist das Social Media-Programm des Bereichs „Vertrieb und Service" der Deutschen Telekom, das die Social Media-Aktivitäten des Kundenservices bündelt.

Warum „Telekom hilft"?

Die Kundenberater des Unternehmens treten über Twitter und Facebook sowie seit Kurzem über eine Feedback-Community mit den Kunden in Interaktion. Das Programm wurde im Herbst 2009 initiiert. Zum Start wurden folgende Ziele festgelegt:

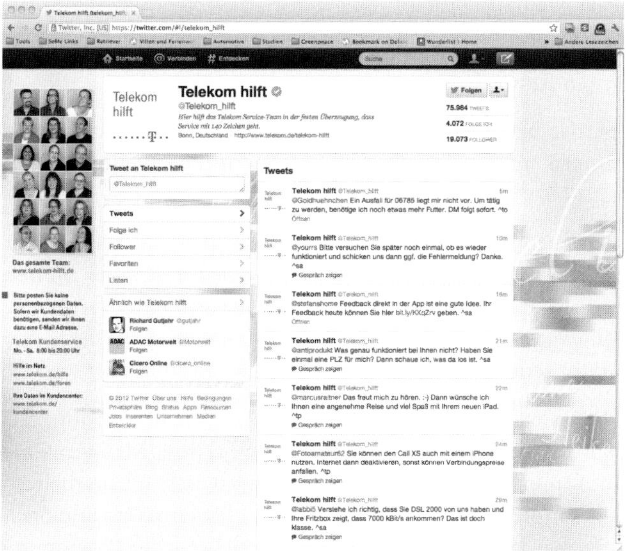

Abb. 1: „Telekom hilft" via Twitter startete am 5. Mai 2010 (twitter.com/telekom_hilft)

http://www.marketing-boerse.de/Experten/details/Gunter-Fritsche
http://www.marketing-boerse.de/Experten/details/Gero-Niemeyer
http://www.marketing-boerse.de/Experten/details/Carsten-Wallmeier

Innovation: Positionierung als Innovationsführer unter den Telekommunikationsanbietern in den sozialen Medien, insbesondere im Hinblick auf den Anspruch der Deutschen Telekom, das „bestangesehene Serviceunternehmen der Branche" zu werden.

Ziele: Innovation, Service, Vertrieb

Service: Steigerung von Kundenzufriedenheit und -bindung, Reduktion von Kosten durch virale Informationsdistribution, Unterstützung von Nutzer-generierten Inhalten und Customer-Selfservices.

Vertrieb: Umsatzsteigerung durch spezielle Aktionen und Tarife sowie das Erschließen von Cross- und Upselling-Potenzialen.

Vorgehen bei der Einführung

In Pilotphase Erfahrungen sammeln

Vorgabe für die Pilotphase des Programms war es, Erfahrungen in den sozialen Medien zu sammeln und das Potenzial insbesondere für den Kundenservice zu ermitteln.

Als wesentlicher Treiber für den Erfolg von „Telekom hilft" hat sich die interdisziplinäre Zusammenstellung des Projektteams erwiesen: Experten aus den Bereichen Internet, Prozesse, Kundenservice sowie externe Social Media-Experten.

Die Treiber: Interdisziplinäres Projektteam, richtige Personalauswahl, „Software as a Service"

Zum zweiten Erfolgsgaranten wurde die Entscheidung hinsichtlich der personellen Ressourcen:

a) Die Expertise in diesem neuen Feld der Service-Kommunikation wurde intern aufgebaut und kann nun intern weitergegeben werden.

b) Es wurden Second-Level-Mitarbeiter ausgewählt, die bereits über eine hohe Lösungskompetenz in Kombination mit einer breiten Erfahrung in der Bearbeitung innovativer Projekte verfügten. Außerdem waren sie durch die Bearbeitung von Beschwerden den Umgang mit sensiblen Themen gewohnt.

Der dritte Beschleuniger des Projekterfolgs war die Entscheidung für eine „Software as a Service"-Lösung für das Workflow-Management-System. Zur Administration des Service-Dialogs zwischen Mitarbeitern und Kunden konnten nach Prüfung durch den Datenschutz und nach Zustimmung von Personalabteilung und Betriebsrat die Programme „Hootsuite" und „CoTweet" verwendet werden.

Weitere wichtige Faktoren für die erfolgreiche Umsetzung des Programms waren die folgenden Punkte:

- Es wurde ein flexibler Ansatz bei der Entwicklung des Social Media-Kanals verfolgt. Nach jedem Projektschritt wurde das weitere Vorgehen überprüft und bei Bedarf angepasst.

Nach jedem Projektschritt Vorgehensweise überprüfen

- Durchgehend wurden Anpassungen auf Basis des Kundenfeedbacks und des Nutzungsverhaltens vorgenommen. Bestes Beispiel dafür sind die „Öffnungszeiten", also die Zeiten, zu denen Kundenberater verfügbar sind: Gestartet wurde auf Twitter mit Öffnungszeiten von Montag bis Freitag von 8 bis 20 Uhr. Die Öffnungszeiten wurden inzwischen ausgeweitet. Die Mitarbeiter stehen den Kunden nun montags bis samstags von 8 bis 22 Uhr sowie sonntags von 10 bis 18 Uhr zur Verfügung. Ein weiteres Beispiel ist die Reaktionszeit: Die ursprüngliche Reaktionszeit betrug 24 Stunden, mittlerweile ist die Vorgabe, auf einen Kundenbeitrag innerhalb von drei Stunden zu antworten.

Kundenfeedbacks führen zu Anpassungen

- Die Prozesse im Hintergrund wurden erweitert, indem weitere Experten aus dem Kundenservice für sehr spezielle Fragen, zum Beispiel für technische Detailfragen oder für seltene Serviceprozesse einbezogen werden.

Einbeziehen von Experten für spezielle Fragen

- Die Abstimmung zwischen den Kundenberatern in den Social Media-Teams und dem Informationsmanagement wurde optimiert. Gemeinsam werden übergreifende Kommunikationsmaßnahmen festgelegt. Durch einen stetigen Austausch wird zudem eine schnelle Reaktionszeit bei Besonderheiten sichergestellt.

Festlegung von übergreifenden Kommunikationsmaßnahmen

- Es wurden sowohl spezialisierte Teams, die nur eine Social Media-Plattform betreuen, als auch gemischte Teams, die sich um mehrere Themen kümmern, eingesetzt. Dabei hat sich herausgestellt, dass ein gewisses Maß an Spezialisierung notwendig ist, um die erforderliche Qualität zu leisten.

Spezialisierung von Mitarbeitern notwendig

Der bisherige Zeitplan des Social Media-Programms im Überblick:

- Mai 2010: Start des Twitter-Service-Kanals „Telekom hilft".
- Juli 2010: Start der Präsenz von Telekom-Service-Mitarbeitern in externen Foren wie zum Beispiel onlinekosten.de, hier insbesondere als Ansprechpartner für Reklamationen und Eskalationsfälle.

- September 2010: Start des Facebook-Service-Kanals „Telekom hilft“.
- Oktober 2010: Start des Blogs „Service-Notizen“.
- Oktober 2010: Start der Facebook-Aktion „Windows Phone 7 Testpiloten“ als Rubrik von „Telekom hilft“.
- November 2010: Präsentation der Freundschaftswerbung auf Facebook als Rubrik von „Telekom hilft“.
- Dezember 2010: Verlinkung der Service-Videos der Telekom.de auf Facebook als Rubrik von „Telekom hilft“.
- Januar 2011: Erweiterung des Kundenservice-Forums im Festnetzbereich um Mobilfunkthemen mit entsprechender personeller Ausstattung.
- Frühjahr/Sommer 2011: Vertriebsaktionen via „Telekom hilft“ auf Facebook.
- Mai 2012: Start der öffentlichen Beta-Version der „Telekom-hilft Feedback-Community“ für eine sechsmonatige Pilotphase.

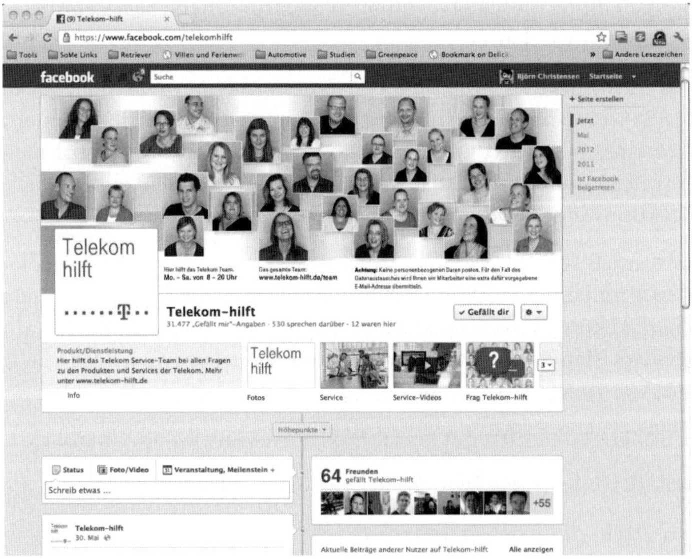

Abb. 2: „Telekom hilft“ via Facebook startete im September 2010 (www.facebook.com/telekomhilft)

Lessons Learned

Anfang 2012 wurden die wesentlichen „Learnings“ in Workshops diskutiert und zusammengefasst:

1. „Telekom hilft“ hat sich zur Referenz in Lehrbüchern und zum Best Practice-Beispiel für Kundenservice im Social Web entwickelt.
2. Die Einbindung von externen Social Media-Experten in das Programm war ebenso hilfreich wie der interdisziplinäre Ansatz, um frische Impulse in die „Standard-Organisation“ des Kundenservices zu bringen.
3. Die Nutzung von Benchmarks, quantitativen Studien oder Ad-hoc-Auswertungen zu Einzelfragen ist hilfreich, um die Social Media-Kanäle zu optimieren. Beispiele sind Performance-Vergleiche mit Wettbewerbern, Mystery-Posts analog zu Mystery-Calls oder Qualitätsanalysen nach eigenen Kriterien wie Empathie oder Antwortzeit.
4. Da sich die Plattformen wie Twitter und Facebook sowohl in ihrer Funktionsweise als auch in ihrer Kundennutzung unterscheiden, ist eine Spezialisierung der Kundenberater zumindest in der Anfangsphase sinnvoll. Zukünftig ist zu überprüfen, ob eine Spezialisierung weiter erforderlich ist oder ob die Bearbeitung der Social Media-Kanäle standardisiert erfolgen kann und zu einer selbstverständlichen Fertigkeit wird wie das Telefonieren oder die Bearbeitung von E-Mails.

Nutzung der Plattformen unterschiedlich

5. Social Media ist vor allem eins: Sozial. Das heißt, Community-Management und -Building sind weitere wichtige Tätigkeiten der Berater über den eigentlichen Service-Dialog hinaus.
6. Eine gleiche Reaktionszeit für alle Geschäftsfälle ist nicht ausreichend. Um den Anliegen der Kunden gerecht zu werden, sollte zwischen Beschwerden, Störungsmeldungen oder Informationsanfragen unterschieden werden.

Anliegen der Kunden werden unterschieden

7. „Contact Avoidance“ ist durch die Social Media-Kanäle möglich. Wenn Störungen oder die Beseitigung von technischen Problemen schnell und aktiv kommuniziert werden, ist mit einer Reduktion von Anrufen an der Hotline zu rechnen.

8. Eine Zentralisierung von Kundenservice im Social Web ist anzustreben. Unzählige Einzeldialoge auf verschiedenen Plattformen wie Facebook, Twitter oder in Foren können nicht effizient bearbeitet und die Kanäle nicht wirtschaftlich weiterentwickelt werden. Dies ist die Grundüberlegung für das Konzept der „Feedback-Community".

Keine Patentrezepte sondern Trial-and-Error

9. Es gibt keine Patentrezepte, sondern ein ständiges Trial-and-Error. Nur durch ständiges Lernen können Annahmen überprüft und Anpassungen vorgenommen werden.

Erfolge

Kundenzufriedenheit höher als bei Telefon, Brief oder E-Mail

Im Vergleich zu Standardkanälen wie Telefon, Brief oder E-Mail sind die Kundenzufriedenheitswerte bei Social Media-Kontakten wesentlich höher. Allerdings sind die Ergebniss mit Vorbehalt zu bewerten. Zum einen sind die Fallzahlen bei den Befragungen im Verhältnis zu den etablierten Kanälen noch gering, zum anderen wird eine Kundenzufriedenheitsbefragung durch die technischen Rahmenbedingungen eingeschränkt.

Auch die Lösungsquote ist im Vergleich zu anderen Kontaktkanälen ausgesprochen hoch. Es hat sich bewährt, interne Mitarbeiter aus dem Second-Level-Support für diese Pionierarbeit einzusetzen und den Fokus zunächst auf den Aufbau und die Pflege guter Kundenbeziehungen zu legen, weniger auf die Effizienz im Dialog.

Mitarbeiter-Engagement und -Zufriedenheit sehr hoch

Ein sehr positiver Effekt ist, dass das Mitarbeiter-Engagement und die Mitarbeiter-Zufriedenheit in den Social Media-Teams sehr hoch sind. Ebenso ist die Visibilität und Akzeptanz des Themas im Konzern sehr hoch. „Telekom hilft" hat positive Auswirkungen auf das interne Image des Kundenservices und die Positionierung als serviceorientiertes Unternehmen wurde massiv unterstützt.

Viel Aufmerksamkeit und Anerkennung

In der (Fach-)Öffentlichkeit, in der Blogosphäre und in den etablierten Medien wurde der Start von „Telekom hilft" mit viel Aufmerksamkeit und Anerkennung bedacht. Die Ankündigung auf der Web-Konferenz webinale im Frühjahr 2012, die „Feedback-Community" zu starten, fand in unterschiedlichen Medien wie Rhein-Zeitung online, heute online, heise.de, macwelt.de und bei der acquisa eine hohe Resonanz.

„Telekom hilft“ hat sich insgesamt nicht zu Unrecht als Benchmark und Best Practice für Kundenservice im Social Web etabliert und seinen festen Platz als Referenz in den Lehrbüchern des E-Business erobert.

Herausforderungen und nächste Schritte

Kundenservice über Social Media-Kanäle ist Neuland für alle Unternehmen und bringt eine Fülle von Herausforderungen mit sich, die es zu meistern gilt:

- Die größte und kontinuierlich zu prüfende Herausforderung besteht darin, der Individualität des Kundenkontakts in der Öffentlichkeit sowie der Effizienz des Callcenter-Betriebs gerecht zu werden. Dafür gibt es noch keine Patentrezepte. Diese müssen erarbeitet, erprobt und regelmäßig überprüft werden. Die Strategie und der Projektfahrplan sind dementsprechend mindestens halbjährlich aufgrund der gemachten Erfahrungen zu überprüfen und gegebenenfalls anzupassen.

Strategie und Projektfahrplan halbjährig anpassen

- Im Vergleich zu den etablierten Servicekanälen wie Telefon und E-Mail gibt es bislang wenige Standards in den Prozessen, den Bearbeitungstools und den Steuerungselementen. Beispielsweise ist keine Intraday-Steuerung möglich wie bei großen Callcentern, sondern ein hoher manueller Steuerungsaufwand erforderlich. Auch sind die Social Media-Kanäle noch nicht nahtlos an vorhandene Routing-Plattformen und CRM-Systeme angebunden.

Hoher manueller Steuerungsaufwand erforderlich

- Die Steuerung und das Controlling sind mit den etablierten Leistungskennzahlen und Prozessen nicht leistbar, da die Kommunikation asynchron und öffentlich ist und der Informationsaustausch sowie der Know-how-Transfer kollaborativ mit den Kunden geschieht.
- Aus diesem Grund sind Business Cases anhand etablierter Leistungskennzahlen „schwer zu rechnen“. Aktuell liegen noch keine wissenschaftlichen Belege für die wirtschaftlichen Effekte durch Social Media vor. Zudem ist das Kontaktvolumen über die neuen Service-Kanäle für umfassende Messungen noch zu gering. Daneben sind die Auswirkungen durch das Multiplizieren und „Mitlesen“ von Service-Informationen durch die virale Distribution im Internet noch nicht valide messbar.

- Nicht zuletzt bedeutet die Rekrutierung von geeignetem Personal mit Social Media-Affinität und gleichzeitig hoher Servicebereitschaft eine völlig neue Herausforderung für das Management im Kundenservice. Es reicht nicht aus, generell eine hohe Problemlösungs- und soziale Kompetenz zu haben. Für den Service in der Öffentlichkeit im Zusammenspiel mit den Kunden sind zusätzliche Kompetenzen erforderlich.

Im Mai 2012 wurde auf der Basis des Gelernten die Feedback-Community eingeführt. Das Pilotprojekt soll die Qualität im Kundenservice via Social Media steigern und Effizienzen heben. Sowohl innerhalb einer einzelnen Plattform als auch über verschiedene Plattformen hinweg werden nämlich immer wieder die gleichen Kundenanfragen gestellt und redundante Antworten gegeben.

Entwicklung eines „Service-Hubs"

Schon 2010 beim Start von „Telekom hilft" wurde daher das Zielbild eines „Service-Hubs" entwickelt. Die Grundidee ist es, eine Schnittstelle zwischen verschiedenen Social Media-Plattformen und dem Customer-Selfservice auf www.telekom.de zu schaffen.

- Bündelung der Service-Kommunikation in den sozialen Medien.
- Aufbau einer Community zum Austausch zwischen Mitarbeitern und Kunden.
- Aufbau einer Wissensdatenbank mit Service-Informationen, die kollaborativ mit Kunden generiert und aktualisiert wird.
- Schaffen einer zentralen Feedback-Plattform für die Kunden im Internet, um die Kundenzentrierung des Unternehmens voranzutreiben.

Epilog

Erfolgreicher Start der „Feedback-Community"

Am 30. Mai 2012 haben wir die „Feedback-Community" erfolgreich gestartet. Vorangegangen war eine Closed-Beta-Phase, in der das Feedback von „Lead Usern" verarbeitet wurde. Am 30. Mai folgte die öffentliche Beta-Phase, um ein breiteres Feedback in die Weiterentwicklung der Plattform einfließen zu lassen.

Wir werden unsere Präsenz in den sozialen Medien weiter verstärken, da wir davon überzeugt sind, dass wir dahin gehen müssen, wo unsere Kunden sind. Wir wollen unsere Kunden bestmöglich und partnerschaftlich begleiten. Wir befinden uns auf einer Expedition in die Welt der sozialen Medien mit unseren Kunden – wir halten es mit Tim Bendzko in dem Lied „Du warst noch nie hier“: „Wir stehen am Anfang einer Reise, und wenn Du willst, fängt sie jetzt an.“

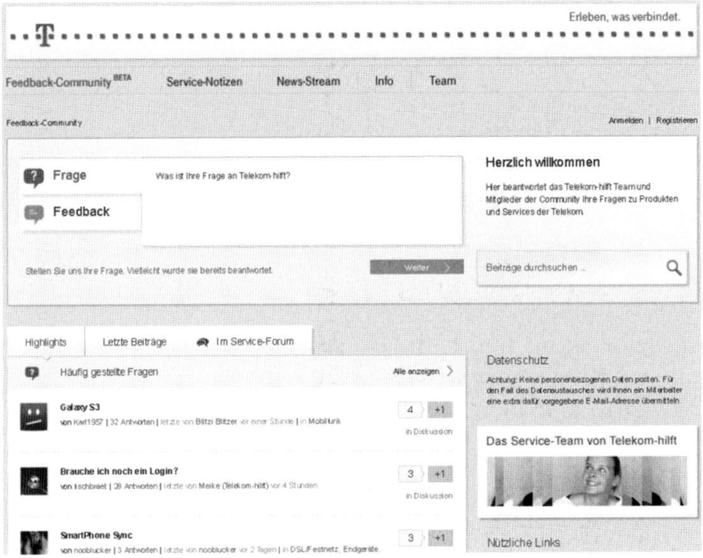

Abb. 3: Launch der „Feedback-Community“ am 30. Mai 2012 (www.telekom.de/telekom-hilft)

E-Commerce im Bereich Online-Fotoservices

Kirstin Weiß

4

PhotoBox bietet als europäischer Marktführer für Online-Fotoservices [1] mit mehr als zwanzig Millionen Mitgliedern sein Angebot im Bereich Personal Publishing nach dem Web-to-Print-Prinzip an: Kunden gestalten auf dem Onlineportal www.photobox.de mit ihren Digitalfotos personalisierte Fotoprodukte. Diese werden anschließend gedruckt und an eine gewünschte Adresse geliefert.

Der Markt für Online-Fotoprodukte zeigte zuletzt ein starkes Wachstum. Während der Bereich Foto-Abzüge eine Sättigung zeigt, wachsen aufwendigere und kostenintensivere Produktbereiche wie Fotobücher, Kalender oder Wanddekoration deutlich. 2010 wurden allein in Deutschland 5,7 Millionen Fotobücher gedruckt, dies entsprach einem Wachstum von fast zehn Prozent gegenüber dem Vorjahr [2]. Europaweit wird für 2011 ein Absatz von circa zwanzig Millionen Fotobüchern geschätzt [3]. Der Markt zeichnet sich durch eine ebenso hohe Wettbewerbsdichte wie Diversifikation aus. Sprich: Zahlreiche Anbieter konzentrieren sich auf ein Produktsegment, während andere ein umfassendes Angebot an Fotoprodukten bieten.

2010 wurden in Deutschland 5,7 Millionen Fotobücher gedruckt

Gleichzeitig ist für Kunden der Wechsel zwischen den Anbietern sehr einfach. Denn während in einigen Märkten, wie beispielsweise Versicherungen oder Stromanbieter, vergleichsweise hoher Aufwand und/oder hohe Kosten mit dem Wechsel zu einem neuen Anbieter verbunden sind, gibt es im Bereich der Online-Fotoservices praktisch keine Wechselkosten für Kunden. Die hohe Marktdichte, transparente Angebote sowie sofortige und kostenfreie Registrierung führen zu einer geringen Hemmschwelle beim Wechsel. So sind konkurrierende Anbieter und das aktuell stärkste Angebot nur einen Klick entfernt. Zu den weiteren Kennzeichen des Marktes gehören hohe Produkthomogenität auf Anbieterseite sowie Preissensibilität und eine „Schnäppchenmentalität" auf Kundenseite. Dies kann

Keine Wechselkosten für Kunden

http://www.marketing-boerse.de/Experten/details/Kirstin-Weiss

zu sinkenden Produktpreisen und hohen Akquisitionskosten für Neukunden führen.

Hohe Personalisierung der Produkte

Die Personalisierung der Produkte führt zusätzlich zu einem im Vergleich mit anderen E-Commerce-Bereichen höheren Aufwand sowohl bei Anbietern als auch bei Kunden. Schon die Gestaltung und Bestellung des eigenen Fotoprodukts ist potenziell arbeits- und beratungsintensiv und mit höheren Kosten im Kundenservice verbunden. Da jedes Produkt individuell gestaltet und produziert wird, sind anschließend hohe Qualität und Effizienz in der Produktion unabdingbar, denn die Wiederverwertung der Ware ist ausgeschlossen.

Erfolgsfaktoren

Arbeitskreislauf muss effektiv und effizient sein

Die zuvor dargestellten Markt- und Produkteigenschaften führen sowohl bei der Gewinnung von Neukunden, dem Bestellprozess als auch bei der Bindung bestehender Kunden zu besonderen Herausforderungen. Der gesamte Kreislauf muss durch den Anbieter daher möglichst effektiv und effizient gestaltet werden. Bezogen auf den Lebenszyklus eines Kunden tauchten daher in der Diskussion der vergangenen Jahre folgende Fragen vermehrt auf:

- Akquisition: Welches sind die wichtigsten und besten Kanäle für die Neukundengewinnung?
- Konversion: Wie werden Besucher (Visits/Members) zu Kunden (Customers)?
- Warenkorbwert/AOV (Average Order Value): Wie kann der durchschnittliche Einkaufswert der Kunden gesteigert werden?
- Loyalität/Wiederkaufrate: Wie können Kunden langfristig an einen Shop gebunden werden?
- Customer Experience („Spaßfaktor"): Wie kann das Shop-Erlebnis so gestaltet werden, dass Kunden sich auch emotional an einen Anbieter gebunden fühlen?

Bestmöglicher Service für Kunden

PhotoBox positioniert sich hier neben hoher Produktqualität durch einen deutlichen Fokus auf den bestmöglichen Service für Kunden. Ein umfassender Service, der an allen Punkten des Kundenerlebnisses ansetzt, hat kurzfristig und im Besonderen auch mittel- und langfristig positive Effekte auf die oben genannten Punkte. Um diese Fragestellungen ganzheitlich zu erfassen und ein optimales Kundenerlebnis zu erreichen, wurde bei PhotoBox das Projekt „Spotless Service" im Jahr 2009 ins Leben gerufen.

Das Projekt „Spotless Service"

Das Projekt „Spotless Service" hat zum Ziel, den Service-Gedanken innerhalb der gesamten Gruppe von PhotoBox in allen Bereichen und auf allen Ebenen der Wertschöpfungskette zu installieren und einen lückenlosen Service anzubieten. So wird auf Kundenseite bei jedem Schritt des Kontakts mit PhotoBox persönlicher Service und Hilfestellung angeboten – vom ersten Kontakt mit der Website über die Gestaltung und Bestellung bis hin zum nächsten Einkauf. Intern beinhaltet das Projekt die stetige Verbesserung aller Produkte, Prozesse und Services. Für diese Verbesserung ist das Feedback der Kunden entscheidend, das zurück fließt in verschiedene Bereiche, wie zum Beispiel Produktverbesserung, Produktinnovation und die Onlinegestaltung von Produkten [4].

Für Verbesserung des Services ist das Feedback der Kunden entscheidend

Das Ziel des „Spotless Service" ist, dem Kunden zu jedem Zeitpunkt seiner Beziehung mit PhotoBox ein so positives Erlebnis zu bieten, dass hohe Zufriedenheitswerte erreicht werden – und der Kunde schließlich erneut bestellt, somit den unter Abb. 1 dargestellten Kreislauf wiederholt durchläuft. Durch die so gewonnene Loyalität steigt die Wiederkaufrate und letztlich das Unternehmensergebnis insgesamt. Insofern umfasst das Projekt „Spotless Service" die entscheidenden Erfolgsfaktoren im E-Commerce.

Hohe Zufriedenheitswerte sollen erreicht werden

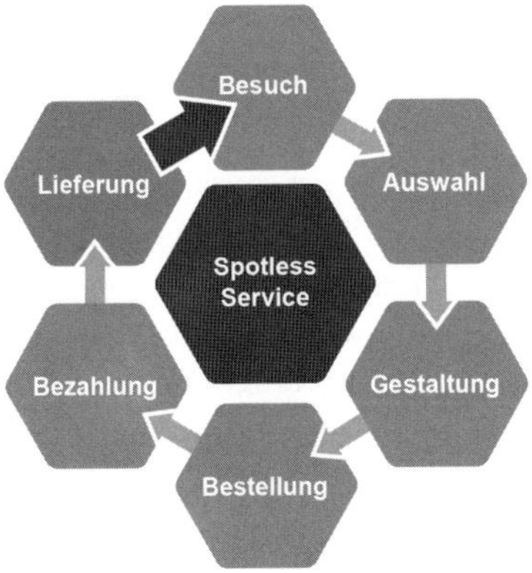

Abb. 1: Der „Spotless Service" setzt an allen Punkten des Kundenerlebnisses an

„Spotless Service" sorgt gleichsam dafür, dass PhotoBox als „lernendes Unternehmen" die Angebote im Sinne der Kunden verbessert. Hierfür ist eine fortlaufende Kommunikation mit Kunden notwendig. Nachfolgend werden die Kommunikationskanäle dargestellt, die PhotoBox im Rahmen dieses Dialogs nutzt.

Die Kommunikationskanäle

Für den Dialog mit Kunden stehen verschiedene Kommunikationskanäle zur Verfügung. PhotoBox nutzt hierfür sowohl Instrumente auf der eigenen Plattform als auch externe Dienste wie Social Media-Profile und Bewertungsportale.

Auf Kundenseite bieten die Kanäle eine schnelle und persönliche Antwort auf Fragen; für das Unternehmen stellen sie die Quelle der Daten dar, mit denen im Sinne des „Spotless Service" ständige Verbesserungen an Service und Angebot vorgenommen werden.

Für Kunden

- Hilfeseiten mit FAQs
- E-Mail
- Telefon
- Live Chat
- Social Media-Kanäle

Interne Instrumente

- Klickmaps und Statistiken (anonymisiert)
- Kundenumfragen

Im gesamten Shop stehen Hilfeseiten mit ausführlichen Antworten zur Verfügung

Als erste Anlaufstelle für Fragen stehen dem Kunden im gesamten Shop die Hilfeseiten mit ausführlichen Antworten auf die am häufigsten gestellten Fragen zur Verfügung. Die Einträge decken alle Themen im Shop ab, sowohl typische Fragen vor als auch nach der Bestellung. Einträge können durch Kunden in Hinblick auf Qualität bewertet werden.

E-Mail und Telefon werden meist für Fragen nach der Bestellung genutzt

E-Mail und Telefon sind die bekanntesten Kanäle für den direkten und persönlichen Kundenservice. Diese Kanäle werden überwiegend für Fragen nach der Bestellung genutzt (siehe dazu auch Abb. 4). Als neuer Kanal für den Kundenservice hat sich zusätzlich Live Chat etabliert, der an relevanten Punkten des Shops eingebunden ist.

Social Media-Kanäle, zu denen Facebook, Twitter, Google+, YouTube und der unternehmenseigene Blog zählen, werden ebenfalls als Instrumente des Kundenservices verstanden, in denen sich Kunden und Unternehmen „auf Augenhöhe" begegnen, Inhalte miteinander teilen und Fragen klären können. Diese Personalisierung des Unternehmens und Einbeziehung der Nutzer führt zu einem positiven und emotionalen Erlebnis mit dem Unternehmen und einer engeren Bindung. So wird auch die Wahrscheinlichkeit der persönlichen Weiterempfehlung (Word of Mouth) gesteigert, die mit verschiedenen Aktionen über Social Media-Kanäle weiter angeregt wird.

Auf Social Media-Kanälen begegnen sich Kunden und Unternehmen „auf Augenhöhe"

Da es bei fehlender Orientierung im Onlineshop schnell zu Abbrüchen im Bestellprozess kommen kann, ist Usability (Benutzerfreundlichkeit der Website) von großer Bedeutung. Über Klickmaps (technische Auswertung über Klickhäufigkeit einzelner Komponenten auf einer Webseite) lassen sich Rückschlüsse auf die Wege der Kunden ziehen: Welche Menüführung funktioniert besonders gut, wo kommt es zu Abbrüchen?

Usability von großer Bedeutung

Hinter allen Kommunikationskanälen stehen Instrumente des Customer Relationship Managements (CRM). Hier werden unter anderem die Anfragen der Kunden nach ihrem Anlass kategorisiert, um kurzfristig auf Probleme zu reagieren und mittel- bis langfristig entscheidende Stellschrauben im Kundenerlebnis identifizieren zu können. Erwartungsgemäß zeigt sich beispielsweise bei Änderungen in der Produktgestaltung ein Anstieg der Fragen in diesem Bereich. Eine Analyse dieser Daten zeigt, ob das Unternehmen kurzfristig auf Änderungen reagieren muss (siehe Abb. 2).

Hinter allen Kommunikationskanälen steht das CRM

Erkenntnisse sowohl über die allgemeine Zufriedenheit, als auch zu einzelnen Themen wie Produkten, Angeboten und dem Kundenservice, gewinnt PhotoBox durch Kundenumfragen. Neben geschlossenen Fragen können auch freie Kommentare eingereicht werden. Besonderes Augenmerk legt PhotoBox hier auf den Kontakt mit unzufriedenen Kunden und die Klärung ihrer Anliegen.

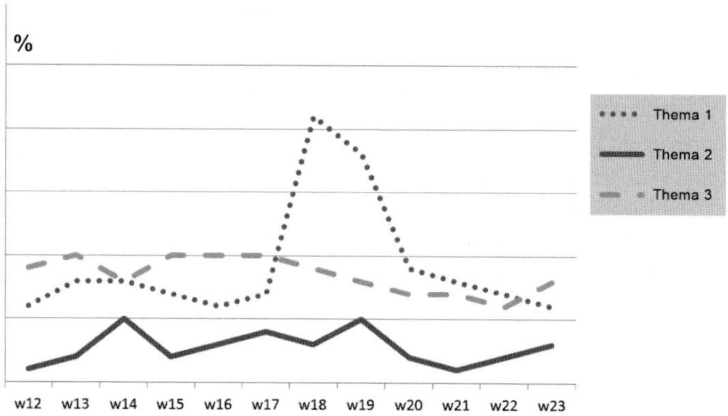

Abb. 2: Statistische Auswertung der Kundenanfragen nach Anlass. Ein deutlicher Anstieg zeigt akute Kundenfragen.

Fokus: Live Chat

Neben den deutlich bekannteren Service-Kanälen E-Mail und Telefon bietet PhotoBox zusätzlich einen Live Chat an, der von Kunden über ein separates Pop-Up-Fenster aktiviert wird.

Funktionalität

Mit diesem Kommunikationskanal, der an relevanten Punkten des Kundenerlebnisses wie der Produktgestaltung und dem Warenkorb eingebunden ist, erreichen die Kunden kostenlos und ohne Wartezeit das Service-Team von PhotoBox. Sie erhalten so zu akuten Fragen bezüglich Gestaltung der Produkte, Bestellung und Bezahlung unmittelbar Hilfestellung.

Live Chats führen nicht zu einem Medienbruch

Die Nutzung des Live Chats führt dabei nicht zu einem „Medienbruch", wie es beispielsweise bei einer telefonischen Anfrage der Fall wäre: Der aktuelle Status des Einkaufs, wie die Gestaltung oder Bestellung eines Produkts, muss nicht unterbrochen werden. Auch die Übertragung von Daten ist über das Chat-Fenster möglich – ein deutlicher, technischer Vorteil gegenüber Anfragen via E-Mail und Telefon. Fragen können so beispielsweise mit Hilfe von Screenshots noch schneller geklärt werden.

Für das Unternehmen ist der Betrieb des Live Chats durchaus ressourcenintensiv. Der Kanal wird zu einem größeren Teil als bei E-Mail und Telefon für Anfragen vor der Bestellung genutzt, daher ist die Bearbeitungszeit einer Anfrage im Vergleich länger als in anderen Kanälen. Andererseits ist die Bedienung mehrerer Live Chats durch den Service-Mitarbeiter möglich.

Live Chats sind ressourcen-intensiv

Weiterhin ist das Aufkommen von Anfragen über Chat losgelöst von Wochentagen und Tageszeiten, somit schwer planbar. Insofern muss jederzeit für ausreichend Ressource an Service-Mitarbeitern gesorgt werden.

Ressourcen für Chat müssen sorgfältig geplant werden

Abb.: 3: Der Live Chat bietet sofortige Hilfe

Eigenschaften

Knapp fünfzig Prozent der Anfragen im Live Chat betreffen Themen VOR und WÄHREND der Bestellung (siehe Abb. 4). Dazu gehören Fragen zur Auswahl und Gestaltung von Produkten, zum Warenkorb oder zum Bezahlprozess. Damit ist der Chat der Kommunikationskanal mit der höchsten Rate an Kontakten vor der Bestellung. Dies unterstützt aktiv die Konversion und die durchschnittliche Höhe der Warenkörbe, da die Wahrscheinlichkeit, dass Kunden bei auftretenden Problemen abbrechen, durch die Hilfestellung gesenkt wird.

Höchste Rate an Kontakten vor Bestellung über Live Chat

Der Chat reduziert gleichzeitig die Kontaktrate nach der Bestellung – denn eine Vielzahl an Fragen wird bereits in einem frühen Stadium des Einkaufs beantwortet. Der Live Chat ist daher besonders in der Hochsaison ein wichtiges Instrument, da aufgrund erhöhter Besucherzahlen der Anteil an Anfragen vor der Bestellung weiter zunimmt.

	Vor/ Während Bestellung	Nach Bestellung
E-Mail	19%	81%
Telefon	10%	90%
Chat	48%	52%

Abb.: 4: Der Zeitpunkt der Anfragen unterscheidet sich je nach Kommunikationskanal

Drei Tage nach einer Chat-Sitzung geben 80 Prozent der Kunden eine Bestellung auf

Interne Erhebungen bei PhotoBox zeigen, dass bis drei Tage nach einer Chat-Sitzung 80 Prozent der Kunden eine Bestellung aufgegeben haben. Neukunden und Bestandskunden werden dabei mit einem Verhältnis von 49 Prozent zu 51 Prozent nahezu gleich angesprochen. Der Live Chat hat auf diesem Weg einen positiven Einfluss auf mehrere der genannten Erfolgsfaktoren:

- Das Kundenerlebnis verbessert sich durch das Angebot eines ergänzenden, schnellen und kostenlosen Kommunikationskanals mit neuen Funktionen.
- Konversion und Warenkorbwert werden verbessert, da Kunden bei Hürden während des Bestellprozesses nicht abbrechen sondern direkt Hilfestellung erhalten.

Positives Erlebnis erhöht Loyalität und führt zu weiteren Einkäufen des Kunden

- Dieses insgesamt positive Erlebnis erhöht die Loyalität und führt zu weiteren Einkäufen des Kunden – sowie zu einer zusätzlichen Unterstützung durch Empfehlungen.

Fazit

Umsatzsteigerung um über dreißig Prozent

Von 2010 auf 2011 steigerte PhotoBox den Umsatz um über dreißig Prozent, gleichzeitig wurde die Kontaktrate (entspricht Kundenanfragen im Verhältnis zur Anzahl der Bestellungen) in der Hochsaison 2011 um dreißig Prozent gesenkt. Zurückzuführen ist diese Entwicklung unter anderem auf Verbesserungen bei der Logistik, der Qualität und dem Service. Angestoßen wurden die Innovationen maßgeblich durch das zuvor analysierte Kundenfeedback. Der Fokus auf die stetige Verbesserung im Sinne des „Spotless Service" führte so zu einer Steigerung der Einnahmen bei gleichzeitiger Senkung der Kosten.

Literatur

[1] Futuresource Consulting, Photo Prints Market Report April 2012: Western Europe.

[2] http://www.photoindustrie-verband.de/presse/Foto-und-Imgagingtrends-2011-Fotobuecher.

[3] Futuresource Consulting, Photobook Market Report Western Europe, November 2011.

[4] PhotoBox bietet eine reine Onlinegestaltung aller Fotoprodukte an. Der Download einer Software ist somit überflüssig geworden.

TRENDS ERKENNEN

5

AUTOREN

Prof. Harald Eichsteller
Der Professor für Medienmanagement an der Hochschule der Medien (HdM) ist ein gefragter Redner und Autor zahlreicher Fachartikel und Bücher.

Andreas Schwend
Er gründete mit Daniel Rebhorn 1995 dmc digital media center und verantwortet die strategische Beratung und das Corporate Marketing.

Andrea van Baal
Die Unternehmensberaterin und (Wirtschafts-)Journalistin war nach dem Studium für deutsch- und englischsprachige B2B-Medien (CBA und CRN) tätig.

Julia Schamari
Die Diplom-Kauffrau ist Account Director bei der gkk DialogGroup GmbH und leitet dort den Geschäftsbereich Social Media.

Univ.-Prof. Dr.-Ing. Dr.-Oec. Thomas Schildhauer
Universitätsprofessur Marketing mit Schwerpunkt Electronic Business an der Universität der Künste Berlin mit Themenfeld: Internet Enabled Innovation.

Hilger Voss
Der Diplom-Medienberater ist wissenschaftlicher Mitarbeiter am Institute of Electronic Business e. V., An-Institut der Universität der Künste Berlin.

Andrea Ahlemeyer-Stubbe
Die Diplom-Statistikerin, seit 2012 Director Strategic Analytics bei DRAFTFCB, ist als Data-Mining- und CRM-Spezialistin international tätig.

Jens Fuderholz
Er ist Diplom-Soziologe und Geschäftsführer der TBN Public Relations GmbH sowie Dozent für Kommunikationswissenschaft an der Universität Bamberg.

Gunnar Sohn
Der Diplom-Volkswirt, Wirtschaftspublizist, Kolumnist, Moderator und Blogger ist Chefredakteur des Onlinemagazins NeueNachricht.

Ausführliche Autorenbeschreibung ab Seite 426

5 TRENDS ERKENNEN

5 Love Performance Elements – Emotionalisierung im E-Commerce

Harald Eichsteller, Andreas Schwend

Die Digitalisierung und immer neue technische Möglichkeiten des Einsatzes von Daten verändern die Konsumwelt. Kunden haben heute eine beispiellos große Auswahl, wann, wo und wie sie einkaufen. Zudem ähneln sich die meisten Produkte und Dienstleistungen. Onlineshops sehen sich gewaltiger Konkurrenz ausgesetzt. Gleichzeitig bietet der stetig wachsende Onlinemarkt immense Chancen.

Online- und Versandhändler konnten ihren Umsatz 2011 auf 34 Milliarden Euro steigern. Dies entspricht einer Steigerung von zwölf Prozent. Mit rund acht Milliarden Euro für Veranstaltungs-Tickets, Fahrkarten oder Entertainment sowie Onlinewaren im Wert von 21,7 Milliarden Euro kommt das Web als Marktplatz im gleichen Jahr auf ein Volumen von fast dreißig Milliarden Euro. Dies sind rund 17 Prozent mehr als 2010. Entsprechend weisen die Prognosen von Verbänden und Experten [1] weiter zweistellige Wachstumsraten für 2012 und die nächsten Jahre aus.

Um das Potenzial dieser Marktentwicklung ausschöpfen zu können, sind Onlinehändler gezwungen, auch auf die Konkurrenzsituation zu reagieren. Will man nachhaltig wirtschaftlich erfolgreich sein, geht es darum, die Performance insgesamt zu steigern und höhere Margen zu erzielen. Möglich wird dies, wenn man sich eindeutig positioniert und von anderen Shop-Marken abhebt.

Emotionen erzeugen Begeisterung

Mittel zum Zweck sind in diesem Fall die Emotionen des Kunden. Denn Emotionen erzeugen Begeisterung. Und Begeisterung schafft Loyalität, die den Kunden dauerhaft bindet. Studienergebnisse belegen zudem, dass mehr als die Hälfte aller Entscheidungen unbewusst auf Grund von Emotionen getroffen werden [2]. So lassen sich über die emotionalen Begeisterungsfaktoren von Onlineshops wirtschaftlich relevante Größen wie die Anzahl der Wiederkäufe erhöhen, die Preissensitivität und die Akquisitionskosten mindern sowie das Cross-Selling drastisch verbessern.

http://www.marketing-boerse.de/Experten/details/Harald-Eichsteller
http://www.marketing-boerse.de/Experten/details/Andreas-Schwend

Wie wird Emotionalität im E-Commerce aktuell repräsentiert? In einer repräsentativen Studie wurde dazu das Thema Emotionalität im E-Commerce bei Onlinenutzern abgefragt und die Lieblings-Shops der Deutschen identifiziert. Anfang 2012 befragte dmc digital media center in Zusammenarbeit mit der Hochschule der Medien Stuttgart und dem Meinungsforschungsunternehmen eResult zu diesem Zweck insgesamt 583 Teilnehmer in einer repräsentativen Studie. Die daraus gewonnene Stichprobe wurde zudem nach Alter und Geschlecht an die AGOF-Daten [3] zur Internetnutzung in Deutschland angepasst. Die Ergebnisse sind bedeutsam für die Ausgestaltung einer zielführenden Strategie für mehr Leistung durch Emotionen im Onlinehandel.

Studienergebnisse

Die Lieblings-shops sind Amazon, Otto und eBay

Amazon, Otto, eBay und Neckermann führen das Feld der Lieblings-Shops vor den Spezialhändlern zalando und bonprix (Fashion-Bereich) an, gefolgt von Esprit, H&M, Tchibo, Weltbild und Conrad. Insgesamt bezeichnen mehr als fünfzig Prozent der 583 Teilnehmer der Studie diese Onlineangebote als ihre Lieblings-Shops.

Abb. 1: Top 11 Lieblings-Shops

Branchenseitig sind die Universalversender in Summe nach wie vor die am häufigsten genannten Lieblings-Shops. Auf dem zweiten Rang folgen die Spezialhändler im Fashion- und Sportbereich, auf Rang drei die Nischenanbieter, danach nur noch einstellige Segmente.

Besonders schätzten alle Befragten die hohe Erwartungssicherheit bezüglich Produktangeboten und Service sowie die volle Sicherheit bei Bezahlung, Datenschutz und Kaufabwicklung. Zu den Gründen befragt, was die Shops zu ihren Lieblings-Shops macht, werden insbesondere folgende Merkmale genannt:

1. Ich weiß genau, was ich bekomme.
2. Kommt mir als erstes in den Sinn.
3. Service stimmt.

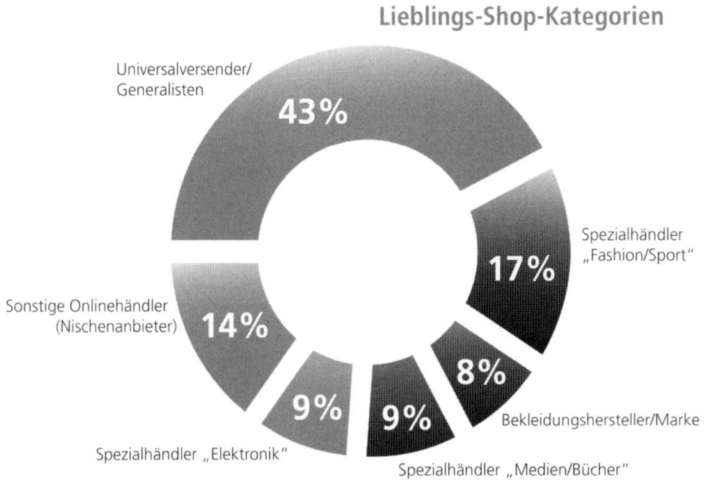

Abb. 2: Lieblings-Shops der Kategorien

Tolles Einkaufserlebnis und Komfort erleben

Bei den Top Sieben sowie den Marken-Shops von H&M und Esprit nennen immerhin 25 - 30 Prozent als einen der drei wichtigsten Einkaufsgründe, dass ihnen ihr Lieblings-Shop ein tolles Einkaufserlebnis und Komfort bietet. Im Durchschnitt sagen dies aber nur 21,7 Prozent über ihren Lieblings-Shop.

In der Kategorie Medien/Bücher kommt lediglich Weltbild auf mehr als zehn Nennungen, im Segment Elektronik gelingt dies nur Conrad. Hier stehen die Produkte naturgemäß im Vordergrund, Einkaufserlebnis und Komfort werden kaum als Hauptgrund für die Wahl zum Lieblings-Shop erwähnt. Jeder Siebte hat einen sonstigen Lieblings-Shop, die zusammen eine beachtliche Bandbreite abdecken und teils auf spezielle Zielgruppen wie Kinder, Tierliebhaber oder

Schnäppchenjäger abzielen. 25 Prozent der Befragten nannten die Andersartigkeit des Angebots als Grund, hier online zu shoppen.

Es überrascht nicht, dass unter den Top Elf der Lieblings-Shops viele performante Multichannel-Player sind. Besonders hier sind die Wachstumsraten 2011 beeindruckend. Stationärhändler, die in den Online- und Versandhandel eingestiegen sind, legten umsatzseitig um 41 Prozent zu, während die reinen Onlineumsätze der Versender sogar um 45 Prozent stiegen [4].

Charakter von Lieblings-Shops

Ansprüche der Kunden sind genügsam

Bei der Frage nach dem Charakter der Lieblings-Shops der Deutschen zeigt sich ein nüchternes Bild. Die Ansprüche sind meist genügsam, schon Basisfaktoren erzeugen Zufriedenheit: Entsprechend häufig werden die Attribute sachlich, strukturiert und preiswert genannt. Die Masse der Lieblings-Shops macht laut Aussage der Befragten in den Basisfaktoren eines Onlineshops einen guten Job – eher sachlich aber innovativ, ausgeglichen zwischen berechenbar und überraschend, sehr strukturiert sowie eher preiswert als exklusiv.

Zu weiteren wichtigen Basisfaktoren gehören gute Produktübersichten, intuitive Navigation durch Shop-Angebot und Warenkorb, ein problemloser Check-Out-Prozess sowie umfassende Serviceinformationen. Um das Basisvertrauen für einen Shop zu stärken, werden häufig zusätzlich Zertifikate wie beispielsweise das TÜV-Siegel eingesetzt.

Die Studienergebnisse zeigen eindrücklich, dass viele Onlineshops gute Voraussetzungen geschaffen haben, langfristig als kompetenter Anbieter eines Produktangebotes wahrgenommen zu werden.

Produkte kann man in 81 Prozent schnell finden

Die Produkte kann man in bis zu 81 Prozent der Fälle besonders schnell finden. Inspiration bieten zudem Gestaltungselemente wie Produktbilder, die mehrheitlich als sehr positiv eingestuft werden. Man mag sich fragen, ob dies deshalb so positiv bewertet wird, weil die Onlineshopper wenig andere emotionalisierende Elemente kennen. Dagegen ist den Spezialhändlern für Fashion und Sport und den Bekleidungsherstellern respektive Marken bewusst, dass sie ihre Onlineshops mit emotionalen Elementen weg von einer primären Preisorientierung entwickeln können.

Passend zur rationalen Auswahl des Lieblings-Shops sind auch Faktoren, die laut Auskunft der Befragten am meisten Spaß in einem Onlineshop verbreiten. Aktualität, passende Produkte, Bedürfnisbefriedigung und der Preis sind dabei ganz oben in der Rangliste. Je nach Branchen-Kategorie gehen die Spaßfaktoren aber weit auseinander. Bekleidungshersteller und Markenshops, die ihre Kunden mit hochwertig gestalteten Online-Stores und emotionalen Elementen umwerben, profitieren von der weniger preissensitiven Einstellung ihrer Kunden. Durch die Einschätzung der Studienteilnehmer wird dies positiv bestätigt.

Spaßfaktoren gehen je nach Branche weit auseinander

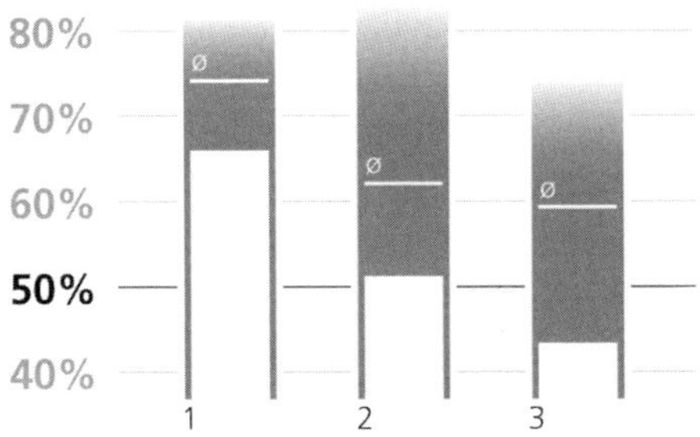

Abb. 3: Merkmale von Lieblings-Shops

1 – finde schnell, was ich suche
2 – inspiriert zum Stöbern
3 – bietet sehr gute Produktbilder

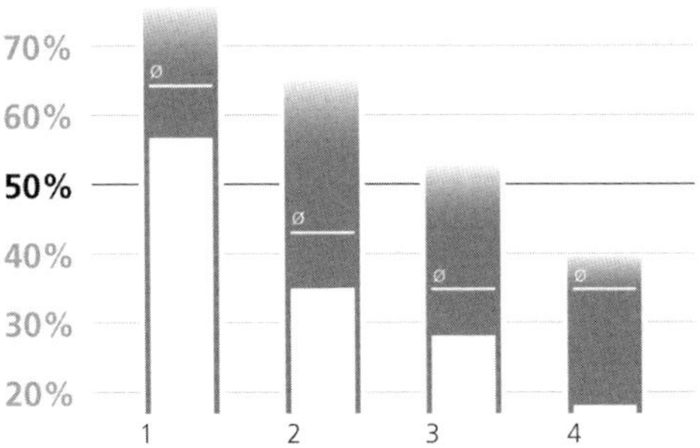

1 – mein Lieblings-Shop ist immer aktuell
2 – werde auf passende Produkte aufmerksam gemacht
3 – wirkt wie maßgeschneidert auf meine Bedürfnisse
4 – es entscheidet allein der Preis!

Abb. 4: Präferierte Spaßfaktoren in Lieblings-Shops

Optimierungspotenziale

Die Möglichkeiten, welche emotionalisierende Elemente als Leistungsfaktoren in Onlineshops bieten, werden aktuell wenig ausgeschöpft. Dabei sorgen Optimierungen in den meisten Fällen für deutliche Steigerungen im Bereich der Wiederkäufe und im Cross-Selling. Zusammen mit Verbesserungen in der Auffindbarkeit und Positionierung in Suchmaschinen (SEO/SEM) erzielt man so langfristige Performance-Verbesserungen.

Texte sind nicht überzeugend

Zu den verpassten Gelegenheiten gehören die Texte in Onlineshops. Im Durchschnitt wurden sie nur von jedem fünften Studienteilnehmer als wirklich überzeugend eingestuft. Besonders frappierend: Bei Bekleidungsherstellern und Marken-Shops sind die Texte jedem Siebten noch nie besonders aufgefallen. Mit Bildwelten und Videos eine besondere Atmosphäre zu schaffen [5], wurde nur bei jedem vierten Bekleidungshersteller respektive jeder vierten Marke wahrgenommen. Hier liegt der Durchschnitt über alle Branchen bei circa zwanzig Prozent.

Storys kommen gut an

Ein weiterer Faktor sind gelungene Erzählungen und Story-Lines in Onlineshops. Sie stimulieren gleichzeitig viele Gehirnregionen und wirken so emotional, langfristig und nachhaltig. Erfolgreiche globale Unternehmen wie Apple, aber auch die deutschen Unternehmen Liqui Moly und Trigema, setzen zu diesem Zweck Geschichten ein. Teils entspinnen sich diese Story-Lines unter starker persönlicher Involvierung des jeweiligen Unternehmenschefs. Geschichten können aber auch eingesetzt werden bei der Historie des Shops, zu besonderen Features oder durch die Einbindung eines Testimonials.

Entgegen dieser Feststellung fallen weit über achtzig Prozent der Befragten keine Geschichten zu ihrem Lieblings-Shop ein. Lediglich bei den oft kleinen Spezialhändlern verbinden zwanzig Prozent auch Geschichten und Storys mit Produkten, die in ihrem Lieblings-Shop angeboten werden. Dagegen verbinden weniger als vier Prozent der Deutschen solche Storys mit ihrem Lieblings-Shop.

Die Realität zeigt auch, dass Persona-Konzepte und Consumer-Insights sehr selten ausgeschöpft werden. Damit verpasst man die Chance, einen gelungenen Dreiklang von Positionierung, Leistungsversprechen sowie Bildwelt und Tonalität unter dem Dach der Hersteller- oder Händlermarke maßzuschneidern.

Definition Love Performance Elements „LOPE"

Folgendes Resümee aus der angeführten Untersuchung ist zu ziehen:

Es sind zunächst die Basisfaktoren eines Onlineshops, die initial tatsächlich vorhanden sein müssen und die bereits oft den Ansprüchen der Kunden genügen. Besonders die Erwartungssicherheit bei den Produktangeboten sowie der Service mit einwandfreier Bezahlung, Datenschutz und reibungsloser Kaufabwicklung sind ausschlaggebend. Diese Basisfaktoren erzeugen bereits ein hohes Maß an Zufriedenheit. Darüber hinaus besteht aber reichlich Luft nach oben. Leistungsfaktoren, die zusammen genommen eine konsumfreundliche und besondere Einkaufsatmosphäre erzeugen, sind deutlich ausbaufähig.

Die Schlussfolgerung aus den Studien-Ergebnissen ist dabei simpel, aber erhellend:

Noch reicht es, die Hygienefaktoren eines Onlineshops zu erfüllen, um Erfolg zu haben. Diese quasi-rationalen Elemente sind nicht zu vernachlässigen, sie stellen die Basis eines erfolgreichen Internet-Geschäftsmodells. Im Feld der emotionalen Begeisterungsfaktoren besteht aber noch reichlich Potenzial für gewaltige Performance-Steigerungen. Denn Kunden, die eine emotionale Bindung zum Händler oder der Marke haben, werden mit hoher Wahrscheinlichkeit immer wieder kaufen. Begeisterte Kunden muss man nicht erst überzeugen, wieder Kunde zu werden. Und: Begeisterte Kunden sind weniger anfällig für den Wettbewerb. Zudem sind sie weniger preissensitiv und eher bereit mehr Geld auszugeben.

Begeisterte Kunden sind weniger anfällig für den Wettbewerb

Um diese Erkenntnisse in Leistung umzuwandeln, reicht es nicht, nur die dominanten Dimensionen Markenerlebnis und Produktauswahl zu optimieren. Ein Shop muss funktionieren, damit er verkaufen kann. Die erste Anforderung an Onlineshop-Betreiber lautet also, das Fundament für einen begeisterungsfähigen Shop schaffen und stetig optimieren. Empfehlenswert ist von daher ein prozessualer Aufbau in drei aufeinander basierenden Zielebenen.

Diesen Ebenen sind Maßnahmen zur Zielerreichung zugeordnet. Die erste grundlegende Zielebene umfasst die Basiselemente eines Onlineshops, die überhaupt den Verkauf ermöglichen. Die zweite Zielebene beinhaltet Leistungsfaktoren, die nutzenstiftende Maßnahmen enthalten und den Käufern Mehrwerte bieten. Die

Zielebene	Ziel	Maßnahmen
Seen	Shop-Besucher anziehen und für den Erstkauf gewinnen	Basisfaktoren
Followed	Käufer zu Wiederkäufern machen	Leistungsfaktoren
Loved	Käufer begeistern, Vertrauen gewinnen und Weiterempfehlung erzeugen	Begeisterungsfaktoren

Basisfaktoren: „Seen"

Woher kommen die Besucher?

Betrachten wir zunächst die erste Ebene mit dem vorrangigen Ziel, Shop-Besucher anzuziehen und als Käufer zu gewinnen. Vorab gilt es die Frage zu stellen, über welche Kanäle die Shop-Besucher kommen und wie man potenzielle Käufer auf den Onlineshop lenkt. Sind perspektivische Käufer erst einmal im Onlineshop angekommen, gilt das altbekannte missionarische Motto: Schnell überzeugen, damit die Besucher zu Käufern konvertieren.

Für diese Zielsetzung sind all jene Maßnahmen entscheidend, die auf die Basisfaktoren eines Onlineshops einzahlen. Zu den Basisfaktoren eines Onlineshops gehören beispielsweise die Suchfunktion, eine sinnvolle Navigation, umfassende Service-Optionen und ein barrierefreier Check-Out-Prozess.

Informationen müssen schnell zu finden sein

Für Onlineshopper müssen Informationen besonders schnell abrufbar sein. So verwundert es nicht, dass in etwa die Hälfte der Käufer über die Suchfunktion eines Onlineshops einsteigen. Knapp gefolgt nimmt die Navigation eine wichtige Rolle ein [6]. Zu den vom Kunden erwarteten Bestandteilen gehören auch zahlreiche Service-Elemente. Optimal ist ein kostenloser Kundenservice. Neben weiteren klassischen Beratungstools, wie beispielsweise Produkt- und Größenberater, empfehlen sich direkte Kontaktmöglichkeiten sowie Produktbeurteilungen. Um auch die letzte Hürde beim Kauf zu nehmen, sollte der Check-out-Prozess verständlich und schlank gehalten werden. Diese grundlegenden Elemente eines Onlineshops lassen sich schnell überprüfen. Alle relevanten funktionalen und informellen Bestandteile, einschließlich der Usability, sollten dabei unter die Lupe genommen werden.

Leistungsfaktoren: „Followed"

In der zweiten Zielebene sollen Käufer verstärkt als Wiederkäufer gewonnen werden. Somit erhöht sich auch der Umsatz pro Kopf. Hierfür sind in erster Linie Leistungsfaktoren relevant. Darunter versteht man all jene Instrumente, die vom Kunden gewünscht werden und die bei Übererfüllung die Zufriedenheit steigern. Im Bereich der Leistungsfaktoren sind folglich vor allem die Maßnahmen gefragt, die – neben den Produkten – die Kundenbeziehung in den Mittelpunkt stellen.

Ein Instrument in diesem Segment sind Personas [7]. Personas beschreiben archetypische Nutzer, die eine Zielgruppe des Onlineshops repräsentieren. Sie geben Aufschluss über die Gründe und Ziele des Onlineshoppings und beschreiben Verhaltensweisen, Vorlieben und Abneigungen des Konsumenten. Die Persona-Daten sollten zudem die Technikaffinität der User enthalten sowie die Erfahrung mit innovativen Shop-Konzepten. Durch die Segmentierung in möglichst unterschiedliche Personas wird die Hauptzielgruppe für Onlineshop-Betreiber greifbar gemacht.

Personas steigern die Kundenbindung

Die Persona-Profile können auf Consumer-Insights basieren, die aus qualitativer Marktforschung gewonnen wurden. Schließlich schöpft Kundenorientierung aus dem Verständnis der Wünsche und Bedürfnisse des Konsumenten. Werden passende Consumer-Insights angesprochen, identifizieren sich Käufer eher mit dem Produkt und somit steigen sowohl Interesse als auch die Kaufbereitschaft. In Werbung und Marketing sind Consumer-Insights und Persona-Konzepte längst etabliert. Angesichts der Chancen für Performance-Steigerungen verwendet die E-Commerce-Branche diese Leistungsfaktoren eher selten.

Begeisterungsfaktoren: „Loved"

Kaufentscheidungen sind heute primär auf Vertrauen und Markenidentifikation zurückzuführen. Um Kunden wirklich dauerhaft zu binden und Treue aufzubauen, müssen sich Onlineshop-Betreiber in den Köpfen und Herzen der Menschen verankern. Bereits beschrieben wurde, dass der Königsweg dahin über Maßnahmen führt, die Kunden emotional involvieren und diese dazu anregen, Weiterempfehlungen auszusprechen.

Hierfür sind Instrumente gefragt, die den Kunden klar emotional ansprechen. So können zum Beispiel attraktive und neuartige Inszenierungsformen positive Überraschungseffekte generieren. Dies wiederum kann gewünschte Assoziationen beim Kunden gegenüber dem Produkt hervorrufen. Produktinszenierungen, wie 3-D-Ansichten und Bewegtbilder, lösen ein Shopping-Erlebnis aus, das einem realen Einkaufserlebnis ähnelt. Ein weiterer Pluspunkt solcher Mittel ist die Steigerung des „Joy-of-Use" und somit eine erhöhte Verweildauer. Empfehlenswert sind zudem Inszenierungen, die den Kunden aktiv auffordern und in den Mittelpunkt stellen. Gaming-Mechanismen gewinnen dabei immer mehr an Beliebtheit und eigenen sich optimal, um Kunden in das Geschehen einzubeziehen.

Differenzierung gegenüber den Wettbewerbern

Auch die psychologische Differenzierung gegenüber den Wettbewerbern wird immer wichtiger. Ein weiterer sinnvoller Begeisterungsfaktor in dieser Hinsicht ist das Storytelling. Die zentralen Ziele umfassen dabei den Aufbau der Markenbekanntheit, die Stärkung des Markenimages und die Verankerung der beabsichtigten funktionalen und symbolischen Nutzenassoziation in den Köpfen der Zielgruppe.

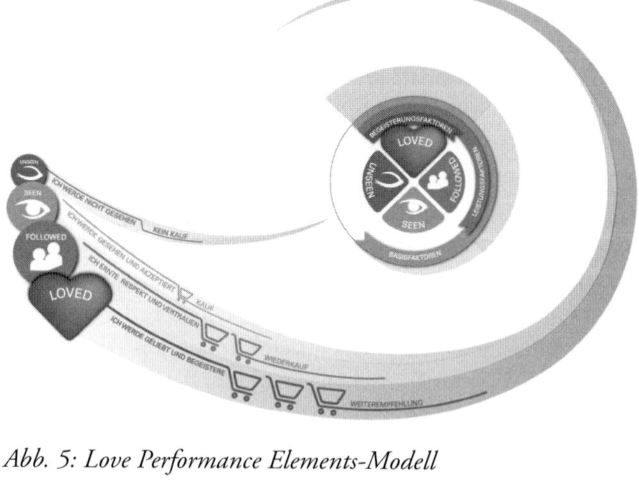

Abb. 5: Love Performance Elements-Modell

So sollten Geschichten rund um die Shop-Marke als wesentliche Bestandteile des Storytellings verwendet werden. Diese Storys schaffen Vertrauen und Nähe. Markenkommunikation gehört folglich zum täglichen Geschäft eines Onlineshop-Betreibers. Darüber hinaus: Konsumenten wollen heute nicht mehr nur über Marken sprechen, sondern am liebsten direkt mit ihnen kommunizieren. Begründet durch das Social Web hat sich nicht nur das Einkaufsverhalten der Konsumenten verändert. Auch das Kommunikationsverhalten ist massiv anders, ein offener Dialog mit dem Kunden gefordert. Dabei involviert man die Kunden als Botschafter und lässt sie bestenfalls an der Markenkommunikation teilhaben. Durch diese Einbindung können sie sich als Teil der Marke fühlen, was oftmals für Begeisterung sorgt.

Der Kunde wird zum Botschafter

Ausblick

Die Befragung zu den Lieblings-Shops im Internet ergab ein eher nüchternes Bild. Die Deutschen sind genügsam. Gleichzeitig bietet der Onlinemarkt immense Chancen an dessen Wachstum zu partizipieren. Die vorliegende Studie zeigt: Es besteht reichlich Luft, wenn man an der richtigen Stelle ansetzt. Denn in der Königsklasse spielt man, wenn man die Loyalität des Kunden gewinnt. Loyalität entsteht durch Begeisterung. Und Begeisterung basiert auf Emotionen. Über die emotionalen Begeisterungsfaktoren von Onlineshops lassen sich wirtschaftlich relevante Größen wie die Anzahl der Wiederkäufe, das Ausmaß der Preissensitivität, die Akquisitionskosten und das Cross-Selling drastisch verbessern.

Das LOPE-Modell definiert zu diesem Zweck Basisfaktoren, Leistungsfaktoren und Begeisterungsfaktoren, die Onlineshops optimieren. Damit können sich Händler, Marken und Hersteller wirklich vom Wettbewerb differenzieren und nachhaltig mehr Umsatz generieren.

Mehr Traffic ohne steigende Umsätze würde lediglich höhere Kosten verursachen. Ziel muss es also sein, die Performance zu steigern, um nicht nur mehr Kosten zu decken, sondern idealerweise gleichzeitig höhere Margen zu realisieren.

Literatur

[1] vergleiche Studie „Interaktiver Handel in Deutschland 2011“; Bundesverband des Deutschen Versandhandels e. V. (bvh) 2011.

[2] vergleiche Weinschenk, Susan: Neuro Web Design: What Makes Them Click? 2008.

[3] vergleiche Studie „internet facts 2012-02“; Arbeitsgemeinschaft Online-Forschung e. V. 2012.

[4] vergleiche Schwendt, Andreas, Eichsteller, Harald: Studie „Management Update Multichannel Retailing” – dmc digital media center, Hochschule der Medien Stuttgart 2011.

[5] vergleiche Grupp, Friedrun: Produktinszenierung in Onlineshops: Entwicklung des Fit-Effect-Impact-Entscheidungstools zum Einsatz von Produktinszenierungen in Onlineshops auf Grundlage von explorativen Wirkungsforschungen. – In: Eichsteller, Harald (Hrsg.) Reihe Masterarbeiten der Hochschule der Medien Stuttgart. – Band 1, GRIN Verlag 2011.

[6] vergleiche Studie „E-commerce User Experience. User Behavior & Executive Summary“; Nielsen Norman Group Report Series 2011.

[7] vergleiche Cooper, Alan, Cronin, Dave, Reimann, Robert: About Face. The Essentials of Interaction Design, mitp, 2010.

Kollaboration verändert die Arbeitswelt

5

Andrea van Baal

Die Zukunft liegt in den Händen wechselnder Projektteams, die über Länder und Zeitzonen verteilt gemeinsam daran wirken, Arbeit so produktiv, effizient, ehrbar, sozial- und umweltverträglich wie möglich zu tun.

Glaubt man den Auguren zwischen Wirtschaftsweisen, Fraunhofer Institut und McKinsey, befinden sich Unternehmen auf direktem Weg in das Zeitalter der Partizipation. In den Jahren bis 2030 sollen sich traditionelle Hierarchien und Abteilungsstrukturen auflösen, feste Büroplätze die Ausnahme und ein Heer hochflexibler Kompetenzträger die Regel sein.

Bis zum endgültigen Abschied von heute üblichen Unternehmensmodellen, Hierarchieebenen und Arbeitstechniken mag es noch ein wenig dauern. Fest steht jedoch, dass die kollaborative Zukunft in der Cloud im Berufsalltag der sogenannten Wissensarbeiter längst begonnen hat. Vieles von dem, was heute noch als Hype höchst theoretischer Vorteile gilt, wird lange vor 2030 für breitere Beschäftigungsgruppen zum Tagesgeschäft gehören

Im Berufsalltag der „Wissensarbeiter" hat die kollaborative Zukunft in der Cloud begonnen

Veränderung als Notwendigkeit

Herkömmliche Formen der Kommunikation stoßen bereits jetzt an ihre Grenzen, ganz gleich ob es um Produktentwicklung, Kundenservice oder im Marketing geht. Immer kürzere Entwicklungs-, Produktions-, Projekt- und Entscheidungszyklen bei gleichzeitig fortschreitender Globalisierung stellen neue Anforderungen an die Geschwindigkeit, Effizienz und Flexibilität der Zusammenarbeit.

Zusammenarbeit in Echtzeit wird Wettbewerbsfaktor

Komplexe Lieferketten und die Koordination von Zulieferern, die über die ganze Welt verstreut sind, gehören in vielen Unternehmen bereits heute zum Tagesgeschäft. Ohne effiziente (Prozess-)Logistik

http://www.marketing-boerse.de/Experten/details/Andrea-van-Baal

und entsprechende Lösungen zur Zusammenarbeit in Echtzeit gerät man schnell ins Abseits des globalen Wettbewerbs. Diese Tatsache wird mehr und mehr Unternehmern bewusst.

Die Frage ist allerdings, wie sich die nötige Rund-um-die-Uhr-Vernetzung von Kollegen, Partnern und Kunden schnell, (Daten-) sicher und gesetzeskonform etablieren lässt, ohne die schmalen Investitionsbudgets für Informations- und Kommunikationstechnik allzu sehr zu belasten.

Integration statt Insellösungen

Zwar stehen für die Kommunikation und Zusammenarbeit in den meisten Firmen bereits seit Längerem entsprechende Geräte, Wissens- und Dokumentenmanagementsysteme und webbasierte Kanäle zur Verfügung. Aber diese existieren typischerweise nebeneinander her und bilden Insellandschaften. Als Folge verbringen die Mitarbeiter im Tagesgeschäft noch immer durchschnittlich 15 Minuten pro Tag damit, ihre Ansprechpartner NICHT zu erreichen.

Insellandschaften dominieren

Die reine Verfügbarkeit moderner Kommunikationsmedien und Möglichkeiten für die virtuelle Teamarbeit allein bringt also erst einmal keine Verbesserungen für die Arbeits- und Entscheidungsprozesse. Unabhängige Untersuchungen von PAC/Berlecon, Damovo, Siemens Enterprise Communications und Fraunhofer Institut legen nahe, dass bisher selbst in gut ausgestatteten Technikkonzernen nur ein relativ kleiner Teil der Belegschaft regelmäßigen Gebrauch von Video-/Webkonferenzen, firmeninternen digitalen Pinnwänden, Wikis und dergleichen macht.

Die häufigsten Begründungen für die Diskrepanz zwischen Verfügbarkeit und sinnvoller Nutzung von Werkzeugen für die Zusammenarbeit sind:

Verschiedene Medien und Plattformen existieren parallel

Die verschiedenen Medien und Plattformen existieren parallel. Sie sind nicht integriert und tragen auch durch ihre separate Ansteuerung eher zu mehr Stress als zu Arbeitserleichterung bei.

> Um Mitarbeiter nicht zu überfordern, müssen Unternehmen also nicht nur technisch zu integrierten Lösungen um- oder aufrüsten, sondern auch ihre organisatorischen und kulturellen Rahmenbedingungen anpassen.

Der Aufbau einer webbasierten Infrastruktur für Kommunikation und Zusammenarbeit ist in der Regel sehr technikgetrieben und liegt in der Verantwortung der IT-Abteilung. Häufig stellt sich erst nach der Inbetriebnahme heraus, dass die konkreten Anforderungen und Bedürfnisse der Mitarbeiter in den verschiedenen Fachabteilungen unzureichend oder gar nicht berücksichtigt worden sind.

Mangelnde Berücksichtigung der Mitarbeiterbedürfnisse

Die frühzeitige Einbeziehung in die Planung aber ist essenziell für die Akzeptanz und Nutzung neuer Kommunikations/Kollaborationslösungen.

Mitarbeiter können Vorteile für die eigene Arbeit nicht erkennen

Unternehmen versäumen, ihren Mitarbeitern den Nutzen der technischen Lösungen zu erklären, sprich, ihnen die Vorteile für die jeweils eigenen Aufgaben nahe zu bringen.

Statt der Belegschaft einfach neue Arbeitsmittel vor die Nase zu setzen, braucht es internes Marketing im Vorfeld, zu dem idealerweise auch glaubwürdige (Test-)Anwender aus den verschiedenen Abteilungen gehören. Denn nichts ist anschaulicher und überzeugender als praktische, echte Anwendungen auf dem Arbeitsgerät eines Kollegen.

Die Abwesenheit einer Kommunikationskultur im Unternehmen

Um die vielerorts gepflegten Wissens-Silos von Fachabteilungen und einzelnen Leistungsträgern aufzubrechen, braucht es Verantwortliche auf Geschäftsleitungsebene. Diese müssen den Austausch von Wissen und die übergreifende Zusammenarbeit aktiv fördern.

Vom Hype zur Realität

Der Fachbegriff für integrierte Kommunikations- und Kollaborationslösungen, der aktuell durch die Werbe- und Vertriebsunterlagen der Anbieter geistert, lautet UCC. Diese Abkürzung steht für Unified Communication and Collaboration.

Sie beschreibt üblicherweise eine einheitliche Plattform, auf der dialogorientierte Medien wie Telefonie, Videokonferenzen, Instant Messaging, Chats mit zeitversetzten Kommunikationsverfahren wie E-Mail sowie die Anwendungen zur gemeinsamen Arbeit integriert sind. Hinzu kommt ein Präsenzinformationssystem, das dem Anwender zeigt, ob und auf welchem Kommunikationskanal seine Ansprechpartner gerade erreichbar sind.

Austausch, Wissenstransfer und gemeinsames Arbeiten finden in gesicherten – virtuellen – Bereichen statt, wo die Nutzer jeweils nur auf die Daten und Informationen zugreifen können, die für den Einzelnen frei gegeben sind. Über die nach außen abgesicherte Plattform kommunizieren autorisierte Nutzer miteinander und können Dokumente, Pläne, Studien, Grafiken oder Bilder austauschen und auf einheitlichen Oberflächen auch gleich gemeinsam bearbeiten.

Kollaborations- und Kommunikationswerkzeuge greifen ineinander

Kollaborations-Werkzeuge wie Wikis, (Micro-)Blogs, Foren, Fachgruppen oder digitale Pinnwände stehen hier nicht isoliert nebeneinander zur Verfügung. Sie greifen ebenso ineinander wie die Kommunikationsmedien. So ist beispielsweise ein nahtloser Übergang von Instant Messaging oder einem Telefonat zur Web- oder Videokonferenz möglich und erstreckt sich auch über mobile Systeme wie Smartphones oder Tablet-PCs.

Im Zusammenspiel mit betriebswirtschaftlichen und anderen Unternehmenssystemen bietet eine Kollaborations-Plattform die Möglichkeit, alle zu einem Vorgang gehörigen Informationen und Kommunikationsläufe direkt ans Objekt anzubinden. Sei es ein bestimmter Patient, ein Behandlungsverfahren, eine Produktentwicklung, Broschürenherstellung, Vertriebsproblematik oder Logistik-Koordination. Das umständliche und zeitaufwendige Suchen in Datenbanken oder E-Mail-Verzeichnissen entfällt.

Auslaufmodell E-Mail

Vor zwanzig Jahren galt E-Mail als gigantische Arbeitserleichterung und wurde entsprechend gefeiert. Inzwischen quellen die Posteingänge über und gelten vielfach als ineffizienter Zeitfresser. Zumal die elektronische Post als verbindendes Element zwischen Personen, Dateien und betriebswirtschaftlichen Systemen zusehends an Bedeutung verliert.

Statt Dateien, Objekte und Informationen als Anhang per Mail zu verschicken, werden sie vielerorts zentral in einer Cloud (sprich in einem gesicherten Rechenzentrum) gespeichert, indiziert und so vorgehalten, dass autorisierte Mitarbeiter, Partner und Kunden von überall her darauf zugreifen können.

Aufgaben werden deutlich schneller erledigt

Wo Mitarbeiter in Echtzeit auf einer einheitlichen Plattform gemeinsam an Vertriebsabschlüssen, Marketingkampagnen oder Präsentationen arbeiten können, sind Aufgaben einfach deutlich schneller erledigt, als es per E-Mail und Telefonkonferenzen möglich wäre.

Der Verknüpfung aller zu einem Projekt oder Vorgang gehörigen Daten, Informationen und Kommunikationsläufe führt zu mehr Effizienz, einer deutlichen Beschleunigung der Prozesse und Transparenz. Das hilft nicht nur den operativ Beteiligten, sondern auch den Führungskräften: Statt auf Berichte zu warten, können sie sich jederzeit mit Hilfe von Dashboards Überblick verschaffen und, falls nötig, frühzeitig einschreiten.

Start-up-Unternehmen wie Lieferheld, eine schnell wachsende Online-Bestellplattform für Essen, arbeiten intern bereits ganz ohne E-Mail. Stattdessen setzen sie im internen Geschäftsalltag auf die Funktionsweisen sozialer Netzwerke. Die Mitarbeiter kommunizieren über eine Plattform namens Salesforce Chatter, die gegen den Zugriff von außen geschützt ist. Diese ist im Grunde nichts anderes als ein geschlossenes soziales Netzwerk, in dem sich Mitarbeiter austauschen, Teams oder Gruppen bilden und gemeinsam an Aufgabenstellungen arbeiten.

Interne Sozialvernetzung beschleunigt Geschäftsprozess

Der Flurfunk geht online

Theoretisch könnte ein Großteil der Büroangestellten (alias Wissenarbeiter) seine Arbeit schon heute von zu Hause, der Parkbank oder aus dem Cafe um die Ecke erledigen. Für die Firmen hätte das den Vorteil, dass sie einen großen Teil der Kosten für Büros und Reisekosten einsparen könnten.

Laut einer Studie des Fraunhofer Instituts für Arbeitswirtschaft und Organisation haben 23 Prozent aller festangestellten Mitarbeiter in Deutschland bereits jetzt keinen eigenen Schreibtisch mehr. Angesichts schrumpfender Reisekostenbudgets und wachsenden Umweltbewußtseins (Stichwort: Ökobilanz) ist abzusehen, dass betriebliche Web- und Videokonferenzen mittelfristig zum normalen Arbeitsinstrumentarium gehören werden.

Web- und Videokonferenzen gehören bald zum normalen Arbeitsalltag

Dass mobil arbeitende Belegschaften hierzulande noch nicht verbreiteter sind, hat verschiedene Gründe. Neben Aspekten wie Angst vor Kontroll- und Machtverlust auf Seiten der Manager, ist es vor allem die Abwesenheit der direkten Kommunikation, die Unternehmer davor zurück schrecken läßt, ihre Büros zu zentralen Schaltstellen zu schrumpfen.

Der informelle Austausch ist wesentlich für Innovation und Weiterentwicklung. Zudem sorgt er für den sozialen Kitt, der Kompetenzträger bei der Stange hält, sprich davon abhält, von einem Arbeitgeber zum anderen zu hüpfen.

Flurgespräche im digitalen Raum

Die spontane Kreativität, die entsteht, wenn Menschen im Flur, in der Kantine oder Raucherecke zusammen stehen und Gedanken, Gerüchte und Tipps austauschen, ist mit technischen Mitteln bisher nur schwer zu ersetzen.

Die „virtuellen Kaffeeküchen", die im Rahmen moderner Kollaborations-Lösungen zur Verfügung stehen, könnten mittelfristig jedoch belebte Orte werden. Dafür stehen die steigende Mitarbeitermobilität und Teilzeitmodelle, vor allem aber der wachsende Einsatz virtueller, geografisch verteilter Teams.

Wirtschaftsfaktor Wissensmanagement

Der Umgang mit Wissen und dessen Weitergabe im Unternehmen werden in Zukunft wesentlich für den Geschäftserfolg sein, allein schon aufgrund des demografischen Wandels und absehbaren Ausscheidens erfahrener Experten.

Herausforderung beim Wettbewerbsfaktor Innovation: Das Wissen der Spezialisten verknüpfen

Auf dem Weg aus der Industrie-und Dienstleistungswelt in die vielbeschworene Wissensgesellschaft stehen deutsche Unternehmen vor echten Herausforderungen. Denn wo Innovation zum entscheidenden Wettbewerbsfaktor wird, ist eine steigende Spezialisierung unausweichlich.

Spezialisierung in Teilbereichen kann jedoch immer nur ein Stückchen im Riesenpuzzle der Wertschöpfung sein. Für Unternehmen ist es also von existenzieller Wichtigkeit, erfahrene Mitarbeiter zur Verfügung zu haben, die in Zusammenhängen denken, die hochspezialisierten Wissensinseln verknüpfen und das Know-how im Miteinander nutzbar machen können.

Facebook fürs Unternehmen

Hierbei erweisen sich die Techniken sozialer Netzwerke als sehr nützlich. In etlichen Unternehmen gibt es bereits firmeninterne, an Facebook erinnernde Plattformen, auf denen Mitarbeiter sich selbst und ihre Projekte präsentieren. Sie legen Profile zur eigenen Person sowie zu ihren Aufgaben/Projekten an und vernetzen sich mit anderen.

Wissen, Erfahrung und Ideen fließen in Gruppen (neudeutsch: Communities) zu Fachthemen und bestimmten Projekten ein. Auf diese Weise wird – zumindest theoretisch – auch das Know-how älterer Mitarbeiter sichtbar und genutzt, das bisher vielleicht im Abteilungs-Silo still vor sich hin geschlummert hat.

Den direkten Zusammenhang zwischen dem Einsatz sozialer Anwendungen und Geschäftserfolg zeigt eine weltweite Studie der Unternehmensberatung McKinsey auf, für die 3.249 Unternehmen Auskunft gaben: Effizienz und wirtschaftlicher Erfolg steigen mit der Intensität, in der Organisationen soziale Medien und Collaboration Tools nutzen – sprich Anwendungen, die über das Internet zur Verfügung stehen.

Projektarbeit und Produktivität

Es wundert also nur wenig, dass die Anschaffung beziehungsweise die Integration von Kollaborationslösungen derzeit bei vielen Unternehmen in der Investitionsplanung steht: Wie eine aktuelle Studie von PAC Berlecon ermittelt hat, liegt ein starker Interessenschwerpunkt bei Lösungen zur gemeinsamen Bearbeitung von Dokumenten, zudem planen etwa vierzig Prozent der Unternehmen den Aus- und Aufbau von Web- und Videokonferenzsystemen.

Solchen Anschaffungen werden notwendig, weil an vielen Aufgaben und Entscheidungen Personen (feste und freie Mitarbeiter, Partner, Kunden) beteiligt sind, die sich an unterschiedlichen Orten befinden. Auch wird die Arbeit künftig immer modularer: Kompetenzträger bringen ihre speziellen Kenntnisse und Fertigkeiten je nach Bedarf in zeitlich befristete Teamarbeit ein. Dabei ist die Zusammensetzung der Teams nicht statisch, sondern richtet sich nach der jeweiligen Aufgabenstellung.

In wechselnden Teams wird Arbeit modularer

Hier bahnt sich eine gewaltige Umwälzung an. Damit Führungskräfte die verschiedenen Rollen innerhalb der Projektteams mit passenden internen und externen Spezialisten besetzen können, sind diese Kompetenzträger auf- und herausgefordert, sich immer wieder neu zu beweisen und zu positionieren. Anders gesagt: Wer für spannende, prestigeträchtige und tendenzielle karrierefördernde Projekte „gebucht" werden will, braucht Sichtbarkeit und gute Netzwerke.

Erfolgsbasis: Sichtbarkeit in sozialen Netzwerken

Und das gilt natürlich auch umgekehrt: Projektverantwortliche und Führungskräfte, die wirklich gute Mitarbeiter wollen, müssen sich entsprechend positiv positionieren.

Teilen statt Horten

Soziale Netzwerke und öffentliche Anerkennung sind für viele eine zentrale Motivation. Arbeitspsychologen sprechen inzwischen von „social currency“. Die relativ neue Weltwährung heißt Respekt – und der misst sich in Bewertungen, Kommentaren, Einladungen oder Dank-Notizen an der (Unternehmens-)öffentlichen Pinnwand, Gefällt-mir-Notizen und Verlinkungen, der Anzahl von „Freunden“ oder Feed-Abonnements.

Soziale Medien unverzichtbar für Unternehmen, die Nachwuchskräfte suchen

Während Kulturpessimisten den Drang und Zwang zur Selbstdarstellung und -Vermarktung anprangern, sehen Arbeitsmarktexperten und Personalberater den Einsatz sozialer Medien und die damit verbundene Transparenz als unverzichtbar für Unternehmen, die im Wettbewerb um junge Talente punkten wollen.

Austausch bringt Ansehen und bessere Ergebnisse

Traditionelle Wissenssilos und Bunkermentalität sind jüngeren Mitarbeitern meist recht fremd. Für sie ist Teilen wichtiger als Horten, zumal der rege Austausch mit Anderen und das (Mit-)Teilen neben einem Spaß- und Wissensgewinn auch Ansehen bringt. Zudem sind die meisten Anhänger des ROWE (Results-only Work Environment) Konzepts und suchen ein flexibles Arbeitsumfeld, in dem es allein auf das Ergebnis ankommt. Das Wo und Wie spielt dabei kaum eine Rolle, denn die Arbeit erfolgt – unabhängig vom Ort und Art des verwendeten Gerätes – in der Cloud.

Hierbei liegen die Daten und Arbeitsunterlagen sicher im Rechenzentrum des Arbeitgebers oder dessen Dienstleisters. Mitarbeiter können sie von überall her via Internet abrufen und im Rechenzentrum (sprich: der Cloud) abspeichern, ganz gleich, ob sie gerade in einem Büro oder der sprichwörtlichen Strandbar auf Bali sitzen.

Kollaboration im Alltag

Wo, wann und wie sie ihre Aufgaben erledigen, wollen mehr und mehr Menschen selbst entscheiden. Begriffe wie Arbeitsplatz und Anwesenheitszeit haben heute eine andere Bedeutung als noch zur Zeit der Jahrtausendwende. Zukunftsorientierte Unternehmen schreiben sich Flexibilisierung und Mobilität daher nicht nur auf die Fahne, sondern bereiten jetzt die technischen und organisatorischen Rahmenbedingungen dafür vor.

Zu nennen sind hier vor allem die Möglichkeit, moderne Mobilgeräte einbinden zu können, digitale Werkzeuge für die durchgängige Zusammenarbeit in Echtzeit, der Einsatz sozialer Netzwerke und sichere Plattformen in der sogenannten Cloud.

Die Vorteile technisch und sozial vernetzter Arbeit loten derzeit ganz unterschiedliche Branchen und Bereiche aus. Die Reiseveranstalter der DER-Gruppe beispielsweise ermöglichen den Mitarbeitern ihrer rund fünfhundert Filialen seit Anfang diesen Jahres, mobil auf ihren eigenen Desktop zuzugreifen – sprich auf die im firmeneigenen Rechenzentrum vorgehaltenen Daten und Programme, für die der jeweilige Nutzer autorisiert ist. Damit sind die Mitarbeiter nicht mehr an ein festes Computer-Terminal gebunden. Über ein mobiles Gerät können sie Interessierte auch auf Tourismus-Messen oder Events beraten und ihnen Reisedienstleistungen verkaufen, sich dazu bei Bedarf in Echtzeit mit Kollegen und Partner austauschen – und das alles in ihrer vertrauten virtuellen Arbeitsumgebung.

Bei der DER-Gruppe tauschen sich Mitarbeiter von 500 Filialen aus

An der Berliner Charité arbeiten die Ärzte und Pflegekräfte der neurologischen Klinik seit Herbst vergangenen Jahres mit mobilen Krankenakten auf iPads. Laborbefunde, Diagnosen, Bilder und persönliche Angaben des einzelnen Patienten können sie jederzeit und an jedem Ort aus dem SAP-System ziehen und über das iPad dann gleich aktualisieren. Die zeitaufwendige Suche von Unterlagen und das Führen von Aufgabenlisten entfällt, was die Entscheidungsfindung beschleunigt und somit die Behandlungsabläufe optimiert.

Ärzte und Pflegekräfte der Berliner Charité arbeiten mit mobilen Krankenakten

Virtuelle Teams im Einsatz

In der Zulieferungsbranche der Automobilindustrie sind virtuelle Teams längst Wirklichkeit. Etwa wenn ein spezialisierter Dienstleister Steuerungselemente oder Software für einen Zulieferer entwickelt, der wiederum BMW oder Audi beliefert.

Im Fahrzeugbau sind virtuelle Teams längst Wirklichkeit

Hier müssen die verschiedenen, am Entwicklungs- und Produktionsprozess beteiligten Teams für einen vorgebenen Zeitraum so eng verzahnt arbeiten, als würden sie in derselben Firma arbeiten. Eine der Herausforderungen liegt hierbei darin, dass jedes der beteiligten Unternehmen unterschiedliche Prozesse und eigene Sicherheitsrichtlinien hat. Hinzu kommen die externen Experten, die man für bestimmte Projekte anheuert.

Mit einer einheitlichen Kollaboration-Plattform in der Cloud wird die gemeinsame Arbeit über verschiedene Zeitzonen hinweg deutlich einfacher: Statt E-Mails und Dateianhänge hin und her zu schicken, können die Teams von überall her auf die zentral gespeicherten Arbeitsdokumente zugreifen und diese gemeinsam voran bringen. Auf diese Weise gibt es keine Eingriffe in die individuellen Prozesse der verschiedenen Firmen und Einzelbeteiligten, und die Sicherheitsrisiken sind minimiert.

Für die vernetzte Zusammenarbeit das sichere Umfeld eines zertifizierten Rechenzentrums zu nutzen (also den Rahmen einer privaten Cloud), spricht auch, dass Echtzeit-Kollaboration-Lösungen mit zahlreichen Sicherheitsrisiken verbunden sein können, für die herkömmliche Schutzmaßnahmen am eigenen Server nicht ausreichen.

Die Abhörsicherheit, Verfügbarkeit, Vertraulichkeit, Integrität und Authentizität der Daten muss ebenso sichergestellt sein wie Datenschutz und Gesetzeskonformität.

Sozial nach außen und innen

Nützlich sind Kollaborationslösungen vor allem dann, wenn sie sich direkt mit den wesentlichen Geschäftsprozessen und betrieblichen Anwendungen (wie etwa SAP-Systemen) verknüpfen lassen. Eingebunden sein sollen dabei auch die nach außen gerichteten „sozialen" Medien wie der Microblogging-Dienst Twitter und Netzwerke wie Facebook, Xing oder LinkedIn.

Für Unternehmen wie O2 oder die Fluggesellschaft KLM ist Twitter im Marketing und Service mittlerweile der wichtigste Kanal für die Kommunikation mit Kunden. Er trägt dazu bei, auf Veränderungen im Markt schnell reagieren zu können.

Facebook und Twitter für Kundenansprache und Service

Schnelle Reaktionszeiten und verbindliche, möglichst persönliche Ansprache können ein entscheidender Wettbewerbsfaktor sein. Deshalb nutzen Spieleanbieter wie Activision Facebook und YouTube, um die Fragen, Probleme und Anregungen der Gamer-Communities öffentlich zu adressieren. Zudem lassen sie ihre Service-Mitarbeiter per Videokonferenz direkt mit den Kunden kommunizieren. Auf diese Weise erhält Activision kaum noch Anrufe, spart jede Menge Callcenter-Kosten und die Gamer fühlen sich – zeitnah – bestens betreut.

Ohne „Social" geht nichts mehr

Markenführung und Kommunikation über alle verfügbaren Kanäle und Geräte sehen Experten mittlerweile als Muss – und das quer durch alle Branchen zwischen Auto, Logistik und Zahnseide.

Wer sich sozialen Medien verschließt, hat bald kein Geschäftsmodell mehr

Wer sich heute extern und intern nicht für soziale Medien und direkte Kommunikation auf Augenhöhe öffnet, hat in fünf Jahren vielleicht kein Geschäftsmodell mehr. Zu dieser Erkenntnis ist auch Burberry gelangt. Der Anbieter hochpreisiger Kleidung und Accessoires wird bis zum Sommer 2012 etwa 9.000 Mitarbeiter auf eine angepasste Chatter-Plattform gebracht haben. Diese soll alle Unternehmensbereiche, einschließlich des Verkaufspersonals in den eigenen Läden, umfassen. Bereits jetzt arbeiten Fach- und Projektgruppen aktiv mit der Kollaborationslösung, etwa die European Tailoring Community (also Menschen, die an Burberrys Schneiderei beteiligt sind), die derzeit knapp 160 Personen stark ist.

Mehr Dialog zwischen Vertrieb und Marketing

Aktuelle Untersuchungen zeigen auf, dass Kollaborationslösungen in nahezu allen Branchen dazu beitragen, die oft unrund laufende Interaktion von Vertrieb, Marketing und Service zu verbessern.

Das bestätigt auch der Autoanbieter Honda, der für sein Europageschäft im vergangenen Jahr die Stelle eines „Social Collaboration Manager" geschaffen hat. Bereits sechs Monate nach Einführung einer internen Kollaborationsplattform verzeichnet Honda eine rege Beteiligung von Vertriebsmitarbeitern. Diese helfen unter anderem der Marketingabteilung dabei, Kampagnen schneller und besser auf die Gegebenheiten der verschiedenen europäischen Märkte zuzuschneiden und Aktionsangebote anzupassen.

Privatgeräte treiben Entwicklung

Vordergründig steckt hinter der steigenden Investitionsbereitschaft in multimediale Kollaborationsplattformen das übliche Unternehmerstreben nach mehr Effizienz, Produktivität und Wettbewerbsvorteile bei mittelfristiger Kostensenkung.

Dahinter steht aber auch die Einsicht in die Notwendigkeit, sich auf die Bedürfnisse nachrückender Mitarbeitergenerationen einstellen zu

Mitarbeiter wollen bei der Arbeit auf den Komfort ihrer privaten Geräte nicht verzichtent

müssen. Und die wollen bei der Arbeit nun einmal dieselben Geräte und Kommunikationstechniken nutzen wie in ihrem Privatleben.

Zwar ist die Diskussion um BYOD (Bring Your Own Device, also die Nutzung privater Endgeräte für die tägliche Arbeit) in Deutschland mit einiger Verspätung angekommen. Doch seit Mitte letzten Jahres setzen sich die IT-Verantwortlichen in Versicherungen, Vertriebsorganisationen oder Einrichtungen der öffentlichen Hand auch hierzulande verstärkt damit auseinander.

Hier lautet die große Frage, wie sich Unternehmensnetzwerke ohne gravierende Sicherheitsrisiken für die privaten iPads, Smartphones und Privat-Notebooks öffnen und die Techniken der sozialen Netzwerke in die eigene IT-Landschaft integrieren lassen. Die Frage des „ob“ ist vielerorts längst entschieden.

Verbote helfen nicht

Langsam setzt sich die Erkenntnis durch, dass Firmen, die ihre Mitarbeiter dazu zwingen, weiterhin mit vorgegebenen Geräten und Anwendungen zu arbeiten, das Nachsehen haben werden. Zumal wenn diese veraltet und weder intuitiv und komfortabel zu bedienen sind, noch eine umfassende virtuelle Vernetzung mit Kollegen, Kunden, Partnern und öffentlichen sozialen Netzwerken ermöglichen.

Wer würde schon ernsthaft mit veralteter Software und unflexiblen Rechnerlandschaften arbeiten wollen, wenn sich die Aufgaben mit dem eigenen iPad oder Smartphone schneller und bequemer erledigen lassen?

Twitter-Verbot ist kontraproduktiv

Es mag gute Gründe geben, seinen Mitarbeitern die Nutzung bestimmter Geräte vorzuschreiben und Präsenz auf Plattformen wie Twitter oder Google+ zu untersagen. Letztlich aber sind solche Verbote meist nicht nur kontraproduktiv, etwa im Hinblick auf die Nachwuchsrekrutierung, dem Nutzen von Wissensgemeinschaften im Web oder zeitgemäßem Kundenservice. Sie sind auch schnell umgangen.

Denn ob ein Mitarbeiter zwischendurch mal eben sein Privatgerät aus der Tasche zieht und sich im Internet mit anderen Kompetenzträgern austauscht, um seinen Job komfortabler, schneller oder besser erledigen zu können, ist kaum zu kontrollieren. Dasselbe gilt für schnell abgesetzte Trotz- und Frustpostings, die sich im Web verbreiten können, lang bevor es die Geschäftsleitung überhaupt mitbekommt.

Einsparungspotenzial inklusive

Zwar sind längst nicht alle technischen Notwendigkeiten und Sicherheitsaspekte geklärt, doch denken schon jetzt viele Entscheider in Großunternehmen (beispielsweise die Lufthansa-Gruppe) laut über das „Sponsoring“ privater Smartphones, Tablet-Computer und Notebooks nach.

Zuschuss für private Endgeräte der Mitarbeiter senkt IT-Aufwendungen

Dafür gibt es neben den oben genannten Gründen der Flexibilisierung auch einen handfest monetären: Gibt man Mitarbeitern einen jährlichen Zuschuss zu ihren bevorzugten Geräten, statt sie traditionell mit weitgehend einheitlicher Hard- und Software auszustatten, lässt sich echtes Geld sparen.

In internationalen Konzernen können so pro Jahr Einsparungen von mehreren Millionen Euro zusammen kommen, rechnen IT-Dienstleister und Analysten vor. Lohnend könnte die Förderung privater Endgeräte aber auch für kleinere Unternehmen sein – immer vorausgesetzt, es gibt eine durchdachte Virtualisierungs- und Cloudstrategie.

Wenn Arbeit überfordert

Ständige Erreichbarkeit, Kommunikation im Turbomodus und der steigende Zwang, sich immer und überall einzubringen – für viele Mitarbeiter ist das ein Horrorszenario. Sie gruselt der Gedanke, wichtige Informationen nicht mehr per E-Mail zu verschicken, sondern in Wikis oder Blogs zu stellen.

Sie scheuen sich davor, ihre Dateien, Präsentationen, Lesezeichen und archivierte Wissensschätze zu teilen und jede ihrer Aktivitäten an einer Art Pinnwand festzuhalten. Und die Frage am oberen Bildschirmrand des internen sozialen Netzwerks „Woran arbeitest Du gerade“ erscheint ihnen geradezu invasiv.

Befindlichkeit als Innovationsbremse

Abteilungsleiter und Manager sorgen sich um ihre traditionelle Rolle und fürchten Bedeutungsverlust angesichts der wachsenden Selbstverwaltung innerhalb „ihrer“ Teams. Oft genug erweist sich auch das hierzulande immer noch recht ausgeprägte Abteilungsdenken (und die zugehörige Bunker-Mentalität) als Innovationsbremse.

Abteilungs-und Besitzdenken bremst Innovationen

Arbeitsforscher gehen indessen davon aus, dass sich eine „Führungskraft“ mit dem verstärkten Einsatz sozialer Medien künftig immer stärker auch über sichtbare Beiträge und damit über öffentliche Anerkennung definieren wird. Vor allem auf der mittleren Management-Ebene werde kollaborative Zusammenarbeit fast zwangsläufig zu neuen Aufgaben und einem neuen Rollenverständnis führen, berichten etwa die Forscher des Fraunhofer Instituts.

Derzeit aber hängen vor allem mittlere Führungskräfte noch an der traditionellen Linienhierarchie und den zugehörigen Dienstwegen. Der mittlerweile fast sprichwörtliche 25-jährige neue Sachbearbeiter, der den letzten Beitrag eines Top-Managers im firmeninternen sozialen Netzwerk öffentlich kommentiert und damit wichtige Denkanstöße gibt – diese Vorstellung behagt gewiss nicht jedem.

Aufklärung im Vorfeld

Hemmende Wirkung hat häufig auch der Betriebsrat. Wenn den Mitarbeitervertretern die neuen Kollaborationsfunktionen und deren Vorteile nicht klar sind, kommt es häufig zu Blockaden, deren Argumentation meist auf Datensicherheit und dem Schutz der Privatsphäre der Mitarbeiter fußt.

Bei der Einführung von Kollaborationslösungen Betriebsrat von Anfang an einbinden

Anbieter und Systemhäuser raten daher, bei der Einführung integrierter Kommunikations- und Kollaborationslösungen den Betriebsrat unbedingt von Anfang an einzubinden und ihn vor allem umfassend zu informieren.

Menschen neigen nun einmal dazu, Neuerungen skeptisch zu betrachten. Was Entscheidern als Verbesserung und Erleichterung der Arbeit gilt, versteht die Mehrheit der betroffenen Mitarbeiter häufig erst einmal als Bedrohung oder Belastung. Umfassende Aufklärung ist ein Muss, denn eine Abwehrhaltung der Mehrheit ist für Unternehmen ebenso nutzlos wie eine Minderheit im Euphorie-Taumel.

Strategie statt Aktionismus

Blogbeiträge, Communities und Themenforen, kurze-Wege-Kommunikation über Messenger oder Videochat, Telefonie und alles nur einen Klick entfernt. Was in der Theorie prima und praktisch klingt, führt in der Arbeitspraxis oft dazu, dass Mitarbeiter angesichts der zahlreichen Funktionen und Inputs den Blick auf die eigentlichen Aufgaben verlieren.

Ohne Strategie, durchdachte Struktur und klare Regeln führt also auch eine integrierte Kollaborationsplattform mit hoher Wahrscheinlichkeit zu einer riesigen Menge unstrukturierter Daten, Interaktionen und Informationen.

Echte Effizienz- und Kreativgewinne können die integrierten Arbeitswerkzeuge nur dann bescheren, wenn die Entscheider verstehen, welche Informations- und Wissensprozesse wichtig sind und welche Kanäle dafür geeignet sind. Und wenn die Mitarbeiter tatsächlich damit arbeiten.

Virtuell versus „Echt"

Mehr und mehr Menschen erbringen ihre Leistungen nicht mehr physisch, sondern in wechselnden, virtuellen Netzwerken, die sie selbst häufig nur bedingt durchschauen. In der Arbeitsorganisationspsychologie diskutieren Forscher daher inzwischen das Bild des „Virtuellen Menschen".

Experten am Leibniz-Institut für Arbeitsforschung an der TU Dortmund etwa gehen davon aus, dass die Zusammenarbeit in wechselnden, virtuellen Projektteams steigende Anforderungen an die kognitive Leistungen der Mitarbeiter stellt. Da Intelligenz und Flexibilität aber bekanntermaßen sehr ungleich verteilt sind, führen moderne Kollaborationstechniken längst nicht bei allen Menschen zu erhöhter Produktivität.

Neue Arbeitstechniken führen nicht automatisch zu höherer Produktivität

Eine häufig zu beobachtende Folge: Stress und die Angst, nicht mithalten zu können.

Als mahnendes Beispiel mag die Aussage eines Managers, der verständlicherweise ungenannt bleiben möchte: „Ich habe schon Mühe, über die Dinge, die nur meine Abteilung betreffen, jederzeit auf dem Laufenden zu bleiben. Wenn ich jetzt auch noch alles das lesen und kommentieren soll, was außerhalb dieser Abteilung noch wissenswert ist, ufert das völlig aus. Komplett kann ich mich dem aber nicht entziehen, da es sonst in der nächsten Besprechung heißt: Wieso wissen Sie das nicht, das steht doch in meinem letzten Blog-Eintrag...".

Kommunikation kann Stress- und Angstfaktor werden

Kein Weg zurück

Selbst schüchterne und veränderungsscheue Mitarbeiter werden die webbasierten Formen der Kommunikation und Zusammenarbeit mittelfristig zu schätzen wissen. So lautet die Prognose der bekannten Expertenrunden. Für sie gilt als ausgemacht, dass die Abschottungsmentalität von Fachabteilungen und einzelner Leistungsträger schnell aufweicht, sobald sie erkennen, dass es ihnen nicht nur Sichtbarkeit sondern auch Respekt einbringt, wenn sie sich öffnen und vernetzen. Indem sie Profile anlegen, ihr Wissen zeigen, Erfahrungen und Ideen einbringen und teilen, würden sie nicht zuletzt zur Sicherung ihres Arbeitsplatzes beitragen.

Vorteile im Wettbewerb

Doch ganz gleich, ob sich solche Prognosen als zutreffend oder als Wunschdenken erweisen werden: Rein pragmatisch betrachtet, dürfte Kollaboration per Clouds in den kommenden Jahren zur einer Selbstverständlichkeit werden, die kaum noch jemand hinterfragen wird. Denn gerade für kaufmännische Entscheider sind die Vorteile der Partizipations- und Kommunikationslösungen schnell argumentiert: Steigende Effizienz, wachsende Pools verwertbaren Wissens, Mitarbeiterbindung, mehr Nähe zum Kunden und Einsparungen über die gesamte Bandbreite zwischen IT und Reisekosten.

Das Hauptargument fußt allerdings auf einer Erkenntnis, das so alt ist wie das menschliche Miteinander selbst: Wer die Ohren offen hält und verbindlich in alle Richtungen kommuniziert und kooperiert, der kann Chancen besser erkennen und vor allem schneller ergreifen als die Konkurrenz.

Literatur

Arns, T.: Social Media in deutschen Unternehmen. – BITKOM, März 2012. http://www.bitkom.org/de/publikationen/38338_72124.aspx

UCC-Strategien 2012 – Status quo und Investitionspläne in deutschen Unternehmen. – Berlecon Research, März 2012. https://www.bit.ly/OcghrQ

Schuster, M.: Social Media, Politik und öffentliche Verwaltung. – Frankfurter Allgemeine Zeitung, S. B2 und B3, 28.02.2012.

Hänig, S.: Vernetzung Total. – Frankfurter Allgemeine Zeitung, S. B2 und B3, 28.02.2012.

Vail, J.: Work with Me, The Business Value of Collaboration and How to Make it Work – Siemens Enterprise Communications Whitepaper, April 2011. http://www.siemens-enterprise.com/de/~/media/internet%202010/Documents/White%20Papers/Work%20With%20Me%20Whitepaper%20March%202011.pdf

Vom Broadcasting zur „Friend-Brand"

Julia Schamari

5

Social Media sind heute weit mehr als nur ein Trend. In den Marketing- und Kommunikationsabteilungen der meisten Unternehmen gehören sie zum festen Bestandteil der alltäglichen Arbeit. Man errichtet Markenpräsenzen in Social Networks wie Facebook und Google+, in Microblogs wie Twitter sowie in Content Sharing-Plattformen wie YouTube und Pinterest. Dort werden zahlreiche Kampagnen und Aktionen gefahren. Und weil sich in Zeiten wachsender Kostenkontrolle im Marketing die Frage nach der Wirksamkeit und damit nach dem Erfolg all dieser Aktionen stellt, setzen Unternehmen vermehrt Monitoring-Tools ein, um Konversationen in Social Media zu verfolgen.

Zahlreiche Kampagnen in Social Media

Allerdings handelt es sich bei diesen Maßnahmen eher um operativen Aktionismus. Es wird viel probiert, experimentiert und von anderen abgeschaut. Stellt man jedoch die Frage nach der Strategie oder nach den konkreten Zielen, die hinter diesen Aktivitäten stehen, offenbart sich weitgehend Planlosigkeit. So kommt eine GfK-Befragung unter 270 Marketing-Entscheidern zwar zu dem Ergebnis, dass fünfzig Prozent Social Media nutzen. Allerdings verfolgen dabei nur vierzig Prozent eine Strategie. Auch Social Media-Guidelines gibt es nur bei knapp fünfzig Prozent der befragten Unternehmen [1].

Schaut man hinter die Projekte, offenbart sich Planlosigkeit

Dialogpotenzial bleibt häufig ungenutzt

Oft hört man auf die Frage nach Zielsetzungen vage Antworten wie „Awareness" und „Reichweite". Ob diese vermeintlichen Ziele aber erreicht wurden, und ob das zum Unternehmenserfolg beigetragen hat, kann nicht beantwortet werden. Noch bedenklicher ist aber, was solche Antworten zeigen: Dass die meisten Unternehmen das Dialog-Potenzial von Social Media nicht erkannt haben und dementsprechend auch nicht nutzen. Im Folgenden wird daher dargestellt, welche Potenziale in Social Media stecken, wie man diese erfolgreich nutzt und so zu

http://www.marketing-boerse.de/Experten/details/Julia-Schamari

einer „Friend-Brand“ wird – einer Marke also, die zum Freund der Konsumenten wird.

Social Media sind keine Einbahnstraßen

Social Media haben die Kommunikation zwischen Konsumenten grundlegend verändert. Früher war Marketing reines Broadcasting, also eine Einbahnstraße: Man überlegt sich eine Strategie, entwickelt eine Maßnahme und sendet die Botschaft in Richtung Konsumenten. Ob sie erfolgreich angekommen oder ins Leere gelaufen ist, lässt sich meist – wenn überhaupt – nur an der zeitverzögerten Kundenreaktion, zum Beispiel am veränderten Kaufverhalten, erkennen.

Botschaften lösen Reaktionen aus

In Social Media ist das anders. In die Zielgruppe gestreute Botschaften werden von den Konsumenten nicht nur empfangen, sie können in Echtzeit Reaktionen erzeugen. Konsumenten verbreiten Markenbotschaften viral und verändern den Inhalt der Botschaft. Sie fügen ihre eigene Meinung dazu, erzählen in ihren eigenen Worten und diskutieren darüber mit Freunden, Familie und Gleichgesinnten. Das hat auf der einen Seite den Vorteil, dass Markenbotschaften mit geringem Aufwand und extrem schnell eine Vielzahl von Konsumenten erreichen und die Konsumentenreaktionen in Echtzeit beobachtet werden können. Auf der anderen Seite haben Unternehmen nicht mehr die volle Kontrolle über die Botschaft und ihre Wirkung. Eine Botschaft, die nicht gut bei der Zielgruppe ankommt, die sogar zur Verärgerung führt, kann schnell zu einer Negativ-Image-Kampagne für die Marke werden.

Social Media bedeutet Multi-Way-Kommunikation

Austausch auch ohne die „Marke“

Zudem stoßen nicht mehr allein die Marken eine Kommunikation an. In Social Media wird auch ohne den Input der Marke über sie kommuniziert. Konsumenten tauschen ihre Erfahrungen und Meinungen über Marken aus – positiv wie negativ. Die Marke steht also nicht mehr am Anfang der Einbahnstraße, sie steht mitten auf einer dichtbefahrenen Kreuzung mit zahlreichen Abzweigungen, die wiederum in neue Kreuzungen münden. Dort muss sie versuchen, den Verkehr – also den Dialog – zu dirigieren und für ein positives Engagement zu sorgen. Die Kommunikation hat sich also von einer One-Way-Kommunikation hin zur Interaktion und zu einer Multi-Way-Kommunikation entwickelt (vgl. Abb. 1). In ihrem Mittelpunkt steht der Mensch, beziehungsweise der Konsument, der Markenbotschaften mitgestaltet. Das bedeutet, dass Unternehmen nicht nur ihre eigenen Bedürfnisse und Ziele im Auge haben dürfen. Sie müssen sich auch auf die Wünsche der Konsumenten einstellen. Werden diese Erwartungen nicht erfüllt, engagieren sich die Konsumenten kaum im Sinne der Marke. Sie werden eventuell sogar gegen die Marke agieren.

Unternehmen müssen sich auf die Wünsche der Kunden einstellen

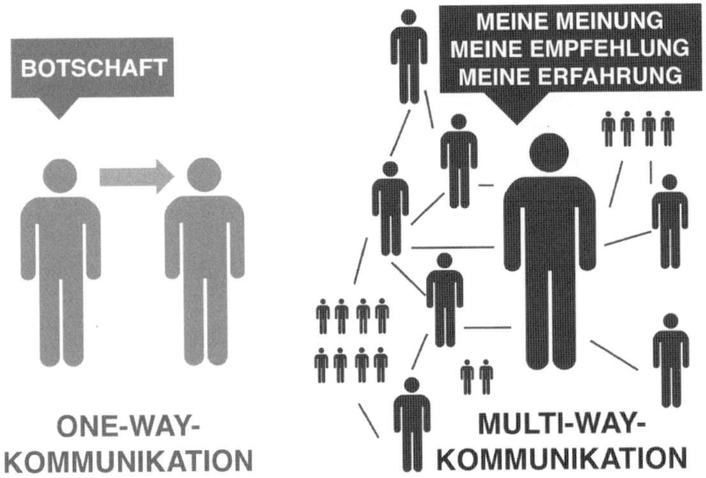

Abb. 1: Von der One-Way-Kommunikation zur Multi-Way-Kommunikation

Konsumenten wollen kein Broadcasting in Social Media

Social Media sind Kanäle, in denen es nicht vorrangig um Marken und Produkte geht. In Social Media spielen Menschen und Beziehungen die Hauptrolle. In erster Linie werden Social Media genutzt, weil sie zwei grundlegende menschliche Bedürfnisse befriedigen: neue Kontakte zu knüpfen sowie bestehende Kontakte zu pflegen und zu stärken [2]. Kaum ein Konsument nutzt Social Media vorrangig, um Markenbotschaften und Werbung zu empfangen. Im Gegenteil: Sie fühlen sich von klassischen Werbebotschaften „gestört". Sie erwarten von der Marke Kommunikation auf Augenhöhe. Sie möchten Dialog, Reaktion auf Fragen, Austausch sowie relevante und transparente Informationen. Das alles sind Erwartungen, die auch für die Stabilität

Klassische Werbebotschaften stören

und Intensität privater Kontakte wichtig sind. An diese Spielregeln müssen sich Unternehmen halten, wenn sie in die Welt von Social Media eintauchen.

Persönlichkeit und Authentizität ist gefragt

Es ist wichtig, dass die Marke persönlich und authentisch auftritt, dass sie als Freund der Konsumenten wahrgenommen werden kann. Nur dann werden Menschen sich mit ihr vernetzen und „befreunden". Nur dann hat die Marke eine Chance, in die persönliche Social Media-Welt aufgenommen zu werden und somit am Alltag vieler Konsumenten teilhaben zu können. Zudem wollen Konsumenten von Marken in Diskussionen und Inhalte einbezogen werden. Sie wollen mitreden, mitwirken und mitgestalten. Sie wollen sich als Teil der Marke fühlen, sie wollen gehört werden und erfahren, dass auf ihre Stimme reagiert wird. Wir haben die folgenden fünf Konsumentenerwartungen identifiziert, die Unternehmen im Social Media erfüllen sollten:

Konsumenten wollen mitreden, mitwirken und mitgestalten

- Dialog
  Konsumenten wollen mit der Marke und anderen Konsumenten interagieren. Sie wollen eine Plattform, auf der sie der Marke Fragen stellen und Probleme schildern können, und auf der sie zeitnahe Antworten und ehrliche Informationen erhalten.
- Sozialer Austausch
  Konsumenten wollen mit Gleichgesinnten über die Marke und ihre Produkte in den Dialog treten. Sie wollen Erfahrungen austauschen, sich von anderen helfen lassen und Tipps geben. Einer Information von Dritten wird oft mehr vertraut als Unternehmensinformationen. Zusätzlich gibt es ihnen ein gutes Gefühl, zu einer Community beziehungsweise einer Interessensgemeinschaft zu gehören.
- Zusammenarbeit
  Konsumenten möchten gemeinsam mit der Marke und mit anderen Konsumenten etwas erreichen. Sie möchten nach ihrer Meinung gefragt werden, Feedback und Verbesserungsvorschläge einbringen. Sie wollen das Gefühl haben, ihre Stimme wird gehört und die Marke lässt sie aktiv an Gestaltungsprozessen teilhaben.

- Information
  Viele Konsumenten nutzen Social Media als schnellen und bequemen Informationskanal. Allerdings wünschen sie hier keine Werbung, sondern relevante und exklusive Informationen, die sie woanders nicht erhalten. Das können auch reines Entertainment wie interessante YouTube-Videos oder Incentives wie Promotion-Aktionen sein. Wichtig ist, die Information wird als nützlich empfunden und/oder erbringt einen anderweitigen Mehrwert.

Information muss Mehrwerte bieten

- Authentizität
  Eine der wichtigsten Kundenanforderungen ist, dass die Marke transparent und authentisch ist. Künstliche und unpersönliche Werbebotschaften werden sofort erkannt, ignoriert und kritisiert. Konsumenten wollen einen ehrlichen und persönlichen Austausch mit der Marke, wie das unter Freunden üblich ist.

Die Kundenerwartungen werden noch nicht erfüllt

Betrachtet man aktuelle Social Media-Maßnahmen von Unternehmen, fällt schnell auf, dass viele der Konsumentenerwartungen unerfüllt bleiben. Social Media werden meist als reine Broadcasting-Tools genutzt. Die klassische Einbahnstraßenkommunikation wird einfach in Plattformen – zum Beispiel auf Facebook – verlagert. Das größte Potenzial von Social Media bleibt ungenutzt. Es hat den Anschein, die meisten Unternehmen wissen nicht genau, wie sie ihre Facebook-Seite nutzen sollen. Dies gilt in erster Linie für den eigenen Content, also für die Informationen und Aktionen, sowie für den Dialog mit den Nutzern. Immer noch antwortet nur ein Bruchteil (zirka neun Prozent) aller Unternehmen auf Kommentare von Facebook-Fans [3]. Darunter befinden sich auch viele Anfragen zu Produkten und Hilfegesuche. Probleme werden missachtet, und vor allem Sales-Anfragen bleiben offen.

Zirka neun Prozent der Unternehmen antwortet auf Facebook-Kommentare

Intelligente Kundenkommunikation statt visuelle Highlights

Hier stellt sich die Frage, ob Unternehmen es sich wirklich leisten können, Kundenbedürfnisse derart zu ignorieren. Alle Erfahrungen und Erkenntnisse sprechen dagegen. Zwar haben einige Unternehmen mittlerweile erkannt, dass ein Verzicht auf Interaktion in Social Media der Reputation der Marke schaden kann. Sie versuchen in den Dialog einzusteigen. Dieser Dialog bleibt aber oft oberflächlich. Laut einer

Dialog bleibt oft oberflächlich

Studie sind mehr als die Hälfte der User mit dem Kundenmanagement im Social Web unzufrieden [4]. Der Hauptgrund: zu oft wird lediglich auf den allgemeinen Kundenservice verwiesen oder gar nicht reagiert.

In Marketing- und Werbefachmagazinen werden regelmäßig Unternehmen für „Best Practice Social Media" ausgewiesen, die auffallende und kreative Social Media-Kampagnen gestaltet haben. Ob die jeweilige Marke allerdings in der täglichen Social Media-Arbeit guten Dialog macht und involvierende Inhalte bietet, wird erstaunlicherweise nie erwähnt oder „prämiert". Allein daran erkennt man schon: Es fehlt immer noch viel Verständnis für Social Media. Es wird noch einiges an Aufklärungsarbeit notwendig sein, bis Unternehmen verstehen, dass intelligente Konsumentenkommunikation in Social Media effektiver ist als kreative Kampagnen und spektakuläre visuelle Highlights.

Betrachtet man die Social Media-Landschaft, lassen sich vier Verhaltensmuster von Unternehmen erkennen (vgl. Abb. 2):

Fans von Marken müssen nicht Kunde der Marke sein

- Prestige-Verhalten
  Hier tummeln sich Marken, die grundsätzlich ein hohes Ansehen bei den Konsumenten genießen. Sie besitzen bereits eine „Social Currency" und müssen diese nicht erst erarbeiten [5]. Konsumenten verbinden sich zum Beispiel mit Gucci und Lamborghini in Social Media, weil sie Fans dieser Marken und von deren Geschichte und Image begeistert sind. Oft handelt es sich bei diesen Usern nicht einmal um wirkliche Kunden der Marke. Sie verbinden sich in Social Media mit ihr, weil sie mit dem Markeninhalt sympathisieren, und weil sie ihrem Social Media-Umfeld zeigen möchten, auch sie finden die Marke gut beziehungsweise sind ein Teil von ihr. Solche Unternehmen haben es im Social Web „nicht nötig", in Interaktionen mit und zwischen den Konsumenten zu investieren. Von den Nutzern wird auch (noch) kein Dialog erwartet. Dialog findet hauptsächlich unter den Usern statt und ist größtenteils positiv.
- Passives Verhalten
  Die Marken sind wenig in Social Media vertreten, zum Beispiel nur in einem Kanal wie Facebook. Hier handelt es sich lediglich um eine Markenpräsenz in einem Facebook-Mantel. Es findet dort nur die Marke und kaum Markenkommunikation statt. Auf Fragen wird nicht eingegangen, Dialog wird – wenn überhaupt – nur unter den Konsumenten geführt. Solche „unbetreuten" Markenpräsenzen in

Social Media können für Unternehmen sehr gefährlich sein. Sie können von verärgerten Konsumenten als Plattform für unkontrollierten Frustabbau genutzt werden, und damit eine Empörungswelle auslösen, die wegen fehlender Gegensteuerung durch das Unternehmen und Reaktionen gleichgesinnter Verbraucher riskante Dimensionen annimmt. Solche negativen Stimmungen verbreiten sich in Social Media schnell und leicht – und können zu erheblichen Reputationsschäden für die Marke führen.

- Broadcasting-Verhalten
  Dieses Verhaltensmuster findet sich derzeit noch relativ häufig in der Social Media-Landschaft. Unternehmen dieses Typs sind aktiv in Social Media vertreten, allerdings nutzen sie den Kommunikationskanal vorrangig, um Werbebotschaften zu verbreiten. Es werden Markeninhalte eingesetzt und Markenaktionen veranstaltet, die oft rein auf Fangewinnung ausgelegt sind. Eine Reaktion der Konsumenten wird selten beachtet. Es findet kein Dialog statt. Service wird nicht angeboten. Fragen der Konsumenten bleiben unbeantwortet. Die Kommunikation wird hauptsächlich unter den Konsumenten geführt, der Kanal ist weitgehend den Fans überlassen. Das Broadcasting-Verhalten beeinflusst zwar durch die Kommunikation von Markeninhalten die Kommunikation innerhalb der Social Media-Markenpräsenz, das eigentliche Potenzial zum Beziehungsaufbau und Dialog bleibt aber ungenutzt.

Gewinnung von Fans durch Markenaktionen – jedoch ohne Dialog

- Friend-Brand-Verhalten
  Eine Friend-Brand erfüllt die Erwartungen der Konsumenten in Social Media. Sie liefert nicht nur interessante, involvierende Markeninhalte und Mehrwerte, sondern betreibt einen aktiven Dialog mit ihren Usern und fördert die Interaktion zwischen ihnen. Probleme der Konsumenten werden erkannt und bearbeitet, Fragen werden beantwortet und Wünsche antizipiert. Gleichzeitig werden die Konsumenten aktiv in Markengestaltungsprozesse einbezogen. Das Feedback der Konsumenten wird strategisch genutzt, um die Kommunikation zu verbessern und noch besser auf die Wünsche der Konsumenten auszurichten. Friend-Brands werden in der Regel positiv wahrgenommen. Aufgrund des offenen Dialogs werden selbst Kritik und negative Stimmungen schnell eingefangen und können sogar ins Positive umgewandelt werden. Eine Friend-Brand nutzt die Potenziale von Social Media aus und setzt diese zur Wertsteigerung für die eigene Marke ein.

Interessante und involvierende Mehrwerte im aktiven Dialog

Abb. 2: Vier Verhaltensmuster bezüglich der Nutzung von Social Media

Vier Schritte „Vom Broadcasting zur Friend-Brand"

Unternehmen waren Konsumenten noch nie so nah

Nie zuvor hatte eine Marke die Chance, den Konsumenten so nah zu sein, wie dies in Social Media möglich ist. Noch nie zuvor konnte eine Marke so stark am Leben der Konsumenten teilhaben. Social Media bietet einer Marke die Möglichkeit, Freund und regelmäßiger Begleiter des Konsumenten zu werden. Vor allem durch die steigende mobile Nutzung von Social Media und ortsunabhängigen Diensten ist es möglich, den Konsumenten unabhängig von Zeit und Ort individuell zu begleiten und auf seine Bedürfnisse einzugehen. Allerdings muss eine Marke erst zur Friend-Brand werden, die der Konsument an seinem Leben teilhaben lassen will und mit der er befreundet sein möchte. Denn in Social Media bestimmen die Konsumenten, mit welcher Marke sie Kontakt haben wollen. Die folgenden vier Schritte muss eine Marke berücksichtigen, um zu einer Friend-Brand zu werden (vgl. Abb. 3):

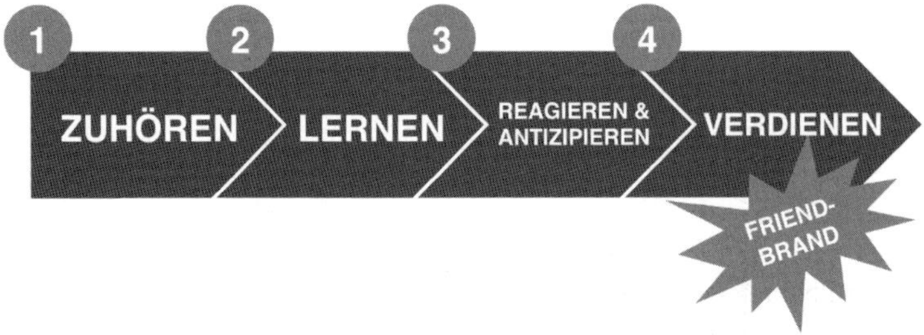

Abb. 3: Schritt für Schritt zur Friend-Brand

1. Zuhören

In Social Media geht es um Beziehungen, Interaktionen und Konversationen zwischen Konsumenten untereinander, aber auch zwischen Marken und Konsumenten. Marken können von jeder Art der Interaktion profitieren. Durch intelligentes Zuhören können wichtige Informationen und Insights gewonnen werden. Denn noch nie zuvor hatte eine Marke die Chance, an Gesprächen innerhalb der Zielgruppe teilzuhaben und zu hören, wie Konsumenten über eine Marke und ihre Produkte kommunizieren. Die Marke kann auf diese Weise die Wünsche, Probleme und Ideen der Konsumenten in Echtzeit identifizieren. Beispielsweise kann sie zuhören, wenn Kunden unzufrieden mit einem bestimmten Produkt oder Service sind und woran die Unzufriedenheit liegt. Gleichzeitig erhält die Marke auch Feedback darüber, was die Konsumenten besonders zufrieden stellt. Intelligentes Monitoring von Konversationen kann zudem wichtige Insights zur Verbesserung von Kommunikations-Aktivitäten, Produkten und Service liefern. Derzeit gibt es am Markt eine Vielzahl von kostenlosen und kostenpflichtigen Monitoring-Tools, die das Zuhören und die Insightgenerierung möglich machen.

2. Lernen

Daten analysieren und auswerten

Das Zuhören allein bringt die Marke aber nicht weiter, wenn mit den Informationen und Insights nichts geschieht. Eine erfolgreiche Nutzung der gesammelten Daten ist nur möglich, wenn diese entsprechend analysiert und ausgewertet werden. Es reicht beispielsweise nicht aus, wenn eine Automobilmarke über Social Media erfährt, dass sich Beschwerden über einen schlechten Kundenservice häufen. Oder wenn viele Meinungen eingehen, dass User mit den angebotenen Farben eines bestimmten Modells unzufrieden sind. Solche Erkenntnisse müssen ernst genommen und überprüft werden. Gegebenenfalls ist darauf zu reagieren. Das ist nur möglich, wenn die Marke den Dialog mit den Konsumenten sucht und fördert.

3. Reagieren und Antizipieren

Hat die Marke aus den gewonnenen Insights gelernt, ist es erforderlich, entsprechend zu reagieren. Am Beispiel der Automobilmarke könnten Maßnahmen zur Verbesserung des Kundenservices eingeleitet und eventuell die Farbpalette des Modells angepasst werden. Anschließend muss natürlich weiter kontrolliert werden, ob sich an den Kundenmeinungen etwas verändert beziehungsweise verbessert. Die gewonnenen Erkenntnisse eröffnen aber nicht nur zahlreiche Produkt- und Serviceverbesserungs-Potenziale. Sie ermöglichen auch optimierte Ansprache- und Betreuungskonzepte. Beispielsweise können Marken direkt in Dialoge eingreifen, auf Gespräche reagieren oder notfalls intervenieren. Ein Unternehmen erfährt sofort, ob ein Kunde Probleme mit oder Fragen zu einem Produkt hat und kann schnelle Hilfestellung geben.

Produkte anpassen

Falsche Aussagen von Konsumenten richtig stellen

Es bietet sich aber auch die Möglichkeit, falsche Aussagen von Konsumenten umgehend richtig zu stellen und negative Meinungen in positive zu verwandeln. Anfragen und Wünsche von Konsumenten können schnell bedient werden. Erfährt die Automobilmarke beispielsweise, dass ein Interessent Probleme hat, sein gewünschtes Modell in der Farbe Blau zu finden, kann sie sofort einen Händler identifizieren, der das passende Modell auf Lager hat und den Kontakt herstellen. So bleibt das Verkaufspotenzial nicht ungenutzt. Es kann verhindert werden, dass sich der Interessent für eine Konkurrenzmarke entscheidet.

„Zuhören, Lernen, Reagieren und Antizipieren"

4. Verdienen

Wenn eine Marke die drei Schritte „Zuhören, Lernen, Reagieren und Antizipieren“ erfüllt, hat sie die besten Voraussetzungen zu einer Friend-Brand zu werden und entsprechend durch ihr Engagement zu verdienen. Eine Friend-Brand kann durch Social Media entlang des kompletten Buying-Cycles, also vor und nach dem Kauf, Wert generieren [6].

In jeder Phase von der Akquisition und Bindung bis hin zum Kundenausbau kann durch Interaktionen und Informationsgewinnung der Dialog und die Betreuung optimiert und so der Wert eines Konsumenten kontinuierlich gesteigert werden. Social Media ermöglichen durch intelligente Botschaften und Interaktionen, insbe-

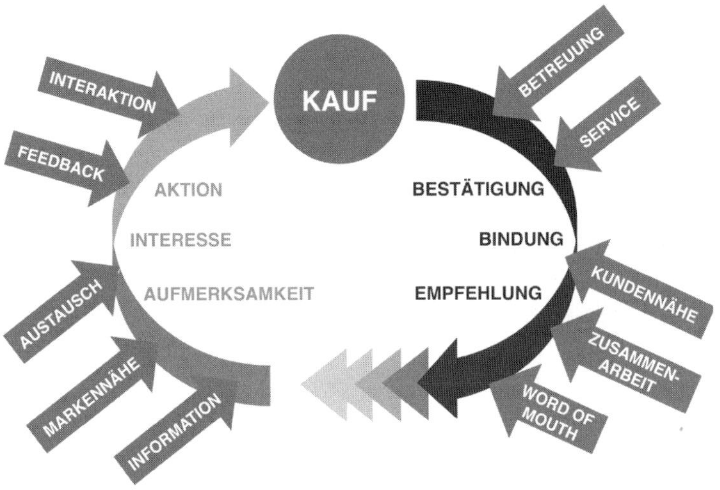

Abb. 4: Social Media-Einsatz unterstützt entlang des kompletten Buying-Cycles

sondere auch durch Word-of-Mouth, eine schnelle Verbreitung von Markenbotschaften und können so vergleichsweise kostengünstig Awareness und Interessenten generieren. Zuhören und Dialoge ermöglichen die Identifikation von Leads in einem frühen Stadium. Diese Leads können durch Social Media-Dialog an die Marke gebunden sowie in echte Kaufinteressenten und letztlich Kunden umgewandelt werden. Durch Interaktion mit der Marke und anderen Kunden in Social Media werden Neukunden in ihrem Kauf bestätigt.

Schnelle Verbreitung der Markenbotschaften

Kunden begeistern und dadurch neue Kunden gewinnen

Gleichzeitig wird ihnen eine Plattform geboten, um ihre „Neukaufbegeisterung" zu verbreiten (Word-of-Mouth). Gerade Neukunden haben oft das Bedürfnis, ihr Umfeld an der neuen Errungenschaft teilhaben zu lassen. Social Media bietet dafür die Plattform. Ein Foto des neuen Autos oder des gerade erworbenen Kleidungsstücks kann schnell und mit wenig Aufwand an alle vernetzten Freunde verbreitet werden. Weiterhin bietet Social Media enormes Potenzial, Kunden zu betreuen, zu binden und sie zu gleichwertigen Partnern im Wertschöpfungsprozess zu machen. Durch das aktive Einbeziehen von Kundenfeedback in Marketingaktivitäten, Produkt- und Servicegestaltung werden für das Unternehmen wichtige Insights zur Gewinnmaximierung gewonnen. Gleichzeitig fühlen sich die Kunden

Kunden zu echten Markenfans machen

wertgeschätzt und als „Teil" des Unternehmens. Das erhöht ihre Zufriedenheit, ihre Bindung und Empfehlungsbereitschaft. Kunden können also zu echten Markenfans beziehungsweise Freunden gemacht werden.

Dialog im Social Web will gelernt sein

Geschulte Dialogexperten unverzichtbar

Viele Unternehmen scheuen noch vor einem Dialog in Social Media zurück, weil sie Angst vor Kontrollverlust haben. Es herrscht oftmals große Unsicherheit darüber, wie der Dialog richtig geführt werden sollte. Wie soll man bei Kritik reagieren, was antwortet man auf unangenehme Fragen. Hier können nur Dialogexperten richtige Antworten geben. Aber viele Unternehmen lassen ihre Social Media-Präsenzen von klassischen Onlineagenturen oder inhouse von Studenten und Hilfskräften betreuen. Oder es kümmern sich klassische Marketingmitarbeiter nebenbei um Social Media. Das ist nicht der richtige Weg, um einen professionellen Dialog im Social Web zu führen. Dafür sind erfahrene, gut geschulte Dialogexperten im Unternehmen oder auch extern unverzichtbar. Sie müssen im Umgang mit Konsumenten und Social Media geübt sein. Das ist kein Teilzeit-Job. Gleichzeitig muss innerhalb des Unternehmens Verständnis und Akzeptanz für die Kommunikation in Social Media geschaffen werden. Nur so ist es möglich, einen erfolgreichen Dialog im Social Web zu führen.

Zehn Tipps für den erfolgreichen Dialog im Social Web

1. Dialog zulassen und fördern

Marken sollten den Dialog in Social Media zulassen und Konsumenten zu einem offenen Dialog einladen. Die Dialogbereitschaft zeigt sich, indem die Marke mit den Konsumenten interagiert und Dialoge anstößt, Fragen stellt und Feedback einfordert.

2. Jede Frage ist eine Antwort wert

Unabhängig davon, ob der Konsument recht oder unrecht hat, seine Frage sollte immer Beachtung finden – auch in Situationen, in denen es keine zufriedenstellende Antwort gibt. Das kann so oder ähnlich auch eingestanden werden. Die Hauptsache ist, den Usern zu zeigen, dass keine ihrer Fragen ignoriert wird. Auch positive Kommentare der

Konsumenten sollten beachtet werden. Das bindet noch mehr an die Marke und vermittelt das Gefühl, für die Marke wichtig zu sein.

3. Kanalgerechten Content bieten

Unternehmensinhalte sollten immer speziell für das Social Web aufbereitet und dargereicht werden, denn Social Media verlangt eigenständigen Inhalt und animierende Aktionen. Copy und Paste (zum Beispiel von vorhandenen Themen auf der Webseite oder des Newsletters) haben kaum einen Mehrwert für die Nutzer. Eigenheiten des Kanals wie zum Beispiel Involvement (in Form von Fragestellungen an die User) und exklusive Inhalte (wie zum Beispiel „Blicke hinter die Kulissen eines Unternehmens" oder „Exklusive Pre-Views eines Produkts") fördern den Dialog. Alles was im Social Web veröffentlicht wird, sollte für die Zielgruppe relevant sein. Schließlich geht es darum, Menschen „mitzureißen".

4. Für Kritik offen sein

Kunden ernst nehmen

Jede Kritik sollte ernst genommen und keinesfalls etwa aus Angst vor Negativpropaganda gelöscht werden. Sonst macht sich eine Marke nur Feinde und verschlimmert die Situation. Ein öffentliches Eingehen auf negative Kundenreaktionen demonstriert: Wir nehmen unsere Kunden ernst, wir haben nichts zu verbergen.

5. Nicht jedes Problem muss öffentlich gelöst werden

Das Eingehen auf Kundenkritik heißt nicht, dass jedes Problem öffentlich vor aller Welt ausdiskutiert werden sollte. Es gibt Problemfälle, die besser mit einem persönlichen Kontaktangebot der Marke aus dem öffentlichen Diskussionsbereich weggeleitet werden sollten. Wichtig ist hier nur, dass die Konsumenten sehen, die Marke beschäftigt sich mit dem Fall.

6. Manches regelt sich von selbst

Nicht bei jeder Kritik muss eine Marke sofort reagieren oder gar in Panik geraten. Oft regeln die Konsumenten das Thema „unter sich". Markenfans und Fürsprecher springen häufig für die Marke in die Presche, verteidigen sie und entschärfen somit die Situation.

7. Transparenz und Ehrlichkeit

Eine Marke hat wenig in Social Media zu befürchten, wenn sie transparent ist und ehrlich kommuniziert. Können Konsumenten Informationen vertrauen und Argumente nachvollziehen, werden auch ganz schnell Fehler verziehen.

8. Nicht jeder kann zufriedengestellt werden

Natürlich kann man nicht jeden Konsumenten glücklich machen. Es wird immer wieder User geben, die ihren Ärger kommunizieren wollen und auch nicht mehr zu beruhigen sind. Hier ist es nur wichtig, dass die Marke nachvollziehbar versucht hat, das Problem zu lösen und mehr nicht möglich ist. Es kann sogar angezeigt sein, danach nicht mehr auf den Konsumenten zu reagieren. Konsumenten dürfen zum Beispiel nicht lernen, wie sie durch Negativstimmung immer ihre Ziele wie „Goodies" oder andere Vergünstigungen erreichen.

9. Krisen schnell gegensteuern

Eine ernste Krise muss schnell erkannt, eine Reaktion darauf rasch im Unternehmen abgestimmt und umgehend kommuniziert werden. Hierfür ist es entscheidend, die entsprechenden Prozesse mit den jeweiligen Ansprechpartnern innerhalb des Unternehmens zu definieren. Nur so können Entscheidungen schnell getroffen und kommuniziert werden.

10. Markenfans aufbauen

Markenfans sind in Social Media das Kapital einer Marke. Sie helfen der Marke, den Dialog in Social Media zu führen. Sie beantworten Fragen, verbreiten positiven Word-of-Mouth und helfen, bei Krisen und negativen Stimmungen gegenzuwirken. Oft können diese Markenfans auch Aussagen machen, die die Marke selbst nicht machen kann, die ihr aber trotzdem weiterhelfen.

Fazit

Augenhöhe bringt Erfolg

Social Media ist persönlich und lebt von Konversationen und Dialog. Nur wer sich als Marke darauf einstellt und bereit ist, mit seinen Konsumenten in einen Dialog auf Augenhöhe einzugehen, wird langfristig in Social Media Erfolg haben. Marken, die den unnahbaren Werbe- und Informationsdistributeur spielen, nutzen das eigentliche Potenzial von Social Media nicht. Nur Marken, die zu Freunden der Konsumenten werden und entsprechend mit ihnen einen Dialog und eine Beziehung eingehen, können langfristig Wert aus ihrem Engagement in Social Media ziehen. Das ist keine leichte Aufgabe und bedarf eines strategischen und gezielten Vorgehens sowie eines intelligenten Dialoges. Lassen sich Marken aber darauf ein, können sie ungeahnte Potenziale aus einer Freundschaft mit dem Konsumenten ziehen.

Literatur

[1] „Marktforschungsstudie zur Nutzung alternativer Werbeformen im Internet", Gesellschaft für Konsumforschung, Dezember 2011.

[2] Piskorski, Mikotaj Jan: „Social Strategies That Work". In Harvard Business Review, November 2011, S. 117-122.

[3] Studie von Recommend.ly, Link: http://blog.recommend.ly/press-release-to-announce-the-launch-of-recommend-ly/ – Zugriff am 30.5.2012.

[4] „Managementkompass Zielgruppenmanagement", FAZ-Institut, Steria Mummert Consulting, März 2011.

[5] Ralphs, Mark: „Built in or Bold on – Why Social Currency is Essential to Social Media Marketing." – In Journal of Direct Data and Digital Marketing Practice 12, no. 3 (2011): S. 211-215.

[6] Acker, O. et al.: „Social CRM: How Companies Can Link into the Social Web of Consumers". In Journal of Direct Data and Digital Marketing Practice 13, no. 1 (2011): S. 3-10.

Crowdsourcing

Thomas Schildhauer, Hilger Voss

5

Nicht nur die Internetnutzung steigt in allen Altersgruppen weiter an, auch die Nutzer werden immer aktiver. Ob sie nun einfache Einträge in sozialen Netzwerken posten, Fotos hochladen, Webinhalte aller Art in Social Networks weiterempfehlen („liken") oder aufwendige Videos erstellen, die millionenfach abgerufen werden – die Aktivitäten nehmen weiter zu. Breitbandverbindungen, kostengünstige Internet-Flatrates und immer leistungsstärkere Computer sind weitere förderliche Faktoren. Viele Arbeiten lassen sich bereits auf mobilen Endgeräten wie Smartphones und Tablet-Computern ausführen.

Nutzer werden immer aktiver

Immer mehr Programme werden unter dem Gesichtspunkt der einfachen, intuitiven Bedienbarkeit erstellt – nicht nur Apps für mobile Geräte. Die Möglichkeit, selbst erstellte Inhalte unmittelbar einem großen Personenkreis präsentieren zu können – über soziale Medien – übt einen großen Reiz auf Nutzer aus. Sie erstellen Inhalte nicht für sich allein, sondern um diese mit anderen zu teilen und auf diese Weise Aufmerksamkeit und Anerkennung zu gewinnen.

Es übt einen großen Reiz aus, in sozialen Medien eigene Inhalte zu publizieren

Von Unternehmen bis zu politischen Parteien können Organisationen diese Bereitschaft und Fähigkeiten der Nutzer nutzen, um beispielsweise eigene Aufgaben bearbeiten zu lassen, Produkte zu testen und zu verbessern, Ideen und sogar Konzepte für neue Produkte oder Kommunikationskampagnen oder mehr Bürgerbeteiligung bei demokratischen Prozessen, zum Beispiel Petitionen zu gewinnen. Crowdsourcing ist der Begriff, unter dem diese Einbindung der Internetnutzer gefasst wird, eine Zusammensetzung der Begriffe „Crowd" für die Masse der Internetnutzer und „Outsourcing", der Auslagerung von Aufgaben aus dem Unternehmen [1].

http://www.marketing-boerse.de/Experten/details/Thomas-Schildhauer
http://www.marketing-boerse.de/Experten/details/Hilger-Voss

Systematisch lassen sich fünf verschiedene Arten der Nutzung der Aktivitäten der „Crowd“ identifizieren:

- User Generated Content: Auswertung von Inhalten, die von Nutzern ohne Auftrag erstellt werden – also eine Vorstufe zum Crowdsourcing.
- Crowd Voting: Nutzer stimmen über vorgegebene Themen oder Produkte ab.
- Crowd Creation: Nutzer erstellen aktiv Inhalte, zum Beispiel im Rahmen eines Wettbewerbs.
- Collective Intelligence: eine Verbindung der Mechanismen aus Crowd Voting und Crowd Creation – Nutzer erstellen Inhalte und arbeiten gemeinsam an deren Verbesserung, zum Beispiel durch Möglichkeiten zur Abstimmung oder durch Kommentare.

Nutzer finanzieren Projekte, an deren Erfolg sie glauben

- Crowdfunding: Nutzer finanzieren Projekte, an deren Erfolg sie glauben – verwandt dem Crowd Voting, aber mit deutlich höherem Gewicht; zum Teil fließen Millionenbeträge.

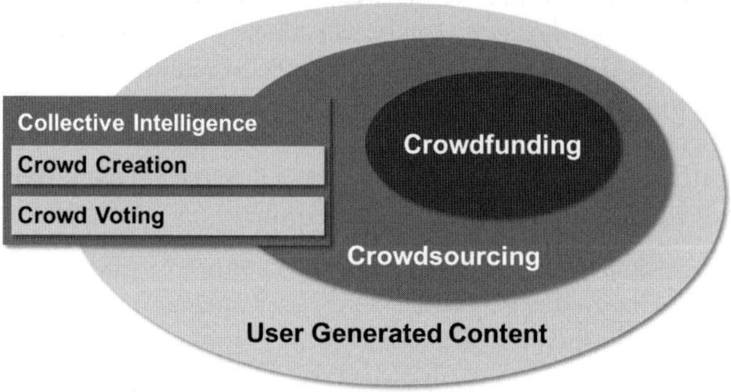

Abb. 1: Aktivitäten der „Crowd“

User Generated Content auswerten

Unternehmen können die Aktivitäten von Internetnutzern auf verschiedene Arten auswerten: sie können das Internet nach Informationen, die ihr Unternehmen oder Konkurrenten direkt betreffen, durchsuchen; oder sie beobachten bestimmte Themen und Begriffe, die für sie interessant sind.

Beispiel Dell

Der Computerhersteller Dell betreibt seit 2010 sein „Social Media Listening Command Center", in dem mehrere Mitarbeiter die 22.000 Diskussionen, in denen Dell jeden Tag erwähnt wird, im Auge behalten. So besteht die Möglichkeit, auf sich abzeichnende Probleme sofort zu reagieren und der Gefahr vorzubeugen, dass diese sich zu Krisen auswachsen, die schnell außer Kontrolle geraten können. Aber auch in der Produktpolitik kann so ein Tool hilfreich sein: die Reaktionen auf Testversionen von neuen Produkten können direkt den um diese geführten Diskussionen entnommen werden, Erkenntnisse können direkt an die zuständige Abteilung weitergeleitet werden, die entsprechende Maßnahmen ergreift. Ein Prozess, der mit konventionellen Methoden Wochen oder Monate dauert, kann auf diese Weise auf wenige Tage verkürzt werden [2].

Kostenlose Webmonitoring-Tools

Zum Einstieg kann man aber auch mit kostenlosen Tools anfangen: Google Alerts [3] bietet beispielsweise die Möglichkeit, sich bei Erwähnung gewünschter Begriffe benachrichtigen zu lassen – so erfährt man zeitnah per E-Mail, wenn das eigene Unternehmen im Web erwähnt wird. Ein kostenloses Tool, das man zu diesem Zweck verwenden kann und das weitere Funktionalitäten bietet, ist Socialmention [4]: nach Eingabe eines Begriffs werden aktuelle Meldungen, in denen dieser vorkommt, angezeigt. Es besteht die Möglichkeit, zu sehen, auf welchen Webseiten der Begriff erwähnt wird und mit welchen weiteren Begriffen er im Zusammenhang diskutiert wird. Weiterhin werden die Namen der User angezeigt, welche sich an der Diskussion in besonderem Maße beteiligen und in welcher Tonalität die Diskussion geführt wird: positiv, negativ oder neutral. Dies lässt sich ebenfalls im Verlauf für bestimmte Zeiträume, auch in der Vergangenheit liegende, anzeigen. Außerdem kann man sich „Social Media Alerts" einstellen, die einem, ähnlich Google Alerts, mitteilen, wenn ein relevantes Thema plötzlich auf Social Media-Seiten erwähnt wird [5].

Kostenlose Tools können also schon einen „Grundbedarf" abdecken, ab einem gewissen Punkt lohnt es sich jedoch, zu einer auf die eigenen Bedürfnisse zugeschnittenen, professionellen Lösung zurückzugreifen.

Crowd Voting

Nutzer stimmen ab

Die einfachste Art, die Nutzer aktiv für konkrete Aufgaben und Ziele einzubeziehen, ist Crowd Voting. Nutzer können über die verschiedensten Fragestellungen zur Abstimmung aufgerufen werden, die Hürde der Teilnahme ist sehr niedrig. Meist werden einfache Fragen gestellt, mit der Möglichkeit, sich für eine Antwort zu entscheiden. Entsprechend einfach fällt auch die Auswertung aus. Der Online-Designmöbelhändler Fashion For Home [6] nutzt diese Möglichkeit, um Besucher auf der Webseite über neue Designvorschläge abstimmen zu lassen [7]. Wenn ein Möbelstück dann produziert wird, erhalten die Teilnehmer der Abstimmung zehn Prozent Preisnachlass.

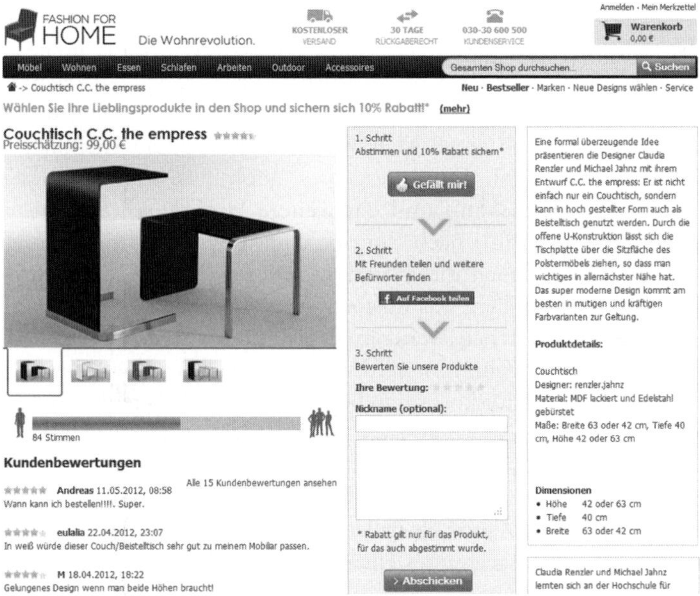

Abb.2: Crowd Voting bei Fashion For Home

Beispiel einer Non-Profit-Organisation

Auch im sozialen Bereich kann Crowd Voting angewendet werden. So ließ die Non-Profit-Organisation 2aid [8], die sich das Ziel gesetzt hat, Menschen mit sauberem Wasser zu versorgen, ihre Nutzer über zukünftige Hilfsprojekte abstimmen. Konkret wurde auf der Seite Twtpoll [9] die Möglichkeit angeboten, abzustimmen, in welchem Land der nächste Brunnen gebaut werden solle: Kenia, Malawi oder Uganda [10]. Mit vierzig Prozent ging die Entscheidung für Uganda aus; durch diese Vorentscheidung konnten auch Indizien gewonnen werden, welches Projekt die höchsten Chancen hätte, hinreichende Spenden auf sich zu ziehen. Im März 2010 konnte der Brunnen eingeweiht werden [11].

Crowd Creation

Nutzer werden kreativ

In der nächsten Stufe werden Nutzer selber kreativ: sie erstellen eigene Inhalte, oft im Rahmen von Wettbewerben, wo am Ende die Beteiligten auf der Plattform und/oder eine Jury den Gewinner auswählen. In diesem Bereich geht es oft um Kommunikationskampagnen (Gestaltung von Anzeigen, Werbevideos oder Zubehör) oder Design- und Produktgestaltung. Die Zielgruppe ist möglichst breit gefasst. Jeder soll sich grundsätzlich beteiligen können, der Wettbewerb selbst ist oft in der Kommunikation wichtiger als das Endergebnis.

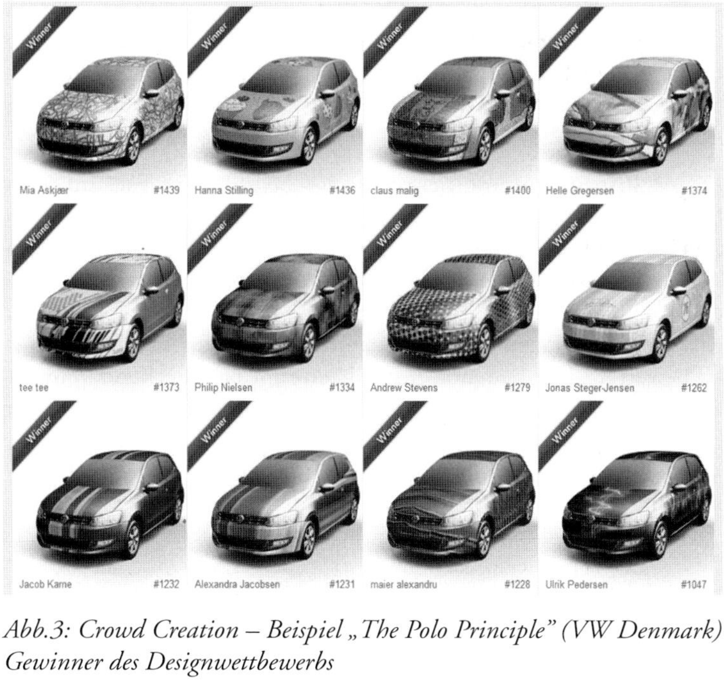

Abb.3: Crowd Creation – Beispiel „The Polo Principle" (VW Denmark) Gewinner des Designwettbewerbs

Beispiel Volkswagen Denmark

So rief Volkswagen Denmark Internetnutzer dazu auf, im Rahmen der Kampagne „The Polo Principle" einen Designentwurf für die Lackierung eines VW Polo einzureichen [12]. Die vierzig Gewinner-Designs wurden im Mai 2012 im Danish Design Centre bekanntgegeben und als 3-D-Ausdrucke präsentiert. Die Designs konnten direkt auf der Seite im Browser ausgeführt werden, bei den Teilnehmern wurde also keine besondere Software noch andere Gestaltungsmittel vorausgesetzt.

Collective Intelligence

Teilnehmer bewerten eingereichte Beiträge von Nutzern

Beim Einsatz von „Collective Intelligence" wird Crowdsourcing wirklich interessant: im Wesentlichen handelt es sich um eine Verbindung der Mechanismen aus Crowd Voting und Crowd Creation. Nutzer reichen einerseits auf eine Aufgabenstellung hin ihre Beiträge ein, diese werden von anderen Teilnehmern bewertet. Gleichzeitig bietet sich die Möglichkeit, durch das Hinterlassen von Kommentaren an der Verbesserung der eingereichten Beiträge mitzuwirken. So entsteht im Idealfall durch einen regen Austausch zwischen den Teilnehmern ein Endergebnis, dessen qualitative Mängel deutlich verringert sind, da bereits mehrere Perspektiven in den Entstehungsprozess eingeflossen sind.

Beispiel Hewlett-Packard

Dieses Prinzip kommt beispielsweise bei Hewlett-Packard zum Einsatz: im HP Kundenforum [13] können Kunden ihre Fragen zu HP-Produkten einstellen, andere HP-Kunden und Nutzer bemühen sich um eine hilfreiche Antwort. Andere Autoren können Antworten ergänzen oder Korrekturen anbringen. Als Reaktion auf eine Antwort besteht für den Fragesteller die Möglichkeit, die Qualität der Antwort zu bewerten. Der helfende Autor bekommt entsprechende Punkte gutgeschrieben („Dankeschöns"). So ergibt sich eine Rangliste der besten – hilfreichsten – Autoren, und Fragesteller gewinnen auf diese Weise sofort eine Idee, wie sie eine erhaltene Antwort einschätzen können.

Unternehmen stellen auf Intermediärsplattformen Aufgaben für Communities ein

Weiter getrieben wird dieses Prinzip auf Intermediärsplattformen, auf denen Unternehmen ihre Aufgaben direkt einer bereits vorhandenen (offenen oder geschlossenen) Community stellen können. Diese Plattformen, auch wenn sie in der Regel zunächst allen Nutzern offen stehen, bieten oft Zugang zu Spezialisten, wie Designern oder

Wissenschaftlern. Es handelt sich also nicht mehr unbedingt um die generelle Internetöffentlichkeit, die vornehmlich zu Marketingzwecken angesprochen wird, sondern eine Zielgruppe, die auch mit komplexeren Fragestellungen betraut wird.

crowd-sourcing.org die „leading industry resource"

Auf Crowdsourcing.org, nach eigenen Angaben die „leading industry resource", findet sich ein Überblick über mehr als 1900 verschiedene Sites, im Wesentlichen Intermediäre [14]. Diese können nach verschiedenen Kategorien, Ländern und Sprachen ausgewählt werden.

Auf jovoto.com mit über 35.000 Kreativen

Jovoto [15] ist eine deutsche, auch international tätige Plattform, auf der inzwischen über 35.000 Kreative angemeldet sind. Zu den bisherigen Auftraggebern gehören unter anderem Coca Cola, Renault, das Bundesfamilienministerium, Greenpeace, Starbucks, Unicef, Opel, Airberlin, Easyjet und Paypal. Kunden haben einerseits die Möglichkeit, öffentliche und Marketing-wirksame Ideenwettbewerbe zu beauftragen, sie können dies aber auch in kleinerem, nicht-öffentlichen Rahmen tun. Jovoto unterstützt seine Kunden zunächst bei der Findung der passenden Form und der Formulierung der Aufgabe. Wenn der Wettbewerb läuft, wird die Community betreut und motiviert, Impulse gegeben und Fragen beantwortet. Nutzer haben einerseits die Möglichkeit, Ideen einzureichen, aber es gehört auch zum Prozess, die Ideen untereinander detailliert zu bewerten (auf einer Fünf-Punkte-Skala) und zu kommentieren. Die Diskussion in Kommentaren dient dazu, die Ideen zu verbessern oder Kreative auf gegebenenfalls nicht berücksichtigte Aspekte hinzuweisen. Diese Kommentare können ihrerseits wieder bewertet werden (Daumen hoch/runter). Weiterhin werden die Teilnehmer selbst bewertet: über das „Karma"-System erhalten sie Punkte in den Kategorien Ideen, Kommentare und Bewertungen. Je höher das „Karma" eines Teilnehmers, umso eher wird er zu „höheren" Aufgaben eingeladen: nicht-öffentliche Wettbewerbe unter „jovoto.Private" oder eine Teilnahme an „jovoto.Labs", die den besten fünf Prozent vorbehalten ist [16].

Auch die Teilnehmer werden bewertet

Die besten Ideen sind nicht zwangsläufig die, die Unternehmen am besten gefallen

Hier tritt ein entscheidender Unterschied zur „allgemeinen" Form von Crowd Voting und Crowd Creation zu Tage: die abstimmende „Crowd" bei Jovoto stimmt nicht mehr unbedingt mit der eigentlichen Zielgruppe des Unternehmens überein; die von der Community höchstbewerteten Ideen sind nicht zwangsläufig diejenigen, die der Zielgruppe des Unternehmens am besten gefallen. Die Entscheidung, welche Idee letztlich verwendet und umgesetzt wird, trifft aber am Ende immer das auftraggebende Unternehmen.

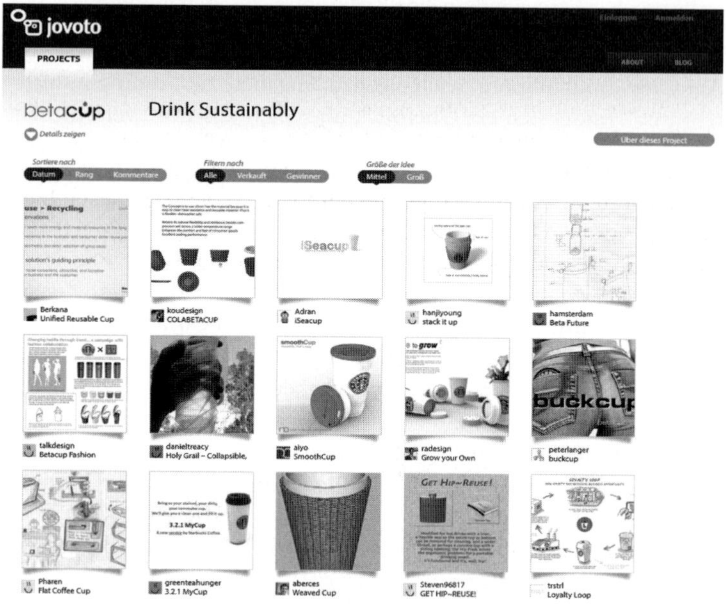

Abb.4: Collective Intelligence – Beispiel Jovoto: Gewinner des Wettbewerbs „Drink Sustainibly" (betacup/Strarbucks)

Exkurs: Bewertung und Umsetzung von Ideen

Im herkömmlichen Prozess der Ideengenerierung (stark vereinfacht) werden von einer Agentur auf Basis eines Briefings und gegebenenfalls aufgrund der Vorkenntnis der Agentur bezüglich des Unternehmens und seiner Angebote einige wenige Ideen entwickelt; eine Auswahl daraus (oft nur zwei bis drei Alternativen) wird dem Kunden präsentiert. Ein überschaubarer Vorgang, unter Umständen einfach und schnell durchzuführen, für den Auftraggeber relativ einfach in der Entscheidungsfindung. Der Crowdsourcing-Prozess, auch mit Einsatz von Collective Intelligence, liefert hingegen eine ungleich größere Anzahl von Ideen (oft mehrere Hundert). In diesem Fall ist der Einsatz eines Filters angeraten, zum Beispiel Marktforschung zur Reflektion der Ideen in der relevanten Zielgruppe, die die Anzahl der

Der Einsatz von Filtern

in Frage kommenden Ideen bereits drastisch reduzieren muss. Diese Ideen empfiehlt es sich, durch den Einsatz eines zweiten Filters weiter zu konzentrieren, zum Beispiel über eine Jury aus Experten, sowohl aus dem Unternehmen als auch von außerhalb. Dieser Prozess kann von einer klassischen Agentur, etwa der betreuenden Lead-Agentur begleitet oder übernommen werden. Zu beachten ist allerdings, dass dadurch die Kosten für einen internetbasierten Crowd-Creation-Contest immer weiter ansteigen. Am Ende kann das auftraggebende Unternehmen sich jedoch bezüglich des Umfangs und der Qualität der selektierten Ideen sicherer fühlen. Gleichzeitig werden Erkenntnisse gewonnen, die ein konventionelles Vorgehen nicht hervorgebracht hätte.

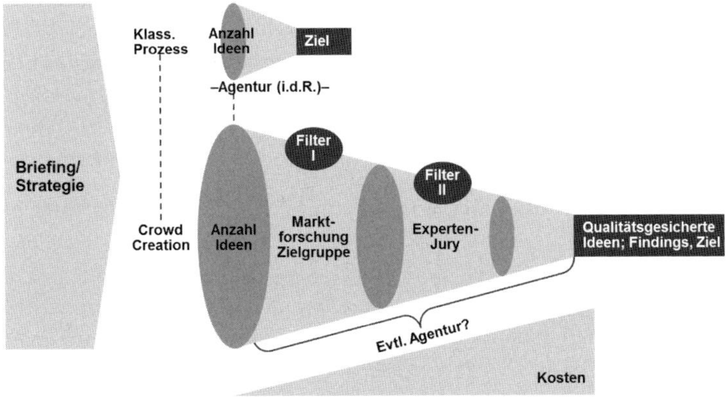

Abb. 5: Beispiel Ideengenerierung – klassischer Prozess und Crowdsourcing

Crowdfunding

Eine Sonderform des Crowdsourcing, die sich in jüngster Zeit immer höherer Beliebtheit erfreuen kann, stellt das Crowdfunding dar. Crowdfunding bedeutet, dass bestimmte Produkte, Projekte, Geschäftsideen oder gesellschaftliche Initiativen finanziert werden und zwar durch eine große Anzahl von Geldgebern (Internetnutzer) und nicht durch einen oder wenige Investoren.

Spenden-sammeln mit Crowdfunding

Die einfachste Form des Crowdfunding ist das Spendensammeln oder Fundraising an sich, wie es von sozialen beziehungsweise Non-Profit-

Organisationen schon immer betrieben wird. Eine moderne Version davon bietet FundraisingBox [17] – Organisationen können das Formular einer Spenden-App auf ihrer Web- oder Social Network-Seite integrieren. Auf diesem Weg wird auch der Zahlungsverkehr abgewickelt.

Crowdfunding im engeren Sinne geht jedoch in entscheidenden Punkten über einfaches Spendensammeln hinaus. Einerseits ist Crowdfunding üblicherweise projektbezogen. Geld wird für einen bestimmten Zweck, mit einer festen finanziellen Vorgabe gesammelt. Das kann der Bau eines Brunnens in einem Entwicklungsland, die Studiomiete für die Aufnahme einer Musik-CD oder die Reisekosten für ein Dokumentarfilmprojekt sein. Weiterhin wird dem Investoren meist eine Gegenleistung angeboten – je nach Betrag eine signierte CD, ein Privatkonzert, die namentliche Nennung auf dem fertigen Produkt oder auf einer Eintrittskarte. In der Sonderform „Crowdinvesting" können Investoren auch Anteile erwerben, wodurch sie zu einem späteren Zeitpunkt gegebenenfalls am Gewinn beteiligt werden.

Beispiel Betterplace

Crowdfunding findet meistens auf einer der zahlreichen Plattformen statt, die sich oft auf eine Nische spezialisiert haben. Ein Beispiel aus dem sozialen Bereich ist Betterplace [18], wo verschiedene soziale Projekte vorgestellt werden, die entweder allgemein unterstützt werden können (Spende) oder in einem Teilbereich (ein Care-Paket finanzieren). Direkte Gegenleistungen erhält der Spender hier allerdings nicht.

Amanda Palmer sammelte bei Klickstarter 1,2 Millionen US-Dollar

„Klassisches" Crowdfunding findet man bei Kickstarter [19], der bekanntesten und weltweit größten Plattform. Spezialisiert auf kreative Projekte aller Art – zum Beispiel Musik, Film, Design, Computerspiele – werden den „Backers" je nach Höhe des Betrages, mit dem sie das Projekt fördern, Prämien versprochen. So konnte die Musikerin Amanda Palmer bis zum 31. Mai 2012 knapp 1,2 Millionen US-Dollar (fast eine Million Euro) von ihren Fans einsammeln – anvisiert waren 100.000 Dollar [20].

Das Projekt umfasst unter anderem die Aufnahme eines neuen Studio-Albums, die Erstellung eines Buches mit Werken, die Künstler zu ihrer Musik erstellt haben oder noch erstellen werden und eine Konzert-Tour. Von einem Dollar bis 10.000 Dollar aufsteigend wurden unterschiedliche Prämien angeboten. Bereits für einen Dollar würde man schon einen Download des Albums inklusive Kickstarter-

Bonusinhalten bekommen, schon für 25 Dollar gibt es eine Deluxe-Ausgabe der CD mit weiteren Extras. Diese Alternative wurde von 9.333 der insgesamt 24.883 Unterstützer gewählt. So steigern sich die Prämien bis hin zu 10.000 Dollar: wer diesen Betrag zahlt, wird von Amanda Palmer zum Essen eingeladen und wird nebenbei noch von ihr auf großer Leinwand porträtiert. Zwei Personen waren bereit, diesen Betrag auszugeben. Allerdings ist dieser hohe Crowdfunding-Betrag im Musikbereich bisher einmalig, gerade für unbekannte Künstler ist es schwer, ihren gewünschten Mindestbetrag zu erreichen. Amanda Palmer kommt es zugute, dass sie durch die Erfolge ihrer Band „Dresden Dolls" schon auf eine große Anhängerschaft zurückgreifen kann.

Abb. 6: Crowdfunding – Beispiel Kickstarter/Amanda Palmer

In anderen Bereichen gibt es in jüngster Zeit auch größere Erfolge zu vermelden – so gelang es gleich für zwei neue Computerspiele, um die drei Millionen Dollar zu sammeln. Für das Projekt „Double Fine Adventure" des Spiele-Designers Tim Schafer kamen im März 2012 insgesamt 3.336.371 Dollar zusammen [21]. Einen Monat später folgte „Wasteland 2", ein Spiele-Projekt von Brian Fargo mit 2.933.252

Dollar [22]. Auch in diesen Fällen spielt die hohe Popularität der früheren Spiele eine nicht zu unterschätzende Rolle.

Crowdinvesting bei der Fernsehserie „Stromberg"

Der bisher größte deutsche Crowdfunding-Erfolg geht über diese Beispiele hinaus in Richtung Crowdinvesting. Für die Kinofassung der Fernsehserie „Stromberg" konnte im Dezember 2011 innerhalb einer Woche der Betrag von einer Million Euro gesammelt werden – 3000 Investoren waren bereit, sich zu beteiligen [23]. Das Besondere: sie bekommen einen Teil an den Einnahmen an der Kinokasse, Anteile kosten je fünfzig Euro. Hohe Beiträge beinhalten auch weitere Prämien, die Nennung im Abspann gibt es bereits ab 100 Euro inklusive, Premierentickets gibt es allerdings erst ab 1000 Euro [24].

Entsprechend den Rechenbeispielen auf der Webseite zum Film wird bei einer Million verkaufter Kinokarten die Gewinnschwelle überschritten, bei zwei Millionen erzielt man einen Gewinn von 50 Prozent.

250 Euro in Start-Ups investieren

Es gibt auch Plattformen, die sich von vornherein dem Crowdinvesting verschrieben haben, in Deutschland am erfolgreichsten ist Seedmatch [25]. Nutzer können mit Beträgen ab 250 Euro in Start-Ups investieren, die von Seedmatch vorausgewählt werden. Wenn die Investitionssumme erreicht ist, bleiben die Investoren als stille Beteiligte im Hintergrund. Im Mai 2012 wurde eine Gesamtinvestitionssumme von einer Million Euro erreicht, 822 Investoren haben elf Unternehmen erfolgreich finanziert [26].

Crowdsourcing/Crowdfunding: Handlungsempfehlungen

Die folgenden Handlungsempfehlungen beziehen sich im Besonderen auf Crowdfunding; die wesentlichen Punkte treffen aber grundsätzlich auch auf Crowdsourcing im Allgemeinen zu. Crowdfunding an sich soll möglichst keine Extrakosten verursachen; Crowdfunding-Plattformen ziehen ihre Kosten normalerweise von der „gefundeten" Endsumme - im Sinne einer Erfolgsprovision – ab. Eine Crowdsourcing-Kampagne hingegen erfordert zunächst Investitionen: um sie zu kommunizieren, gegebenenfalls Kosten, die für den Einsatz einer Plattform mit dazugehörigem Communitymanagament entstehen.

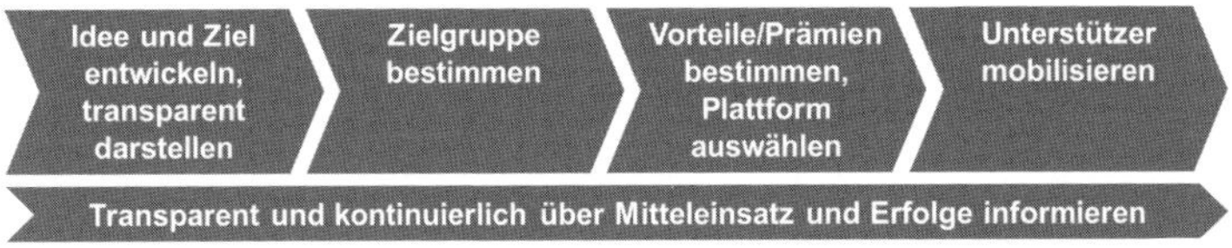

Abb. 7: Crowdsourcing/Crowdfunding – Handlungsempfehlungen

1. Idee und Ziel entwickeln, transparent darstellen

- Wer ist Ihre Crowd? Nutzen Sie Insights zu Ihrer Zielgruppe, um das Projektziel zu definieren.
- Was wollen Sie erreichen? Zum Beispiel Ideen, Lösungen, Geld (Wie viel in welchem Zeitraum)?
- Was ist Ihre Story? Was versuchen Sie zu erreichen und warum?

2. Zielgruppe bestimmen

- Vorhandene Geldgeber, Unterstützer oder Fans.
- Jede Gruppe von Menschen, die entweder eine Affinität teilt, etwas Bestimmtes erreichen will oder Teil eines bedeutungsvollen Erlebnisses sein möchte.

3. Vorteile/Prämien bestimmen, Plattform auswählen

- Auch einfache Prämien wirken.
- Alle Plattformen unterscheiden sich voneinander.

4. Unterstützer mobilisieren

- „Basis“ (Influencer und Multiplikatoren) aktivieren, um von Anfang an passionierte Anhänger auf der Plattform sichtbar zu haben.
- Thema-bezogene Onlineforen; andere Organisationen oder Gruppen, die von Ihrer Idee profitieren würden.

Parallel: Transparent und kontinuierlich über Mitteleinsatz und Erfolge informieren.

Literatur

[1] Howe, Jeff: The Rise of Crowdsourcing, http://www.wired.com/wired/archive/14.06/crowds.html

[2] Swallow, Erica: Dell To Launch Social Media Listening Command Center, http://mashable.com/2010/12/08/dell-social-listening-center/

[3]http://www.google.com/alerts

[4] http://www.socialmention.com/

[5] http://socialmention.com/alerts/

[6] http://www.fashionforhome.de/

[7] http://www.fashionforhome.de/abstimmen-designs

[8] http://2aid.org/

[9] http://twtpoll.com/

[10] http://twtpoll.com/80gyjo

[11] http://www.2aid.org/projekte/1_namasujju.html

[12] http://www.thepoloprinciple.com/index_eng.php

[13] http://h30492.www3.hp.com/

[14] http://www.crowdsourcing.org/directory

[15] http://www.jovoto.com/

[16] http://www.jovoto.com/blog/de/about/clients/how-we-work/

[17] http://www.fundraisingbox.com/

[18] http://www.betterplace.org/de/

[19] http://www.kickstarter.com/

[20] http://www.kickstarter.com/projects/amandapalmer/amanda-palmer-the-new-record-art-book-and-tour

[21] http://www.kickstarter.com/projects/doublefine/double-fine-adventure

[22] http://www.kickstarter.com/projects/inxile/wasteland-2

[23] http://www.myspass.de/specials/stromberg-kinofilm/

[24] http://www.myspass.de/myspass/specials/stromberg-kinofilm/fragen-und-antworten/faq/#investment

[25] https://www.seedmatch.de/

[26] http://www.deutsche-startups.de/2012/05/29/seedmatch-eine-million-euro-von-privatinvestoren-zusammengetragen/

Social CRM – Einführung und Abgrenzung

5

Andrea Ahlemeyer-Stubbe

Wer heute etwas kaufen will, informiert sich erst einmal im Web über die besten Angebote. Er checkt, was welche Unternehmen anbieten, welche Erfahrungen seine Freunde auf Facebook gepostet haben, welche Firmen interessante Deals anbieten, wie die Bewertungen auf den Verbraucherportalen aussehen und wo der Preis am günstigsten ist. Oder er bestellt gleich in einem Webshop. Per Smartphone oder Tablet kann er das auch unterwegs tun. Und es sind längst nicht mehr nur die „Digital Natives", die das Web auf diese Weise nutzen.

Das Social Web bietet eine nie gekannte Flexibilität und eine Vielzahl an Möglichkeiten zu interagieren und zu partizipieren. Jede Botschaft kann sich fast in Echtzeit um den ganzen Erdball verbreiten und auf dem globalen Marktplatz die Erfolgskarten neu mischen.

Wer nichts Spannendes und für den User Relevantes anbietet, wird einfach weggeklickt oder erst gar nicht gefunden. Wer nicht früh genug darauf reagiert, wenn sich ein „Shitstorm" zusammenbraut, verliert die Kontrolle über sein Image und Marktanteile. Das Geschäft machen Unternehmen, die die Herausforderungen des Social Web annehmen und meistern. Die sich auf Social Networks (wie Facebook oder Twitter), in Blogs und Foren mit den Consumern austauschen. Die zuhören, wenn Kunden und Interessenten ihre Erfahrungen, Wünsche und Ideen ausdrücken oder Kritik äußern und sich aktiv in die Diskussion einschalten. Wer Social Media bisher noch nicht in seine Unternehmensstrategie eingebaut hat, sollte das schleunigst tun.

Gewinner sind Unternehmen, die zuhören können

Ein weiterer Aspekt: Nirgendwo sonst gehen Menschen so freizügig mit persönlichen Informationen um wie im Social Web. Eine wahre Fundgrube tut sich auf – Trends, neue Bedarfe, innovative Ideen und zum Teil recht unverblümte Kritik. Die Konsequenz: Unternehmen, die diesen Datenschatz zu heben wissen und die in eine echte Kommunikation mit den Konsumenten eintreten, machen das Rennen im digitalen Markt.

http://www.marketing-boerse.de/Experten/details/Andrea-Ahlemeyer-Stubbe

Was ist CRM (Customer Relationship Management)?

Gewinnung von Neukunden fünf Mal teurer als Pflege von Bestandskunden

Nicht erst seit gestern wissen Untenehmen, dass es sich lohnt, sich um langfristige Beziehungen zu loyalen Kunden zu bemühen. Kann doch die Gewinnung von Neukunden bis zu fünf Mal teurer sein als die Pflege von Bestandskunden-Beziehungen durch Kundenbindungsmaßnahmen [1].

Um Kundenorientierung konsequent umsetzen und managen zu können, sind CRM-Systeme im Einsatz.

Das Wirtschaftslexikon Gabler beschreibt CRM als „strategischen Ansatz, der zur vollständigen Planung, Steuerung und Durchführung aller interaktiven Prozesse mit den Kunden genutzt wird. CRM umfasst das gesamte Unternehmen und den gesamten Kundenlebenszyklus und beinhaltet das Database Marketing und entsprechende CRM-Software als Steuerungsinstrument.

CRM gehört zur Unternehmensphilosophie

CRM stellt kein isoliertes Instrument dar, sondern muss als Unternehmensphilosophie in die Prozesse einfließen, um eine konsequente Kundenorientierung zu erreichen. Die Implementierung eines CRM-Software-Tools ist dafür ein wichtiges Instrument zur Sicherstellung einer optimalen Gesamtwirkung.

Die Nutzung des Internets als wichtige Schnittstelle zum Kunden und als technologische Plattform für das CRM-System wird als E-CRM bezeichnet.

Kunde steht im Mittelpunkt

Im CRM steht der Kunde im Mittelpunkt. Es geht nicht länger darum, bestimmte (auf dem Lager liegende) Produkte möglichst vielen Kunden zu verkaufen und Marktanteile zu maximieren. Das Ziel besteht jetzt darin, einem bestimmten Kunden möglichst viele Angebote zu verkaufen. Der Kunde mit seinem bisherigen Kaufverhalten und seinen Präferenzen ist durch die Kundendatenbank bekannt, so dass man ihm ein optimales Angebot machen kann.“ [2]

Was ist neu an Social CRM?

Schon in einer sehr frühen Phase mit Verbrauchern in Dialog treten

Social CRM ermöglicht es Unternehmen schon in einer sehr frühen Phase mit dem Verbraucher (Consumer) in den Dialog zu treten und diesen Dialog fortzusetzen, wenn aus dem Interessenten ein Kunde geworden ist.

Social CRM ist schneller, persönlicher und direkter, aber auch komplexer und weniger steuerbar als klassisches CRM und eCRM. Denn während im klassischen CRM Kommunikation meistens als Einbahnstraße vom Unternehmen zum Kunden führt, leistet Social CRM regelrechte „Beziehungsarbeit".

Social CRM: schneller, persönlicher, direkter

Was bedeutet, dass sich im Unternehmen neben der eingesetzten Software auch Verantwortlichkeiten, Prozesse, Reaktionsgeschwindigkeit, Kommunikationskanäle und Inhalte ändern und weiterentwickeln:

Verantwortlichkeiten

Auch im „klassischen" CRM sollten alle Mitarbeiter eines Unternehmens Kundenorientierung verinnerlicht haben. Zuständig für Kampagnen und den direkten Kontakt zu Kunden und Interessenten waren jedoch genau bezeichnete Abteilungen (zum Beispiel Marketing, Vertrieb, Service ...)

Ins Social CRM sollten alle eingebunden werden, die in Social Media unterwegs sind – vom Arbeiter bis zum Geschäftsführer. Denn was im Web 2.0 gechattet, geposted oder als Bild/Video hochgeladen wird, zieht Kreise. Wer Twitter, Facebook, Xing, YouTube & Co. nutzt, auch privat und in der Freizeit, muss wissen, dass seine Äußerungen ein Schlaglicht auf „seine" Firma werfen.

Alle Mitarbeiter sind eingebunden

Und wer im Social Web im Auftrag seines Unternehmens aktiv ist, braucht kurze Dienstwege und Entscheidungsgewalt, auch für komplexe Sachverhalte. Denn er muss schnell und souverän mit zuverlässigen Lösungen auf Kundenwünsche oder -beschwerden und auf unternehmensrelevante Aktivitäten im Web reagieren können.

Kurze Dienstwege notwendig

Prozesse

Bisher definierte das Unternehmen selbst seine Prozesse, abhängig von internen Gegebenheiten und Aufgaben, letztendlich beschlossen auf Führungsebene. Social CRM bedeutet, dass Kunden und Interessenten einen starken Einfluss auf die Prozesse nehmen, nicht nur, wenn sie unmittelbar mit ihnen in Berührung kommen. Auch Prozesse, von denen sie erfahren oder Abläufe, die sie sich wünschen – alles steht zur öffentlichen Diskussion. Mitarbeiter sind ebenso wesentlich stärker in die Gestaltung der Prozesse eingebunden. Denn Social CRM ist Bestandteil der Entwicklung eines sowohl nach innen als auch nach außen zielenden kollaborativen Geschäftsmodells.

Nach innen und nach außen gerichtetes kollaboratives Geschäftsmodell

Reaktionszeiten

Social CRM weicht die Geschäftszeiten auf. Kunden surfen, chatten, posten besonders aktiv nach Feierabend oder am Wochenende. Und sie fühlen sich da gut aufgehoben, wo sie auch zu diesen Zeiten Ansprechpartner, umgehendes Feedback und schnelle Antworten auf ihre Fragen finden. Wer bei einem Unternehmen in den Abendstunden ins Leere läuft, surft zum nächsten... Die vielzitierten 7 x 24 Stunden-Servicezeiten werden Realität.

7 x 24 Stunden-Service wird Realität

Kommunikationskanäle

Basierten CRM und eCRM noch darauf, dass die Kommunikationskanäle vom Unternehmen ausgewählt und gesteuert wurden, macht das Social CRM auch hier seine eigenen Regeln. Es gilt: Der Kunde bestimmt den Kanal. Wo seine Zielgruppen besonders aktiv sind, da muss auch das Unternehmen Präsenz zeigen. Sei es mit Features und Deals speziell für seine Fans zum Beispiel auf Facebook, mit Mobile optimierten Spielen und Applikationen für Smartphones mit attraktiven Videos auf YouTube ...

Kunde bestimmt den Kanal

Egal auf welchem Kommunikationskanal: Unternehmen müssen heute durch den Einsatz modernster Technik und geschulten Personals sicherstellen, dass Konsumenten konstant und unkompliziert mit ihnen kommunizieren können.

Das kann unter anderem über die Kommunikationstools der jeweiligen Plattform, zum Beispiel bei Twitter erfolgen, um unterschiedlichste Anfragen zu beantworten.

Inhalte

Im Social Web möchten Menschen Beziehungen eingehen, etwas erleben, selbst aktiv werden, mitmachen, dabei sein, verstanden und ernst genommen werden. Die kommunizierten Inhalte müssen das vermitteln. Ob spannende Geschichten, Insider-Informationen, interaktive Features, Gewinnspiele, Special Deals, Diskussions-Anstöße, Bilder, Videos oder Games. Was zählt, ist Originalität und Authentizität. Wer weltweit „ankommen" will, sollte zudem in der Lage sein, in mehreren Sprachen Content bereitzustellen und zu kommunizieren.

Kunden möchten ernst genommen werden.

Warum Social CRM

41 Prozent der Verbraucher denken, dass Unternehmen mit Social Media-Tools Feedback für ihre Produkte und Dienstleistungen einholen sollten. 43 Prozent sagen, dass Unternehmen soziale Netzwerke nutzen sollten, um die Probleme ihrer Kunden zu lösen.

Nicht nur im B2C, in das heute neunzig Prozent der Ausgaben für Social CRM fließen, sondern auch im B2B-Bereich gewinnen Social Media immer mehr an Bedeutung. Für 2015 wird für B2B ein Anteil von dreißig Prozent am Spending für Social CRM prognostiziert [4].

Neunzig Prozent der Ausgaben für Social CRM fließen in B2C-Bereich

Social Media sind die neuen Kommunikationsplattformen – und wer hier nicht präsent ist, wird auf die Dauer als „veraltet“ ignoriert. Der Kunde erwartet eine Kommunikation auf Augenhöhe, die seinen Bedürfnissen gerecht wird – und das ist nur mit Social CRM möglich.

Erfolgreich mit Social CRM arbeiten

Verlage, Automobilhersteller, Hotelketten, Lifestyle-Versender, Airlines – in allen Branchen setzen Unternehmen Social CRM ein. In der praktischen Anwendung haben sich folgende Regeln herauskristallisiert:

Am Anfang steht strategische Planung.

Eine erfolgreiche Social CRM-Strategie fokussiert auf Kundenbindung und Interaktion – „Verkaufen um jeden Preis“ ist nicht mehr oberste Prämisse.

Im Fokus: Kundenbindung und Interaktion

Welche Ziele sollen erreicht, wie der Erfolg gemessen werden? Welche Plattformen im Social Web nutzen die Zielgruppen, welche passen zum Unternehmen? Wie sollen Prozesse und Kommunikation ablaufen? Wie werden Mitarbeiter, Verfahren, Infrastruktur einbezogen? Wie soll mit einem Social Media Backlash (starke Negativ-Reaktion) umgegangen werden?

Was für den großen Wurf wichtig ist, gilt auch für kleinere Social CRM-Projekte und -Kampagnen.: Erst spezifische, zielorientierte Planung macht Social CRM effizient – zielloses Posting und Monitoring bewirken das Gegenteil.

Effizienz durch spezifische, zielorientierte Planung

Unterstützung von Experten holen

Ein guter Partner für den Einsatz eines Social CRM-Systems hat ausgezeichnete Referenzen, die notwendige technische Ausstattung und weist hohe Standards und Kompetenzen im Datenschutz nach. Er kann Fallstudien über bisherige Arbeiten vorlegen und sieht die speziellen Anforderungen des Unternehmens. Außerdem bietet er eine vollständige Palette von Dienstleistungen rund um Social CRM an und mehrere Software-Optionen. Diese kann er demonstrieren und so zügig implementieren, dass Unternehmensprozesse nur minimal gestört werden.

Die passende Software auswählen

Die Anforderungen an die Software gehen aus der strategischen Planung hervor. Sie soll sich in das vorhandene IT-System einfügen und Synergien nutzen. Sie soll leistungsfähig und bedienerfreundlich sein. Sie soll ins Budget passen und genau auf das Unternehmen zugeschnittene Features liefern. Und sie soll erweiterungsfähig sein, damit auch zukünftige Entwicklungen/Interaktionsoptionen unkompliziert „zugeschaltet" werden können.

Dabei unterscheiden sich die Tools gemäß ihrer Schwerpunkte. Ganz grob lassen sie sich nach Aufgabenstellung – Analyse, oder Kommunikation/Umsetzung – diversifizieren. Web- oder Social Monitoring- Tools, Analysetools zu Social Network Insight und Data Mining Tools liefern über ihre Algorithmen Zahlen, Daten und Fakten, die es ermöglichen, die passende Strategie aufzubauen, den Erfolg zu messen und Aktionen abzuleiten. Wo immer es datenschutzrechtlich und technisch möglich ist, sollten die so gewonnenen Daten in die bisher im Haus befindlichen Datenbanken integriert werden.

Mitarbeiter schulen und informieren

Mitarbeiter brauchen Schulung und Social Media Guidelines

Der Erfolg des Social CRM hängt stark von den Menschen ab, die täglich damit arbeiten. Sie brauchen Schulung, damit sie das System richtig nutzen, seinen Wert für sich und das Unternehmen erkennen und voll dahinter stehen können. Und sie brauchen Social Media Guidelines, damit sie wissen, wie, wo und was sie in Social Media äußern dürfen, welche Themen tabu sind und bei wem sie gegebenenfalls nachfragen können.

Im Lauf des Social CRM-Prozesses müssen alle Mitarbeiter über die für sie relevanten Themen und Entwicklungen und über die Social Media

Experience des Unternehmens informiert werden. Das heißt: Auch die unternehmensweite interne Kommunikation muss fließen

Alle Mitarbeiter informieren

Mit Kunden spannend, fair und kompetent interagieren

Nicht nur in Brief, Fax oder Mail, auch in Social Media entscheiden Stil und Inhalt der Kommunikation darüber, welchen Eindruck ein Unternehmen hinterlässt. Ist die Corporate Identity durch alle Kommunikationskanäle aus einem Guss? Werden Anfragen oder Reklamationen schnell und kompetent beantwortet? Sind die Inhalte auf der Website, in Blogs und Social Networks aktuell, informativ und Zielgruppen-relevant? Wirkt der Schreibstil frisch und professionell?

Wer Teil des Social Web wird, gibt einen Teil der Kontrolle über die Unternehmenskommunikation ab. User posten, kommentieren, kritisieren, kreieren selbst Content, den andere wiederum konsumieren.

Sind Konsumenten unzufrieden oder werden negative Inhalte über das Unternehmen verbreitet, muss das Social CRM als Feuerwehr agieren – umgehend und souverän. Denn das Feuer muss gelöscht werden, bevor es um sich greifen kann. Tauchen Pannen oder Probleme auf, dürfen diese keinesfalls ignoriert werden.

Social CRM agiert auch als Feuerwehr

Ein guter Rat aus der Praxis

Bevor eine Unternehmens-Fanpage zur Klagemauer mutiert, sollten spannende Diskussionen mit den Fans eröffnet werden. Das führt zu positiver Promotion und reduziert negative Kommentare.

Also: Lieber agieren als reagieren – der offene, kommunikative Umgang mit Kritik schafft Vertrauen und beweist Transparenz und Zuverlässigkeit.

Regelmäßig überprüfen und aktualisieren

Wie sich Märkte, Unternehmen und Verbraucherwünsche ändern, ändern sich auch die Anforderungen an ein Social CRM-System. Wenn es nicht lernt, veraltet es schnell und bringt nicht mehr den Nutzen, den es bringen soll. Deshalb sollte es regelmäßig aus User-, Prozess- und technischer Sicht überprüft und gegebenenfalls überarbeitet werden. Dabei darf nicht vergessen werden, Dokumentation, Prozesse und Abläufe bei Änderungen im Social CRM-System ebenfalls zu aktualisieren.

Dokumentation, Prozesse und Abläufe kontinuierlich aktualisieren

Zeit- und Personalressourcen bereitstellen

Social CRM geht nicht „nebenbei". Es reicht nicht aus, den Praktikanten hin und wieder einmal eine witzige Nachricht auf der Fanpage posten zu lassen, den Marketing-Leiter zur Teilnahme an einem Expertenblog zu bewegen oder Alert-Funktionen der Suchmaschinen zu nutzen.

Social CRM muss gelebt werden

Wenn Social CRM wirklich gelebt werden soll, muss den beteiligten Mitarbeitern dezidiert Zeit für Social CRM-Aktivitäten zur Verfügung gestellt werden. Um originelle, spannende Kampagnen zu planen und umzusetzen, kompetent mit Kunden und Interessenten zu interagieren, Erfolge zu messen und um zu lernen.

Was bringt Social CRM?

Loyale Fans zunehmend auch im B2B-Bereich

Ein gut funktionierendes Social CRM hilft zum einen, weltweit Kunden zu finden und zu loyalen Fans zu machen – nicht nur im B2C- sondern zunehmend auch im B2B-Bereich.

Schnelles und mächtiges Werkzeug für Marketing und Sales

Zudem eröffnet Social CRM vielfältige Möglichkeiten, durch Interaktion mit Verbrauchern auf den passenden Plattformen Interessenten zu gewinnen und Kunden noch fester zu binden. Denn in einer Umgebung, in der das nächst günstigere Angebot eines Wettbewerbers nur einen Klick entfernt ist, ist es wichtig, das Vertrauen des Kunden zu gewinnen und zu erhalten. Grundlage dafür, mit ihm langfristig Geschäfte zu tätigen, die einen Mehrwert für beide Seiten beinhalten. Idealerweise schafft man es durch Social CRM den Kunden als Fürsprecher und aktiven Empfehler des Unternehmens zu gewinnen. Somit ist Social CRM ein mächtiges und schnelles Werkzeug für Marketing und Sales.

Aber es bietet noch mehr: Es ermöglicht Unternehmen auf Kundenwünsche und -anforderungen in Echtzeit einzugehen – auf der Facebook-Fanpage, über mobile Kanäle oder per Tweet.

Es unterstützt Unternehmen dabei aus User generiertem Content pfiffige Ideen für die Entwicklung innovativer Produkte oder Geschäftsmodelle zu ziehen. So führen zum Beispiel Communities und Blogs Fachleute und Laien als Gleichgesinnte in einem regen, kreativen Austausch zusammen.

Es hilft unter anderem durch Einsatz von Monitoring-Tools und Alerts, neue Trends früh zu erkennen. Und es fungiert als Frühwarnsystem, das es Unternehmen ermöglicht, negativen Entwicklungen auf dem Markt schon sehr früh gegenzusteuern.

Frühwarnsystem für negative Auswirkungen

Fazit

Wer Social CRM clever und kreativ einsetzt, spricht Konsumenten, Fans und Influencer an, die sonst unentdeckt geblieben wären, und legt so das Fundament für nachhaltigen Erfolg auf dem globalen Markt.

Literatur

[1] Katja Bergmann, Angewandtes Kundenbindungsmanagement, Verlag: Peter Lang – S. 38, Frankfurt/Main 1998.

[2] http://wirtschaftslexikon.gabler.de/Definition/customer-relationship-magement-crm.html

[3] CRM im Direktmarketing. Kunden gewinnen durch interaktive Prozesse [Gebundene Ausgabe]

Heinrich Holland (Autor), Christian Huldi (Autor), Holger Kuhfuß (Autor) – S. 21, Verlag: Gabler/DDV.

[4] Quelle: Brand Science Institute, European Perspective http://www.bsi.ag/studien_detail.php?id=5080959

Content Marketing – Leadgenerierung mit attraktiven Wissensangeboten

Jens Fuderholz

5

Was wäre, wenn wir nicht nur messen könnten, wer die Internetseite besucht, wann und wie lange er oder sie gelesen und geklickt hat, sondern wenn dieser Besucher auch gleich seine Kontaktdaten hinterlassen würde? Am besten mit einem rechtlich sauberen Opt-in?

Ziel

Mit Inhalten überzeugen

Das ist das Ziel von Content Marketing: Mit Content, also Inhalten, so zu überzeugen, dass Website-Besucher nicht nur klicken und schauen, sondern eine Interaktion beginnen. Mit dem Ziel, zu einem späteren Zeitpunkt ein Produkt oder eine Leistung zu kaufen. Das klingt einfach? Ist es auch. Zumindest, was die Technik angeht.

Viele Disziplinen sind involviert

Strategisch aufgehängt ist dieses Konzept irgendwo an der Schnittstelle zwischen Online-PR (also der auf das Image bezogenen Streuung von Inhalten im Web), klassischer PR (also der auf das Image bezogenen Streuung von Nachrichten gegenüber Medien und Multiplikatoren der Offlinewelt), klassischem und Online-Marketing (also der Planung aller Absatzkanäle einschließlich der Promotion) und dem Vertrieb (also der Generierung von Kontakten und Konversion hin zu Neugeschäft). Das Konzept ist eine Verbindung dieser oft fremden Welten: Marketing, PR und Vertrieb sind in der Realität ja oft nur auf dem Papier in die gleiche Richtung unterwegs. In der betrieblichen Praxis sind es immer die Vertriebler, die nicht verkaufen können; die Marketingleute, die die falschen Unterlagen produzieren; die PR, die nicht stringent genug die Produktvorteile hervorhebt und Nutzenargumente liefert. Diese Kluften überwindet Content Marketing.

Damit ist die Entscheidung für Content Marketing zunächst einmal eine strategische. Eine, die wohlüberlegt sein will, weil sie mit vermeintlich bewährten Strukturen bricht. Eine, die in der Hierarchie

http://www.marketing-boerse.de/Experten/details/Jens-Fuderholz

eines Unternehmens so hoch aufgehängt sein muss, dass Widerstände – natürlich rein argumentativ und mit der Qualität der folgenden Argumente – gebrochen werden können. Und eines darf auch nicht vergessen werden: Bei einer funktionierenden Content Marketing-Strategie entsteht mehr Arbeit für alle. Aber sie ist zielgerichteter.

Doch was genau ist also das Ziel hinter der Leadgenerierung im Web? Blicken wir in unser persönliches Nutzungsverhalten: Grundlage jeder Entscheidung sind Informationen. Und Entscheidungen vorbereiten oder diese zu treffen, ist die ureigene Aufgabe des Managements. Diese Informationen beschaffen wir uns bei Google. Das ist die Regel. Den Suchbegriff einmal eingetippt, nutzen wir die ersten Treffer, vielleicht noch die ersten zwei/drei Seiten der Ergebnisliste, um uns einen ersten Eindruck zu verschaffen. Von diesem Punkt an lesen wir uns durch die Ergebnisse hindurch, festigen unseren Informationsstand und runden ihn mit begleitenden Fakten zu einem stimmigen Bild ab. Konkrete Fragestellungen entstehen als erstes Ergebnis der groben Recherche: Fragestellungen wie „Wie macht man eigentlich...?“, „Wie sind die Erfahrungen mit...?“ oder auch „Wie wurde ... bewiesen?“ Jetzt schlägt die Stunde der Content Marketer: Wer es schafft,

a) diese Fragen rechtzeitig zu antizipieren,
b) im Rahmen der Suche und Ergebnisbewertung präsent zu sein,
c) ein schlüssiges Antwort-Angebot zu haben,

wird ganz konkretes Interesse in eine ganz handfeste Kontaktanfrage ummünzen können. Konversion eben.

Content ohne Bekanntheit bringt nichts

Dieser Schritt funktioniert immer genau dann, wenn die drei Faktoren zusammentreffen: Content ohne Bekanntheit bringt genauso wenig, wie Content, der die falschen Fragen trifft. Nun ist die Situation in der Realität nicht ganz so singulär von einer Suchmaschine wie Google geprägt: Andere, klassische Informationskanäle werden trotz der zunehmenden Nutzung digitaler Kanäle zumindest heute noch im B2B genutzt und geschätzt. Fachzeitschriften, Kongresse oder andere Kanäle spielen auch weiterhin ihre Rolle. Sie flankieren die Online-Maßnahmen, tragen zum Reputationsgewinn bei und liefern so einen seriösen Gegenpol, sie generieren die Validität des Informationsabsenders viel besser als eine reine Online-Kommunikation.

Prozess

Um diese Gleichzeitigkeit von Interesse, Content-Angebot und Präsenz zu realisieren, ist ein Konzept vonnöten. Um dies nicht nur zufällig zu erreichen, sondern planbar zu gestalten, braucht es ebenfalls ein Konzept. Und die Möglichkeit, Ergebnisse nachzuhalten, die Leadverfolgung sicherzustellen, ist ebenfalls ein schlagkräftiges Argument für ein ordentliches, geplantes und langfristiges Vorgehen.

Dieser Prozess ist keine Raketentechnik, sondern folgt den Gesetzmäßigkeiten planbaren Handelns, er umfasst im Wesentlichen folgende Schritte:

1. Zielpersonen

Typisierung von Personen

Im Unterschied zur klassischen Zielgruppe geht es hier wirklich darum, Personen zu typisieren und nicht nur anhand demografischer Merkmale zusammenzufassen: Dazu helfen die üblichen theoretischen Ansätze zur Betrachtung multipersonaler Entscheidungsszenarien. Das gute alte Konstrukt des Buying Centers liefert die Beschreibung der unterschiedlichen Personen, die Überführung in die reale Welt der Unternehmung liefert anschließend eine genaue Beschreibung der anzusprechenden Personen. Dabei ist immer auch der spezifische Informationsbedarf zu berücksichtigen: Der Facility Manager braucht zu einem anderen Zeitpunkt andere Informationen zum Bau eines Bürogebäudes als der Abteilungsleiter, der schließlich in der Fläche seine Büros einrichten darf, und dieser benötigt wiederum andere Informationen zu einem anderen Zeitpunkt als das Top-Management, das sich (neben der Repräsentativität der Vorstandsetage) lediglich um Planeinhaltung bei Kosten und Zeit kümmert und Entscheidungen vorrangig im Licht dieser beiden Themen trifft.

2. Involvierungszyklus

Personen wollen zu bestimmten Zeitpunkten passgenaue Informationen

Im zweiten Schritt entsteht eine – auf den ersten Blick oftmals komplex anmutende – Matrix, die Zielpersonen und Entscheidungs- und Kaufprozess aufeinander abbildet: In welchem Stadium der Entscheidung will welche Person welche Informationen haben. Voraussetzung dafür ist, dass der erste Schritt der Zielpersonen-Bestimmung erfolgreich abgearbeitet worden ist und Kauf- und Entscheidungsprozess der einzelnen Produkt- oder Dienstleistung bekannt sind. Die Fragen, die dazu beantwortet werden müssen, sind die nach den Bedürfnissen und Bedarfen im Rahmen einer Entscheidungsfindung. Hier liegt der Kern des Konzepts: Wenn an dieser Stelle Ungenauigkeiten auftreten oder mit zu wenig Sorgfalt gearbeitet wird, wird sich das später rächen, weil die Informationsangebote nicht passgenau platziert werden konnten.

3. Main Story

Sind die einzelnen Informationsbedarfe skizziert und die Zielpersonen definiert, beginnt die Konzeption einer Main Story: Was ist die Geschichte, die ich erzählen will? Ich bin der Partner für ökologisches Bauen, der Spezialist für Green Buildings – diese große Geschichte lässt später dann viele Facetten zu, die mit ganz konkreten Informationsangeboten ausgeschmückt und umgesetzt werden können: Klimatisierung ohne Klimaanlage, Luftbefeuchtung, Energiegewinnung über Dach oder Fassade, Berechnungsbeispiele für oben genannte Themen, Anleitungen und Do's und Don'ts – viele Punkte gilt es zu berücksichtigen. Viele Informationen lassen sich platzieren und den Absender der Information als Know-how-Träger dastehen. Und wenn diese Informationen später so werthaltig sind, dass die Entscheidung lautet, entweder kaufe ich mir ein Fachbuch für 49,00 Euro oder ich lade mir eine Planer-Fibel gegen Preisgabe meiner Kontaktdaten und eines Opt-ins herunter, dann wird die Mehrzahl der Entscheider oder Entscheidungsvorbereiter den Weg der kostenlosen Planer-Fibel gehen. Das Konzept geht auf.

Der Absender ist der Know-how-Träger

4. Story Map

Die Story Map beschreibt den Verlauf der Geschichte: Zuhören, Mitreden und Akzente setzen, Erfolge feiern – so lässt sich grob der Ablauf einteilen, dem eine gute Geschichte folgt. Der erste Schritt ist wichtig und bietet (Zeit-)Raum, Kanäle zu identifizieren, Social Media zu beobachten, um sich langsam ins Gespräch zu bringen und nicht in der Form einer überwältigenden Kampagne in neue Kanäle hineinzuplatzen. Die Logik folgt dem Gespräch auf einer Party: erst zuhören, dann mitreden, dann erst die Stimmungskanone geben. So entstehen Sympathien und bleiben erhalten.

Erst zuhören, dann mitreden

5. Kanal-Planung

Facebook oder Whitepaper? Whitepaper auf dem Portal der Fachzeitschrift oder der eigenen Website? Jeder Kanal hat seine Vor- und seine Nachteile. Letztlich zählt, was beim Adressaten ankommt und was messbar Erfolg bringt. Die Kanalplanung ist die Festlegung des Instrumentariums und die Beschreibung des Wegs der Information zum Adressaten (und umgekehrt die Beschreibung des Wegs der Kontaktinformation und Kontakteinwilligung des Adressaten zum Unternehmen zurück).

6. Metriken

Jeder Kanal muss messbar sein. Im Zeitalter des digitalen Dialogs sind Fußabdrücke leicht zu finden und nachzuhalten. Sind die Messpunkte definiert, können Kennzahlen gebildet und Ziele festgelegt werden. Dabei sollten nicht die Unique Visitors als abstrakte Größe zählen, sondern handfeste Sales-Leads. Anders als bei Marketing und PR geht es hier nicht um Reichweite, sondern um eine fokussierte Ansprache. Dieses Messen ist zentraler Bestandteil von Content Marketing – jedes Instrument und jeder Kanal wird einer knallharten Erfolgsmessung unterzogen. Was Leads schafft, bleibt, was keine Leads generiert, wird in der folgenden Evaluierungsrunde einer sehr genauen Betrachtung unterzogen.

Jeder Kanal muss messbar sein

7. Redaktionsplan

Content generieren ist nicht so einfach. Neben dem fachlichen Know-how braucht es jemanden, der dieses Wissen so übersetzen kann, dass der Adressat gerne damit arbeitet. Jemand, der didaktisiert Informationen aufbereiten und vermitteln kann. Für gewöhnlich ist Informationslieferung und -aufbereitung nicht in einer Hand. Es müssen also redaktionelle Ressourcen im Unternehmen geplant werden. Content Marketing macht man nicht nebenbei.

8. Ressourcenplan

Der Ressourcenplan ist das Pendant zum Redaktionsplan: Hier stehen nicht die Inhalte und Darreichungsformen im Fokus, sondern die Umsetzung und die dazu notwendigen Ressourcen: Eine Marktbefragung zum Beispiel braucht die Erfahrung der Marketingabteilung, die Kontakte des Vertriebs und letztlich einige Ressourcen zur Umsetzung, gegebenenfalls müssen externe Partner verpflichtet, gebrieft und gesteuert werden.

9. Rollenmodelle und Arbeitsprozess

Content Marketing ist kein Handlungsfeld für Einzelgänger: Teams müssen je nach Aufgabe zusammengestellt werden, ihre Arbeitspläne müssen entrümpelt und freie Kapazitäten geschaffen werden. All das, was notwendig ist, muss geplant sein und immer dann abrufbar sein, wenn Meilensteine näherkommen.

Teams sind gefragt

Ist das Konzept nach diesem Vorgehen aufgebaut, ist sichergestellt, dass der eingangs beschriebene Dreiklang aus Interesse, Content-Angebot und Präsenz passt. Wie bei allen Aktivitäten sollten in der Umsetzung feste Evaluierungspunkte nicht fehlen – die notwendigen Daten für

Interesse, Content-Angebot und Präsenz müssen passen

die Beurteilung der Strategie liefert die Umsetzung gleich mit. Die Messpunkte generieren die Daten, die notwendig sind, kurzfristig nachzusteuern. Und aus der Erfahrung heraus lässt sich sagen: Wenn ein Informationsangebot jetzt nicht passt, so kann es in sechs oder zwölf Monaten passen. Nicht unbedingt, weil sich die Entscheidungszyklen verändert haben, sondern weil neue Themen Trend werden.

Informationsangebote nicht löschen

Themenantizipation ist wichtig, kann jedoch manchmal zu lange Zeiträume vorausdenken. Letztlich ist es dann allerdings in der Regel falsch, Informationsangebote wieder zu löschen. Das einmal geschriebene Whitepaper kann auch dann auf der Website verbleiben, wenn es nicht die erhofften Lead-Zahlen generiert, sondern zunächst nur verhalten angenommen wird. Vielfach spielt die Zeit für den „Content Marketer".

Instrumente

Für Content Marketing steht ein breites Instrumentarium aus Marketing, PR und Vertrieb zur Verfügung. Die folgende Liste ist nicht abschließend – wichtig ist die Vernetzung von Informationsangeboten, einige generieren Leads, andere dienen vorrangig dazu, auf solche Leads generierende Angebote hinzuweisen:

Whitepaper

Content gegen Opt-in

Der Klassiker: Ein Whitepaper beschreibt Prozesse oder Technologien und bietet eine praxisorientierte Einführung in ein Thema. Whitepaper werden entweder auf der eigenen Internetseite angeboten oder in Online-Plattformen platziert. Dabei gilt die Regel: Content gegen Opt-in.

Checklisten

Diese Regel gilt auch für Checklisten: Wer ein fest umrissenes Problem lösen muss, hat einen fest umrissenen Informationsbedarf. Zwar wirken Checklisten vielleicht ein wenig altbacken, sie werden in der Praxis aber gerne genutzt und haben deshalb ihren festen Platz in einer Content Marketing-Strategie.

Fallstudien

Was haben andere gemacht? Diese beliebte Frage beantworten Fallstudien. Natürlich auch nur gegen Angabe von Kontaktdaten und Erlaubnis zum Kontakt.

Webcasts

Ob Webinar oder Telekolleg, ob Übertragung einer Veranstaltung oder eigene kleine TV-Show im Web – das Internet bietet Broadcasting-Möglichkeiten, bei denen sich eine eingeladene Schar von Interessenten bequem zeitgleich am Rechner informieren kann. Rückkanal inklusive, um Fragen aufzunehmen und zu beantworten.

Fachbuch (eBook/Print)

Wer schreibt, der bleibt. Eine Binsenweisheit mit Bestand. Kaum ein Instrument ist so wirksam, Seriösität und Validität einer Information zu beweisen, wie das Buch. Als Verlosungsexemplar in der Fachzeitschrift oder im Direktvertrieb lassen sich Kontakte generieren. Als Fachbuch im Buchhandel muss es so aufgebaut sein, dass zu weiterführenden Informationsangeboten im Web verlinkt wird (wo dann der eigentliche Lead generiert wird).

Fachbuch digital verlängern

Fachzeitschrift

Gleiches gilt für eine eigene Fachzeitschrift (im Buchhandel/an eigene Kunden/Interessenten). Allerdings sind Aufwand und Kosten beim Launch eines solchen Periodikums nicht zu unterschätzen. Die digitale Variante (zum Beispiel für Tablets) ist eine interessante Alternative, die zunehmend an Bedeutung gewinnen wird.

Studie

Statistiken üben einen magischen Reiz auf Entscheider und Journalisten aus. Nur was in Zahlenkolonnen abgebildet und in Grafiken verpackt ist, ist wirkliche Wahrheit. Unternehmen können dieses Instrument nutzen, um Märkte an der gewünschten Stelle transparent zu machen, um Notwendigkeiten von Produkten und Leistungen zu beweisen.

Expertengespräche

Noch mehr Reputation hat eine Studie, wenn sie von Experten begleitet wird. Ob im Rahmen einer Studie oder als alleinstehendes Instrument: Expertengespräche schaffen – das liegt in der Natur der Sache – neues Wissen. Das lässt sich trefflich für andere Instrumente und Kanäle nutzen.

Expertengespräche schaffen neues Wissen

Newsletter

Der Klassiker mit den neusten Nachrichten aus dem Unternehmen hat sich überholt: Praxiswissen, interessante Personen und Lösungsvorschläge sind anwendbare Informationen mit hohem Nutzwert. Darum geht es und dann ist die Form (online oder Print) gleichgültig.

E-Mailings

Informationen an die richtigen Adressaten schicken

Die Wirkung von E-Mail-Marketing lässt mit der zunehmenden Flut von Spams nach. Dennoch ist kein anderes Instrument so wirksam in der Pflege der Leads, bei der schnellen Information. Wichtig: Nicht selbst zum Spammer werden, sondern immer darauf achten, dass die richtige Information an die richtigen Adressaten geschickt wird.

Blog

Suchmaschinen lieben Blogs

Ein echtes Blog ist zeitintensiv aber mit ungeheurer Wirkung auf Suchmaschinen: Wer die „light" Variante will, wählt ein suchmaschinenfreundliches Blog-System und baut daraus eine Content-Plattform. Hier laufen dann alle Fäden zusammen – vernetzt mit Social Media und angebunden an ein CRM-System (oder mindestens eine Datenbank).

E-Learnings/Tutorials mit Lernchecks

Wenn es ganz konkret wird, helfen E-Learn-Angebote: Die Einführung in die Maschine X, dargestellt von einem Techniker, der auch die Schulung vor Ort übernehmen würde. Aufbereitet als Anleitung mit interaktiver Slideshow, mit Videos und realistisch vertont. Lernchecks helfen dem Nutzer, sein Wissen zu überprüfen. Für den Informationsanbieter bieten sie die Möglichkeit, die Nutzung seines Angebots sogar personenbezogen nachzuvollziehen.

Apps (Facebook, Mobile)

Apps bieten viele Einsatzmöglichkeiten

Apps bieten viele praktische Möglichkeiten, Content mittel- und langfristig beim Adressaten zu platzieren. Zwar hat nicht jeder so eingängige Anwendungsmöglichkeiten wie der Restaurantfinder einer amerikanischen Fast-Food-Kette (immer dann, wenn ich Hunger habe, ist das nächste Restaurant nur einen Klick entfernt und wird bequem auf der Karte angezeigt), aber das Grundprinzip lässt sich vielfältig einsetzen.

Community

Interessenten mittel- und langfristig mit Informationen zu versorgen, ist ein Ziel von Communities. Die Interaktion untereinander schafft zweierlei: Es entsteht ein Informationspool für das Unternehmen. Außerdem entlastet es das Unternehmen ein Stück weit von seiner Informationspflicht – Kunden und Interessenten helfen einander.

Twitter/Facebook
Statusmeldungen begleiten das Schaffen und die Verteilung von Informationen. Sie dienen dazu, kurzfristig Rückfragen zu beantworten und schaffen Wahrnehmbarkeit.

Ergebnisse

Passgenauigkeit der Informationen entscheidend

Und was bringt's? Diese Frage lässt sich leicht beantworten: viel! Dabei ist nicht die Darreichungsform entscheidend, sondern die Passgenauigkeit der Information. Als 2011 das Bundesdatenschutzgesetz mit einer Neuregelung des Beschäftigtendatenschutzes vor der Tür stand, nutzte der Software-Hersteller NICE Systems (Aufzeichnung von Interaktionen wie zum Beispiel Gesprächen als Teil eines umfassenden Lösungsportfolios für Callcenter-IT) die Gunst der Stunde und positionierte sich frühzeitig als „Erklärer" dieser überaus komplexen rechtlichen und durch Mitbestimmung geprägten Materie. Dass dahinter natürlich auch eine Lösung stand und steht, die gesetzeskonform ist und Consulting-Leistungen bei der Einführung helfen, war zweitrangig. Mit einer mehrstufigen Informationskampagne hat das Unternehmen insgesamt knapp 900 Kontakte in wenigen Monaten generiert. In einem eng umgrenzten B2B-Markt eine sehenswerte Größe. Auch andere Projekte kleinerer Dimension zeigen ganz deutlich, dass Informationen immer dann nachgefragt werden, wenn sie zum Informationsanlass passen, wenn sie werthaltig sind.

Kontakte schaffen ist also kein Hexenwerk mehr. Die Konversion in Neugeschäft kann dann der Vertrieb auf der Basis dieses stabilen Informationsfundaments legen. Einen aufgeklärten Interessenten liefert ihm das Content Marketing.

Literatur

http://www.contentmarketinginstitute.com/
http://youtu.be/cxNVDII0TlE
Fuderholz, Jens: Was zählt, ist der Inhalt. Acquisa 05/2012, S. 48-49

5 Auf der Suche nach dem iService

Gunnar Sohn

„Die Kunden wollen uns nicht am Telefon, sondern dort, wo soziale Austauschprozesse stattfinden. Sie beobachten, wie wir mit User-Feedback umgehen“, so das Credo von Michael Buck, Director Marketing Online bei Dell [1]. Der Kunde solle näher an das Unternehmen herangebracht werden. Es müsse mehr Zugangspunkte zu den Entscheidern geben. Dabei gehe es nicht nur um die Ansprechbarkeit des Servicepersonals, sondern auch um die Führungskräfte. Nicht nur die Dienstleistungen werden auf die neuen Anforderungen der digitalen Beteiligungsökonomie trainiert: „Unsere gesamte Organisation richtet sich darauf aus – vom Ingenieur bis zum Vorstandschef. Jeder wird darauf vorbereitet, mit Kunden in Kontakt treten zu können. Die Öffnung des Unternehmens bedeutete für uns eine Kulturrevolution“, so Buck.

Die Öffnung des Unternehmens kommt einer Kulturrevolution gleich

Das bestätigt auch Medienprofessor Jeff Jarvis in seinem Opus „Was würde Google tun?“: Kunden müssten sich bei Dell nicht mehr als Sisyphus in der Warteschleife herumplagen, sondern werden direkt in die Verbesserung der Produkte und Services einbezogen. Etwa mit der Gründung des Blogs Direct2Dell oder der Website IdeaStorm.

Horchposten für den Kundendialog

„Wir haben neue Formen der Kommunikation entwickelt, um kompetent und ohne Zeitverzögerung die Kunden zu beraten. Skriptgesteuerte Pappfiguren, die nur ‚Ja‘ oder ‚Nein‘ antworten können, haben da nichts zu suchen. Die Dialoge im Social Web-Zeitalter finden in der Öffentlichkeit statt und entsprechend qualifiziert müssen unsere Mitarbeiter sein, um hier nicht unterzugehen. Wir haben einen Chief Listening Officer eingeführt. Das ist eine Führungskraft, die direkt am Vorstand von Dell angesiedelt und extrem gut vernetzt ist. Sie besitzt Führungskompetenzen über das gesamte Unternehmen und kann

Dell führt Listening Officer ein

http://www.marketing-boerse.de/Experten/details/Gunnar-Sohn

eine komplett neue Metrik für die komplette Organisation entwerfen, wenn es die Umstände erfordern", so Michael Buck. Sozusagen ein Horchposten für die vernetzten Services des Computerherstellers.

Noch heute sei man übrigens mit Jeff Jarvis in einem guten Kontakt. „Die Pressekommunikation ist nach der Auseinandersetzung mit dem Buzzmachine-Blogger umgestellt worden. Die Blogosphäre ist für Dell enorm wichtig, wenn es um neue Produkte, Services und Anfragen geht. Hier werden Blogger gleichberechtigt gesehen", erläutert Buck.

Blogger werden als gleichberechtigt gesehen

Der besondere Wert beim Social Media Monitoring liegt für ihn in der Möglichkeit, schon nach Stunden eines weltweiten Produktstarts festzustellen, wie das Produkt aufgenommen und diskutiert wird. „Ein Produkt, das nicht über ein Rating von zwei Sternen kommt, nehmen wir aus dem Katalog. Wir messen alles und Kundenbewertungen sind für uns extrem wichtig", so der Online-Marketing-Manager. Es sei nachweislich so, dass Produkte, die über ein soziales Rating verfügen, sich generell besser verkaufen, als Produkte ohne Rating. Er geht sogar so weit zu sagen: „Auch eine schlechte Bewertung ist besser als gar keine." Im Social Web werde genau darauf geachtet, wie man auf negative Rezensionen von Kunden reagiert. Wenn gar keine Reaktionen auf neue Produkte folgen, sei das noch viel schlechter als negative Meinungsäußerungen. Ohne Resonanz könne man nicht besser werden. „Unser Ziel ist es, auf Basis des Kunden-Feedbacks mit den Ingenieuren die Produkte so zu verbessern, dass sie fünf Sterne bekommen", sagt Buck.

Eine schlechte Bewertung ist besser als gar keine

Dass die Social Media-Plattformen und mobile Apps in Deutschland noch so wenig von Unternehmen für den Kundenservice genutzt werden, kann Buck nicht nachvollziehen. „Vielleicht warten einige noch ab, um dann das Beste auf den Markt zu bringen. Das hat ja auch etwas Gutes. Man schaut sich an, was wirklich funktioniert und führt dann recht zügig eine smarte Lösung ein. Eine typisch deutsche Eigenschaft", sagt Buck. Bislang ist davon wenig zu spüren. So gibt es doch immer wieder Überraschungen, wenn Umfragen veröffentlicht werden. Ob sie etwas über die Wirklichkeit aussagen oder eher ein Spiegelbild der Fragesteller sind, bleibt wohl ein Rätsel der Demoskopie.

Social Media-Plattformen und Apps in Deutschland noch wenig genutzt

So kann man dem empirischen Konvolut der Softwarefirma Sikom eine überraschende Erkenntnis entnehmen: Der mit Abstand am intensivsten genutzte Kanal für die Kundenkommunikation ist immer noch das gute alte Telefon. Schriftlich befragt wurden rund 65 Teilnehmer der Fachveranstaltung „Sprache ohne Grenzen 2012“, die von Sikom organisiert wurde. Das Ergebnis sei eindeutig. Mit einem Mittelwert von 1.5 liegt das Telefon an der Spitze, gefolgt von E-Mail (2.8) und der Firmenwebsite (3.4). Etwas abgeschlagen folgen das Fax (3.9), der lokale Kundenservice (4.2) und der klassische Postweg (4.6). Auf dem letzten Platz rangiert abgeschlagen Social Media (6.2).

Recht unterschiedlich sei die Einschätzung der Relevanz von Social Media als Diskussionsplattform für Kunden der jeweiligen Unternehmen. 35 Prozent der befragten Kongressteilnehmer vermuten, dass sich ihre Kunden zumindest hin und wieder via Facebook und Co. über ihr Unternehmen austauschen. Nur jeder Zehnte geht davon aus, dass dies sehr oft geschieht. 42 Prozent vertreten die Meinung, dass ihre Kunden nur selten oder sogar nie per Web 2.0 miteinander über ihre Produkte und Dienstleistungen kommunizieren. 13 Prozent haben keinerlei Vermutung, wie aktiv ihre Kunden in diesen Medien sind. Entsprechend weiß weniger als ein Drittel konkret, was in den sozialen Medien über sie gesprochen wird. Mehr als vierzig Prozent können darüber nur rätseln. Ein weiteres knappes Drittel ist sich sicher, nicht darüber Bescheid zu wissen, was die Kunden auf den Social Media-Kanälen über ihr Unternehmen sagen. Ein großer Teil der Umfrageteilnehmer stammt aus Serviceorganisationen

Weniger als ein Drittel weiß konkret, was über sie im Social Web gesprochen wird

Kunden-Wahlfreiheit oder DDR-Einheitsliste?

Die Sikom-Miniumfrage ist sicherlich nicht repräsentativ für die deutsche Wirtschaft. Sie ist aber ein Indikator für den Zustand der Serviceangebote in Deutschland. Viele Manager haben einfach keine Peilung, was ihre Kunden im Netz machen und wie sie sich die Kommunikation mit Unternehmen wünschen. Wer mit seinen Social Media-Phobien darauf verzichtet, smarte Angebote via Social Web zu machen oder Service-Apps für die mobile Kommunikation zu etablieren, kann doch nicht behaupten, dass das Telefon noch hoch im Kurs steht. Aus Mangel an Alternativen bleibt einem nichts anderes übrig, als sich den Hotline-Warteschleifen auszusetzen.

Das bringt der Callcenter-Experte Harald Henn von der Mainzer Beratungsfirma Marketing Resultant auf den Punkt: „Telekom oder der Otto Versand erfreuen sich eines starken Zuspruchs ihrer Social

Media-Angebote. Die Ergebnisse der Sikom-Befragung haben den falschen Akzent. Kunden nutzen Social Media sehr wohl – und im Übrigen präferieren sie soziale Netzwerke gegenüber dem Telefon – wenn man ihnen es denn auch anbietet. Kein Social Media-Angebot – keine Nutzung."

Was hier insinuiert werde, könnte man mit den Wahlergebnissen in der DDR vergleichen. 99 Prozent Zustimmung sei eben nicht 99 Prozent Zustimmung gewesen, sondern das Ergebnis einer vorgegebenen Einheitsliste, die man falten und in die Wahlurne stecken konnte.

Kunden sind im Social Media den Unternehmen meilenweit voraus

Wir Kunden sind mit unseren Smartphones, mit den Apps, die wir nutzen, den Blogs, die wir schreiben, den Tweets, die wir posten und dem mobilen Einkauf, den wir tätigen, wir Konsumenten sind den meisten Unternehmen meilenweit voraus.

Das ist keine Randerscheinung oder kurzlebige Mode, sondern bereits ein Massenphänomen. Als Kunde möchte ich gute Produkte und Dienste kaufen. Auf Warteschleifen-Servicebürokratie kann ich getrost verzichten.

Ähnlich bewertet das Mirko Lange von der Agentur Talkabout im Interview mit den Mailingtage-News: „Viele Unternehmen sind noch nicht über Social Media ansprechbar – jedenfalls nicht so wie über E-Mail oder Telefon. Ein Beispiel: Als Abonnent von ‚Sky Go' konnte ich mich neulich nicht einloggen. Auf der Website findet man zwar ein Formular und eine E-Mail-Adresse. Die wollte ich aber nicht nutzen, weil ich ja sofort Hilfe brauchte. Einen Link zu Twitter oder Facebook gab es nicht. Dabei wäre das die beste Lösung gewesen. Ich war sowieso online, hätte eine Nachricht hinterlassen und schnell eine Antwort erwartet. Kunden mit ähnlichen Problemen hätten mitgelesen. Hier gibt es enorm viel Potenzial."

Die Dialogmöglichkeit über das Social Web habe für Unternehmen große Vorteile. „Die Kommunikation ist schriftlich, asynchron und dennoch fast in Echtzeit. Zudem gibt es keine Medienbrüche bei Links ins Internet, und es lassen sich simpel Daten austauschen. Über Dienste wie ‚Google+ Hangout' kann man auch in einen synchronen Gesprächsmodus wechseln. Die Qualität des Dialogs verbessert sich enorm", so Lange. Nur findet eben dieser Dialog mit Kunden nicht mehr unter Ausschluss der Öffentlichkeit statt wie beim Telefonat. Was man unter Kontrollverlust subsummiert, könnte Ursache für die Social Media-Phobien der Service-Manager sein. An der Überlegenheit der asynchronen Kommunikation ändere das aber nichts, bestätigt Andreas Klug vom Software-Anbieter Ityx. „Gerade die schriftbasierten Interaktionen können analysiert und verwertet werden.

Wiederkehrende Serviceanfragen können automatisiert beantwortet werden

Das bietet den Unternehmen enorme Möglichkeiten, wiederkehrende Service-Anfragen automatisiert zu verarbeiten und im Hintergrund gezielt Geschäftsprozesse anzustoßen. Diese Entwicklung ist vergleichbar mit der Automatisierung in der Automobilindustrie, wie sie die Japaner in den 1980er Jahren vorangetrieben haben. Damals haben Umfragen der deutschen Industrie auch ergeben, dass kaum ein deutscher Hersteller Roboter einsetzt. Wer aber unbeweglich ist, nimmt sich selbst die Chance, wiederkehrende Arbeiten im Kundenservice zu erkennen und durch intelligente Software erledigen zu lassen", erklärt Klug. In den kommenden drei Jahren werde man erleben, wie mehr und mehr Verbraucher sich dem Service-Diktat der Industrie entziehen, um ihre Anliegen via YouTube, Apps und soziale Netzwerke zu lösen. Mehr asynchron statt Telefon.

Langsames Siechtum im klassischen Kundenservice

Vor fünf Jahren erreichten die Anbieter von Service-Rufnummern ihren Höhepunkt beim Anrufvolumen und bei den Umsätzen. Seitdem geht es bergab. „Bei Mehrwertdiensten hat sich das Anrufvolumen seit 2006 verringert. Seit 2009 hat sich das sogar noch deutlich verschlechtert. Bei Auskunftsdiensten ist der Rückgang am stärksten. Hier gibt es eine extreme Substitution und Konkurrenz durch Internet-Dienste. Es gibt nur noch Wenige, die bei der Auskunft anrufen. Über das stationäre oder mobile Web bekomme ich einen schnelleren Zugriff auf Informationen. Umständliche Anrufe erübrigen sich", erläutert Ralf Schäfer, Abteilungsleiter Märkte und Perspektiven des Wissenschaftlichen Instituts für Infrastruktur und Kommunikationsdienste (WIK) in Bad Honnef.

Gravierende Veränderungen im Nutzerverhalten

Von einer stetigen Abwärtsbewegung könnte also keine Rede mehr sein. Es gebe gravierende Veränderungen im Nutzerverhalten, die sich nachteilig für telefonische Dienste auswirken. Beim Smartphone sei das gut zu beobachten. „Wenn die Leute ausgetestet haben, was sie damit machen können, dann kommt die Lust auf weitere Anwendungen. Das ist wie eine Spirale – es verstärkt sich immer weiter. Beim Online-Banking überprüfe ich vielleicht erst einmal nur meinen Kontostand.

Wenig später folgen dann auch Überweisungen, die ich bequem über Apps vornehmen kann. So setzt sich das in anderen Anwendungsfeldern fort. Es gibt eine sehr steile Lern- und Erfahrungskurve. Der positive Effekt, wenn etwas wirklich bequem und einfach über das mobile Netz klappt, wirkt wie ein Katalysator", so Schäfer.

Mobile Anwendungen haben noch viel Potential

Vor allen Dingen Applikationen mit Lokalisierungsdiensten zählten zu den Wachstumstreibern bei mobilen Anwendungen. Die volle Wucht der mobilen Dienste sei noch gar nicht spürbar, weil man noch weit von einer Sättigung des Marktes mit Smartphones und Tablet-PCs entfernt sei. „Wir befinden uns im ersten Drittel der Lebenszykluskurve. Hier werden die Verkaufszahlen in den nächsten Jahren gigantisch steigen. Schauen Sie sich die Werbung von Elektronikmärkten an. Hier finden Sie fast nur noch Smartphones und keine klassischen Handys mehr. Schauen Sie sich die Werbung der Mobilfunk-Netzbetreiber an. Da spielt Telefonie gar keine Rolle mehr. Beispielsweise bei Vodafone. Da stehen nur noch Datentarife und Apps im Vordergrund. Das geht klar zu Lasten der Service-Rufnummern. Aber selbst die klassischen Websites geraten unter Druck, wenn ich unterwegs über Apps meine Dinge erledigen kann. Auch soziale Netzwerke lösen immer mehr die alten Kommunikationswege ab", sagt Schäfer.

Neuerfindung der Servicekommunikation oder Abgrund

Servicebranche ein stagnierender Markt

Die Servicebranche sehe wohl am Horizont noch nicht so ganz den eigenen Abgrund. Es sei halt gefährlich, wenn man sich in einem stagnierenden Markt bewegt und die Rückgänge bislang in einem langsamen Tempo abgelaufen sind. „Da fällt es schwer, aus den gewohnten Mustern auszubrechen. Die Anbieter von telefonischen Diensten müssen sich neu erfinden. Damit sollte die Callcenter-Branche jetzt beginnen, denn es dauert seine Zeit, bis man andere Formate und Innovationen durchsetzt. Es ist notwendig, andere Zugänge zum Kunden zu finden", so der Rat des TK-Experten.

Niemand bietet die vollständige Vernetzung an

Netzbetreiber könnten heute nur noch über Kooperationen ein Stück vom Kuchen der App-Economy abschneiden. „Ein Feld wird derzeitig von keinem Unternehmen der TK-Branche beackert: Das Zusammenbringen unterschiedlicher Technologien bei der digitalen Heimvernetzung. Niemand bietet die vollständige Vernetzung an. Hier gibt es ein Defizit und eine große Nachfrage bei den privaten

Haushalten. Das ist auch das Ergebnis unserer Umfragen: Das Thema Heimvernetzung ist für viele interessant. Aber die Mehrheit verlangt nach einem Integrator. Diese Rolle könnten Firmen wie die Telekom sehr gut übernehmen. Systemintegration also nicht nur für Geschäftskunden, sondern auch für Privatkunden. Zahlungsbereitschaft für solche Services ist vorhanden. Das kann allerdings nur funktionieren, wenn der Systemintegration herstellerunabhängig arbeitet. Nur werden sich Dienstleistungen für die Heimvernetzung durchsetzen. In den USA wird das schon sehr erfolgreich praktiziert", weiß Schäfer.

Automatisierungsgrad im Servicegeschäft nimmt zu

Die Callcenter-Branche müsse sich in den nächsten zehn bis zwanzig Jahren auf einen viel höheren Automatisierungsgrad im Servicegeschäft einstellen. Die Servicekommunikation werde nur noch im Hintergrund ablaufen und vom Kunden gar nicht mehr wahrgenommen. „Man sieht nur noch das Ergebnis dieses Prozesses, beispielsweise über Remote-Steuerung, bei der ich als Anwender gar nicht mehr eingreifen muss. Es wird deutlich weniger Medienbrüche geben. Wenn mein Auto defekt ist, wird die Werkstatt direkt über intelligente Technologien informiert und entsprechende Maßnahmen eingeleitet. Ich muss gar nicht mehr zum Telefonhörer greifen", glaubt der WIK-Forscher.

Unsichtbare Helfer in hochintelligenten Netzen

Hinter einem Touchpoint, den der Kunde nach seinen Präferenzen auswählt, laufen unterschiedliche Dienste ab, die allerdings unsichtbar bleiben. Hier kommt das virtuelle Fräulein vom Amt ins Spiel. Ein Szenario des Netzwerkspezialisten Bernd Stahl von Nash Technologies in Stuttgart. Auch er ist davon überzeugt, dass man von der Kommunikation überhaupt nichts mehr sehen wird. Die Netzintelligenz könne man überall abrufen – völlig unabhängig von den Endgeräten.

Kommunikation über Endgeräte, die keine mehr sind

„Man kommuniziert über Endgeräte, die eigentlich keine mehr sind. Ein Geschäftskunde sagt beispielsweise seiner Armbanduhr, dass er nach Brüssel reisen wolle zu einem möglichst günstigen Preis. Er nennt noch das Datum und die Ankunftszeit. Die Anfrage geht ins Netz rein, das System sucht sich die Reiseportale, schaut nach den Übernachtungsmöglichkeiten und recherchiert völlig eigenständig alle notwendigen Informationen. Zurück kommen die kompletten Reiseunterlagen. Der Geschäftskunde legt seine Armbanduhr auf den Tisch, es erscheint eine 3-D-Ansicht und er braucht nur noch das für ihn Relevante auswählen. Man kommuniziert über Sprache mit anderen Systemen, Servern oder Menschen und am Ende kommt etwas zurück. Hier kommt das berühmte Fräulein vom Amt wieder – allerdings vollautomatisiert und virtuell", prognostiziert Stahl.

Alles werde gesteuert durch ein hochintelligentes Netz auf Basis semantischer Technologien und völlig neuen Geschäftsmodellen. „Der Nutzer muss sich überhaupt keine Gedanken mehr machen über spezielle Endgeräte, die Auswahl von Diensten, das Netzwerk oder Serviceprovider. Er muss kein Ziel mehr eingeben über Telefonnummern, IP-Adressen oder Links. Alles das wird vom intelligenten semantischen Netz übernommen. Die Bedeutung der Anfrage wird automatisch in Einzelteile zerlegt, an unterschiedliche Ziele geschickt und zurück kommt der gewünschte Service oder das fertige Produkt", so Stahl.

Manager hängen an alten Rezepten

Bei einem Frankfurter Expertengespräch über die vernetzte Serviceökonomie wurde deutlich, welche Wegstrecke Unternehmen in Deutschland noch zurücklegen müssen, um die richtigen Konzepte für die digitale Wirtschaft zu finden. Manager hängen an alten Konzepten und sind kaum in der Lage, intuitive Neugier zu entwickeln, die das Lebenswerk von Steve Jobs auszeichnete. Professor Gunter Dueck bezeichnet das in seiner legendären Kolumne für die Zeitschrift „Informatik Spektrum" als kreative Intelligenz, die vom Neuen elektrisiert sei. „Sie schafft Kunstwerke in neuen Stilen, liebt Innovation, treibt Forschung in neuen Gebieten voran. Sie ist ein bisschen verrückt. Sie versteht sich auf freies entfesseltes Denken, hat weite Assoziationen im vernetzten Denken."

Kreative Intelligenz gebiert die großen Ideen, ist visionär und grenzenlos. Klassische Manager reiten die alten Konzepte bis zum Zusammenbruch. Ein Fehler, dem Steve Jobs nie anheimfallen wollte. Walter Isaacson zitiert den Apple-Gründer in der von Jobs autorisierten Biografie mit folgenden Worten: „In den meisten Fällen bleiben die Leute in diesen Mustern hängen, wie die Nadel in einer Schallplattenrille, und kommen nie wieder raus. Natürlich gibt es Leute, die von Natur aus neugierig sind, sie bleiben ihr Leben lang ehrfürchtig staunende Kinder, aber die sind selten."

Wer seine Produkte nicht mag, produziert Schrott

Jobs erkannte frühzeitig, wie wichtig digitale Knotenpunkte für Produkte und Dienste sind. iTunes und iPod sind dafür gute Beispiele: „Je älter ich werde, desto klarer wird mir, wie wichtig Motivation ist. Der Zune war beschissen, weil die Leute bei Microsoft nicht besonders viel für Musik oder Kunst übrig haben, anders als wir. Wir haben uns durchgesetzt, weil wir Musik lieben. Wir haben den iPod für uns gemacht, und wenn man etwas für sich macht oder für den besten Freund oder die Familie, dann produziert man keinen Schrott", so Jobs.

Ein entscheidender Punkt, den sich jede Führungskraft zu Herzen nehmen sollte – besonders im Umgang mit Kunden. In den Worten des Google-Mitarbeiters Steve Yegge könnte man auch sagen „Eat your own dogfood". Vielleicht würden dann auch die Kalendersprüche auf Fachkonferenzen aufhören, die von Multichannel-Kommunikation, Social Media-Strategien und einmaligen sowie weltweit führenden Kundenerlebnissen handeln. „Im Alltag klappt noch nicht einmal die E-Mail-Bearbeitung reibungslos, obwohl seit Jahren über die Integration von Kontaktkanälen geredet wird", sagt Markus Grutzeck von der Contact Center Network-Brancheninitiative.

Im Alltag klappt nicht mal die E-Mail-Bearbeitung reibungslos

Alzheimer-Effekte in der Kundenberatung

Die Callcenter-Branche sollte endlich die Stunde der Wahrheit und Ehrlichkeit einläuten, um sich von mittelmäßigen Konzepten zu lösen und ihre Nabelschau-Politik aufzugeben, fordert Bernhard Steimel von der FutureManagement Group. Von Warteschleifen und Alzheimer-Effekten in der Hotline-Beratung kommt man nur weg, wenn man ein besseres Verständnis von den neuen Nutzungsszenarien der Kunden entwickelt.

„Marktforschung und Powerpoint-Folien helfen dabei nicht weiter. Das hat Steve Jobs am Schluss seiner Biografie deutlich zum Ausdruck gebracht: Die Aufgabe der Manager ist es, herauszufinden, was Kunden wollen, ehe sie es selbst herausfinden. Das wird nicht gelingen, wenn man selbstzufrieden auf halbwegs vernünftige Umsätze starrt und sein Unternehmen durch den Blick in den Rückspiegel lenkt. Apple-Fans sind deshalb so begeistert, weil dieser IT-Konzern den Kunden alle ärgerlichen und zeitaufwendigen Dinge abnimmt. Integrierte Konzepte

Herausfinden, was Kunden wollen

sind dafür das Zauberwort. Software, Hardware und die Verwaltung der Inhalte werden bei Apple perfekt verbunden. Genauso muss sich die Servicebranche positionieren", erläutert Ityx-Manager Klug.

Bewegungslos in den Führungsetagen sind nach Erfahrungen von Walter Benedikt von 3C Dialog vor allen Dingen Manager im mittleren Alter, die Facebook noch wie eine Wundertüte betrachten. Bei den jüngeren und älteren Ansprechpartnern trifft er auf eine große Aufgeschlossenheit für neue Servicekonzepte. Sehr viel Zeit haben die deutschen Unternehmen im Kundenservice nicht mehr. Denn schon jetzt gibt es smarte Agenten, die schlau sind, Produkte erklären, Preise vergleichen, Kundenwünsche antizipieren, Empfehlungen aussprechen, Buchungen vornehmen und Transaktionen auslösen. Allerdings nicht aus Fleisch und Blut: Es sind Internetdienste gekoppelt mit intelligenten Business-Netzen.

Smarte Agenten können viel übernehmen

Unternehmer werden sozialer

Die Ökonomie der Beteiligung, die zum Hauptwesen von sozialen Netzwerken zählt, macht selbst vor den CIOs in Unternehmen nicht halt. Darauf verweist Udo Nadolski, Chef des Düsseldorfer Beratungshauses Harvey Nash. Vorreiter seien die Vereinigten Staaten. „Aber auch in Europa spüren wir so langsam die Veränderungen der Geschäftsmodelle. Das zeigt unsere diesjährige weltweite CIO-Umfrage. Wir haben irgendwann mal mit einem Produkt angefangen, dann ging es über die Marke hin zu Kundenbeziehungen. Heute haben wir es mit dem Anfang einer sozialen Orientierung im Geschäftsmodell zu tun. Es basiert auf dem simplen Satz: ‚Du gehörst zu uns'. Das hat Auswirkungen auf alle Einheiten im Unternehmen und muss von der IT gestützt werden. Mobilität gepaart mit Social Media sind die Haupttreiber für die Umwälzungen von Organisationen – und das gilt nicht nur für die Wirtschaften, sondern auch für Politik und Gesellschaft", so Nadolski. Was als vernetzte Ökonomie definiert werde, müsse der CIO auf sein Unternehmen anpassen.

Mobilität und Social Media Hauptantreiber für Umwälzungen in Organisationen

„Wir haben es mit verschiedenen Einflussfaktoren zu tun. Es ist zwar ein Buzzword, aber wir dürfen uns davor nicht verschließen. Wir leben in einer Welt, die zunehmend von der sogenannten Generation Y geprägt wird. Und die findet man nicht in der Telefonzelle, sondern auf Twitter oder Facebook. Das gilt für die Beziehungen zu Kunden, wie für die

Generation Y auf Facebook und Twitter

Unternehmenskultur. Im Büro fragen sich die Mitarbeiter, warum sie Social Media nicht auch hier nutzen können. Daraus entsteht für die Unternehmen ein ganz großer Zwang, das private Nutzungsverhalten im Social Web in die berufliche Welt zu transferieren. Und das hört am Arbeitsplatz nicht auf. Wir erleben eine soziale Orientierung fast aller Geschäftsmodelle", meint Nadolski.

Gleiches gelte gesamtwirtschaftlich. Wer heute die sozialen Effekte des Netzes geringschätzt oder als irrelevant bezeichnet, der werde schon morgen oder übermorgen nicht mehr zu den innovativen Mitspielern zählen. Die Netzwerk-Ökonomie sei bereits vor Jahrzehnten vorgezeichnet worden und wurde müde belächelt. „Jetzt sollten sich die konservativen Köpfe der Wirtschaft eher schräge Gedanken über neue Wege und Methoden im Geschäftsleben machen. Sonst werden sie von der nächsten Bugwelle weggespült. In der Energiewirtschaft ist das spürbar. Wenn wir in eine soziale Orientierung gehen, bedeutet das eine Kundenbindung auf beiden Seiten. Die Kundenbindung erzeuge ich durch Wertschätzung, Echtheit und Transparenz. Das muss ich als Unternehmen in der Informations- und Kommunikationspolitik berücksichtigen. Die Generation Y glaubt uns sowieso nicht, was in unseren Hochglanzbroschüren steht", erläutert Nadolski.

Social Web lässt sich nicht kontrollieren

Nach der CIO-Umfrage von Harvey Nash gewähren 82 Prozent der IT-Chefs ihren Mitarbeitern Zugriff auf Facebook, Twitter, YouTube und Linkedln. Fast ebenso viele sind davon überzeugt, soziale Netzwerke in gewissem Maße kontrollieren zu können. Letzteres dürfte sich als Illussion herausstellen: „Die Kontrolle von Social Media ist absoluter Schwachsinn, das kann ich mir beim besten Willen nicht vorstellen. Ich verstehe den Wunsch der Kontrolle. Das ist gezielt aber schon technologisch nicht möglich. Die Antwort im Umgang mit Social Media liegt in der Unternehmenskultur. Wir zum Beispiel haben die Nutzung unbeschränkt freigegeben. Der von uns konzipierte Leitfaden ist nur eine Orientierungshilfe. Eine Law & Order-Orientierung ist zum Scheitern verurteilt", betont Nadolski. Um sich als Innovator stärker zu positionieren, sollten sich CIOs nicht darauf konzentrieren, nur den schnellsten Server oder Gateways anzuschaffen. Dieser Trend werde zum Teil in den Unternehmen schon belächelt.

„Für die IT-Abteilungen bestehen Innovationen häufig nur aus den neuesten Technologien mit den meisten Features. Das ist eine falsche Orientierung. Das größte Innovationspotenzial sehe ich in Verbindung mit Netzwerken. Die IT-Abteilung, die CIOs und alle Verantwortungsträger müssen sich stärker als Enabler sehen. Enabler für ein neues Business-Modell. Enabler dafür, dass ich weitreichende, tragfähige und substanzielle Netzwerke bauen kann. Bei dieser Überlegung tritt der Kern der Innovation in den Vordergrund. Die Kiste, das Produkt oder Feature sind unten dran. Diese Denkweise muss sich viel stärker durchsetzen", rät der Harvey Nash-Geschäftsführer.

Anwendungen überzeugen und nicht technische Merkmale

Besonders in Deutschland sei es eine Schwachstelle, vieles nur durch die Brille des Featurismus zu sehen. Es werde in der IT zu viel über Leistungsmerkmale und zu wenig über Anwendungen geredet.„Nehmen wir das Beispiel Bezahlsysteme für das Smartphone. Welche Botschaft spricht Sie mehr an? Die eine Seite wäre die produktorientierte. Das Smartphone hat eine 8-Megapixel-Kamera, die alles erkennt. Die anwendungsbezogene Sicht wäre, dass man in jeder Situation liquide ist. Am Ende des Tages ist der Kunde daran interessiert, mit seinem Smartphone schnell, bequem und sicher bezahlen zu können. Die Leistungsfähigkeit des Geräts wird vorausgesetzt. In erster Linie überzeugen also Anwendungen und nicht die technischen Merkmale", so die Erfahrung von Nadolski.

Das könne man auch in der Werbung für Mobilkommunikation ablesen. „In den USA wird damit geworben, dass ich, egal wo ich bin, problemlos ein Video anschauen kann. In Deutschland wirbt man mit der Einführung von 4G mit einer bestimmten Bandbreite und Abdeckung, aber was das für den Benutzer bedeutet, sagt keiner. Das ist für mich ein Beispiel, wie man sich im Unternehmen völlig falsch fokussiert. Wenn man so nach außen kommuniziert, sagt das auch eine Menge über die Denkweise einer Organisation", weiß Nadolski.

Einfachheit statt Lötkolben

Philosophie von Steve Jobs: Radikale Vereinfachung

Vielleicht ist ja auch diese rein technikgetriebene Politik vieler Firmen eine der Hauptursachen für die Innovationsmisere in Deutschland. Warum hat Apple einen so großartigen Erfolg? „Weil Steve Jobs von Anfang an Produkte auf den Markt brachte, die den Prinzipien der radikalen Vereinfachung entsprechen. Hier liegt auch die Ursache für den Streit mit den Computerfreaks und Ingenieuren, die sich fernab des Marktes einseitig für ihre technischen Obsessionen interessieren", so Peter B. Záboji, Präsident der European Entrepeneurship Foundation. Kritiker von Apple reduzieren das auf die Geschlossenheit des Apple-Ökosystems von Endgeräten, Betriebssystem und Apps. Das Ganze führe zu einer Entmündigung und Infantilisierung der Nutzer.

„Wer so argumentiert, kann ja weiter an irgendwelchen Computern herum schrauben, den Lötkolben schwingen und nächtelang an neuen Programmen schreiben. Für den Massenmarkt taugt diese Geisteshaltung nicht", weiß Záboji. Andere Menschen seien froh, dass sich die Software und Hardware mittlerweile bedienen lassen, wie ein Kaffeeautomat. Geräte wie die Tablet-PCs seien ein Indiz für die technische Reife, die man mittlerweile in der Branche für Informationstechnologie und Telekommunikation erreicht hat. Man könne sie wie normale Haushaltselektronik ohne technisches Verständnis nutzen. Steve Jobs war der perfekte vielleicht etwas zu perfektionistische Innovator, der permanent Technologien und Geschäftsmethoden auf den Kopf stellte und revolutionierte. Er kreierte nicht nur das Neue, sondern er organisierte es auch: Die ITK-Branche sei nur dann ein Schrittmacher für den Massenmarkt, wenn sie sich konsequent an dem Credo der Einfachheit orientiert, so Aastra-Deutschlandchef Jürgen Signer. Die Technologie werde immer komplexer – das dürfe aber nicht die Nutzerfreundlichkeit verschlechtern.

Einfache Bedienbarkeit ist das wichtigste Kaufkriterium

„Die einfache Bedienbarkeit der Systeme, die wir anbieten, ist das wichtigste Kaufkriterium unserer Geschäftskunden. Das gilt vor allem für die Installation und für das User Interface. Was sich unter der Haube abspielt, ist die Sache unserer Entwickler und darf den Anwender nicht belasten", sagt Signer.

Leider ist das immer noch keine Selbstverständlichkeit. Jeder kann das in seinem Alltagsleben beobachten. Durch das Leben des Bloggers Sascha Lobo zieht sich ein roter Faden, und es ist kein schöner. „Er taugt so gerade eben noch zum Kokettieren auf Partys, aber nur für ein paar Sekunden. Dann wird die Wirkung des Mitleids wieder vom Schmerz verdrängt. Dieser rote Faden ist das Scheitern am Gerät. Ein gerätebezogenes Lebensmotto von mir könnte sein: ‚Hier stehe ich, ich kann nicht.' Und zwar weder so noch anders, sondern gar nicht", schreibt Sascha Lobo in seiner Spiegel-Kolumne.

Vom Handy bis zum Kaffeevollautomaten habe er schon an fast jedem Apparat die abstrakte Nachrichtenformulierung „menschliches Versagen“ mit lebendigem Inhalt gefüllt. „In beeindruckender Geschwindigkeit bin ich in der Lage herauszufinden, wie Dinge schon mal nicht funktionieren“, so Lobo. Dabei sei er in technologischen Dingen doch überhaupt nicht unbegabt. Aber sein Wissen und Können in der direkten Konfrontation mit dem Gerät kommt ihm vor wie die funzlige Beleuchtung in einem ansonsten stockfinsteren Riesenlabyrinth. „Schon Zentimeter außerhalb des Lichtkegels stoße ich im besten Fall auf massiven Widerstand. Der schlechteste Fall ist ein Fall ins Nichts: vor einem Apparat zu sitzen, der offensichtlich eingeschaltet ist, aber einfach nicht reagiert. Auf nichts. Gibt es überhaupt eine Steigerung der Verhöhnung, wenn eine unbelebte Maschine einen Menschen ignoriert“, fragt sich der Kolumnist von „Spiegel Online“.

Dumme Benutzer unter Generalverdacht

Technik und Gerät – wer dient wem?

Beim Wechselspiel von Mensch und Gerät geht es um einen Wettstreit, bei dem nie eindeutig gesagt werden kann, wer eigentlich wem dient. Aber nicht nur Versagensängste und die tägliche Plage im Umgang mit Geräten werden als schmerzliche Erfahrung der Moderne empfunden. Der Benutzer ist zudem einem Generalverdacht der Hersteller ausgesetzt. Er ist ein potenzieller Störenfried. Diese Botschaft vermittelt schon die Bedienungsanleitung und spätere Disputationen beim Umtausch der Ware. Der Benutzer verendet in einer „Zirkulation von Schuldzuweisungen und Unterstellungen“, wie es Jasmin Meerhoff in ihrem Buch „Read me! Eine Kultur- und Mediengeschichte der Bedienungsanleitung“ ausdrückt.

Schuldig ist nicht das Gerät, sondern der Benutzer, dieser Idiot. Die Über- und Unterordnung zwischen Gerät und Benutzer werden über zahlreiche Ge- und Verbote, Vorsichtsmaßnahmen und Hinweise zur Garantie zementiert. Das Ganze ist eine Demonstration der Macht und das Scheitern am Gerät soll uns in die Rolle der Demut pressen. Glücksmomente, oder Flow, wie es der Psychologe Mihaly Csikszentmihalyi bezeichnet, entstehen in dieser Konstellation nicht. Alle Bewegungsabläufe werden im Flowzustand in harmonischer Einheit durch Körper und Geist mühelos erledigt. Ob Kommunikationsdienste,

Endgeräte oder Serviceprovider: Die Auswahl ist unüberschaubar, die Bedienung unübersichtlich und kompliziert.

Die echte Einfachheit

Bei Apple ist das eben nicht so. Das belegt auch die Steve-Jobs-Biografie von Walter Isaacson eindrucksvoll. So skizzierte Jobs 1983 auf der International Design Conference in Aspen seine Begeisterung für den Bauhaus-Stil. „Wir wollen, dass unsere Hightech-Produkte auch so aussehen, und dafür bekommen sie ein Gehäuse mit klaren Linien. Sie werden kompakt sein, weiß und ansprechend, so wie die Elektronik von Braun." Wiederholt betonte er, wie klar und einfach die Apple-Produkte gestaltet sein würden. „Wir machen sie hell und rein und so, dass man sie gleich als Hightech-Geräte erkennt, anstelle dieses schweren industriellen Looks, schwarz und immer schwärzer, wie bei Sony."

Das sei der Ansatz: sehr einfach, und man wolle das Niveau erreichen, wie es im Museum of Modern Art repräsentiert ist. „Unser Managementstil, das Produktdesign, die Werbung, alles ist auf Einfachheit zugeschnitten, auf echte Einfachheit." Das Mantra von Apple blieb immer das der ersten Broschüre: „Einfachheit ist die höchste Form der Raffinesse." Am wichtigsten sei der Design-Ansatz, dass alles unmittelbar einleuchtend ist. Das macht auch klar, warum Apple mit iPod, iPhone und iPad der Wegbereiter für das mobile Internet und die nächste Stufe der digitalen Revolution war und ist – im Gegensatz zu den Schwergewichten der Telekommunikation und der Informationstechnologie: „Jobs befand sich immer an der Schnittstelle von Kultur und Technik", schreibt Isaacson. „Am Ende vieler seiner Produktpräsentationen zeigte Jobs eine einfache Folie: das Bild eines Straßenschildes, das die Kreuzung der Straßen ‚Kunst' und ‚Technik' darstellte. Genau dort war sein Platz, und deswegen konnte er schon früh so etwas wie den digitalen Knotenpunkt entwerfen." Warum waren seine Konkurrenten dazu nicht in der Lage, die jetzt in Horden die Anwendungen sowie Produkte von Steve Jobs kopieren und sich über den Kundenkäfig von Apple mokieren?

Das Wichtigste ist der Design-Ansatz

Klingeltöne statt smarte Produkte und Dienste

50,8 Milliarden für UMTS-Lizenzen

Erinnert sich noch jemand an die erste Versteigerung der UMTS-Lizenzen vor rund zwölf Jahren und die Jubeltöne der TK-Branche? Der Champagner-Laune folgte bald der Katzenjammer. 50,8 Milliarden Euro spielte die Vergabe der Mobilfunklizenzen in die Kasse des Bundes. Vier Jahre später wurde klar, dass die Netzbetreiber nicht in der Lage waren, die enormen Ausgaben wieder zu Geld zu machen. Bis 2006 hatten es die Netzbetreiber und Hersteller nicht einmal geschafft, attraktive und leistungsfähige Endgeräte bereitzustellen. Betreiber und Hersteller zerhackten sich damals mit gegenseitigen Schuldzuweisungen. Wo lag die Ursache für das UMTS-Debakel? Es existierten keine überzeugenden Dienste, die mobilen Datenverkehr mit höheren Bandbreiten auf einem Handy oder Smartphone erforderten.

Als der große Run auf die UMTS-Lizenzen stattfand, träumte die Branche vom mobilen Surfen, Location Based Services und Navigationssystemen, mobilem Payment und vielfältigem M-Commerce. Außer den eher wenig erfolgreichen Versuchen, den japanischen i-Mode-Service auch in Europa zu platzieren, war jeder Versuch, werthaltigen Content bereitzustellen, bereits schon in der Produktentwicklung steckengeblieben. Display-Logos und Klingeltöne stellten den einzigen mobilen Content dar, für den bezahlt wurde. Und was passierte dann?

09.01.2007 iPhone-Schock

Dann kam der 9. Januar 2007. Apple stellte der Öffentlichkeit einen Prototyp des iPhones auf seiner Macworld Conference & Expo in San Francisco vor. Wie reagierte die Mobilfunkszene? Auf der Mobile World in Barcelona sprach man vom iPhone-Schock.

Die Explosion an intelligenten Datendiensten im App-Store von Apple bringen bis heute die Telcos in Verlegenheit. Ohne Steve Jobs hätte es keinen 3G-Aufschwung, keine App-Economy und auch keine nutzerfreundlichen Smartphones gegeben. Entscheidend dafür ist das radikale Dogma von Steve Jobs: „Als Perfektionist konnte Jobs keinen Aspekt eines Produkts außer Acht lassen, von der Hardware bis zur Software, vom Content bis zum Marketing. Beim Heimcomputer kam er mit dieser Strategie nicht gegen diejenige von Microsoft und IBM an, nach der die Hardware eines Unternehmens mit der Software eines anderen Unternehmens genutzt werden konnte und umgekehrt. Bei Produkten für den digitalen Knotenpunkt jedoch war ein Unternehmen wie Apple, das Computer, Peripheriegeräte und Software als Gesamtpaket betrachtete, im Vorteil. Das hieß, dass der Inhalt auf einem mobilen Gerät problemlos von einem passenden Computer verwaltet werden konnte", so Isaacson.

Technik kein Selbstzweck

Steve Jobs zählt zu den wenigen Persönlichkeiten der Technologieszene, die erkannt haben, dass man Kunden nicht mehr mit aufgeblähten Funktionalitäten belästigen darf. „Der Apple-Konzern betrachtet Technik nicht als Selbstzweck. Er stellt sie nur unauffällig bereit", so der Schweizer Innovationsberater Bruno Weisshaupt. Nicht das Gerät stehe im Vordergrund, sondern der Nutzen: „Diese Lektion hat Apple gelernt." „Ein gut funktionierendes Produkt kann nicht gelingen, wenn Software und Hardware nicht zusammenspielen. Alles, was Apple auf den Markt bringt, entsteht durch ein holistisches Konzept und der völligen Abkehr von der klassischen Produktentwicklung. Steve Jobs fragte sich nicht, wie er die Vergangenheit verbessern kann. Er orientierte sich nicht am Status quo. Jobs war ausschließlich daran interessiert, etwas fundamental Anderes und Besseres in die Welt zu setzen", so Harvey Nash-Chef Nadolski. Frei nach dem häufig zitierten Motto von Henry Ford: „Wenn ich meine Kunden gefragt hätte, was sie wollen, hätten sie mir geantwortet: ‚Ein schnelleres Pferd'."

Der Nutzen steht im Vordergrund, nicht das Gerät

Im Unterschied zu Microsoft und Google habe Apple eine klare „Theorie vom Gesamtprodukt", erläutert Jay Elliot, ehemaliger Senior Vice President von Apple: Wer mit technischen Produkten Erfolg haben wolle, sollte die Hardware und die Software entwickeln. Hier liege die Schwäche von Open-Source-Produkten. Zu einem ähnlichen Urteil kommt Bruno Weisshaupt: Hardware bleibe für die Kundenbindung nach wie vor wichtig. Das stelle Apple jeden Tag unter Beweis. Worauf es ankomme, sei die Konfiguration von Endgeräten und Anwendungen. „Nicht nur Apps regieren die Welt. Man braucht auch ein physisches Gesicht gegenüber den Kunden. Für Google sind doch die vielen asiatischen Hersteller, die auf das Android-Betriebssystem setzen, gar nicht so wichtig. Viel spannender ist es doch, die Wertschöpfung auch in der Hardware zu haben", sagt Weisshaupt.

Die Nutzer des Android-Betriebssystems von Google müssen hingegen flexibel sein – und die Hersteller und Softwareentwickler auch. Die

Schwachpunkt Betriebssystem-varianten

Geräte an den Android-Wildwuchs anzupassen ist nicht minder komplex als der technische Aufwand, die Apps fortlaufend auf die Vielzahl unterschiedlicher Betriebssystemvarianten abzustimmen. Dieser Schwachpunkt steht der Einfachheit wohl ein wenig im Wege. Vom Bauhaus-Stil des Apple-Konzerns ist die Konkurrenz noch weit entfernt. i steht eben für Intelligenz und nicht für Idiotie.

Sensorik für den iService entwickeln

Deshalb wäre es höchste Zeit, sein Gehirn anzustrengen, um auch für die vernetzte Service-Ökonomie endlich den Steve Jobs-Spirit zu finden. Bislang schaut man immer noch zu sehr in den Rückspiegel und entwickelt keine Sensorik für das wirklich Neue.

Professor Clayton M. Christensen beschrieb dieses Phänomen in seinem Bestseller „The Innovator's Dilemma", der 1997 im Harvard Business Press Verlag erschien. Professor Kurt Matzler und der Managementberater Stephan Friedrich von den Eichen haben jetzt in einer deutschen Ausgabe die Thesen von Christensen mit Beispielen aus europäischen Branchen und Unternehmen untermauert: „Trotz ihrer Ressourcenausstattung, Technologien, starker Markennamen, Produktionskompetenzen, Managementerfahrung, Distributionsstärke und trotz ihrer finanziellen Mittel haben erfolgreiche Unternehmen mit den besten Führungskräften ihre größten Schwierigkeiten damit, Dinge zu tun, die nicht zu ihrem Geschäftsmodell passen. Disruptive Technologien machen zu dem Zeitpunkt, an dem Investitionen für das Unternehmen so wichtig wären, noch kaum Sinn.

Daher bildet ein vernünftiges und gutes Management in den etablierten Unternehmen eine Art ‚Eintritts- und Mobilitätsbarriere', auf die sich Startup-Unternehmen und Investoren disruptiver Technologien getrost verlassen können. Unternehmen, die Investitionsentscheidungen nur auf Basis eindeutiger Quantifizierungen von Marktpotenzial und Renditeabschätzungen treffen, sind bei disruptiven Innovationen wie gelähmt oder machen entscheidende Fehler. „Sie fordern Marktdaten, wo solche noch nicht vorhanden sind, treffen Entscheidungen auf Basis von Finanzprognosen, wo weder Umsätze noch Kosten schätzbar sind", schreiben Matzler und von den Eichen. Traditionelle Marketing- und Planungstechniken verkommen zu einem Muster ohne Wert.

„Aber wann kippen die Dinge", fragen sich Holm Friebe und Philipp Albers, Autoren des Buches „Was Sie schon immer über 6 wissen wollten – Wie Zahlen wirken" (Hanser Verlag). „Wann wird aus einem Phänomen, von dem sich anfangs nur eine verschwindende Minderheit angesprochen fühlte und das schon längere Zeit unterhalb der öffentlichen Wahrnehmungsschwelle dümpelt, ein veritabler Trend? Wo liegen die Tipping Points? Gesetzmäßigkeiten und eindeutige Schwellen lassen sich in den seltensten Fällen aufstellen", so Friebe und Albers.

So wird es wohl schwer fallen, das Wegkippen des Callcenter-Marktes genau zu prognostizieren. „Einfache Hotline-Auskünfte werden auf jeden Fall vom Markt verschwinden", prognostiziert der IT-Experte Nadolski. Der Philosoph David Chalmers geht sogar noch einen Schritt weiter. Für ihn ist das iPhone zu einem Teil seines Geistes geworden, berichtet die Philosophie-Zeitschrift „Hohe Luft": Die Auslagerung unseres Gedächtnisses ins Internet wird allerdings nicht so kulturpessimistisch interpretiert wie von dem FAZ-Herausgeber Frank Schirrmacher. Eher werde der Geist erweitert. „Menschen haben Denkvorgänge zu allen Zeiten ausgelagert. Wir machen uns Notizen auf einem Blatt Papier, wir benutzen Taschenrechner, speichern Informationen in Büchern oder Archiven. Und doch gehen wir zumeist davon aus, dass das alles nur Werkzeuge sind. Es ist doch unser Geist, der denkt", schreibt der Hohe Luft-Autor Thomas Vasek.

Einfache Hotline-Auskünfte werden vom Markt verschwinden

„Insofern trifft die These vom ‚erweiterten Geist' wohl eher den Kern des Ganzen. Und hier treten eben die Widersprüche zum klassischen Kundenservice auf. Man gewöhnt sich sehr schnell an den Komfort der Netzintelligenz. Kunden bringen heute kein Verständnis mehr dafür auf, dass sich ihre Mobilfunkgeräte einfach und zuverlässig per Sprachbefehl steuern lassen, sie aber dennoch unter gewohnten Service-Hemmnissen leiden, wenn sie mit Unternehmen oder Organisationen in Verbindung treten: Verbraucher finden häufig auf den Websites der Firmen keine Antworten auf ihre Fragen, per E-Mail warten sie oft Tage bis eine Rückmeldung erfolgt. Und anrufen – so hat eine europaweite Kundenservice-Studie jüngst ergeben – wollen heutzutage immer weniger Menschen", weiß der Software-Fachmann Andreas Klug von Ityx.

Anrufen wollen immer weniger Menschen

Eine freundliche Meldeformel eines Mitarbeiters im Callcenter reiche schon lange nicht mehr aus, um die veränderten Erwartungen der Kunden zu bedienen. „Entscheidend ist doch, dass für achtzig Prozent

Freundliche Meldeformel eines Mitarbeiters im Callcenter reicht nicht mehr aus

der Verbraucherfragen im Moment der Kontaktaufnahme die richtigen Wissensinhalte zur Verfügung stehen. Und das unabhängig davon, ob ich eine Suche auf der Website des Anbieters durchführe, eine Mitteilung der E-Mail oder Facebook sende oder am Telefon eine Frage stelle", so Klug. Moderne Methoden der Mustererkennung und Künstlichen Intelligenz seien zuverlässig in der Lage zu antizipieren, was man als Kunde wünscht. „Viele Direktversicherer, Onlinehändler und Energieversorger setzen schon heute diese lernfähige Software ein", resümiert Klug. Internet, Künstliche Intelligenz und Expertenwissen – der Rest verschwindet vom Markt.

Entmaterialisierung: Aus der Kreditkarte wird eine App

„Big Data", „Mobile" und „Social" erfordern nach Auffassung von Karl-Heinz Land, Chief Evangelist & Senior Vice President Social iCommerce bei MicroStrategy, beschleunigen den radikalen Wandel des Marktes schon jetzt. Er umschreibt es mit „Zero Gravity Thinking". Derzeit erlebe man, wie aus dem Handy-Display der „First Screen" wird: „Das Smartphone begleitet uns durch den Alltag. Es ist morgens das Erste und abends das Letzte, was wir uns anschauen: E-Mails checken, auf Facebook und Twitter kommunizieren und natürlich auch telefonieren. Aus herkömmlichen Anwendungen werden jetzt Apps, die wir mobil abrufen. Alles wird aus der analogen Welt in die digitale Welt gezogen", so Land. Auch die Kreditkarte, die heute noch ein Stück Plastik sei, wird zur App. „Dadurch verliert sie all ihre physischen Limitierungen. Wenn ich jemandem meine Plastik-Kreditkarte gebe, dann hat er sie, dann habe ich sie nicht mehr. Wenn ich aber jemandem meine Software-Kreditkarte oder den Zugriff auf meine Software-Kreditkarte übertrage, dann verfüge ich trotzdem noch darüber. Die physikalischen Limitierungen eines Objektes verschwinden. Damit können ganz andere Funktionen bereitgestellt werden, an die man bislang noch gar nicht denkt", sagt Land im Interview für die Social Commerce-Studie von Mind Business.

Kreditkarte wird zur App

Verlust der physischen Präsenz

Das sei mit „Zero Gravity Thinking" gemeint: Ein Objekt verliere sämtliche physikalische Beschränkungen. Selbst die physische Präsenz sei nicht mehr entscheidend, wie man beim stationären Handel beobachten kann. Egal ob Walmart, Kmart oder Metro. „All diese großen Unternehmen haben in den vergangenen fünf Jahren Umsätze verloren – zwei, drei Prozent jährlich. Das ist noch nicht dramatisch. Gleichzeitig ist aber eine Firma wie Amazon entstanden, die jedes Jahr um 15, 20 oder 30 Prozent gewachsen ist und demnächst vor der 100 Milliarden Umsatzgrenze steht. Amazon hat Umsätze sozusagen ‚gehijackt', hat die Umsätze seiner Kunden von der realen, der physikalischen Welt übertragen in den Cyberspace", erläutert der Microstrategy-Manager.

Amazon wächst jedes Jahr um 15, 20 oder 30 Prozent

Wie ist das passiert? Der Kunde gehe einkaufen, sieht einen neuen Fernseher, scannt mit seinem Smartphone das Etikett und recherchiert, was der Fernseher anderswo kostet. In dieser Phase mache Amazon in den USA lukrative Angebote. „Wenn du diesen Fernseher woanders billiger bekommst, schreiben wir dir 5 Euro gut. Oder der Kunde sieht, dass der Fernseher hier 30 Euro billiger ist. Oder es gibt eine bessere Bewertung für einen vergleichbaren Artikel – Stichwort ‚Social Recommendation'. Man vertraut dem Freund mehr als irgendeinem Verkäufer", so Land.

Am Black Friday seien die Verschiebungen im Einkauf sehr gut zu beobachten. „Das ist der Freitag nach Thanksgiving, an dem alle einkaufen gehen – quasi die Eröffnung der Weihnachtssaison. Im vergangenen Jahr wurden am Black Friday rund 32 Milliarden US-Dollar Umsatz gemacht. Das ist also einer der größten Shopping-Tage der USA. Verrückt ist: 2010 wurde ein Prozent des Umsatzes mobil gemacht. 2011 waren es schon 17,6 Prozent. Warum? Weil die Leute keine Lust mehr auf den Stress haben: Die Einkaufscenter sind voll und man bekommt keine Parkplätze. Und was macht der Käufer? Er bestellt online", weiß Land.

Die Menschen bevorzugen den Kauf im Internet

Online-Store statt Einkaufscenter

Das sei eine enorme Veränderung: Weg von der physikalischen Welt, vom realen Einkaufscenter, hin zum Online-Store, der die bessere Bewertung und in aller Regel den besseren Preis hat. „Das ist eine Macht, die der Kunde für sich ausnutzt. Er hat eine totale Transparenz über Preise, Lieferzeiten, Qualität und Bewertungen. Und seine Social Networks helfen ihm sogar noch, vernünftige Angebote und angemessene Preis-Leistungs-Verhältnisse zu finden."

Metro habe es über 15 Jahre hinweg versäumt, eine vernünftige Internetpräsenz zu entwickeln. „Dabei haben sie es am Anfang durchaus probiert. Das Ganze war aber nicht rentabel. Also wurde das Angebot aufgegeben. Dann kümmert man sich zehn Jahre nicht mehr darum und stellt nun fest: Der Kunde informiert sich online. Und wenn sich ein Kunde online informiert und Metro oder Saturn tauchen bei der Recherche nicht auf, dann kommt der Kunde auch gar nicht mehr in den Laden", konstatiert Land [2], der im Juli in Amsterdam beim iCommerce Summit seines Unternehmens die Trends im Social Marketing darstellen wird. Dazu zählt auch die Frage, wie man mit der Erlaubnis des Kunden auf den Social Graph zugreifen kann, um ihn nicht mehr mit irrelevanten Angeboten zu belästigen.

Marketing verwandelt sich immer mehr zum personalisiertem Service

Bei einem Otto-Katalog mit 2000 Seiten sei nur ein Bruchteil interessant. Warum sollte man noch einen halben Wald fällen und den enormen Logistikaufwand betreiben, wenn die Präferenzen des Kunden bekannt sind? Marketing würde sich immer stärker zum personalisierten Service wandeln. Das sollten auch Datenschützer im Hinterkopf behalten: „Privatsphäre und Service sind zwei Seiten derselben Medaille. Und der entscheidende Faktor, ob der Kunde seine Daten freigibt, ist Vertrauen. Wenn eine Marke verspricht, durch den Datenzugriff mehr Servicecharakter in ihre Anwendung zu bringen, hat der Kunde weniger Bedenken. Das ist eine Geschichte, die sich einspielen wird", resümiert Land. „Die Auswertung des gigantischen Datenvolumens, die Mustererkennung und das Antizipieren von Kundenwünschen über Software-Systeme mit Künstlicher Intelligenz – das alles entwickelt sich zur Königsdisziplin der vernetzten Service-Ökonomie", betont Andreas Klug von Ityx.

Literatur

[1] http://www.customerexperienceexchange.com/Event.aspx?id=599556

[2] http://www.microstrategy.com/training-events/events/smics/

Literaturempfehlungen

Dueck, G.: AUFBRECHEN!: Warum wir eine Exzellenzgesellschaft werden müssen. – Eichhorn-Verlag, 1. Aufl., 2010.

Stöcker, Chr.: Nerd Attack!: Eine Geschichte der digitalen Welt vom C64 bis zu Twitter und Facebook. – Ein Spiegel-Buch, – Deutsche Verlags-Anstalt, 4. Aufl., 2011.

Münker, St.: Emergenz digitaler Öffentlichkeiten: Die Sozialen Medien im Web 2.0. – Suhrkamp Verlag, 2009.

Beckedahl, M.: Die digitale Gesellschaft: Netzpolitik, Bürgerrechte und die Machtfrage. – DTV, 2012.

Becker, L.: Informationsmanagement 2.0: Neue Geschäftsmodelle und Strategien für die Herausforderungen der digitalen Zukunft. – Symposion Publishing, 2012.

Von Gehlen, D.: Mashup: Lob der Kopie. – Suhrkamp Verlag, 2011.

Christensen, C. M., von den Eichen, St. F., Matzler, K.: The Innovators Dilemma: Warum etablierte Unternehmen den Wettbewerb um bahnbrechende Innovationen verlieren. – Verlag Vahlen, 2011.

Baecker, D.: Organisation und Störung: Aufsätze. – Suhrkamp Verlag, 2011.

Heuser, L.: Heinz' Life: Kleine Geschichte vom Kommen und Gehen des Computers. – Carl Hanser Verlag, 2010.

Brockman, J.: Wie hat das Internet Ihr Denken verändert?: Die führenden Köpfe unserer Zeit über das digitale Dasein. – Fischer Verlag, 2011.

Franck, G.: Ökonomie der Aufmerksamkeit: Ein Entwurf. – Carl Hanser Verlag, 10. Aufl., 1998.

Herbert, S.: Bin ich zu blöd? – Verlag Kiepenheuer & Witsch, 2009.

PRAXISBEISPIELE

6

Das Contact-Center eines Konzerns im Social Web

Anja Bonelli

6

Unsere Kommunikation hat sich innerhalb sehr kurzer Zeit durch einen technologischen aber auch soziologischen Sprung dramatisch verändert: Im Jahr 2011 nutzten allein in Deutschland 52 Millionen das Internet. Über zwanzig Millionen Menschen haben einen Facebook-Account, Accounts auf weiteren sozialen Plattformen wie XING, LinkedIn oder Google+.

17 Milliarden Euro wurden im vergangenen Jahr in Deutschland über das Internet ausgegeben, allein 400 Millionen davon über mobile Geräte wie Smartphones. Die Prognosen, dass Shops in sozialen Netzwerken mehr erwirtschaften könnten, als Amazon und eBay zusammen, sind ebenfalls nicht aus der Luft gegriffen, wenn man sich die aktuellen Verkaufszahlen eben jener neuen Gattung des Social Commerce anschaut.

17 Prozent stellen Servicefragen im Social Web

Nach und nach werden auch für den Kundenservice die sozialen Netze zunehmend bedeutsam: So ergab eine Umfrage von Toluna 2011, dass bereits jeder fünfte Deutsche (17 Prozent) mit einer Serviceanfrage über Facebook oder Twitter an ein Unternehmen herangetreten ist.

Ein internationaler Konzern mit intensivem Kundenkontakt steht nun vor neuen Herausforderungen – auf prozessualer wie inhaltlicher Ebene: Die Kommunikation zwischen Händler und Endkunde ist längst keine Einbahnstraße mehr und ein konvergenter Support über viele Kanäle in Echtzeit wird zur Pflicht. Kunden erwarten Präsenz auf demjenigen Kanal, der von ihnen gerade genutzt wird – egal ob offline oder online. Wer diese Erwartung erfüllt, wird durch höhere Verkaufszahlen belohnt.

Social Media im Callcenter integrieren

Um die Integration von Social Media in bestehende Support-Geschäftsprozesse sinnvoll möglich zu machen, ist eine Automatisierung notwendig. Oder wie sonst sollen fünf Milliarden geteilte Inhalte pro Woche wie Links, News, Blogs und Fotos sinnvoll durchsucht und bearbeitet werden? Bei den herkömmlichen Kommunikationskanälen wie Telefon und E-Mail gibt es im Contact-Center (CC) bereits etablierte Herangehensweisen und Systeme. Eingehende Anfragen werden dem Vorfall-Management-System übergeben, um sie so mit den internen Geschäftsprozessen zu verknüpfen. Diese etablierten Prozesse sollten auch für Anbindung des CC an die sozialen Netzwerke genutzt werden.

http://www.marketing-boerse.de/Experten/details/Anja-Bonelli

Monitoring und Support in einem System

Derzeit gibt es große Unterschiede in der Landschaft der angebotenen Tools: Im Social Web wird nicht nur ein einfaches Monitoring-Tool, sondern zusätzlich ein „Dialog-Tool" benötigt, welches erst ein echtes Gespräch mit dem Kunden ermöglicht. Dieses sollte im Wesentlichen drei Anforderungen erfüllen.

End-to-End-Lösung

Die Lösung ermöglicht es, den gesamten Social Media-Service-Prozess vom Monitoring bis zur Rückantwort ins soziale Netz zu steuern und effizient zu unterstützen.

Zielgenaue Erfassung von Meldungen und Kommentaren

Relevante Kommentare und Postings werden auch erkannt, wenn auf Produkte und Services nur indirekt eingegangen wird. Dafür reicht ein Keyword-Spotting nicht aus, erst ein mehrstufiges Verfahren bestehend aus robuster fehlertoleranter Suche, statistischer Klassifikation und semantischer Analyse macht dies möglich.

Nahtlose Integration in Contact-Center und Kundenservice

Die nahtlose Integration des Social Media-Kanals in die bestehenden Serviceprozesse und in das bestehende Contact-Center sollte Pflicht sein. Auch sollte die bestehende und tadellos funktionierende Infrastruktur nicht geändert werden. Durch bereits erprobte Schnittstellen wurde die Lösung einfach an bestehende Systeme wie das E-Mail-System und die Contact-Center-Lösung angebunden. Vorklassifizierte und kategorisierte Meldungen werden dann automatisch den entsprechenden bestehenden Geschäftsprozessen zugeordnet, beispielsweise dem technischen Kundendienst, der Abteilung für Rechnungswesen, dem Versand oder dem Marketing.

Der Agent bleibt in seinem System

Der automatisierte Rückkanal zum Kunden ist so konzipiert, dass der Agent sich für seine Antwort nicht in den jeweiligen Netzwerken und Foren anmelden muss, sondern weiter in seiner bestehenden Umgebung arbeitet.

Der Vorab-Test war entscheidend

Vor der Auswahl beschäftigte sich das Unternehmen als ersten Einstieg mit einer Trial-Version, um sich umfassend mit den Möglichkeiten und Grenzen zu beschäftigen. Dabei wurden auch Leistungsfähigkeit und -willen des Integrators getestet. Vor der Auswahl lohnt sich ein genauer Blick, denn ein Tool funktioniert ohne sauber aufgesetzte Routingregeln, Rechtekonzepte oder genügend Trainingsdaten für die semantische Erkennung nur halb so gut.

Quelle: Torsten Schwarz (Herausgeber): Praxistipps Digitaler Dialog. – 60 S., 2012.

ING-Diba punktet im Dialog via Facebook

6

Dirk Scholz

Unternehmen wollen den Erfolg kostspieliger Werbekampagnen direkt am Kunden beobachten: Wie kommt die Kampagne an? Was wird über das Produkt und das Unternehmen gedacht?

Sturm der Empörung gegen ING-Diba

Auch gute Kampagnen können heftige Diskussionen an unerwarteten Stellen nach sich ziehen. Exemplarisch war dies an der Werbung der ING-Diba mit Dirk Nowitzki zu sehen. Welt.de schrieb: „Empörend genug, um einen massiven Shitstorm loszutreten, dachten sich offenbar zahlreiche Nicht-Fleischesser in Deutschland und ließen ihre Wut auf der Facebook-Seite der ING-Diba ab. Unfassbar sei es auch, dass die Werbung Nowitzkis Körpergröße mit dem Verzehr von Fleischwaren in Verbindung bringe.“ Auf Twitter liest man Meinungen wie: „ich find's bezeichnend, dass sich Massen über die DiBA aufgeregt haben. Nicht wegen der Geldpolitik, sondern weil in der Werbung Wurst ist. Oo“ oder „Ich mag die Werbung mit der Wurst und Nowitzki!!!“

Mit Social Media Monitoring am Puls der Zeit

Unternehmen und Werbeagenturen können in so einem Fall mit Hilfe von Social Media Monitoring-Plattformen ihre Kampagnen im Netz in Echtzeit beobachten. Diese Tools benachrichtigen sofort darüber, wenn sie einen Meinungsumschwung oder „Traffic“ in den sozialen Netzwerken erkennen. Daraufhin kann das Unternehmen negativen Entwicklungen mit korrigierendem Inhalt entgegenwirken und so seine Marke und seinen Ruf schützen. Außerdem kann es umgehend auf Kundenkritik reagieren und somit die Zufriedenheit ihrer Kunden garantieren.

Meinungsbeobachtung nach Schlagworten

Es ist empfehlenswert, bereits im Vorfeld einer Kampagne das Meinungs-Monitoring zu beginnen. So lässt sich später der eigentliche Effekt der Kampagne besser bestimmen. Die Echtzeitbeobachtung funktioniert so: Auf der Monitoring-Website wird ein sogenannter Monitor für die ING-Diba angelegt. Die automatisierte Benachrichtigung bei Auftreten geballter Stimmungsbilder wird eingestellt. Schwellwerte und die Intervalle für Regelbenachrichtigungen werden bestimmt. Danach wird das Thema spezifiziert, hier heißt es „Werbekampagne – Dirk Nowitzki“. Auch die zu beobachtenden Medien wer-

http://www.marketing-boerse.de/Experten/details/Dirk-Scholz

den ausgewählt, im vorliegenden Fall Twitter und Facebook. Nun sollte etwas genauer hinterfragt werden: Was soll beobachtet werden, beziehungsweise welche Schlagworte stehen für das Unternehmen, das Produkt und die Kampagne? Im vorliegenden Beispiel werden Diba, Direktbank, Nowitzki und Wurst ausgewählt.

Stimmungsbild der Twittereinträge

Das Monitoring-Tool nimmt nun Verbindung zu den Medien auf. Bei Twitter wird eine Aufforderung an die Schnittstelle (API) gesendet, über jeden neuen Eintrag informiert zu werden, der ein Schlagwort enthält. Neue Einträge werden zunächst auf Sprache untersucht: Englische und deutsche Meldungen werden automatisiert an einen sogenannten Sentimentanalyse-Service geschickt. Dieser bewertet anhand von semantischen Regeln, Sentimentwörterbüchern und linguistischer Intelligenz den Stimmungsgehalt. Anschließend wird die Nachricht mit ihrem Stimmungsgewicht in einem Index abgelegt. Wenn der definierte Schwellwert erreicht oder das Zeitintervall abgelaufen ist, wird eine Nachricht per E-Mail oder SMS verschickt. Sie gibt Auskunft über die Anzahl der positiven, negativen und neutralen Meinungen innerhalb der Monitorperiode.

Echtzeitbeobachtung und visuelle Auswertung

Zur Beobachtung der Kampagne stehen unterschiedliche Werkzeuge bereit. Einerseits werden direkt im Monitoring-Tool statistische Daten angezeigt. Andererseits hilft ein Dashboard, die Daten visuell aufzubereiten. Die Social Media-Diskussion wird nach der Anzahl positiver, negativer und neutraler Meinungen ausgewertet, und zugleich werden diese Meinungen gesammelt dokumentiert.

„Wurst": Facebook-Meldungen im Sekundentakt

Im ING-Diba-Monitoring wurde das Schlagwort „Wurst“ erst ergänzt, nachdem wider Erwarten ungewöhnlich hohe Werte zu Einträgen mit stark negativer Tendenz verzeichnet wurden. Zur Hochzeit der Diskussion kamen aus Facebook im Sekundentakt neue Meldungen. Darüber hinaus waren ungewohnt viele Meldungen eindeutig einer Stimmung (negativ oder positiv) zuzuordnen. Die Verteilung negativ zu positiv im Verhältnis 70/30 verwunderte anfangs. Die zugehörigen Nachrichten zeigten, dass „Pro-Wurst“-Meinungen häufig als Antworten auf die „Contra-Wurst-Fraktion“ negativ formuliert – für das Unternehmen jedoch positiv waren.

Im Fokus der öffentlichen Meinung

Aus ING-Diba-Sicht ist es schade, dass eine witzige Werbeidee eine Diskussion weit entfernt vom eigentlichen Werbeziel ausgelöst hat. Es bleibt der Trost: Sie waren im Fokus der öffentlichen Meinung, der Name ING-Diba hat sich weiter eingeprägt.

Quelle: Torsten Schwarz (Herausgeber): Praxistipps Digitaler Dialog. – 60 S., 2012.

Volksbank bindet Kunden per Onlinebefragung

6

Sebrus Berchtenbreiter

Selten ist die langfristige Pflege persönlicher Kontakte so wichtig wie in der Bankenbranche. Eine Anpassung der Angebote an die individuellen Bedürfnisse und die aktuelle Lebenssituation der Kunden erfordert eine gute Kenntnis der Kundenerwartungen.

Richtig nachfassen nach dem Beratungsgespräch

Um eine einseitige Kommunikation zu verhindern und um mit den Kunden in einen echten Dialog zu treten, hat die Volksbank Oberberg eG beschlossen, Beratungsgespräche durch eine Onlineumfrage nachzufassen. So können die Kunden nicht nur Feedback geben, sondern auch Anschlusstermine vereinbaren.

Im ersten Schritt wurden Teilnehmer allgemeiner Beratungs- und Baufinanzierungsgespräche befragt – unabhängig davon, ob sie Interessenten oder bereits Kunden sind. Ziel der Kampagne war einerseits die Ableitung konkreter Maßnahmen, die die Gespräche und Kundenbeziehungen verbessern. Andererseits sollte der Kunde merken, dass die Bank Interesse zeigt und ihr eine kontinuierliche Optimierung der Beziehung wichtig ist.

Im persönlichen Gespräch Einwilligung einholen

Für die Befragung ausgewählt wurden drei Typen von Privatkunden, die kürzlich an einem Erst- oder Abschlussgespräch zur Baufinanzierung oder an einem allgemeinen Beratungsgespräch teilgenommen haben. Dazu holt der Berater noch während des Gesprächs die Erlaubnis zur Umfrageeinladung ein und trägt dann die Daten des Kunden in ein eigens programmiertes Webformular ein. Nach einer Stunde wird eine Einladungs-E-Mail generiert. Die E-Mail erläutert nochmals das Ziel der Umfrage (die Steigerung der Beratungsqualität) und informiert zur Umfragedauer (zehn Minuten) sowie zum Datenschutz.

Nimmt der Kunde nicht an der Umfrage teil, erhält er nach sieben Tagen eine Erinnerung, die inhaltlich der ersten E-Mail entspricht. In etwa sechzig kurzen Fragen wird der Kunde dann zum Beispiel gefragt, wie er zur Volksbank gekommen ist oder wie er die Gesprächsatmosphäre und die Beratung bewertet. Darüber hinaus gibt es Fragen zur Qualität der Angebote nach der Beratung, ob der Wunsch nach einem Folgetermin besteht sowie allgemeine Fragen zu Alter und Beruf des Kunden.

Hohe Beteiligungsquote und verwertbare Ergebnisse

Weit mehr als die Hälfte der Empfänger haben an der Umfrage teilgenommen: Die Ausschöpfungsquote lag bei 61 Prozent. Insgesamt haben über neunzig Prozent der Umfrageteilnehmer eine sehr hohe oder hohe Zufriedenheit mit den Beratungsgesprächen und den Beratern signalisiert. Über 95 Prozent würden die Volksbank weiterempfehlen. Die Informationen während des Gesprächs und auch die nachfolgenden Angebote wurden als hilfreich und verständlich bewertet. In offenen Fragen wurden Verbesserungsvorschläge zur Beratung und den Produkten der Volksbank Oberberg abgefragt. Hier wurden konkrete Anregungen gemacht, wie die Volksbank ihre Prozesse verbessern kann, beispielsweise die Schnelligkeit der Auszahlungen.

Aus einem Gespräch wird ein langfristiger Dialog

Etwa die Hälfte der Teilnehmer hat direkt im Beratungsgespräch einen Folgetermin vereinbart. Weitere zwanzig Prozent der Befragten haben über die Umfrage um einen erneuten Beratungstermin gebeten. Die Volksbank Oberberg hat demzufolge über eine gezielte Nachfrage per E-Mail weitere Gesprächsmöglichkeiten geschaffen. Bedenkt man, dass etwa ein Drittel der Befragten noch keine Volksbankkunden waren, so hat die Bank durch die erneute Kontaktaufnahme nicht nur die Kundenbedürfnisse erfahren, sondern auch neue Kunden gewonnen.

Der Kanal E-Mail ist hierfür optimal: Für den Kunden schneller, günstiger und bedeutend einfacher als eine Antwort per Brief, ist die Beteiligungsquote erwartungsgemäß hoch. Die Befragung und Auswertung ist für die Bank günstig und unkompliziert und hat hohe Signalwirkung. Denn wichtig ist für den Kunden vor allem eins: ernst genommen zu werden.

Onlinedialog bei Versicherungen, Reisebüros und Autohäusern

Onlinebefragungen zur Erkenntnisgewinnung und Kundenbindung zu nutzen, ist nicht nur für Banken eine sinnvolle Sache. Viele Branchen können das persönliche Gespräch mit einer vorbereitenden oder nachfassenden E-Mail verbinden und zur Akquise oder Kundenbindung nutzen.

Dies gilt zum Beispiel für Versicherungen: Sie können vor dem Erstkontakt Informationen zur Lebenssituation des Gesprächspartners einholen oder nachher das Gespräch bewerten lassen beziehungsweise die Bereitschaft zu weiteren Terminen abfragen. Autohäuser können die Gespräche durch Onlinebefragungen nachbereiten und Reisebüros Beratungsgespräche ergänzen. Insgesamt ist der Prozess für alle Unternehmen nützlich, die ihre Kunden persönlich beraten, ob B2B-Kunden im Außendienst oder Konsumenten in der Filiale.

Quelle: Torsten Schwarz (Herausgeber): Praxistipps Digitaler Dialog. – 60 S., 2012.

Tablet-PCs revolutionieren CRM im Handel

6

Andreas Landgraf

Bislang herrschte die bizarre Situation, dass sich der stationäre Handel mit Customer-Relationship-Management (CRM) da am schwersten tat, wo es eigentlich zuhause sein sollte: am Point of Sale (POS). Dann, wenn der Kunde leibhaftig vor dem Verkäufer steht. Scoring-Modelle zur Verkaufsoptimierung gibt es an der Ladentheke kaum. Der Grund: ein extrem schwerfälliger und lückenhafter Datenaustausch zwischen CRM-Datenbank und POS.

Grundlage für CRM – ob Kundenclub, Bonusprogramm oder Bezahlsystem – ist, dass man jeden Kunden identifizieren und ihm eine individuelle Nummer zuweisen kann. So können seine Einkäufe, Retouren und andere umsatzrelevante Lebensäußerungen gesammelt und weiter verarbeitet werden.

Kundenbeziehungen am Ladentisch managen

Drei Minimalanforderungen an den Betrieb eines CRM-Systems am POS lauten: Die Daten erheben und in die Datenbank übermitteln, damit diese Kundennummer einen Namen und eine postalische oder elektronische Adresse bekommt. Artikel- und Preisdaten mit der Kundennummer an die Datenbank liefern, wenn der Kunde kauft. Individualisierte Angebote dann am POS verfügbar machen, wenn der Kunde gerade anwesend ist.

Der Status Quo: Schnittstellen fehlen

Das elektronische Gerät, das Artikelnummern und Preise kennt, ist die Kasse. Schnittstellen zu Kundenbindungssystemen fehlen jedoch oder sind nur mit hohem Aufwand zu bekommen. Das zweite Gerät, das in Frage kommt, ist das Kreditkartenterminal. Die Entwicklung individueller Schnittstellen hierfür beherrschen jedoch nur wenige Programmierer. Auch dieses Gerät kann Mitgliedsanträge auf Papier nicht ersetzen.

Intuitive Dateneingabe mit Tablet-PCs

Die aktuellen Tablets wie Apple iPad oder Samsung Galaxy Tab sind mit einer völlig anderen Anatomie auf dem Markt: Sie haben kaum Knöpfe und Kabel, sind frei beweglich und ihre Akkus halten mindestens einen Verkaufstag durch. Die Bedienung mit Zeige- und Wischgesten wird intuitiv richtig gemacht. Netzwerkverbindung holen sie sich per WLAN oder Mobilfunk. Sie können komplexe Formulare und detailreiche Bilder in sehr hoher Qualität anzeigen und mit der eingebauten Kamera Barcodes erfassen. Das Ausfallrisiko ist leicht in den Griff zu bekommen. Es ist nicht teuer, stets ein Ersatzgerät in der Schublade zu haben, und die „Installation" beschränkt sich auf das Herausnehmen und Einschalten des Ersatzgerätes.

Neben den Standardaufgaben sind folgende Anwendungen in Zukunft denkbar:

Zugriff auf Kundenhistorie erleichtert Beratung

Der Verkäufer greift bei Bedarf auf die komplette Kundenhistorie zu. Das Tablet zeigt zurückliegende Einkäufe sowohl in Listenform als auch mit Produktfotos an. So lässt sich im Computerladen leicht klären, welche Grafikkarte damals in den Kunden-PC eingebaut wurde. Oder im Baumarkt, welcher Blauton für den neuen Anstrich des Wohnzimmers angemischt wurde oder im Elektronikfachmarkt, welche Knopfzelle in die Digitalkamera des Kunden passt. Bei Garantiefällen muss der Kunde nicht mehr seinen Kassenbon mitbringen, eine elektronische Kopie davon wird einfach online abgerufen.

Sofortige Kontrolle über eingelöste E-Voucher

Gutscheine fälschungssicher mit Wasserzeichen und Hologramm auf Papier zu drucken und zu verschicken, ist aufwendig. Will man sie per E-Mail verschicken oder online bereitstellen, gibt es nur eine Lösung: Jeder Gutschein bekommt eine eindeutige Seriennummer. Ein Tablet fotografiert diese Nummer als Barcode von einem Ausdruck beziehungsweise vom Smartphone oder Tablet des Kunden ab und überprüft ihre Gültigkeit online im Zentralsystem. So wird zwar nicht sichergestellt, dass ausschließlich der berechtigte Empfänger den Gutschein einlösen kann. Aber er ist nur einmal einlösbar und der rechtmäßige Besitzer hat ihn als erster bekommen.

Bestellung nach Maß

Wenn man sich einen Maßanzug anfertigen lässt, werden Körpermaße erhoben sowie Artikelnummern von Stoffen, Form und Farbe der Knöpfe und besondere Verarbeitungshinweise. Mit dem Tablet prüft der Verkäufer alle Maßangaben auf Plausibilität, fragt die Verfügbarkeit der Materialien ab, kalkuliert die Lieferzeit und leitet die Bestellung sofort in die Fertigung weiter.

Zwei Nachteile der Tablets sind offensichtlich: Erstens müssen sie mechanisch vor Diebstahl gesichert werden. Zweitens müssen unberechtigte Zugriffe auf personenbezogene oder andere vertrauliche Daten sowie ihr Missbrauch verhindert werden. Diese altbekannten Standardthemen der IT-Sicherheit sind durch die richtige Kombination aus technischen und organisatorischen Maßnahmen zu regeln.

Quelle: Torsten Schwarz (Herausgeber): Praxistipps Digitaler Dialog. – 60 S., 2012.

HP Fotoservice nutzt Retargeting per E-Mail

6

Norbert Rom

Die meisten Websitebetreiber kennen das Problem, dass mehr als neunzig Prozent der Webseitenbesucher unbekannt sind. Anonym besuchen und verlassen diese die Homepage. Web-Controlling kann zwar viele Merkmale messen, nach Ende des Besuchs ist aber kein direkter Kontakt mehr möglich.

Nachfassen auf fremden Websites statt per E-Mail

Die einzige Technik, Besucher auch nach Verlassen der Website anzusprechen, ist Retargeting. Dabei werden Cookies gesetzt und auf Websites kooperierender Partner gezielt Banner geschaltet. Dort werden Erinnerungen an die zuvor angesehenen Produkte oder Angebote eingeblendet. Bisher gab es keine Möglichkeit aktiv und direkt mit den Besuchern der Onlineangebote in Kontakt zu gelangen. E-Mail-Kontakt war nur nach Registrierung oder Dateneingabe durch den Interessenten möglich.

Neue Retargeting-E-Mail-Lösungen identifizieren Webseitenbesucher und kontaktieren sie direkt per E-Mail. Technisch gesehen wird ein Skript auf der Webseite eingebaut, das markierte Rechner identifiziert und mit einer Permission-E-Mail-Datenbank abgleicht. Hier werden vorgefertigte E-Mail-Templates hinterlegt. Besucht nun ein markierter User eine Webseite und kann identifiziert werden, so löst dies automatisch den Versand der Erinnerungs-E-Mails aus.

Permission-Datenbank mit zwölf Millionen Teilnehmern

Das System beruht auf einer sehr großen Permission-Datenbank von zwölf Millionen registrierten Teilnehmern. Von allen E-Mail-Empfängern wurde im Vorfeld ein Einverständnis für die Speicherung und Nutzung der Daten eingeholt. Dem Erhalt von Werbebotschaften per E-Mail stimmten sie aktiv zu.

Adserver erkennt Besucher wieder

Bei der Einholung werden die Teilnehmer mit einem Cookie markiert und somit langfristig jederzeit auch im Internet identifizierbar. Ein sogenannter Adserver, ein Anzeigenverwaltungssystem, wird auf der eigenen Webseite eingebaut. Er liefert normalerweise Onlineanzeigen aus und misst dabei den Erfolg. In diesem Fall werden mithilfe des Adservers Personen auf einer Webseite wiedererkannt, weil ein Cookie auf ihrem PC installiert wurde, der eine Identifizierung zulässt. Die erkannten Besucher einer Webseite werden in den kommenden Tagen mit zusätzlichen Anreizen per E-Mail zum Kauf animiert.

http://www.marketing-boerse.de/Experten/details/Norbert-Rom

Versandhandel verbucht überragende Ergebnisse

Durch diese Retargeting-Lösung konnten im Weihnachtsgeschäft 2011/12 bereits viele Versandhändler in Deutschland neue Wandlungsrekorde im Online-Marketing verzeichnen. Die Wandlung von Besuchern zu Bestellern wurde massiv gesteigert. Dabei wurden in der Kampagne ausschließlich Personen kontaktiert, die zuvor auf der Website nach Angeboten gesucht hatten.

Die Betreiber der Websites kannten bisher nur Werbemaßnahmen, die ihnen große Reichweite oder eine gewisse Zielgruppe geboten haben. Ausschließlich aktuelle Interessenten zu kontaktieren, war eine völlig neue Möglichkeit. Streuverluste wurden um über 90 Prozent minimiert. Interessenten konnten wesentlich besser in Kunden umgewandelt werden.

Casestudy: HP Fotoservice im Weihnachtsgeschäft 2011/12

Myprinting.de ist der Fotoservice für „snapfish by HP". Snapfish ist einer der führenden Online-Fotoservices mit über 95 Millionen Mitgliedern und einer Milliarde gespeicherter Online-Fotos. Die Mitglieder können ihre Fotos für andere freigeben, speichern und Abzüge bestellen. Ebenso können Poster ausgedruckt und Fotogeschenkartikel bestellt werden. Für die Webseite von myprinting.de wurden in der Vorweihnachtszeit Google-Textanzeigen und grafische Bannerwerbung platziert. Dadurch kamen in sechs Wochen insgesamt 400.000 Personen auf die Webseite.

Retarget per E-Mail

Von diesen neuen Interessenten hatten in der Vergangenheit nur 1,1 Prozent eine Bestellung innerhalb von vier Wochen ausgelöst. Erstmals wurde Retargeting als Nachfassaktion mittels E-Mail genutzt. Dabei konnten von den 400.000 Besuchern 76.525 Interessenten kontaktiert werden. 24 Stunden nach dem Besuch auf der Webseite erhielten die Interessenten einen Gutschein via E-Mail. Nach 72 Stunden sowie nach weiteren sieben Tagen wurde der gleiche Personenkreis nochmals mit einer Rabatt-Aktion beworben.

Von 1,1 auf 20 Prozent Wandlungsquote bei Bestellungen

Insgesamt kamen so 223.452 Sendungen zustande. Durchschnittlich hat jeder identifizierte Besucher 2,9 E-Mails erhalten. Die Nachfassaktion löste 15.601 Bestellungen aus. Das entspricht einer Wandlungsquote von 20 Prozent. Jeder fünfte Interessent, der auf diese Weise kontaktiert wurde, hat innerhalb von vier Wochen eine Bestellung abgeschlossen. Die Betreiber von myprinting.de sprechen von der effizientesten Onlinekampagne, die sie jemals umgesetzt haben und sind begeistert von der hohen Wandlungsrate von Besuchern zu Käufern. Effizienz und Besucherzahlen konnten bei niedrigeren Kosten erhöht werden.

Quelle: Torsten Schwarz (Herausgeber): Praxistipps Digitaler Dialog. – 60 S., 2012.

Versicherer fassen nach mit E-Mail und Display

6

Sebastian Fleischmann

Die Konkurrenz im Onlinehandel ist groß. Kaum ein Unternehmen, das im Onlinegeschäft Geld verdient, kann es sich leisten, Interessenten und Kunden, welche die Webseite besuchten, nicht erneut anzusprechen bevor sein Wettbewerber es tut.

Bei halb ausgefüllten Anträgen nachfragen

Oft füllt jemand online eine Anmeldung für eine Versicherungspolice aus, bricht jedoch auf halbem Weg den Prozess ab. Dann existieren für den Versicherer eine Reihe von Kanälen, um den Dialog mit dem Kunden wieder aufzunehmen: Er kann etwa den direkten Kontakt über E-Mail, Mobile, Social oder das Internet suchen, um Hilfe beim Abschluss des Kaufvorgangs anzubieten.

Ein weiteres Element im Marketing-Mix ist Display-Relationship-Retargeting, um auch nach Abbruch eines Kaufvorgangs für den Konsumenten sichtbar zu bleiben. Mit Anzeigen auf Partner-Websites wird an ein Thema erinnert, an dem der Kunde in dem Moment auch ein echtes Interesse hat.

Kundendialog fortsetzen via Display

Mit Retargeting via Display kann das Unternehmen den Konsumenten mit personalisierten Werbebotschaften ansprechen. Der Webseitenbesucher, der sich über ein bestimmtes Produkt informiert, dann aber die Seite ohne einen Kauf verlässt, kann nun erneut anderswo mit Werbebotschaften erreicht werden.

Beispielsweise kann die Versicherung aus dem oben genannten Beispiel die im Warenkorb zurückgelassene Police einblenden oder andere Angebote präsentieren. Anstatt nach dem Gießkannenprinzip Display-Werbung zu schalten und auf Erfolg zu hoffen, kann das Unternehmen genau die Nutzer mit Display-Werbung ansprechen, die bereits Interesse gezeigt haben. Der bestehende Dialog wird auf einem anderen Kanal weitergeführt und somit die Chance auf Konversion entschieden erhöht.

Die richtige Anzeige im richtigen Moment auf dem richtigen Kanal

Damit die kanalübergreifende Kommunikationsstrategie möglich ist, bedarf es der Integration der Marketingmaßnahmen in eine CRM-Lösung. Bei der Auswahl der Technologie sollten Unternehmen besonders darauf achten, dass die Lösung mit den großen Werbenetzwerken wie DoubleClick zusammenarbeitet.

http://www.marketing-boerse.de/Experten/details/Sebastian-Fleischmann

Mit den neuen Möglichkeiten der Display-Werbung lassen sich Anzeigen zeitlich optimiert genau im Aufmerksamkeitsbereich des Kunden schalten. Obwohl mit Display die zielgerichtete Ansprache einzelner Kunden möglich ist, ist es für den Versicherer nicht der einzige Retargeting-Kanal. Ein Kunde kann etwa seit längerem über verschiedene Touchpoints mit einem Unternehmen in Kontakt stehen. Dann gibt er doch seinen Warenkorb auf und reagiert auch nicht auf Display-Werbung. Er muss jedoch nicht zwangsläufig aus dem Kundenlebenszyklus fallen.

Display oder E-Mail je nach Nutzerprofil

Das Marketing analysiert vielmehr, warum der Nutzer seinen Abschluss abbricht. Dies kann Aktionen in verschiedenen interaktiven Kanälen nach sich ziehen, möglicherweise via Display oder aber per E-Mail. Die automatisierte Analyse hilft dem Unternehmen zu verstehen, welche Gruppen am besten auf Display-Werbung reagieren und wie dies den Verkaufsprozess vorantreiben kann.

Dies bedeutet, dass beispielsweise manchen Versicherungsklassen direkt nach dem Abbruch einer Police Display-Anzeigen eingeblendet werden, anderen nach einigen Tagen eine E-Mail-Erinnerung geschickt wird. Was die beste Maßnahme ist, hängt von den verschiedenen Profilgruppen ab. Marketingverantwortliche müssen also eine Strategie entwickeln, die sowohl ihr Geschäftsmodell als auch die individuellen Charakteristika ihrer Zielgruppe widerspiegelt.

Nutzung des Display-Kanals für Relationship-Marketing

Damit Display zum Dialog mit dem Konsumenten beiträgt, müssen Kanäle und Botschaften als Ganzes harmonieren. Der Versicherer wird also je nach Fall den Nutzer, der den Abschluss abgebrochen hat, sowohl via E-Mail als auch über Display ansprechen. Zunächst könnte er dem Kunden eine direkte E-Mail mit dem Hinweis schicken, dass die Police nur zur Hälfte ausgefüllt sei und ihm Unterstützung durch das Callcenter anbieten. Zeitgleich geschaltete Display-Werbung mit personalisierten Botschaften ruft den Versicherer und seine Police wieder ins Gedächtnis. Der Kunde bleibt im Lebenszyklus.

Digitale Kommunikation entlang der zentralen interaktiven Kanäle

Wer auf das Verhalten des Nutzers reagiert und ihm zeigt, dass er verstanden wird, kann noch besser mit seinem Kunden auf verschiedenen Kanälen kommunizieren. So wird selbst Display-Werbung – traditionell eher eine Akquise-Maßnahme – zur Aufrechterhaltung des Dialogs genutzt.

Quelle: Torsten Schwarz (Herausgeber): Praxistipps Digitaler Dialog. – 60 S., 2012.

Trendy Fashion im optimierten Onlinegewand

Karl-Heinz Maier

6

Mode und Beauty sind schnelllebige Branchen. Das führende britische Modehaus AllSaints und Großbritanniens größter unabhängiger Onlinehändler für Mode ASOS müssen rund um die Uhr mit dieser Geschwindigkeit Schritt halten. Beide Unternehmen suchten daher nach einer Lösung für die Neukundengewinnung, Umsatzsteigerung und die optimale Präsentation der Marken in einzelnen Ländern.

Welche Kampagne kam bei welchen Zielgruppen gut an?

AllSaints setzte zeitgleich mehrere Marketingkampagnen zur Promotion neuer Kollektionen und beliebter Modelinien auf. Das Modeunternehmen musste zwischen erfolgreichen und weniger erfolgreichen Kampagnen unterscheiden und vor allem die Performance-Unterschiede verstehen. Auch für den großen Onlinehändler ASOS stehen die Bedürfnisse seiner Konsumenten in jedem einzelnen Markt an erster Stelle.

Die beiden Unternehmen fragten sich immer häufiger: Welche Kampagnen eignen sich am besten, um Neukunden zu gewinnen? Welche sorgen für den höchsten Umsatz und wie können Kunden stärker an die Marke gebunden werden?

In jedem Land andere Erwartungen der Kunden

Je nach Land unterscheiden sich die Anforderungen und Eigenheiten des Zielpublikums. Das Surf- und Kaufverhalten ist nirgends gleich. Daher schöpft eine übergeordnete Dotcom-Seite längst nicht alle Potenziale aus. Landesspezifische Webseiten können den Umsatz noch weiter steigern. ASOS setzt schon länger auf lokale Sprachversionen der Seite, um Verbrauchern eine Marke zu bieten, die auf ihre kulturellen und regionalen Bedürfnisse zugeschnitten ist.

Eine besondere Anforderung von AllSaints war es, zusätzliche Präsenzen für einzelne europäische Länder und den US-amerikanischen Markt aufzubauen, ohne den sensiblen Umgang der Marke mit seinem britischen Heimatmarkt zu verlieren. Kampagnen sind für AllSaints ein wichtiges Mittel, um Interessenten auf die Webseite zu locken.

Das Erlebnis auf den Webseiten entscheidet darüber, ob aus einem Interessenten ein Kunde wird. Verfehlt die Kampagne dieses Ziel, wird es keine Modemarke schaffen den Besucher zufrieden zu stellen, zum Kauf zu motivieren und das Marketingbudget ist verpufft. Daher ist es für AllSaints entscheidend zu wissen, welche Teile der Website einen bestärkenden oder auch negativen Einfluss auf den Entscheidungsprozess haben. Auf dieser Basis kann das Unternehmen die Sites verbessern.

Verhalten von Zielgruppen vorab testen

Bevor der Onlineauftritt optimiert werden konnte, wurden einige Tests während und außerhalb der Promotion-Phasen durchgeführt. Das Ergebnis zeigte, dass sich die Besucher in den jeweiligen Zeiträumen unterschiedlich verhalten und auch auf Warenverfügbarkeit und Preise unterschiedlich reagieren. Aufgrund dieser Erkenntnisse wurden Testing und Targeting als Best Practice eingeführt und ressourcenschonend als Managed Service nach außen vergeben.

Auch ASOS erhält Einblicke in seine Onlinekundendaten und kann die verschiedenen Webshopseiten beleuchten und kontrollieren. Das Team ist in der Lage, die Webseiten-Interaktion leicht zu analysieren. So filtert es die Quellen und Kampagnen heraus, bei denen die höchste Konversionsrate zu erwarten ist. Key Performance Indicators (KPIs) für verschiedene Seiten können schnell gegenübergestellt und verglichen werden oder in Form eines „Rollups" als Ganzes eingesehen werden.

Benutzersegmente, die einem bestimmten Kriterium entsprechen, können jetzt noch detailgenauer erstellt und analysiert werden: Beispielsweise können alle Besucher herausgefiltert werden, die sich für das Beziehen der neuesten Style-News oder den Kauf von Trend-Produkten anmelden.

Arbeitszeit gespart und Umsatz um sechs Prozent gesteigert

AllSaints konnte in Großbritannien in den ersten vier Wochen nach Umsetzung der Neuerungen bis zu vier Prozent mehr Umsatz generieren, in den USA sogar 6,75 Prozent. AllSaints erkennt auch, welche Kampagnen die Umsätze steigern und welche Maßnahmen in welcher Region funktionieren. Seitdem versteht die Marke die regionalen Unterschiede. Die Website spiegelt nun die Marke und ihre Werte wider, so dass das Modelabel diesen Trend zur Kundenorientierung im Netz weiterhin verfolgen wird.

ASOS konnte seine Web- und Kampagnen-Reportings auf Basis von KPIs massiv vereinfachen, seit die Mitarbeiter erweiterte Optionen für die Datenabfrage nutzen: Sie bekommen wichtige Analytics-Daten direkt in ihr Excel-Dashboard geliefert, welches sekundenschnell aktualisiert werden kann. In einigen Teams kann so wöchentlich ein ganzer Arbeitstag gewonnen werden.

Quelle: Torsten Schwarz (Herausgeber): Praxistipps Digitaler Dialog. – 60 S., 2012.

Neue Kunden gewinnen in Industrie und IT

Michael Breyer

6

Die Weg zum Kaufabschluss (Customer Journey) verläuft im B2B-Geschäft weniger linear als im B2C-Bereich. Anschaffungs- und Kaufentscheidungsprozesse im Investitionsgüterbereich sind sehr komplex. In der Regel sind hier mehrere Personen mit unterschiedlichem Einfluss an einer Investitionsentscheidung beteiligt. Ein Phasenmodell oder gar eine Blaupause, die für die verschiedenen Branchensegmente Gültigkeit beanspruchen könnte, gibt es nicht. Umso differenzierter muss auf die potenziell interessierten Entscheider eingegangen werden.

Geschäftskunden online und offline bis zum Abschluss begleiten

Lead-Relationship-Management (LRM) bezeichnet die systematische Gestaltung der Kommunikation zu Kunden beziehungsweise potenziellen Kunden, analog zum Customer-Relationship-Management (CRM). Allerdings werden beim LRM alle in den Entscheidungsprozess eingebundenen Personen direkt kontaktiert.

Entsprechend dem jeweiligen Stand ihres Investitionsinteresses werden sie mit individuellen Informations- und Serviceangeboten versorgt. LRM umfasst den Prozess von der Generierung der Leads bis zur konkreten Anbahnung des Kaufabschlusses – Marketing und Sales arbeiten Hand in Hand.

Für die Lead-Generierung werden aus einem vorhandenen Datenbestand geeignete Adressaten selektiert. Dabei gilt: Ein eigener Datenpool ist die Grundvoraussetzung für eine dem Kampagnenziel angepasste Filterung und Anreicherung der Daten.

Potenzielle Neukunden für Softwareanbieter auswählen

Für einen Kampagnenkunden aus dem Bereich ERP-Software (Enterprise Resource Planning) kamen nur Adressaten mit folgenden Kriterien in Frage: Unternehmensgröße von 20 bis 500 Mitarbeiter, Investitionsabsicht innerhalb der nächsten 24 Monate sowie Business- oder IT-Entscheiderfunktion innerhalb des Unternehmens. Durch die Selektion aus einem mehr als zwei Millionen B2B-Kontakte umfassenden Datenpool wurde sichergestellt, dass die Zielgruppe diesen Kriterien entsprach.

Interesse wecken durch relevantes Whitepaper

Die ermittelten Kontakte erhielten eine E-Mail mit dem kostenlosen „Director's Brief ERP: Kunden erwarten besseren Service im Außendienst" – ein themenrelevantes, von

http://www.marketing-boerse.de/Experten/details/Michael-Breyer

spezialisierten Redakteuren erstelltes Whitepaper. Interessenten folgten dem Link zu einer individualisierten Landing-Page, auf der sie das Whitepaper herunterladen konnten. Im Gegenzug willigten sie per Registrierung ein, von dem Software-Hersteller kontaktiert zu werden.

Durch renommierten Absender zwei Prozent Konversionsrate

Um möglichst hohe Öffnungsraten und Zugriffszahlen auf die Landing-Page zu erzielen, erfolgte die Kontaktaufnahme zur IT-affinen Zielgruppe durch die CeBIT. Die renommierte IT-Fachmesse fungierte als seriöser Absender des Mailings und stellte das Serviceangebot in einen fachlich relevanten Kontext. Das führte zu einer weit überdurchschnittlichen Konversionsrate von fast zwei Prozent.

Die Leads werden nun klassifiziert, das heißt, je nach Fortschritt des Investitionsinteresses als unterschiedlich bedeutsam eingestuft und segmentiert, also in verschiedene Empfängergruppen eingeteilt. Die weitere Ansprache der Interessenten kann so exakt auf berufliche Funktion, Interesse und Kaufabsicht zugeschnitten werden. Trotz der automatisierten Kommunikation wird ein Höchstmaß an Individualität im Dialog erzielt.

Auslandsinvestoren selektiert einladen

So auch im zweiten Fallbeispiel: Ein Kunde veranstaltete ein exklusives Networking-Event, bei dem Top-Entscheider für Investitionen an einem Wirtschaftsstandort im Ausland gewonnen werden sollten. Für dieses Event sollten Terminzusagen generiert werden. Die Zielgruppenselektion und Erstansprache folgten dem oben skizzierten Muster, was die Streuverluste von Anfang an minimierte. Die Adressaten erhielten ein Fact Sheet „Business Facts" zu dem entsprechenden Standort als Downloadangebot sowie hochwertig aufbereitete Informationen zum Event.

E-Mail, Callcenter und Brief kombinieren

Bereits auf der Landing-Page wurden die Interessenten durch Fragen nach Höhe des Budgets und Zeitraum der angestrebten Investition qualifiziert. Von Interesse waren nur Entscheider, die bereits ein konkretes Investitionsinteresse hatten. Die qualifizierten Leads wurden zur Terminbestätigung auch durch das eigene Callcenter kontaktiert.

Innerhalb der zur Verfügung stehenden zwei Wochen konnten insgesamt knapp hundert Anmeldungen von Entscheidern mit realem Investitionsinteresse generiert werden. Die „no-show"-Rate wurde durch Erinnerungsmailings und Zusenden weiterer Informationen per Post auf ein Mindestmaß reduziert. Das Event selbst wurde vom Kunden als absoluter Erfolg eingestuft.

Quelle: Torsten Schwarz (Herausgeber): Praxistipps Digitaler Dialog. – 60 S., 2012.

Nutrilife expandiert international via E-Mail

Thomas Vetter

6

Die Branche für Nahrungsergänzungsmittel boomt, denn jeder möchte gesund, fit und vital sein. Dementsprechend wachsen die Umsätze. Italien und Deutschland bilden derzeit die größten Märkte für Nahrungsergänzungsmittel in der Europäischen Union. Das Umsatzvolumen dieser beiden Länder wird auf über sechs Milliarden Euro geschätzt. Besonders schnell entwickelt sich die Nachfrage in den osteuropäischen EU-Mitgliedsstaaten.

Nutrilife startete seine Aktivitäten 2001 in Frankreich mit einem Onlineshop und zählt mittlerweile zu den führenden Anbietern in Europa. Die Erschließung neuer Märkte durch internationale Expansion bildet eine wichtige Säule der Wachstumsstrategie. Zu den wichtigsten Marketing- und Vertriebsinstrumenten zählt länderübergreifend die E-Mail.

Nahrungsergänzungsmittel – ein schneller Markt

Den Nahrungsergänzungsmittel-Markt abzubilden, ist schwierig: Die Gunst der Konsumenten ist den Moden und Trends in der Yellow Press unterworfen und es werden immer wieder neue Artikel entwickelt. Die Anforderungen der Kunden an die Produkte ändern sich teilweise rasant – Marketing und Vertrieb müssen darauf reagieren. Mit E-Mail-Marketing setzt Nutrilife seit zwei Jahren konsequent auf die möglichst exakte Ausrichtung der Kommunikation auf die Kundenbedürfnisse.

Markteintritt mit E-Mail-Marketing

Wenn ein neuer Zielmarkt erschlossen wird, wird zunächst eine länderspezifische Vertriebs- und Kommunikationsstrategie entwickelt. Eine Herausforderung ist fast immer die gleiche: Geeignete E-Mail-Verteiler zur Anmietung zu identifizieren, um initiale Tests durchzuführen. E-Mail-Marketing ist die geeignetste Methode, um schnell zu testen, welche Maßnahme die Kundenbedürfnisse am besten trifft. Mit Verteilern von 100.000 - 400.000 E-Mail-Kontakten werden ausgedehnte Testszenarien durchgespielt. Diese ermitteln die Produktvorlieben der Kunden.

Interessentengenerierung mit Co-Sponsoring

Wurden die Testszenarien erfolgreich durchlaufen, steht dem sukzessiven Ausbau des eigenen E-Mail-Verteilers nichts mehr im Wege. Bei der Generierung der Interessentendaten setzt Nutrilife länderübergreifend auf Co-Sponsoring: Nutrilife als

http://www.marketing-boerse.de/Experten/details/Thomas-Vetter

Sponsor erhält die Daten aus Umfragen, Content-Portalen und Gewinnspielen. Sobald ein Teilnehmer einer solchen Aktion seine E-Mail-Adresse und weitere Daten eingegeben hat, gehen diese sofort an Nutrilife. Zielgruppenspezifische Vorselektionen sind zu diesem Zeitpunkt nicht nötig, da das riesige Produktportfolio für jeden potenziellen Kunden das passende Produkt bereithält.

Im Co-Sponsoring arbeitet Nutrilife mit den etablierten Anbietern von Datengewinnung zusammen. So können binnen weniger Monate in den wichtigsten für den E-Commerce relevanten Ländern Interessentenbestände von mehreren 100.000 Datensätzen aufgebaut werden.

Aus der Begrüßungsmail Scoring-Werte ermitteln

In den Ländern, in denen Nutrilife bereits erfolgreich tätig ist, sammelt das Unternehmen Erfahrungen durch aktivitätsbasierte Scoring-Modelle und Segmentierungsmethoden. Mit ihrer Hilfe werden die Begrüßungsmails konzipiert, die bei einem Markteintritt zur Bedarfserzeugung verschickt werden. Aus dem Klickverhalten wird ein Scoring-Wert ermittelt.

Die Betreffzeile der Begrüßungskampagne ist an den landessprachlichen Gegebenheiten ausgerichtet. Sie ist meist die einzige Variable, die noch getestet wird. Kommunikativer Aufhänger ist fast ausschließlich der direkte Produktnutzen. Als Incentive dient ein Gutschein oder ein Neukundenbonus in Form von Gratisproben.

Kundenbindung durch Cross-Selling per E-Mail

Der Nahrungsergänzungsmittel-Sektor bietet enormes Cross-Selling-Potenzial, da viele Produkte in Kombination mit anderen Produkten synergetisch wirken. Voraussetzung für Cross-Selling-Maßnahmen per E-Mail ist, dass der Kunde ein solides Maß an Vertrauen in die Produkte hat. Dies erhöht die Wahrscheinlichkeit für einen Kauf immens. Gerade bei Nahrungsergänzungsmitteln spielt das Vertrauen in die Artikel und ihre Wirksamkeit eine entscheidende Rolle.

Die E-Mail-Kampagnen bei der Bestandskundenpflege orientieren sich an den Kaufgewohnheiten, am „Lebenszyklus" der Produkte, an saisonalen Aspekten, aber auch an der Verfügbarkeit der Endprodukte und an den zur Herstellung notwendigen Rohstoffen.

Erfolg im internationalen Onlinehandel dank E-Mail-Marketing

Erfolgreiche Onlinehändler können innerhalb weniger Jahre in vielen ausländischen Märkten aktiv sein. Denn die Internationalisierung des Onlineshops ist in Zeiten des globalen E-Commerce ein relativ kostengünstiger und risikoarmer Weg, international zu expandieren. Die Möglichkeiten der direkten Kundenansprache via E-Mail bilden die Basis einer effektiven Markteintrittsstrategie.

Quelle: Torsten Schwarz (Herausgeber): Praxistipps Digitaler Dialog. – 60 S., 2012.

Data-Mining hebt den B2B-Datenschatz

René Rose

6

Datenqualität bestimmt heute den Unternehmenserfolg entscheidend mit. Während Großunternehmen längst selbstverständlich mit Data-Mining arbeiten, ist das Thema für den Mittelstand noch relativ neu. Insgesamt sind die verfügbaren B2B-Adressen in Deutschland jährlich von etwa einer Million Veränderungen durch Umzüge, Umfirmierungen, Insolvenzen, Löschungen, Neueintragungen und Geschäftsführungswechsel betroffen. In der Regel sind zehn bis dreißig Prozent der Datensätze eines Unternehmens fehlerhaft. Eine für Vertrieb und Marketing unbefriedigende Situation, da erhebliche Streuverluste auftreten. Dabei lässt sich eine Datenbank schnell und effizient verbessern.

Den eigenen Datenbestand mit Referenzdatenbanken abgleichen

Zunächst erfolgt eine Analyse: Die Datenbank wird maschinell auf Stärken und Schwächen geprüft, die grundsätzliche Qualität der Daten wird offenbar. Adressspezialisten gleichen den Datenbestand mit großen Referenzdatenbanken ab, mehrere Referenzdatenbanken erhöhen den Deckungsgrad. Im B2B-Bereich sind solche Abgleiche gegen die Daten von Wirtschaftsauskunfteien, Handels- und Gewerberegistern einfach und effizient möglich.

Armaturen-Hersteller informiert zielgruppenspezifisch

Das hier vorgestellte Unternehmen ist ein Hersteller von Armaturen. Es verfügt über mehrere zehntausend Datensätze. Aktuell werden alle mit einem E-Mail-Newsletter angesprochen und erhalten zudem einen Katalog per Post. Der Hersteller möchte zukünftig seine Informationen zielgerichteter verbreiten.

Für Großhändler soll es einen neuen Katalog geben, Installateure bekommen technische Informationen, Architekten und Planungsbüros erhalten die Neuheiten mit speziell auf sie zugeschnittenen Produktinformationen. Für Endkunden wird es Newsletter geben – Kataloge erhalten sie nur noch auf Anfrage. Die Pressevertreter in der Datenbank sollen zukünftig ausschließlich Medieninformationen erhalten, die journalistischen Standards entsprechen.

Statistisches Bundesamt liefert Branchenzugehörigkeit

Nach der Bereinigung werden die Datensätze zunächst mit offiziellen Branchen angereichert. Diese stammen aus der WZ-Statistik (WZ steht für Wirtschaftszweige), in der das Statistische Bundesamt jedem registrierten Unternehmen einen von mehr als 5.000 Branchencodes zuordnet. Der Armaturenhersteller erhält nach Branchen sortierte Dateien. Sein Vertrieb weiß nun, welche Adressen zur richtigen Kunden- und Interessentengruppe zugeordnet werden können.

Bonitätsanalyse minimiert Zahlungsausfall

Privatadressen wurden für die nächste Imagekampagne zusammengestellt. Weiterer Bonus: Aus B2B- und B2C-Adressen wurden jeweils diejenigen identifiziert, die eine risikoreiche Bonität aufweisen. Sie erhalten künftig keine Werbung mehr und Lieferungen erfolgen gegen Vorkasse. Die Analyse hat ergeben, dass der Datenbestand nur ein Drittel der in Deutschland registrierten Installationsbetriebe abdeckt. Für künftige Kampagnen wird er zusätzlich B2B-Kundendaten hinzumieten, die seine Reichweite optimieren.

Versandhändler konzentriert sich auf kleine Unternehmen

Ein B2B-Versender kauft seit fünf Jahren regelmäßig neue Postadressen von Unternehmen mit mehr als zehn Mitarbeitern für die Neukundenakquisition. Leider hat der Einkauf nicht auf hohe Datenqualität geachtet. So ergibt die Analyse seiner Daten, dass sechzig Prozent der im Datenbestand befindlichen Firmenkunden weniger als zehn Mitarbeiter beschäftigen. Das Unternehmen kauft zukünftig zielgerichtet Unternehmensdaten von potenziellen Neukunden und achtet bei Dateneinkauf auf hohe Datenqualität bei Adresse und Beschäftigtenangaben. Der Akquisitionserfolg wird gesteigert.

Finanzdienstleister ordnet hybride Daten

Ein Finanzdienstleister hat einen uneinheitlichen Hybrid-Kundenbestand aus B2B-Adressen verschiedener Branchen sowie B2C-Adressen unterschiedlichster Interessensbereiche. Nur teilweise liegt eine Einverständniserklärung für E-Mail-Werbung vor. Der Bundesdatenschutz schreibt inzwischen per Gesetz vor, dass B2C-Adressen personalisierte Postmailings nicht ohne Einverständniserklärung erhalten dürfen. Ziel des Data-Minings ist es, eventuelle Unternehmensadressen im als „privat“ gekennzeichneten Bestand zu identifizieren und umgekehrt. Die Hybrid-Datenbank wird gegen B2B-Datenbanken und auch gegen B2C-Datenbanken abgeglichen. Um den Mailingerfolg weiter zu steigern, mietet das Unternehmen bei neuen Werbeaktionen zusätzliche Adressen an, die zielgenau angesprochen werden.

Fazit: Verschenktes Potenzial durch fehlerhafte Daten

Eine Prüfung und Anreicherung von Beschäftigtenangaben, Branchenbezeichnungen, Umsatzangaben, Adressdaten, Bonität und Ausfallwahrscheinlichkeit ist heute auch für Mittelstandsunternehmen leicht möglich. Wer seine Kontakte dennoch mit Fehlern anschreibt, verschenkt nicht selten große Summen.

Quelle: Torsten Schwarz (Herausgeber): Praxistipps Digitaler Dialog. – 60 S., 2012.

Automatisiertes Marketing bei Visionapp

Reinhard Janning

6

Unvollständige Daten, komplizierte und „handgemachte" Abläufe, Unwissenheit ob E-Mails überhaupt gelesen werden: Mit ihren E-Mail-Marketingkampagnen stochern Unternehmen oft im Nebel. Marketing-Automation-Systeme bringen Klarheit – und mehr Kunden.

Visionapp ist ein Unternehmen der Allen Systems Group, Inc. und am Markt für Cloud Computing aktiv. Es bietet seit mehr als zehn Jahren Software und Dienstleistungen für private, öffentliche und gemischte Cloud Computing-Lösungen. Regelmäßig werden Roadshows veranstaltet. Sie dienen den Fachbesuchern und Interessenten als Plattform zum Austausch über die neuesten Trends im Cloud Computing, zur Wissenserweiterung und für persönliche Gespräche.

Erfolg der Roadshows messen und steigern

Das Problem: Zu den Roadshows meldeten sich jeweils nur fünf bis zehn Teilnehmer an. Diese Quote musste steigen. Außerdem sollte das Marketing-Management für die Roadshows verschlankt und vereinheitlicht werden. Das Unternehmen wollte zudem den Erfolg der Roadshows anhand konkreter Zahlen messbar machen.

Um das zu erreichen, hat Visionapp ein Marketing-Automation-System implementiert. Durch automatisiertes Marketing sollten Prozesse systematisiert und effizienter gestaltet werden. Das erste Projekt waren die Einladungen und Anmeldungen für die anstehende Roadshow.

Segmentierung der Kundengruppen

Als erstes kümmerte sich das Team um die Infrastruktur, sprich: Es führte eine Qualitätsprüfung der Kundendatenbank durch, um festzustellen, wie vollständig und einheitlich gestaltet die Kundenprofile waren. Im nächsten Schritt wurden die Datenbankeinträge nach Geschlecht, Sprache und anderen für die Veranstaltung relevanten Kriterien segmentiert und standardisiert. So war es möglich, einzelne Kundengruppen gezielt und korrekt anzusprechen – zwei wichtige Voraussetzungen für erfolgreiches Marketing.

http://www.marketing-boerse.de/Experten/details/Reinhard-Janning

Werbung auf Portalen – Anmeldung im eigenen System

Anschließend entwickelte das Team einen Programmablauf und integrierte externe Portale und Websites. Die Roadshow wurde auf allen wichtigen Veranstaltungswebsites beworben. Von dort wurden die Interessenten zur Anmeldung auf die Unternehmenswebseite weitergeleitet. Der Clou daran: Die Nutzer bemerkten nicht, dass sie das System oder die Umgebung wechselten.

Um Interessenten diesen reibungslosen Ablauf bieten zu können, wurde sichergestellt, dass die Daten unkompliziert zwischen den Systemen ausgetauscht werden konnten. Dies sorgte für einen nahtlosen Prozess vom ersten Klick bis zur tatsächlichen Anmeldung.

Relevante Ansprache je nach Interesse und Informationsstand

Schließlich wurde das Programm so eingerichtet, dass es den „digitalen Fußabdruck" von potenziellen Kunden ermittelte. Das heißt, dass Aktivitäten und Interaktionen der Nutzer verfolgt werden konnten. So ließen sich die einzelnen Kommunikationselemente genau auf die Interessen beziehungsweise den Kenntnisstand der Nutzer abstimmen.

Wenn also ein Interessent in der ersten E-Mail auf den Link zur Landing-Page geklickt hatte, bekam er automatisch eine weitere E-Mail: Sie enthielt nähere Informationen zu den Experten, die bei der Roadshow anwesend sein würden.

Allen anderen Interessenten schickte Visionapp eine automatische E-Mail, in der ihnen ein Nachlass auf die Teilnahmegebühr gewährt wurde, sofern sie sich kurzfristig noch anmeldeten. Ziel war es, die Interessenten nicht mit Werbung zu langweilen. Vielmehr sollten sie durch einen kontextrelevanten Dialog erfahren, wie sie von der Roadshow profitieren konnten und so zur Anmeldung motiviert werden.

Steigerung von Öffnungs- und Klickrate

Visionapp erzielte mit dem automatisierten Marketing hervorragende Ergebnisse: Weil die E-Mails eine höhere Relevanz aufwiesen, zum jeweils richtigen Zeitpunkt kamen, die Leser individuell ansprachen und an die richtige Zielgruppe gerichtet waren, stiegen ihre Öffnungsraten. Und zwar um zwanzig Prozent bei inaktiven Kontakten und um 47 Prozent bei aktiven und bereits interessierten potenziellen Kunden. Ebenfalls stieg die Klickrate, die Besucherzahl der Landing-Page sowie die Zahl der Downloads.

17 Mal mehr Anmeldungen

Das oberste Ziel aber – die Zahl der Anmeldungen zur Roadshow zu erhöhen – wurde mehr als erfüllt: Sie stieg von fünf bis zehn auf neunzig pro Show. Das war ein Zuwachs von bis zu 1.700 Prozent. Diese Zahlen belegen, dass automatisierte, gut durchdachte Programme die „weichen" Kennzahlen deutlich verbessern.

Quelle: Torsten Schwarz (Herausgeber): Praxistipps Digitaler Dialog. – 60 S., 2012.

Outdoorhändler nutzt Echtzeit-Kommunikation

Swen Krups

6

Die komplexe Marketinglandschaft stellt Werbetreibende vor allem vor zwei Herausforderungen: Zum einen müssen sie die Fülle an Daten, die heute gesammelt werden können, in ihre Online-Marketing-Strategie integrieren. Nur so können sie den Kunden enger an die Marke binden. Zum anderen sind dank Smartphones und Tablets viele Menschen heutzutage „always on(line)". Viele Kunden sind inzwischen den „Amazon-Stil" gewohnt: Sekunden nach dem Einkauf kommt eine Bestätigung. Dies geht soweit, dass sie andernfalls das Unternehmen kontaktieren und so die Ressourcen des Callcenters überlasten. Marketingverantwortliche müssen daher den passenden Inhalt auch zur rechten Zeit liefern.

Inhalt passt, Zeitpunkt passt: Echtzeit-E-Mails

Der Schlüssel dafür ist Realtime-Messaging (RTM). Mit RTM werden hochpersonalisierte E-Mails an einzelne Empfänger verschickt und mit Priorität ins Postfach zugestellt. Bestimmte Aktionen des Kunden oder Ereignisse lösen den Versand aus. Dadurch entsteht ein zeitnaher und relevanter Dialog. Studien belegen: Echtzeit-Nachrichten generieren einen neun Mal höheren Return-on-Invest (ROI) als die üblichen Massenmailings.

Kontoauszüge und Kaufbestätigungen

Realtime-Messages können Transaktions- oder ereignisbasierte Nachrichten sein. Transaktionsnachrichten sind beispielsweise Kontoauszüge, Kaufbestätigungen oder andere direkte Geschäftskontakte, die ein Kunde mit der Marke unterhält. Kaufbestätigungen werden üblicherweise sofort versendet, da Kunden sie so schnell wie möglich erhalten möchten. Kontoauszüge dagegen können monatlich oder wöchentlich ausgelöst werden.

Statusberichte und Geburtstagsgrüße

Ereignisbasierte (sogenannte triggered) Nachrichten können ausgelöst werden, sobald eine bestimmte Schwelle erreicht wird: Beispielsweise hat ein Kunde genügend Treuepunkte gesammelt oder das Konto über- oder unterschreitet einen gewissen Wert. Anlass für eine E-Mail können aber auch regelmäßig wiederkehrende Ereignisse sein. Diese Nachrichten basieren auf Daten im Kundenprofil wie etwa Geburtstagsmailings.

Gewinn für Kunden und Unternehmen

Die Kommunikation mit dem Kunden wird durch RTM auf dessen Bedürfnisse und Verhalten abgestimmt – eine 1:1-E-Mail-Kommunikation wird möglich. Angebote können aufgrund des bisherigen Kundenverhaltens personalisiert werden – und haben mehr Aussicht auf Erfolg. Den Werbetreibenden gibt Realtime-Messaging mehr Kontrolle: Wird RTM als „Software as a Service"-Dienstleistung (SaaS) eines professionellen Anbieters genutzt, so hat der Marketingverantwortliche Zugang zu Reporting-Informationen. Letztendlich profitiert auch der Verbraucher, da er relevantere und ansprechendere Inhalte erhält.

Warenkorbabbrüche oder Produktinteresse als Anlass

Werden Transaktionsmails in Echtzeit verschickt, sollten sie auch zusätzliche Werbeinhalte bieten, die speziell auf den Empfänger zugeschnitten sind. Das macht den Kunden zufriedener und intensiviert seine Beziehung zur Marke. Solche erweiterten Möglichkeiten, Realtime-Messaging zu nutzen, bieten etwa Warenkorbabbrüche, Produkterinnerungen auf Basis des Besuchsverlaufs sowie Registrierungs- und Zahlungsinformationen. Auch alle Formen von Kündigungen, Rabatte und Profil-Aktualisierungen eignen sich dafür ebenso wie der Kassenzettel auf Papier.

Outdoorhändler reagiert auf Kundenverhalten...

Ein Einzelhändler für Freizeit- und Outdoorausstattung verwendete ein IT-gestütztes System, um seinen Kunden Transaktionsdaten per E-Mail zu schicken. Diese E-Mails enthielten die Kaufbestätigung und aktuelle Kontodaten. Die Mitteilungen wurden im reinen Textformat ohne Personalisierung und Markenlogo verschickt.

Da ein von der hausinternen IT verwaltetes System den Versand abwickelte, war es nicht möglich, das Reaktionsverhalten nachzuverfolgen: Wer hat die Nachricht geöffnet, wer auf Links geklickt? Wie ist der Lieferstatus der E-Mails? Der Einzelhändler versäumte auch, diese E-Mail-Kommunikation in sein digitales System für Marketing-Reporting und -Analyse einzubinden. Dadurch blieb eine gute Gelegenheit ungenutzt, Kunden dann zu binden, wenn sie aufmerksam und ausgabefreudig sind.

... und erhöht seinen Umsatz

Der Outdoorspezialist stellte seine Kunden-Kommunikation auf die Realtime-Messaging-Technologie um. Innerhalb von sechs Monaten konnte er einen Umsatzzuwachs von drei Millionen US-Dollar verzeichnen. Zudem konnten die Callcenter-Servicekosten unmittelbar und deutlich reduziert werden. Heute ist der Konsument „always on". Echtzeit-Kommunikation im E-Mail-Marketing ist daher nahezu unerlässlich. Werbetreibende, die RTM noch immer nicht in ihre Strategie integriert und nicht die volle Kontrolle über ihre Kommunikation haben, riskieren ihren Erfolg.

Quelle: Torsten Schwarz (Herausgeber): Praxistipps Digitaler Dialog. – 60 S., 2012.

Presentationload optimiert die Begrüßungsmail

6

Daniel Harari

„Der erste Eindruck zählt“, besagt das Sprichwort. So auch beim Dialog mit Kunden: Ein Kunde betritt ein Geschäft. Im Idealfall wird er umgehend von einem Verkäufer begrüßt und beraten: „Guten Tag, kann ich Ihnen behilflich sein? Suchen Sie etwas Bestimmtes?“ Kunden, die wissen, was sie wollen, werden diese Unterstützung vielleicht nicht annehmen, aber sie werden sich die freundliche Begrüßung merken. Für alle anderen entscheidet dieser Verkaufsdialog darüber, ob sie hier oder bei der Konkurrenz einkaufen.

Lernen vom gelungenen Offlinedialog

Was hat das mit Onlinehandel oder E-Mail-Marketing zu tun? Der Dialog zwischen Verkäufer und Kunde kann online genauso ablaufen: Begrüßung, Hilfestellung, Beratung, Cross- und Upselling, Angebot zur längerfristigen Bindung. Doch online besteht Nachholbedarf beim Dialog mit Neukunden.

Lieblose Bestätigungs-E-Mails

In der Onlinewelt funktioniert der Dialog mit Neukunden beziehungsweise Neuabonnenten in der Praxis leider noch nicht so gut. Einer Newsletteranmeldung mit Double-Opt-in folgt oft nur ein glanzloses: „Danke für Ihre Anmeldung. Ab sofort erhalten Sie unseren Newsletter“.

Jede Anmeldung ist jedoch mit einem grundlegenden Interesse am Unternehmen sowie dessen Produkten und Dienstleistungen verbunden. Sonst wäre man wohl nicht bereit, freiwillig persönliche Daten preiszugeben. Dieses Interesse sollte man zeitnah aufgreifen, um so mit den Kunden in Dialog zu treten. Alles andere wäre gleichzusetzen mit einer Verkaufssituation im Ladengeschäft, in der das Personal den interessierten Kunden ignoriert.

Automatisierte Serien von Willkommensmails

Wie weckt man online das Engagement von Neuanmeldern? Um das gezeigte Interesse maximal zu nutzen, empfiehlt sich eine automatisierte Serie von E-Mails: Sie soll neue Interessenten gut empfangen und sie in weiterer Folge zu Kunden machen. Diese Willkommensserien laufen, noch bevor der Abonnent den ersten regulären Newsletter bekommt. Erst danach wird der neue Abonnent in den Newsletterverteiler eingespeist.

http://www.marketing-boerse.de/Experten/details/Daniel-Harari

Incentives und personalisierte Produktangebote

Eine mögliche Variante: Nach der Anmeldung zum Newsletter folgt ein Double-Opt-in ohne Werbung. Am nächsten Tag wird in einer Dankesmail gebeten, mehr Profilinformationen anzugeben (führt zu relevanteren Folge-E-Mails). Außerdem locken zehn Prozent Rabatt zum ersten Kauf. Zwei Tage später wird eine Promotion-Mail mit Produktangeboten versendet, die sich auf die Profilangaben beziehen (inklusive Erinnerung oder Gutschein).

Begrüßungsmail mit mehreren Inhalten

Eine einfachere Variante: Nach dem Double-Opt-in erhält der Interessent sofort eine freundliche Begrüßungsmail, die gleich mehrere Inhalte transportiert: Zum einen den Dank für die Anmeldung. Daran schließen sich Vorteile für Abonnenten und ein Link zum letzten Newsletter an. Abschließend freut sich der Empfänger über einen Rabatt oder Gutschein als Dankeschön. Sollte dieses Incentive nicht gleich zum Onlinekauf verleiten, kann man einige Tage danach eine Erinnerung schicken.

Presentationload: Gutscheine für Neuabonnenten

Presentationload, ein führender Anbieter von Power-Point-Vorlagen, veranschaulicht dieses Prinzip: Das Unternehmen schickt sofort nach dem Double-Opt-in eine Willkommensmail an Neuanmelder. Diese enthält ein Einführungsangebot und einen Gutschein, den man gleich für das erwähnte Angebot einsetzen kann. Durch diese einfache Maßnahme werden knapp zehn Prozent aller Neuabonnenten sofort zu Kunden.

Begrüßungsmail von Presentationload

Charteo: 70 Prozent Klickrate, 14 Prozent kaufen

Sobald ein Kauf im Onlineshop getätigt wird, muss der Kunde zum Wiedereinkauf bewegt werden. Eine Woche nach dem Kauf kann zu einer Zufriedenheitsumfrage beziehungsweise Produktbewertung eingeladen werden. Als Dankeschön gibt es einen Gutschein für den nächsten Einkauf. Wird dieser innerhalb einer Woche nicht eingelöst, folgt ein Reminder.

Charteo, ein Schwesterunternehmen von Presentationload, verschickt wenige Tage nach dem Kauf eine Umfrage-E-Mail inklusive Incentive. Das Resultat: Eine Öffnungsrate von knapp siebzig Prozent, davon fünfzig Prozent Klicker. Insgesamt verwendeten 14 Prozent den Gutschein zum Wiedereinkauf.

Quelle: Torsten Schwarz (Herausgeber): Praxistipps Digitaler Dialog. – 60 S., 2012.

Vom Warenkorbabbrecher zum Halfords-Kunden

6

Volker Wiewer

Onlinehändler können es sich nicht leisten, trotz steigender Besucherzahlen auf der Website die Warenkorbabbrecher einfach „aufzugeben". Halfords, der führende Retailer für Automobil-, Fahrrad- und Freizeit-Equipment in Großbritannien, musste eine Lösung dafür finden. Das Unternehmen hat 11.000 Mitarbeiter und verkauft online und in fast 500 stationären Shops in Großbritannien, Irland und der Tschechischen Republik über 14.000 unterschiedliche Produktlinien.

Customer Lifecycle-E-Mails dank Cloud-Architektur

Halfords stellte seine E-Mail-Strategie sukzessive um: von pauschalen Massen-E-Mails an die gesamte Datenbank auf höchst zielgruppenspezifische und personalisierte Nachrichten an einzelne Kundensegmente und qualifizierte Kaufinteressenten. Ein Kernziel der Strategie war es, die Kunden direkt in den Onlineshop von Halfords zu führen. Außerdem wurde eine E-Mail-Cloud-Architektur mit dem Webanalyse-Tool kombiniert. Dadurch konnten die „Moments of Truth" im Lebenszyklus eines Kunden identifiziert werden. Dann, wenn ein Kauf am wahrscheinlichsten ist, erhält der Kunde automatisch relevante E-Mails.

Diese neue Infrastruktur für das E-Mail-Marketing ist flexibel genug, um individuelle Marketinginhalte analog zum Kundenlebenszyklus zu versenden. Die wichtigste Grundlage dieser Infrastruktur ist die E-Mail-Marketing-Cloud, denn nur dadurch ist ein effizienter Umgang mit den enormen Datenmengen möglich.

Warenkorbabbrecher identifizieren und in Kunden wandeln

Halfords wollte Kunden und Interessenten gezielt in den Hochphasen der Kaufbereitschaft per E-Mail ansprechen. Natürlich besteht die höchste Bereitschaft, wenn ein Produkt bereits im Warenkorb liegt. Auch die vermeintlich „verlorenen" Kunden, die den Einkauf im Warenkorb abbrechen, sollten doch noch zum Kauf animiert werden: durch eine E-Mail-Strecke mit individuell angepassten, attraktiven Angeboten.

E-Mail-Strecke empfiehlt relevante Produkte

Aus dem Webanalyse-System werden alle Daten der registrierten User in ihrem ursprünglichen Format, einfach und ohne zusätzliche Bearbeitung, in die E-Mail-Marketing-Cloud eingespeist. Das sind sowohl Käufer als auch Interessenten, die sich zwar angemeldet, aber noch nie etwas gekauft haben.

http://www.marketing-boerse.de/Experten/details/Volker-Wiewer

Das Produkt, dessen Kauf abgebrochen wurde, wird dann mit der Produktdatenbank abgeglichen. Automatisch werden drei andere relevante Produkte aus dem Produktportfolio in einem definierten E-Mail-Template zusammengestellt: ein vergleichbares, preiswerteres Produkt, ein verwandtes Produkt zum etwa gleichen Preis und ein teureres Produkt mit höherer Qualität oder mehr Funktionen. Die E-Mail wird dann einen Tag nach dem Warenkorbabbruch automatisch an den Interessenten versendet.

Bis zu 150 Prozent mehr Umsatz

Halfords ließ seine E-Mail-Strategie optimieren und nutzt nun die E-Mail-Marketing-Cloud-Architektur sowie die darauf basierende Integration von E-Mail- und Webanalyse-Software. Seitdem hat das Unternehmen einen genauen Überblick über das Kundenverhalten. Und kann höchst personalisierte Nachrichten genau zum richtigen Zeitpunkt versenden.

Seit Start der Kampagne im Jahr 2010 freut sich das Unternehmen über eindrucksvolle Ergebnisse: Die Öffnungsraten stiegen in kürzester Zeit zunächst auf über 25 Prozent, die Klickraten auf 8,5 Prozent. Später führte Halfords dynamische Betreffzeilen mit dem Empfängernamen und dem Produkt, dessen Kauf abgebrochen wurde, ein. Außerdem ermittelte es durch umfassende Tests den optimalen Versandzeitpunkt. Dies erhöhte die Öffnungs- und Klickraten noch einmal auf über 60 Prozent beziehungsweise 14 Prozent. Die wöchentlichen Verkaufsumsätze liegen dank der E-Mail-Strecke zwischen 80 Prozent und in Hochzeiten bis zu 150 Prozent über den ursprünglichen Zahlen – ein beeindruckender Erfolg.

Auch Browsing-Verhalten und Kundenempfehlungen integrieren

Mit dem E-Mail-Programm zur Konversion der Warenkorbabbrecher auf Basis der Cloud-Architektur konnte Halfords außergewöhnliche Ergebnisse erzielen. Die Konversionsraten erhöhten sich sowohl bei umsatzstarken, niedrigpreisigen Produkten wie Farbe und Schraubenschlüsseln, als auch etwa bei sehr hochpreisigen Premium-Rädern. Aufgrund des großen Erfolgs hat Halfords mittlerweile auch E-Mail-Strecken auf Basis des Browsing-Verhaltens des Nutzers implementiert: Der Kunde erhält per E-Mail Empfehlungen analog zu Produkten, die er sich am Vortag auf der Website angesehen hat. Auch mit Kundenempfehlungen in den E-Mail-Strecken erzielt das Unternehmen sehr gute Ergebnisse.

Quelle: Torsten Schwarz (Herausgeber): Praxistipps Digitaler Dialog. – 60 S., 2012.

Berge & Meer begeistert mit Lifecycle-Kampagne

6

Uwe-Michael Sinn

„Wir bekommen alle zu viele E-Mails“. Das ist die Herausforderung, der sich Marketer, die E-Mail-Marketing zur Kundenbindung oder zum Abverkauf nutzen, täglich stellen müssen. Jede einzelne E-Mail muss relevant für den Empfänger sein, sprich: einen Mehrwert liefern. Nur dann wird er die Angebote wahrnehmen, anklicken und letztlich kaufen.

Lifecycle-Kampagnen sind relevant...

Eine nahezu perfekte Möglichkeit, Relevanz mit Effizienz zu paaren, sind Kampagnen, die sich am Kundenlebenszyklus orientieren. Relevant sind Lifecycle-Kampagnen, weil sie sich immer in dem Moment per E-Mail an einen Leser richten, wenn dieser die angebotene Information benötigt.

... und effizient zugleich

Effizient sind sie, weil sie vollautomatisch ablaufen. Der Aufwand zu Beginn ist zwar eher überdurchschnittlich. Denn meist müssen erst Datenbank-Anbindungen zwischen dem E-Mail-Marketing-System und dem CRM-System des Unternehmens geschaffen werden. Ist die Kampagne jedoch einmal erstellt, funktioniert sie nach dem VW-Käfer-Prinzip: Sie läuft und läuft und läuft.

Verglichen mit dem erheblichen Aufwand, den der Versand eines regulären, regelmäßigen Newsletters mit sich bringt, haben sich die Anfangsinvestitionen schnell amortisiert. Zumal die Rücklaufquoten dieser Kampagnen regelmäßig sehr hoch sind. Zu beachten ist dabei jedoch unbedingt, die Ergebnisse regelmäßig zu überwachen und laufend zu verbessern. Diese Zeit sollte immer investiert werden.

Erziehungstipps vom Windelhersteller kommen monatlich

Ein plastisches Beispiel war vor einigen Jahren die Kampagne eines bekannten Windelherstellers: Er gab über die gesamte „Lifetime“ einer typischen Windelnutzung monatlich praktische Erziehungstipps für Null- bis Dreijährige. Einmal aufgesetzt, lief diese Kampagne europaweit über mehrere Jahre.

Berge & Meer informiert die Richtigen zum richtigen Zeitpunkt

Die Königsdisziplin, die über das oben genannte Beispiel noch deutlich hinausgeht, ist jedoch die Kombination von Lifecycle- mit Zielgruppen-Mailings. Das zeigt das folgende

http://www.marketing-boerse.de/Experten/details/Uwe-Michael-Sinn

Beispiel von Berge & Meer, einem führenden deutschen Reiseveranstalter. Berge & Meer plante, den Wert bestehender Kunden und die Quote der Wiederkäufer zu erhöhen.

Ausgangspunkt war die in der Reisebranche bekannte Erkenntnis, dass Kunden dazu neigen, Urlaube immer in etwa zum selben Zeitpunkt innerhalb eines Jahres zu buchen. Es gibt etwa die typischen Frühbucher, die Spätbucher und diejenigen, die unter dem Weihnachtsbaum mit der Familie den nächsten Urlaub festlegen und deshalb immer Ende Dezember buchen. Gleichzeitig lassen sich in der Touristik meist recht klare Zielgruppen festlegen: Familien mit Kindern machen nun einmal anders Urlaub als Senioren oder Singles.

Mailings passen zu Kreuzfahrt- oder Pkw-Reisenden

Eine einstufige Lifecycle-Kampagne zur gezielten Ansprache der Bestandskunden sollte die Wiederkäuferquote erhöhen und den Kundenwert steigern. Hierfür wurden in einem ersten Schritt alle Kunden entsprechend der bereits von ihnen gebuchten Reisen kategorisiert. Für vier Kategorien wurde jeweils ein Mailing vorbereitet: Kreuzfahrt, Pkw-Reise, Rundreise und Kombinationsreise. Jeweils passende Bilder sprachen den Empfänger emotional und personalisiert an.

Um den Kunden noch individueller zu adressieren und positive Erinnerungen zu wecken, wurde im Editorial sein letzter Urlaubsort namentlich genannt: „Sicher erinnern Sie sich noch an Ihre Traumreise nach Thailand im vergangenen Jahr“. Damit wurde die Kombination Lifecycle- und Zielgruppenmailing beispielhaft umgesetzt.

Neue Angebote reizen durch 30-Euro-Gutschein

Jedes Mailing enthielt zwei auf die jeweilige Kategorie bezogene Reiseangebote und einen gut sichtbaren 30-Euro-Gutschein. Diese wurden sehr häufig angeklickt. Zu fokussiert darf die Ansprache jedoch auch nicht sein: Auch jemand, der im letzten Jahr eine Kreuzfahrt buchte, möchte eventuell im Folgejahr eine Rundreise machen. Deshalb wurden in jeder E-Mail weiter unten auch andere Angebote gemacht sowie Preis und Qualität angepasst an die zuletzt gebuchte Reise. 5-Sterne-Hotel-Bucher bekommen also andere Angebote als 3-Sterne-Hotel-Bucher.

Kundenbedürfnisse, Segmentierung und Rabatt führen zum Erfolg

Die Lifecycle-Mail wurde elf Monate nach der jeweils letzten Buchung versendet. Es hat sich gelohnt: Die Öffnungs- und Klickraten erreichten einen überdurchschnittlich guten Wert. Drei Wege führten dabei zum Erfolg: Durch die gezielte Ansprache bekannter Bedürfnisse lassen sich Bestandskunden zum Wiederkauf bewegen. Die Segmentierung bestehender Verteiler macht sich bezahlt. Ein garantierter Rabatt motiviert Empfänger ebenfalls.

Quelle: Torsten Schwarz (Herausgeber): Praxistipps Digitaler Dialog. – 60 S., 2012.

Parship: Kundenbindung mit Transaktionsmails

6

Jörn Grunert

Etwa die Hälfte der Unternehmen in Deutschland setzt Transaktionsmails ausschließlich zu einem Zweck ein: Sie sollen Kunden über Vorgänge wie Bestellungen, Buchungen oder Umtausch informieren. Tatsächlich aber können solche E-Mails viel mehr. Zurzeit werden die Potenziale von Transaktionsmails noch nicht erschöpfend genutzt.

Ihr Vorteil ist die hohe Aufmerksamkeit seitens der Empfänger. Denn diese erhalten solche E-Mails als unmittelbare Reaktion auf ihre vorhergehende Aktivität. Entsprechend groß ist die Bereitschaft, Transaktionsmails zu lesen. Richtig eingesetzt, sind sie eine ideale Plattform, um in einen Dialog mit den Kunden zu treten. In letzter Konsequenz können damit einfach und effizient zusätzliche Umsätze generiert werden.

Engagement wecken durch Cross- und Up-Selling-Angebote

Parship ist eine der umsatzstärksten Online-Partnerbörsen Deutschlands. Das Unternehmen setzt seit einiger Zeit auf Up-Selling-Angebote in Transaktionsmails. Grundsätzlich hat die Online-Partnervermittlung kostenlose und kostenpflichtige Angebote. Kostenlos sind zum Beispiel eine automatisierte Auswertung des Fragebogens und die Möglichkeit zur Ansicht der Profile anderer Mitglieder (ohne Foto) sowie rudimentäre Funktionen in der Kommunikation.

Um andere Mitglieder direkt zu kontaktieren oder deren Mitteilungen lesen zu können, muss eine kostenpflichtige Premium-Mitgliedschaft abgeschlossen werden. Um möglichst viele Adressaten dafür zu gewinnen, integriert Parship einen Call-to-Action-Button zur Bestellung der Premium-Mitgliedschaft in seine Transaktionsmails. Beispielsweise wird prominent ein 6-Monats-Special

zum Vorteilspreis von 29,90 Euro kommuniziert und auf die Ersparnis von 60 Euro hingewiesen.

Dialog aufnehmen, wenn Interesse besteht

Parship verwendet Transaktionsmails für Registrierungs-E-Mails, Event-getriggerte Kommunikation sowie Benachrichtigungen. Diese werden beispielsweise verschickt, um einen passenden Partner vorzustellen oder über Besucher des eigenen Profils zu informieren.

Dabei ist nicht nur das „Was", sondern auch das „Wie" ein erfolgskritischer Faktor: Standard ist daher die Umstellung der Transaktionsmails von Text- auf HTML-Format. So kann über die Gestaltung im Stil des Corporate Designs der Markenauftritt insgesamt gestärkt werden.

Multiplikator-Effekt durch Social Media erzielen

Einen Multiplikator-Effekt für den Kanal E-Mail bietet die Integration eines Links zur unternehmenseigenen Social Web-Präsenz. Durch die Links zu sozialen Netzwerken wie Facebook oder Twitter wird der Kunde dazu animiert, stärker mit dem Unternehmen zu interagieren und seine Erfahrungen mit anderen auszutauschen. Das stärkt den Markenauftritt weiter und hilft, zum Beispiel Sonderaktionen stärker zu verbreiten.

So können neue potenzielle Kunden, die ansonsten für den Anbieter kaum zu erreichen wären, auf die Marke aufmerksam gemacht werden. Die Zahlen sprechen für sich: Transaktionsmails mit integrierten Links zu Social Media erzielen eine um 55 Prozent höhere Klickrate als solche ohne.

Transaktionsmails als Botschafter nutzen

Transaktionsmails sind die besseren Botschafter für Werbe- und Marketingbotschaften. In dieser Disziplin übertreffen sie die traditionellen Werbemails deutlich. Sie erzielen bis zu acht Mal höhere Öffnungsraten und vier Mal höhere Klickraten als normale Werbemails. Auch in puncto Umsatz sind sie den normalen Werbemails voraus: Bei Bestellbestätigungen ist dieser nachgewiesenermaßen rund fünf Mal höher. Zudem erzielen sie gegenüber normalen Werbemails eine um zwanzig Prozent höhere Konversionsrate.

Quelle: Torsten Schwarz (Herausgeber): Praxistipps Digitaler Dialog. – 60 S., 2012.

Lifecycle-Mails steigern Umsatz bei ElitePartner

6

Sebastian Hoelzl

Die Online-Partnervermittlung ElitePartner hat ihre E-Mail-Kampagnen individueller auf Kunden abgestimmt und dadurch den Umsatz um neun Prozent gesteigert.

Dass Birgit sich Hals über Kopf in Martin verliebt hat und die beiden nun seit mehreren Monaten ein glückliches Paar sind, ist kein Zufall. Die zwei haben sich über die Online-Partnervermittlung ElitePartner kennengelernt – wie mehrere Hunderte andere Paare auch. Jeder fünfte deutschsprachige Internetnutzer findet seinen Partner mittlerweile online.

Über drei Millionen Singles vertrauen dabei ElitePartner, weil das Konzept des Unternehmens sie überzeugt: Der Service der in Hamburg ansässigen Partnervermittlung wendet sich an Akademiker und niveauvolle Singles mit dem Wunsch nach einer langfristigen Beziehung. ElitePartner steht für hochwertige Kontakte, und dieses Versprechen wird vom Unternehmen konsequent und mit Elan umgesetzt. So überprüft die Kundenbetreuung jede einzelne Anmeldung von Hand. Nur Profile mit seriösen Angaben werden freigegeben. Außerdem sorgen der wissenschaftliche Persönlichkeitstest und das Matching dafür, dass den Kunden genau die Menschen vorgestellt werden, die besonders gut zu ihnen passen.

Partnersuchende werden systematisch begleitet

Darüber hinaus ist es dem Tochterunternehmen der Tomorrow Focus AG wichtig, die Kunden während des gesamten Kennenlern-Prozesses zu unterstützen und mit Services begleitend zur Seite zu stehen. Schließlich ist es in der hart umkämpften Online-Partnervermittlungsbranche erfolgsentscheidend, die Zielkunden während der gesamten Zeit für die eigenen Dienste zu begeistern. ElitePartner muss also vom ersten Moment an fesseln. Das beginnt schon beim ersten Kontakt über die Registrierung und endet erst dann, wenn er oder sie den perfekten Partner gefunden hat.

Lifecycle-Marketing geht auf Kundenbedürfnisse ein

Aus diesem Grund wollte die EliteMedianet GmbH noch stärker im Lifecycle-Marketing aktiv werden. Das heißt, alle Inhalte von E-Mail-Kampagnen sollten noch stärker auf die nutzerspezifischen Daten ausgerichtet werden und das Verhalten des Kunden weitestgehend berücksichtigen. Außerdem sollte einbezogen werden, in welchem Lifecycle-Status sich der Kunde auf seiner Partnersuche gerade befindet.

http://www.marketing-boerse.de/Experten/details/Sebastian-Hoelzl

Mit der neuen intelligenten Marketing-Automationslösung kann ElitePartner nun vollautomatisierte Multichannel- und Multilevel-Kampagnen mit zielgerichteten Botschaften auf der Grundlage des Verhaltens und der Interaktionen der Kunden durchführen.

Von den Kampagnenergebnissen lernen
Seit der Implementierung steuert ElitePartner Kampagnen zielgruppenspezifischer aus. Das Unternehmen segmentiert und beobachtet seine Kunden und analysiert die Daten, um sie in ihrem Lifecycle besser kennen zu lernen. Dazu liefert die Software regelmäßig Berichte, aus denen Verbesserungen abgeleitet werden. So wird schon mal ein Call-to-Action-Button in den Mails anders gestaltet oder das Layout neu designt, weil herauskam, dass das bei der Zielgruppe besser ankommt.

Das Unternehmen adressiert die diversen Zielgruppen unterschiedlich. Jemand, der sich gerade registriert hat, erhält andere Mails als derjenige, der den Persönlichkeitstest schon beendet hat. Der Neukunde bekommt beispielsweise per Mail einen Ratgeber, in dem ElitePartner Hilfestellungen zum Durchführen des Persönlichkeitstests gibt und erläutert, welche Vorteile dieser bei der Partnersuche hat. Hat der Kunde den Test absolviert, wird ihm etwa nach einer gewissen Zeit ein Rabattangebot zugeschickt.

Neun Prozent mehr Umsatz
ElitePartner erreichen jeden Monat eine Vielzahl an Erfolgsmeldungen von Mitgliedern, die ihren Partner über das Portal gefunden haben. Die Gesamtzahl ist aber weitaus höher. ElitePartner geht momentan von einer Erfolgsquote von etwa vierzig Prozent aus.

Zum Erfolg beigetragen hat auch der Einsatz der Marketing-Automationslösung: ElitePartner hat das Mail-Volumen seit der Implementierung im Jahr 2011 um 35 Prozent erhöht und konnte außerdem schon bald höhere Öffnungs- und Klickraten bei den Mails und Newslettern verzeichnen. Das wiederum hat sich auf den Umsatz ausgewirkt, den ElitePartner um neun Prozent steigern konnte.

Quelle: Torsten Schwarz (Herausgeber): Praxistipps Digitaler Dialog. – 60 S., 2012.

Mit Eltern und Kind One-to-One kommunizieren

Marko Gross

6

Imaginarium ist eine internationale Kette von Spielwarenläden mit 348 Verkaufsstellen in 28 Ländern. Das digitale Direktmarketing-Projekt sollte Imaginarium helfen, das persönliche Verhältnis zum Kunden auszubauen. Dafür sollte ein One-to-One-Dialog mit Mitgliedern des Treueprogramms Club Imaginarium aufgenommen werden.

Aus strategischer Sicht erweist sich die Maxime der Angemessenheit als Schlüsselelement: Jede E-Mail ist individuell und angemessen, wird also zur rechten Zeit über den richtigen Kanal an die richtige Person versendet. Dies wird teils über ein Nurturing-Programm erzielt, das in zwei Phasen des Lebenszyklus der im Club Imaginarium eingeschriebenen Kunden greift: Bei der Registrierung zum Treueprogramm und beim Geburtstag des Kindes. Das gesamte Projekt ist glokal: Ein globales Programm, das für 21 Länder lokalisiert wird.

Doppelte Zielgruppe: Eltern und Kind

Eine doppelte Zielgruppe ist bei diesem Dialog zu berücksichtigen: In erster Linie wird mit den Eltern kommuniziert, die sich für den Club Imaginarium anmelden, zudem mit ihren Kindern, den Endverbrauchern.

Zielsetzungen: Angepasster Dialog zum richtigen Zeitpunkt

Drei Ziele sollten bei der Umsetzung des Projekts erreicht werden: Mit den Mitgliedern des Treueprogramms Club Imaginarium sollte ein angemessener und individueller One-to-One-Dialog aufgenommen werden.

Dazu sollte an zwei Punkten des Lebenszyklus per E-Mail Kontakt mit den Mitgliedern aufgenommen werden: Über die Willkommensmail und eine Geburtstagsmail. Die Marketingaktivitäten sollten gebündelt und begleitet werden durch Einbeziehung der Verkaufskanäle vor Ort.

Auf Alter und Region angepasste Gestaltung

Anhand der Kreativitätsstrategie wurden die Mitteilungen einer Neugestaltung unterzogen, um sie sowohl für ein junges als auch ein erwachsenes Publikum interessant zu gestalten. Die Eltern sind die eigentlichen Empfänger, die Inhalte und Kernaussagen jedoch müssen die Kinder ansprechen.

http://www.marketing-boerse.de/Experten/details/Marko-Gross

Für alle 21 Länder wurde zunächst ein gemeinsames Layout entworfen. Dann wurden auf dieser Basis einzelne Elemente auf die jeweiligen regionalen Gegebenheiten angepasst. Von den 21 Ländern sind zehn in Europa, zwei in Asien und neun in Lateinamerika. Das Layout wird über die Verkaufskanäle E-Commerce, Filialen und Callcenter verbreitet.

Persönlicher Rabattcoupon, Überraschungsgutschein und Tipps

Die Willkommensmails wurden sehr stark personalisiert. Dazu dienten persönliche Angaben des Mitglieds wie Name, Mitgliedsnummer und eindeutiger Barcode.

Die Geburtstagsmail wurde auf den Namen der Eltern und des Kindes zugeschnitten, das Bildmaterial an das Alter und Geschlecht des Kindes angepasst. Die E-Mail-Nachricht bietet Anreize in drei Stufen: Vom Rabattcoupon für Onlineshop oder Geschäft, über einen Voucher zur Abholung einer Überraschung an der Verkaufsstelle, hin zu einer Onlineführung mit lehrreichen Ratschlägen für jedes Alter.

Über SMS und E-Mail zum Verkauf

Die Mitglieder, die bei der Anmeldung keine E-Mail-Adresse angeben, erhalten eine in elf Sprachen verfügbare Willkommens-SMS. SMS- und E-Mail-Nachrichten führen die Kunden zu den Vertriebsstellen in den einzelnen Ländern. Das kann sowohl der Onlineshop sein als auch die Verkaufsstellen oder die Callcenter.

Ergebnisse: Hohe Öffnungs- und Klickraten

Programm Willkommens-E-Mail		Programm Geburtstags-E-Mail	
Top 3 Öffnungen			
Deutschland:	63 % geöffnet	Griechenland:	75 % geöffnet
Deutschland*:	58 % geöffnet	Spanien:	67 % geöffnet
Rumänien:	58 % geöffnet	Rumänien:	68 % geöffnet
**Deutschland befand sich zweimal unter den Top Ländern*			
Top 3 Klicks			
Rumänien:	55 % angeklickt/geöffnet	Griechenland:	83 % angeklickt/geöffnet
Griechenland:	46 % angeklickt/geöffnet	Deutschland:	75 % angeklickt/geöffnet
Portugal:	50 % angeklickt/geöffnet	Italien:	54 % angeklickt/geöffnet

Die Ergebnisse des Projekts waren, sowohl in Bezug auf Quantität als auch auf Qualität, durchweg positiv: Von Mai bis Dezember 2011 wurden 186 Willkommens-Kampagnen versandt. Durchschnittlich 42 Prozent der E-Mails wurden dabei geöffnet und generierten 16 Prozent Klicks je geöffneter Mitteilung. Die Kampagne mit Geburtstagsmails lief von Juli bis Dezember desselben Jahres 120 Mal. Im Durchschnitt öffneten 51 Prozent der Empfänger die Nachricht, und davon klickten 44 Prozent.

Quelle: Torsten Schwarz (Herausgeber): Praxistipps Digitaler Dialog. – 60 S., 2012.

Automatisierte E-Mail-Stafetten für die AOK

6

Frank Strzyzewski

Die meisten heutigen E-Mail-Massenversendungen enthalten Einmalangebote und haben keinerlei inhaltlichen Bezug zu vorangegangenen oder folgenden Mailings. E-Mail-Versendungen in aufeinander abgestimmte Stafetten zu organisieren, eröffnet neue interessante Anwendungsmöglichkeiten mit überdurchschnittlichem Kundennutzen und entsprechend attraktivem Responsepotenzial.

Vom Standalone-Newsletter zur Stafette

Newsletter verbreiten News – neue Inhalte, neue Produkte, neue Preise. Der Dialog mit dem Empfänger ist dabei punktuell und besteht darin, Themen anzubieten, von denen man hofft, dass sie für den Empfänger interessant sind. Ein erfolgsversprechender Ansatz ist, die Newsletter-Inhalte auf mehrere aufeinanderfolgende E-Mailings zu verteilen. Eine solche logisch zusammenhängende, mehrstufige E-Mail-Anstoßkette oder -Stafette eignet sich gut für Themen, die über einen bestimmten Zeitraum für die Empfänger interessant sind.

Erinnerungen und Spiele

Bei Erinnerungsmails wird über die Restlaufzeit eines zeitlich begrenzten Angebots oder Gutscheins informiert. Spezialaktionen oder Spiele sind auch gut für Stafetten geeignet. Dies reicht von Tippspielen, etwa zur Fußball-EM oder -WM, über E-Mail-basierte Weihnachtskalender mit 24 E-Mails bis zu Gewinnspiel-Einladungen und -benachrichtigungen.

Bildungsangebote

Lerninhalte lassen sich hervorragend in E-Mail-Kurse aufteilen, etwa in die „Vokabel des Tages" oder die „wöchentlichen Hausaufgaben". Auch Prüfungsfragen lassen sich über E-Mail-basierte Umfragen leicht abbilden.

Willkommensmails und Verkaufsprozesse

Bei einer Trigger-Serie werden Willkommensmails und komplexe Umfragen in mehrere E-Mails beziehungsweise Umfragen aufgespalten. Für den Sales-Cycle-Support werden Empfängern von Zeitungs-Probe-Abos Vorteile mitgeteilt oder Produkte angekündigt. Angebote werden unterbreitet, nachgefasst oder durch Nachfolgeprodukte ergänzt. Der Kauf wird bestätigt.

http://www.marketing-boerse.de/Experten/details/Frank-Strzyzewski

Kundenservice und Vertragsverlängerungen

Nach einem Autokauf etwa kann in bestimmten Service-Intervallen zeitgesteuert auf Dienstleistungen hingewiesen werden wie Reifenwechsel oder Werkstatt-Termine. Beim Ablauf von Verträgen kann eine Verlängerung oder Erneuerung angeboten werden, zum Beispiel bei Kreditkartendaten.

AOK bringt Fitnessübungen, Schwangerschaftstipps und Babynews

Die AOK bietet ihren Kunden in ihrem Newsletter-Portfolio drei Stafetten an: Der AOK-Fit in 30-Tagen-Newsletter ist ein systematisch aufgebautes Trainingsprogramm. Es besteht aus dreißig täglichen E-Mails mit Fitnessübungen, die sich allmählich in Umfang und in Intensität steigern. Der Schwangerschaftsnewsletter begleitet Schwangere mit vierzig wöchentlichen Newslettern, die zeitpunktgenaue Inhalte zur jeweiligen Schwangerschaftswoche beinhalten.

Der Baby-Newsletter ist eine Stafette aus 14 Newslettern, die Eltern von der Geburt des Kindes bis zum ersten Geburtstag betreut. Der Newsletter kommt zunächst häufiger, später nimmt die Frequenz ab. Er informiert zeitpunktgenau etwa über anstehende Vorsorgeuntersuchungen.

AOK-Fit in 30 Tagen-Newsletter

Sehr geehrter Herr Mika,

Dehnung der großen Muskelgruppen steht heute auf dem Programm - speziell der Oberschenkel, der Beine, des Rückens und der Brust.

Dehnübungen eignen sich ideal dazu, die allgemeine Beweglichkeit des Körpers zu erhöhen und sind bereits altbekannt. Es gibt 2.000 Jahre alte Statuen in Bangkok, die Menschen in Positionen von Dehnungsübungen darstellen.

Wer es schafft, die Übungen regelmäßig 2 bis 3 Mal die Woche durchzuführen, wird die Wirkung nachhaltig spüren.

Nehmen Sie sich dafür etwa 20 Minuten Zeit, und genießen Sie hinterher den Möhren-Cocktail, der nicht nur superlecker, sondern auch gesund ist.

News

- Fitness-Übungen für Tag 8
- Rezept des Tages: Möhren-Cocktail

Fitness-Übungen für Tag 8

Zur Erinnerung:

Steigern Sie die Dehnung langsam und gleichmäßig bis zu einem Bereich, in dem Sie ein deutliches Muskelspannungsgefühl, jedoch keinen Schmerz spüren. Verharren Sie in dieser Position über 3 bis 5 Atemzüge, oder steigern Sie die Intensität jeweils mit der Ausatmung.

Beginnen Sie mit der Dehnung der vorderen Oberschenkelmuskulatur:

Begeben Sie sich dazu in einen stabilen Stand, die Beine hüftbreit auseinander, die Knie leicht angewinkelt. Fassen Sie nun mit der Hand den gleichseitigen Fußrücken und ziehen ihn zum Gesäß. Verstärken Sie die Dehnung, indem Sie das Knie allmählich nach unten und hinten ziehen.
Wiederholen Sie die Übung beidseitig 2 bis 4 Mal.

Weiter geht's mit der Dehnung der hinteren Beinmuskulatur:

Begeben Sie sich in Rückenlage, und ziehen Sie mit beiden Händen den leicht gebeugten Oberschenkel in Richtung Oberkörper. Strecken Sie nun aus dieser Position allmählich das Knie. Das andere Bein bleibt stets in voller Länge auf dem Boden liegen.
Wiederholen Sie die Übung beidseitig 2 bis 4 Mal.

Überdurchschnittlich interessierte Empfänger

E-Mail-Stafetten erzielen oft zweistellig höhere Öffnungsraten und Klickraten im Vergleich zu den regulären Newslettern des gleichen Versenders. Die Hauptgründe liegen zum einen darin, dass die Anmelder einer Stafette diese oft zusätzlich zum regulären Newsletter sehr bewusst abonnieren. Diese „natürliche Selektion" bringt Empfänger mit überdurchschnittlichem Interesse. Auf der anderen Seite sind die Stafetten-Inhalte leichter auf genau diese Zielgruppe zuschneidbar.

Einfache technische Umsetzung

Stafetten mit vorgefertigten statischen Inhalten lassen sich in modernen E-Mail-Marketing-Systemen einfach und vollständig automatisieren. Komplexere Anwendungsfälle wie etwa Sport-Tippspiele erfordern höheren Aufwand und zum Teil auch manuelle Arbeit. Hier müssen Aufwand und Nutzen in einer ROI-Schätzung abgewogen werden.

Quelle: Torsten Schwarz (Herausgeber): Praxistipps Digitaler Dialog. – 60 S., 2012.

Kuka Roboter automatisiert digitalen Dialog

Martin Philipp

6

Das internationale B2B-Umfeld braucht ein E-Mail-Marketing-System, das bedienerfreundlich und mehrsprachig ist. Vor allem muss es einen sehr hohen Automatisierungsgrad haben und sich effektiv und effizient einsetzen und erweitern lassen. Dennoch kann der Aufwand drastisch ansteigen, wenn mit dem System intensiv gearbeitet wird. Das ist beispielsweise bei der Produktion von neuen Kampagnen, Änderungen oder neu ins System integrierten Sprachen der Fall und kostet wertvolle Ressourcen.

Kuka weltweit führend bei Industrierobotern

Die Kuka Roboter GmbH mit Hauptsitz in Augsburg ist ein Unternehmen der Kuka Aktiengesellschaft und gilt als weltweit führender Anbieter von Industrierobotern. Die Kernkompetenzen liegen in der Entwicklung und Produktion sowie im Vertrieb von Industrierobotern, Steuerungen und Software. Das Unternehmen mit weltweit etwa 2.000 Mitarbeitern ist Marktführer in Deutschland und Europa, weltweit an dritter Stelle. Es ist mit 25 Tochterunternehmen in Europa, Amerika und Asien vertreten.

Mit E-Mail-Marketing Kundenbeziehungen pflegen

Eine der Hauptaufgaben im E-Mail-Marketing ist die automatisierte Kommunikation zwischen Kuka und seinen Interessenten, um eine Kundenbeziehung aufzubauen, zu stärken oder zu reaktivieren. Bis dato wurde E-Mail-Marketing meist ohne Berücksichtigung einer Interaktion eingesetzt. Die Möglichkeiten zur Leadgenerierung wurden nicht ausgeschöpft.

Eine Lösung für alle Niederlassungen

Eine E-Mail-Marketinglösung, die für alle Niederlassungen geeignet ist, sollte als Software-as-a-Service weltweit in unterschiedlichen Sprachen verfügbar sein. Die Bedienung per Content-Management-System (CMS) und Browser muss benutzerfreundlich sein, um Einarbeitungs- und Schulungsaufwand gering zu halten. Die Mandantenfähigkeit zur differenzierten Abbildung von Tochtergesellschaften muss ebenso gewährleistet sein wie der einfache Austausch von Inhalten innerhalb der Mandanten und zu Übersetzern.

Formulare, Sprachen und E-Mailings sollten zu einem späteren Zeitpunkt erweiterbar sein. Freigaben von Vorlagen und Inhalten muss man zentral managen können. Das bestehende CRM sollte integriert werden können. Wichtig sind außerdem eine hohe Verfügbarkeit sowie TÜV-zertifizierte Sicherheits- und Qualitätsstandards.

Neue Kunden gewinnen durch Marketing-Automation

Kuka generiert Newsletter-Abonnenten crossmedial auf unterschiedlichen Plattformen wie Websites, Social Media Pages, Weiterempfehlungen im Newsletter und Offlinemedien. Alle diese Quellen müssen an das E-Mail-Marketing-System angebunden werden. Die Komplexität erhöht sich mit jeder eingesetzten Sprache. Um eine Übersicht über das komplexe Szenario zu erhalten, sollten die Dialogstrecken in einer Flussdiagramm-Ansicht visualisiert werden können. Denn letztendlich ist eine Qualifizierung und Anreicherung der Stammdaten entscheidend für ein erfolgreiches Lead-Nurturing vom Interessenten zum Kunden.

Eine Anbindung an ein Kuka-eigenes CRM-System gibt es bereits. Um für Kuka auch zukünftig eine hohe Flexibilität zu gewährleisten, bietet die Software idealerweise zertifizierte Schnittstellen an – etwa zu SAP-CRM, so dass eine Anbindung an Fremdsysteme sehr schnell realisiert werden kann.

Zentrale Vorlagen für alle Sprachen und Kampagnen

Bei der Anpassung der neuen E-Mail-Marketinglösung an die Anforderungen von Kuka ermöglicht die offene Architektur der Software einen einzigartigen Ansatz: Ein Masterobjekt zur zentralen Datenhaltung gewährleistet eine einfache und flexible Verwaltung der Sprachen und Varianten. Somit lassen sich komfortable multivariante und mehrsprachige Vorlagen entwickeln. Das heißt, der Redakteur greift nur auf eine einzige zentrale Vorlage zu und wählt darüber die gewünschte Sprache oder Vorlagenvariation aus.

Geringerer Aufwand für Redakteure und Entwickler

Kommt eine neue Sprache hinzu, müssten mit herkömmlichen Systemen sämtliche Vorlagen kopiert und an die Sprache angepasst und übersetzt werden. Somit vervielfacht sich die Anzahl der Vorlagen mit jeder Sprache und neuer Variante und macht eine einfache Verwaltung nahezu unmöglich. Anders mit dem gewählten Ansatz – hier wird nur ein neues Masterobjekt angelegt und lokalisiert. Der Aufwand ist wesentlich geringer.

Die zentrale Datenhaltung in den Masterobjekten gewährleistet unternehmensweit eine einheitliche Kommunikation und reduziert mögliche Fehlerquellen. Die Arbeit von Redakteuren und Entwicklern erleichtert sich deutlich und der Aufwand einer neuen Sprachversion wird erheblich verringert. Internationale Kampagnen können sehr genau aufeinander abgestimmt, geplant sowie zeitnah und einfach durchgeführt werden.

Quelle: Torsten Schwarz (Herausgeber): Praxistipps Digitaler Dialog. – 60 S., 2012.

Höhere Umsätze für I'm walking

Ulrike Leipnitz

6

„I'm walking" ist ein exklusiver Schuhversand der Baur Versand GmbH & Co KG. Er zählt zu den größten Onlineshops für Schuhe, insbesondere Damenschuhe, in Deutschland. Neben vier Katalogen pro Jahr bietet der Schuhversender unter www.imwalking.de über 10.000 Artikel und 200 Marken an, die wöchentlich um aktuelle Neuheiten ergänzt werden. „I'm walking" gehört zu den wichtigsten Marken von Baur.

Der 1925 von Dr. Friedrich Baur gegründete Baur Versand war das erste Schuhversandhaus Deutschlands und konnte sein Sortiment durch die clevere Vertriebsidee der Sammelbestellung fortlaufend erweitern. Heute zählt Baur zu den vier größten Universal-Versandunternehmen Deutschlands mit rund 4.000 Mitarbeitern.

Bewährt: Bestellwege per Telefon, Fax, Brief und Internet

Baur verfolgt seit jeher die Philosophie: „Das einzige, was nie aus der Mode kommt, ist Qualität." Da immer mehr Kunden ihre Ware ausschließlich über das Internet ordern, setzt Baur neben den klassischen Bestellwegen Telefon, Fax und Brief auch in großem Maßstab auf Webangebote. Um seinen hohen Qualitätsanforderungen auch dort gerecht zu werden, entschied sich Baur bereits im Jahr 2000 für den Einsatz einer E-Mail-Marketing-Software. Sie unterstützt erfolgreich bei der Kundenansprache und Neukundengewinnung. Seit 2003 setzt Baur auch bei der Marke „I'm walking" auf E-Mail-Marketing.

Vernetzt: E-Mail-Marketing-Software und Warenwirtschaftssystem

Die E-Mail-Newsletter informieren die Abonnenten über aktuelle Angebote, Produktneuheiten und Gewinnspiele. Sie sind mit Landing-Pages in den jeweiligen Onlineshops verknüpft. Kunden können so mit wenigen Mausklicks das gewünschte Produkt in den Warenkorb legen. Die eingesetzte E-Mail-Marketing-Software ist dabei direkt in das Warenwirtschaftssystem von Baur eingebunden und verschickt unter anderem sämtliche Transaktionsmails. Alle wichtigen Kundenkennwerte stehen dem Unternehmen damit über eine zentrale Datenbank zur Verfügung.

Optimiert: Neue Werkzeuge für „I'm walking"-Newsletter

Mit der Funktion der Shopmessung konnte Baur seine Kundenansprache noch effizienter gestalten: Sie schlüsselt die Verhaltensweisen der Kunden als Reaktion auf eine Mail-kampagne detailliert auf. Der Umsatz, den ein Newsletter generiert, lässt sich so direkt im System messen. Daraus können im Folgenden wichtige Kennziffern wie Cost-per-Order (CPO), Deckungsbeitrag oder Return-on-Investment ermittelt werden.

Durch flexible Einstellmöglichkeiten kann die Shopmessung bis ins kleinste Detail angepasst werden und liefert so aussagekräftige Resultate zum Kundenverhalten. Das zeigen die beiden folgenden Testszenarien:

Quotensteigernd: Wohnort des Empfängers im Absender

Beim Absendertest untersuchte „I'm walking" die Auswirkungen auf die Öffnungsquote, wenn der Wohnort des Empfängers im Absender dargestellt wird. Der Test ergab, dass diese Personalisierung zu einer deutlich höheren Öffnungsquote von rund 70 Prozent sowie zu 13 Prozent mehr Visits im Onlineshop führt.

Überraschend: Test mit neuem Newsletter-Design

Im zweiten Szenario experimentierte „I'm walking" mit der Gestaltung der Newsletter: Ein sehr erfolgreicher Newsletter aus der Vorsaison wurde gegen eine Version einer neuen Agentur getestet – ein sogenannter Split-Run-Test. Der neue Newsletter unterschied sich hinsichtlich Aufbau, Farben und Anrede von allen bisherigen Newslettern. Absender, Betreffzeile und Thema waren identisch, die Gestaltung jedoch völlig anders.

Entgegen den Erwartungen schnitt das neue Design besser ab: Trotz – wie erwartet – gleicher Öffnungsquote erzielte die Siegerversion elf Prozent mehr Visits, zwölf Prozent mehr bestellte Warenkörbe und einen um zwölf Prozent höheren relativen Bruttobestellwert.

Maßgeschneidert: Kampagnen richten sich nach Kundenwünschen

Die Split-Run-Tests samt Shopmessung machten sich schnell bezahlt: Die E-Mail-Marketingkampagnen für „I'm walking" sind heute exakt auf die Kundenwünsche zugeschnitten. Sie zeichnen sich zum einen durch eine zielgruppengerechte Ansprache der Abonnenten und einen hohen Grad an Personalisierung aus. Zum anderen wird diese Optimierung mit Hilfe der Software laufend fortgeführt.

Ertragreich: Vierzig Prozent mehr Umsatz

Der Erfolg dieser Maßnahmen ist mehr als deutlich: Der Newsletter-Umsatz des Schuhspezialversands „I'm walking" stieg durch Split-Run-Tests um 22 Prozent. Personalisierungen wie die Wohnortnennung brachten 15 Prozent und durch speziell an den Newsletter angepasste Landing-Pages stieg der Umsatz sogar um vierzig Prozent. Mittlerweile nutzen rund 700.000 Kunden die Angebote von „I'm walking", und ein Ende des Aufwärtstrends ist nicht in Sicht.

Quelle: Torsten Schwarz (Herausgeber): Praxistipps Digitaler Dialog. – 60 S., 2012.

Lensspirit nutzt professionelles E-Mail-Marketing

6

Ulf Richter

Lensspirit ist einer der größten Kontaktlinsen-Versender in Deutschland und Europa. Das Leipziger Unternehmen beliefert Konsumenten und Großkunden in mehr als 25 europäischen Ländern. Neben Kontaktlinsen und passendem Zubehör hat der Onlinehändler auch Brillen, Accessoires, Sonnenbrillen und Kosmetika im Sortiment.

Kundenpflege und Verkaufsförderung

Aufgrund der unschlagbaren Kosteneffizienz führt für einen Onlinehändler wie Lensspirit kein Weg am E-Mail-Kanal vorbei. Für seine Kommunikation mit Kunden und Interessenten nutzte der Kontaktlinsen-Versender bislang ein selbst entwickeltes Versandsystem. Doch angesichts des rasanten Wachstums stieß dieses System technisch an seine Grenzen.

Make-or-Buy-Entscheidung

Deshalb stand Lensspirit vor der Herausforderung, das Inhouse-System mit einigem Aufwand weiterzuentwickeln oder sich nach einer professionellen E-Mail-Marketing-Software umzuschauen. In der Evaluierung wurde schnell klar, dass sich Lensspirit auf seine Kernkompetenzen konzentrieren wollte. Gesucht wurde nach einer kompletten E-Mail-Marketing-Software, die die hohen Ansprüche eines europäischen Onlinehändlers erfüllt. Durch einfache und flexible Segmentierungsmöglichkeiten sollten Kunden und Interessenten noch individueller angesprochen werden. Neben einem hohen Versandvolumen sollten detaillierte Reports für Performance-Messungen sowie ein hoher Automatisierungsgrad möglich sein. Zudem sollte die Lösung alle Voraussetzungen für Customer-Lifecycle-Marketing mitbringen.

Zielgruppen genauer ansprechen und Kampagnenerfolg messen

Bei der Zielgruppenansprache ist Lensspirit nunmehr in der Lage, die verschiedenen Segmente noch individueller und präziser zu modellieren. Zugleich wertet die neue Technologie-Plattform durch Post-Click-Tracking das Verhalten des Mail-Empfängers auf der Website aus. Das ermöglicht genaue Umsatz-Reports nach Produktkategorien, die mit gängigen Webanalyse-Lösungen vergleichbar sind. Lensspirit kann damit laufend auswerten, wie erfolgreich die einzelnen Mailings und Kampagnen sind. Auch in punkto Performance werden höchste Ansprüche erfüllt: So kann Lensspirit bei Bedarf bis zu

http://www.marketing-boerse.de/Experten/details/Ulf-Richter

zwei Millionen E-Mails in zehn Minuten versenden. Auch die E-Mail-Zustellraten sind überdurchschnittlich hoch. Die detaillierten Analysen auf Produktebene ermöglichen es dem Onlinehändler auch, durch besonders präzise Angebote zu punkten und die Kommunikation an wechselnden Absatzzielen auszurichten.

Automatisierte Versandprozesse

Auch die Verknüpfung zwischen der E-Mail-Marketing-Software und dem Onlineshop bietet Lensspirit zusätzliches Potenzial. So können Besuchern bestimmter Produktseiten passende Angebote gesendet werden, um ihren vorhandenen Kaufimpuls in Bestellungen umzuwandeln. Zudem lassen sich relevante Produktinformationen anhand typischer Bestellzyklen automatisiert versenden. Beispielsweise werden genau jene Kunden über kurzlebige Produkte informiert, die nach 14 Tagen nicht erneut bestellt haben. Nach Einwilligung erhalten Kunden und Interessenten zudem regelmäßig Kampagnenmails, die passgenau auf ihre individuellen Vorlieben abgestimmt sind. Auf diesem Weg werden sie unter anderem über die häufigsten Kontaktlinsenirrtümer oder Hornhautverkrümmung informiert.

Regelmäßig optimierte Vorschauzeilen

Innovativ ist Lensspirit im Bereich Pre-Header (Vorschauzeilen). Dadurch kann der Onlinehändler bereits im E-Mail-Vorschaufenster aufmerksamkeitsstark auf Sonderangebote und Aktionen hinweisen. Interessenten erfahren zum Beispiel, wie sich Versandkosten einsparen lassen, welche Vorteile kostenlose Beratungsgespräche haben oder wie der Umtauschservice funktioniert.

Schrittweise Weiterentwicklung

Zugleich entwickelt Lensspirit seine Maßnahmen im E-Mail-Kanal schrittweise in Richtung Customer-Lifecycle-Marketing weiter. Hierbei geht der Onlinehändler von der Prämisse aus, dass in jedem Kundensegment unterschiedliche Erwartungen an die E-Mail-Kommunikation bestehen. Durch eine passgenaue Ansprache der Interessenten, Neu-, Bestands- und inaktiven Kunden lassen sich die Umsätze in den diversen Segmenten kontinuierlich ausbauen. Inaktive Kunden können beispielsweise durch gezielte Incentives und Preisnachlässe reaktiviert werden. Neukunden werden Schritt für Schritt an Produktwelten und Serviceleistungen herangeführt.

Deutlich mehr Performance

Die Vorher-Nachher-Analyse zeigt, dass sich der Umstieg auf eine professionelle Lösung bewährt hat. Zum Start stiegen im Schnitt die Öffnungsraten um 77 Prozent und die Klickraten um 28 Prozent. Besonders eindrucksvoll ist die Steigerung des durchschnittlichen Umsatzes pro Mailing: Diese Kennzahl erhöhte sich nach dem Systemwechsel um 26 Prozent.

Quelle: Torsten Schwarz (Herausgeber): Praxistipps Digitaler Dialog. – 60 S., 2012.

MyGoodShop: Spenden-Newsletter für Onlineshop

6

Martin Bucher

Mit professionellen Newslettern lassen sich Onlineangebote personalisiert und automatisiert vermarkten und Umsätze effizient steigern. Reaktivierung von Kaufabbrechern, intelligente Shop-Anbindungen oder medienwirksame Social Media-Kampagnen sind nur drei Beispiele für eine erfolgreiche Vernetzung.

Neues Spendenprinzip in MyGoodShop

Einen Onlineeinkauf der besonderen Art bietet MyGoodShop.org: In dem Online-Spendenshop des Kinderhilfswerks nph deutschland e.V. bestellen die Spender Artikel für bedürftige Waisenkinder in Lateinamerika, beispielsweise Kleidung, Medizin oder einen Sack Reis. Den gezeigten Preis des Artikels können die User spenden.

Mitarbeiter der Hilfsorganisation stellen den Bedarf des jeweiligen Kinderdorfs direkt vor Ort im Shop ein. Die Mitarbeiter in Lateinamerika kaufen die Produkte ein, die von überall auf der Welt gespendet wurden. Eine E-Mail mit Foto stellt die Verbindung zwischen den Spendern und den Kindern aus den Heimen in Lateinamerika her.

„GoodNews"-Newsletter unterstützt Spendensammlung

Bei der Suche nach neuen Unterstützern für die Hilfsprojekte setzt nph deutschland unter anderem auf E-Mail-Marketing: Per Newsletter werden Interessenten und Spender angeschrieben und über aktuelle Entwicklungen in den Kinderdörfern sowie den Bedarf des jeweiligen Landes informiert. Mit einem Klick können die Empfänger des „GoodNews"-Newsletters direkt im Shop das „einkaufen", was vor Ort hilft, und werden so zu Spendern.

Doch so einfach war es nicht immer: Als das Pilotprojekt des Online-Spendenshops 2008 startete, wurde der Newsletter über eine im Onlineshop integrierte Funktion verschickt. Da die Mailings in HTML erstellt werden mussten, kam kein regelmäßiger Versand zustande. Das hat sich im Dezember 2009 geändert: Seit der Optimierung der Prozesse und Umstellung auf eine professionelle E-Mail-Marketinglösung findet ein regelmäßiger E-Mail-Versand statt.

Begrüßungskampagne: Hintergrundinfos und Vertrauensbildung

Da es sich um ein erklärungsbedürftiges Spendenprinzip handelt, werden nach der Anmeldung zum Newsletter im Wochenabstand drei Begrüßungsmails verschickt. Diese

http://www.marketing-boerse.de/Experten/details/Martin-Bucher

sollen dem potenziellen Spender das Prinzip von MyGoodShop und die verschiedenen Hilfsprojekte vorstellen sowie Vertrauen aufbauen.

Der Newsletter-Empfänger erfährt, wem mit seinen Spenden geholfen wird. Bei den neuen „GoodNews"-Abonnenten ist das Interesse und die generelle Bereitschaft zu helfen besonders hoch. Somit sticht dem Leser der auffällige Call-to-Action-Button „Jetzt spenden" sofort ins Auge und führt ihn direkt zum Onlineshop.

Videos erhöhen Glaubwürdigkeit

Nach der Begrüßungskampagne folgt der reguläre Newsletterversand. Für eine ansprechende und glaubwürdige Präsentation der Projekte setzt MyGoodShop unter anderem auf Videos, die direkt im Newsletter eingebunden sind. So erfahren die Empfänger beispielsweise vom Schirmherrn der Organisation, wie diese arbeitet. Zudem berichten Mitarbeiter direkt vor Ort aus den Projekten.

Die Erstellung und der Versand des Newsletters „GoodNews" gelingen dank des kundenorientierten Mailing-Workflows in der E-Mail-Marketinglösung schnell und einfach. In nur fünf Schritten werden Marketers von der Redaktion über verschiedene Qualitätstests zum E-Mail-Marketingerfolg geführt.

Automatische Übernahme von Inhalten in die Mailing-Redaktion

Welche Angebote im Newsletter erscheinen, steuert der Redakteur bequem, indem er Inhalte aus dem Onlineshop automatisch einbindet: Damit gelangen Produktbeschreibungen, Bilder und Preise beziehungsweise Spendenbeträge in den Newsletter und können dort bei Bedarf bearbeitet werden.

Flexible und intelligente Newsletter-Templates sorgen für eine sinnvolle Platzierung der Shop-Angebote in der E-Mail und die perfekte Darstellung des gesamten Newsletters. Zudem wird die Einhaltung des Corporate Designs gewährleistet. MyGoodShop profitiert so von einheitlicher Kommunikation und maximaler Effizienz bei der Newsletter-Erstellung.

Vernetzung von E-Mail-Marketing mit Social Media

Der „GoodNews"-Newsletter macht regen Gebrauch vom viralen Potenzial sozialer Netzwerke. Während der Redakteur mit einem Klick die Shopangebote in den Newsletter bringt, können die Empfänger genauso unkompliziert die erhaltenen „GoodNews" in sozialen Netzwerken wie zum Beispiel Facebook und Twitter teilen. So wird die Reichweite der E-Mailings enorm gesteigert und die Inhalte erreichen ein breiteres Publikum. Durch Aktionen wie einen Spendenmarathon konnte MyGoodShop 2011 zahlreiche Facebook-Fans und Spender gewinnen.

Quelle: Torsten Schwarz (Herausgeber): Praxistipps Digitaler Dialog. – 60 S., 2012.

B2B-Kundenbindung per E-Mail

6

Stefan von Lieven

E-Mail-Marketing ist zu einem der wichtigsten Marketingthemen im Business-to-Business avanciert. Vorteile von E-Mail-Marketing sind unter anderem Schnelligkeit, Messbarkeit und geringe Kosten. Das größte Potenzial entfaltet E-Mail allerdings bei der zielgenauen Kommunikation. E-Mail-Marketing erlaubt eine automatisierte, individuelle Ansprache von Kunden und Interessen. Die Inhalte können genau an die Bedürfnisse des jeweiligen Kunden angepasst werden.

Herausforderung Onlinedialog im B2B-Marketing

E-Mail-Kommunikation im B2B-Marketing darf sich dabei aber nicht nur auf den einseitigen Versand klassischer Newsletter beschränken. Die Herausforderung für Unternehmen lautet, individuelle Kundenbeziehungen aufzubauen und einen nachhaltigen Dialog sukzessive zu entwickeln.

Die richtige Botschaft an der richtigen Stelle

Dafür ist es notwendig, Kunden automatisiert an verschiedenen Touchpoints mit jeweils passenden Botschaften anzusprechen. Typische Beispiele für solche Kontaktpunkte zwischen Kunde und Unternehmen oder Marke sind: Bestell- und Versandbestätigungen, Einladungen zu und Erinnerungen an Veranstaltungen, Statusmeldungen und Nachfass-Korrespondenz bei Servicefällen. Auch Bestätigungen nach Websiteanfragen sowie Erinnerungen an Wartungstermine und Verbrauchsmaterialien gehören dazu.

Um das Potenzial von automatisiertem E-Mail-Marketing voll auszuschöpfen, muss es ernsthaft in die Geschäftsprozesse integriert werden. Dazu müssen Schnittstellen zwischen E-Mail-Marketing und anderen Infrastruktursystemen wie CRM oder Warenwirtschaft geschaffen werden.

Sedo nutzt Service-Prozesse für E-Mail-gestützte Kommunikation

Im Dialogmarketing von Sedo, der weltweit größten Plattform für den Domainhandel, fließt jede Kommunikation in die Kundenbeziehung mit ein. Im Kundenlebenszyklus bieten sich zahlreiche Kommunikationsanlässe, zum Beispiel Bestell- und Versandbestätigungen oder Erinnerungen an Termine.

Jeder dieser Kontaktpunkte bietet eine gute Gelegenheit, um mit Service zu punkten. E-Mail genießt nur dann hohe Relevanz und Aufmerksamkeit, wenn Zeitpunkt und

http://www.marketing-boerse.de/Experten/details/Stefan-von-Lieven

Beweggrund des Mailings richtig gewählt sind. Aus diesem Grund versendet Sedo E-Mails nur dann, wenn auch ein konkreter Anlass besteht. Daneben wird jedoch immer auch auf weitere Angebote hingewiesen.

Hamamatsu bietet seinen Kunden echten Mehrwert

Gerade im B2B zählt Relevanz. Es geht nicht darum, was das Unternehmen mitteilen möchte, sondern darum, was den Kunden interessiert. Der japanische Konzern Hamamatsu, ein Produzent von elektronischen Bauteilen, erzielt bei seiner B2B-Kommunikation einen echten Kundennutzen. Dafür analysiert er zuvor das Kundenwissen oder befragt die Kunden direkt nach ihren Interessen. Das Ergebnis: Die meisten Kunden interessieren sich weniger für Marketingmeldungen als für konkrete Marktinformationen, Studien oder Praxistipps. Hamamatsu nutzt diese Fachinformationen, um in ihrem Fahrwasser Aufmerksamkeit für eigene News zu schaffen.

Comparex vernetzt E-Mail-Marketing und Vertrieb

Comparex ist ein führender Dienstleister für Informations- und Kommunikationstechnologie in Europa. Das Portfolio umfasst neben der Beschaffung und dem Lizenzmanagement von Software umfangreiche herstellerübergreifende Consulting-Leistungen.

Comparex setzt E-Mail-Marketing für den Vertrieb von Verschleiß- und Verbrauchsmaterial ein. Zielgruppengenau fließen Cross- und Upsell-Informationen in die Kommunikation ein. Bei Vertrags- oder Leasingende werden automatisierte Erinnerungen verschickt.

Dialogmarketing via E-Mail hilft dabei, mit Kunden Kontakt zu halten, ohne jeden einzelnen regelmäßig eigenhändig anzusprechen. Die umfangreiche Messbarkeit von E-Mail-Marketing versorgt den Vertrieb von Comparex mit Informationen über die Kunden. So können beispielsweise Interessen anhand des Klickverhaltens in den E-Mails identifiziert und beim nächsten Kundentermin gezielt angesprochen werden – eine ideale Vertriebsunterstützung.

Zentralisiertes E-Mail-Marketing bei apetito

Seit über 50 Jahren liefert apetito Essen auf Rädern. Zielgruppen sind Kitas, Schulen, Betriebe, Kliniken und Senioreneinrichtungen. Die gesamte E-Mail-Marketing-Kommunikation erfolgt über eine zentrale Plattform. Egal, ob verschiedene Newsletter, Service-Kommunikation oder PR: Durch eine integrierte, zentrale Lösung kann apetito die Kosten minimieren und die Synergien – zum Beispiel zwischen Newslettern und Service-Kommunikation – ausschöpfen. Außerdem haben sich durch die Zentralisierung die Sicherheit in der Datenhaltung sowie die Gestaltungsqualität verbessert.

Quelle: Torsten Schwarz (Herausgeber): Praxistipps Digitaler Dialog. – 60 S., 2012.

UCI Kinowelt und Otto setzen auf Video-Mails

Jürgen Seitz

6

Bewegtbild hat sich in der Online-Display-Werbung in den letzten Jahren zum stärksten Werbeformat entwickelt. Zahlreiche Studien wie die vermarkterübergreifende Studie „Brands in (E)Motion" von United Internet Media, Interactive Media und Yahoo! belegen die herausragende Werbewirkung. Sie ist vergleichbar mit der klassischer TV-Spots. Entsprechend verhielten sich die Online-Werbeausgaben für Bewegtbildformate: Die Bruttowerbeinvestitionen verzeichneten laut Nielsen Media Research im ersten Halbjahr 2011 Wachstumsraten in Höhe von 119 Prozent im Vergleich zum Vorjahreszeitraum. Nach der Onlinewerbung ist Bewegtbild jetzt auch im Dialogmarketing auf dem Vormarsch und zählt einer aktuellen Studie von Epsilon zufolge zu den maßgeblichen Trends im E-Mail-Marketing in 2012.

Neue Technik bringt Videos in die E-Mail

Wegbereiter für diese Entwicklung sind vor allem technologische Neuerungen: Sie ermöglichen es, über das E-Mail-Programm Bewegtbildinhalte direkt anzuzeigen oder über Zertifizierungsprogramme bestimmter Internet Service Provider (ISP) Videos zu streamen. Bislang bedingten notwendige Sicherheitseinstellungen bei den E-Mail-Providern, dass Formate wie Flash oder Applets meist nicht in E-Mails darstellbar waren und als verdächtig herausgefiltert wurden. Jetzt ist es möglich, Bewegtbild in E-Mails zu integrieren und direkt im Postfach ablaufen zu lassen.

E-Mail-Marketing jetzt auch für Markenaufbau nutzbar

Durch neuartige Video-Mail-Lösungen gibt es jetzt die Möglichkeit, Bewegtbild in der Kundenkommunikation gezielt und hochwertig einzusetzen und damit Performance und Konversion maßgeblich zu steigern. Mit einem Video direkt in der E-Mail können Versender ihre Kunden nicht mehr nur persönlich, sondern jetzt auch multimedial ansprechen. Sie können durch emotionalisierendes Bewegtbild die Response erhöhen und sich mit einem neuen Markenerlebnis signifikant vom Wettbewerb abgrenzen. Damit lassen sich die Potenziale des Online-Dialogkanals jetzt auch für Markenaufbau und Kundenbindung voll ausschöpfen.

http://www.marketing-boerse.de/Experten/details/Juergen-Seitz

Videoelemente ermöglichen neue kreative Freiräume bei der Gestaltung und überführen die klassische E-Mail in eine neue Dimension von „Hochglanz"-Mail. Damit geht E-Mail-Marketing jetzt weit über bisher gängige Formate, die in der Regel lediglich aus statischen Bild- und Textelementen bestanden, hinaus und gewinnt maßgeblich an Qualität. Die technische Integration in die E-Mail verläuft nahtlos und qualitativ hochwertig. Eine bandbreitenoptimierte Auslieferung garantiert das störungsfreie Abspielen der Videos sofort beim Öffnen der E-Mail und direkt im Postfach. Sicherheitstechnische Voraussetzung ist eine Authentifizierung des Absenders sowie eine mehrstufige Echtheits- und Integritätsüberprüfung der E-Mail.

Innovative Bewegtbildformate optimieren Performance und Konversion

Erste Video-Mail-Kampagnen bei UCI Kinowelt zeigen eine sehr hohe Akzeptanz und sehr gute Sympathiewerte bei den Nutzern. Sie belegen die hohe Leistungskraft, die Bewegtbild gerade im Dialogmarketing entfalten kann. Bei einer Nutzerbefragung im Rahmen einer Newsletterkampagne von Otto gaben sechzig Prozent der Befragten an, dass ihnen Werbung per Video-Mail lieber als sonstige Werbung ist. Die Video-Mail bietet eine willkommene Abwechslung zum statischen Text-Bild-Newsletter. Die gesamte Nutzungssituation wird durch die Multimedialität emotional aufgewertet. Außerdem konzentriert sich die Aufmerksamkeit auf den Inhalt, so dass auch längere Videos angesehen werden.

Neben Aufmerksamkeits- und Imageeffekten sorgt die Video-Mail auch für eine deutlich höhere Kaufaktivierung. Das zeigen Kampagnen von Otto und UCI Kinowelt: Achtzig Prozent der befragten Newsletter-Abonnenten von Otto wollen aufgrund der Video-Mail anschließend bei Otto etwas kaufen. Bei UCI Kinowelt bestellten die Empfänger des Video-Newsletters zehn Prozent mehr Kinotickets als die Empfänger des statischen Mailings.

Video steigert Performance von E-Mails

Neben Relevanz ist der Kern erfolgreicher Kundenansprache die Kommunikation auf möglichst emotionalem und qualitativ hochwertigem Weg. Mit der Video-Mail steht Dialogmarketing-Experten eine neue digitale Kommunikationsform zur Verfügung, mit der sie den Kundendialog direkt, persönlich und hochwertig gestalten und sowohl die Aufmerksamkeit als auch die Performance erheblich steigern können.

Quelle: Torsten Schwarz (Herausgeber): Praxistipps Digitaler Dialog. – 60 S., 2012.

ANHANG

7

AUTORENVERZEICHNIS 7

Andrea Ahlemeyer-Stubbe, Diplom-Statistikerin, ist seit 1999 als Data-Mining- und CRM-Spezialistin international tätig. Seit 2012 arbeitet sie als Director Strategic Analytics bei DRAFTFCB München und im DRAFTFCB Global Analytics Team. Ihr Fokus: Strategische Ausrichtung, Entwicklung und Implementierung neuer Lösungen in Social und Digital-CRM, Analyse und Data-Mining für Big Data. Zudem hält sie Lehrveranstaltungen an Hochschulen im In- und Ausland und engagiert sich in Organisationen und Konferenzen.

Andrea van Baal war nach dem Studium der Sinologie und Politikwissenschaft für deutsch- und englischsprachige B2B-Medien, wie etwa CBA und CRN, tätig. Sie war lange Jahre im Marketing- und Sales-Management für asiatische, amerikanische und deutsche Unternehmen sowie Joint-Ventures. Nach zahlreichen Arbeitsjahren im Ausland (vor allem Taiwan/China) lebt und arbeitet sie nun als Unternehmensberaterin und (Wirtschafts-)Journalistin in Berlin.

Daniel Backhaus ist ein ausgewiesener Vollprofi in Sachen Online-Kommunikation. Er begann seine Karriere in verschiedenen Unternehmen und Positionen der Medienbranche und ist heute erfolgreicher Social Media Manager & Coach. Schwerpunktthema seiner derzeitigen Tätigkeit ist der Kundendialog 2.0 im Social Web. Von 2009 bis 2011 war er als Social Media Manager für die DB Vertrieb GmbH, Deutsche Bahn AG, tätig.

Sebrus Berchtenbreiter ist Geschäftsführer der promio.net GmbH und verantwortet die Bereiche Marketing/PR und Vertrieb. Als PR- und Marketingleiter der telebuch GmbH, später Amazon Deutschland, verfügt er über langjährige Erfahrung im Online-Buchhandel. Zudem war er in der freien Beratung und Strategieentwicklung tätig. Sebrus Berchtenbreiter ist Vorstandsmitglied des DDV, Vorsitzender des Councils Digitaler Dialog und Mitinitiator des Ehrenkodex E-Mail-Marketing.

Anja Bonelli, diplomierte Medienmarketingfachwirtin (BAW), ist seit 2008 als Business Development Executive bei Telenet GmbH Kommunikationssysteme tätig und verantwortet in dieser Funktion unter anderem den Aufbau der Telenet-Produktlinie sowie die Entwicklung von Telenet SocialCom©, einem Tool zur nahtlosen Social Media-Integration in Kundenservice, Marketing/PR und weitere Geschäftsbereiche. Sie referiert und publiziert darüber hinaus häufig rund um die Themen des Social Webs und dessen Evolution.

Gabriele Braun, Dipl.-Ing. für Kartografie (FH) und Diplom-Geografin, ist Geschäftsführerin des Dienstleisterverzeichnisses marketing-BÖRSE mit zahlreichen Unterportalen. Seit 25 Jahren ist sie als IT-Expertin aktiv. Die Autorin und Verlegerin veröffentlichte zahlreiche Studien rund um das Thema E-Mail-Marketing sowie Bücher im Bereich Online-Marketing und Integrierte Kommunikation.

Dr. Michael Breyer ist Gründungsgeschäftsführer der Deutsche Messe Interactive GmbH, einer Tochtergesellschaft der Deutsche Messe AG. Der Wirtschaftsingenieur verfügt über langjährige Berufserfahrung in Beratung und Vertrieb sowie als Unternehmensgründer in den Bereichen Media & Technology, IT und E-Business. Seit 2009 bringt der Experte für elektronische Marketing- und Handelsprozesse bei der Deutsche Messe Interactive GmbH Lösungsanbieter im B2B-Bereich über präzise Online-Marketing-Services mit geeigneten Interessenten zusammen.

Martin Bucher gründete 1999 mit Peter Ziras die Inxmail GmbH in Freiburg. Der Diplom-Informatiker ist für die strategische Ausrichtung und die Personalpolitik des Unternehmens verantwortlich. Vor Gründung des Unternehmens arbeitete er als freiberuflicher Software-Entwickler.

Sarah Christiansen stammt aus dem nördlichen Nordrhein-Westfalen und hat ihren Magister an der CAU Kiel in den Fächern Nordische Philologie, Germanistik/Sprachwissenschaft und neuere deutsche Literatur und Medien gemacht. Nach einem Aufbaustudiengang im Bereich Kulturmanagement und mehrjähriger Arbeit für eine Werbeagentur zog es sie nach Berlin, wo sie als PR-Assistentin für Sponsormob, einen der führenden Anbieter für Mobile Advertising in Deutschland, arbeitet.

Tim Cole, das „Internet-Urgestein“, war einer der ersten Journalisten in Deutschland, die sich mit Onlinethemen beschäftigt haben – unter anderem als Chefredakteur des „Net-Investor“ und Co-Moderator der Sendung „eTalk“ auf n-tv. Seine Bücher „Erfolgsfaktor Internet“ und „Das Kunden-Kartell“ haben vor allem Nichttechnikern gezeigt, wohin die Reise geht. Als Analyst von Kuppinger Cole + Partner ist er heute einer der Vordenker bei der Lösung des Problems der Onlineidentität.

Dr. Jens Eckhardt ist Partner der Sozietät JUCONOMY Rechtsanwälte in Düsseldorf. Studium und Promotion an der Universität Trier sowie Referendariat in Koblenz und Köln. Seit 2001 ist er als Rechtsanwalt in den Bereichen Marketing, Datenschutz und Informationstechnologie tätig. Seitdem referiert und publiziert er insbesondere zu verschiedenen Aspekten des Datenschutzrechts und des Telekommunikationsrechts. Auch ist er Dozent an der Ulmer Akademie für Datenschutz und IT-Sicherheit (udis) zum Datenschutzrecht.

Prof. Harald Eichsteller lehrt Medienmanagement an der Hochschule der Medien (HdM). Vor seinem Wechsel nach Stuttgart war er in Medienunternehmen, Agenturen und der Industrie tätig. Der studierte Betriebswirt (D, USA, F) ist als Experte für kundenorientierte Strategien, Innovationsmanagement, Online-Marketing und Social Media gefragter Redner und Autor zahlreicher Fachartikel und Bücher.

Sebastian Fleischmann ist Diplom-Betriebswirt. Er arbeitet seit 2010 beim amerikanischen Konzern Responsys, wo er für die Gewinnung von Neukunden und den Vertrieb in den Ländern Deutschland, Österreich und Schweiz verantwortlich ist. Zuvor war er seit 2006 unter anderem Senior Sales Manager im New Business Team beim E-Mail-Dienstleister eCircle in London und München tätig.

Gunter Fritsche, hat seit 2009 die Position des Senior Vice Präsident Sales und Service Internet in der Telekom Deutschland GmbH inne. In seiner Funktion verantwortet Gunter Fritsche den Onlinevertrieb und -Service für Privat- und Geschäftskunden. Neben der Ausrichtung der Internetauftritte der Deutschen Telekom und der dazugehörigen Onlineshops und Kundencentern ist die Weiterentwicklung von Social Media eines der Fokusthemen.

Jens Fuderholz ist Geschäftsführer der TBN Public Relations GmbH in Fürth und Berlin. Der Diplom-Soziologe ist seit vielen Jahren Dozent für Kommunikationswissenschaft an der Universität Bamberg. Zunächst hat er einige Jahre für Tageszeitungen und Magazine gearbeitet, bevor er dann als Leiter Öffentlichkeitsarbeit das Standortmarketing der Metropolregion Nürnberg mit aufgebaut hat. Seit 1998 ist er selbstständig.

Marko Gross ist CSO & Country Director bei ContactLab und hat langjährige Beratungserfahrung aus der Online-/Medien-Branche. Zu seinen beruflichen Stationen zählen Führungspositionen in der VM Gruppe (Vorarlberger Medienhaus), der Mediengruppe M. DuMont Schauberg und der dänischen North Media A/S. Zuvor war er für verschiedene Unternehmen in der Versicherungsbranche leitend tätig. ContactLab bietet Consulting, Kreativität und Technologie aus einer Hand.

Jörn Grunert ist seit über 10 Jahren Experte im Online-Marketing. So gründete er seinerzeit die Falk und Partner Internetservices. Später war er im Vorstand der Falk eSolutions AG, Dienstleister von AdServing – einem Unternehmen, das heute zur Google Inc. gehört. Später wird Jörn Grunert Geschäftsführer und Vorstand des zu jener Zeit führenden E-Mail-Marketing-Anbieters United MailSolutions AG in Deutschland. Nach der Akquisition der United MailSolutions durch Experian arbeitet Jörn Grunert als Managing Director von Experian Marketing Services in Deutschland – mit insgesamt drei Standorten.

Daniel Harari ist Marketing-Experte mit mehr als 12 Jahren Branchenerfahrung. Er hält regelmäßig Fachvorträge bei Branchen-Events und ist Autor zahlreicher Whitepapers und Best Practice-Berichte. Im Jahr 2000 gründete er gemeinsam mit Hagai Hartman emarsys eMarketing Systems AG; davor war er als Projektmanager für verschiedene Internet-Consulting-Firmen tätig.

Sebastian Hoelzl ist Communications & Marketing Specialist, Evangelist, Speaker und Autor für digitalen Dialog und integrierte Kommunikation. Vor seiner Rolle als Director Marketing Strategy Europe bei Silverpop Systems hat er in Agenturen wie GREY Worldwide oder McCann Erickson international für Marken wie Sony Ericsson, Siemens oder BMW gearbeitet.

Prof. Dr. Heinrich Holland lehrt an der Fachhochschule Mainz. Er ist Akademieleiter der Deutschen Dialogmarketing Akademie (DDA) und Mitglied zahlreicher Beiräte und Jurys. Holland hat 17 Bücher veröffentlicht, davon das Standardwerk „Direktmarketing". Im Jahr 2004 wurde er in die Hall of Fame des Direktmarketings aufgenommen. Er hält Vorträge im In- und Ausland und berät namhafte Unternehmen in den Bereichen Direktmarketing, Integrierte Kommunikation, CRM und Marktforschung.

Reinhard Janning hat mehr als 25 Jahre Erfahrung im Vertrieb und Marketing von Investitionsgütern. Er ist Mitgründer der DemandGen AG, die Unternehmen unterstützt, Marketing-Automation- und Lead-Management-Systeme zu implementieren. Als Autor des Buches „Kunden machen, was sie wollen. Lead Management im Spannungsfeld zwischen Marketing und Vertrieb" erläutert er detailliert, wie im Online-Zeitalter aus Interessenten Käufer werden. Sein Wissen teilt Janning in dem Blog http://www.leadmanagement-blog.de.

Heiko Kasper stammt aus Süddeutschland und schloss die FH Flensburg als Dipl.-Kaufmann ab. Er hat mehrere Jahre Berufserfahrung im Online- und Affiliate Marketing und war vier Jahre im Bereich Mobile Vermarktung bei einem europaweit führenden Anbieter für Mobile Technologie tätig. Heute leitet Heiko als Director of Business Development das Sales-Team von Sponsormob, eines der führenden Anbieter für Mobile Advertising in Deutschland.

Swen Krups leitet als Country Director seit Juli 2005 das Deutschlandgeschäft von Epsilon International. Er ist seit über fünfzehn Jahren in der Kundenbetreuung und im Vertrieb tätig. Zu seinen vorhergehenden Stationen zählen Tätigkeiten als Software- und Projektingenieur. Krups war unter anderem als Account Director bei MessageMedia und DoubleClick für Zentraleuropa verantwortlich und beschäftigt sich seit circa elf Jahren intensiv mit dem Thema E-Mail-Marketing.

Laura Lamieri, Senior Consultant am Siegfried Vögele Institut (SVI), ist seit 2003 im Bereich Dialog Research & Consulting des SVI tätig. Sie leitet Forschungs- und Beratungs-Projekte im Dialogmarketing und begleitet Kunden bei der Optimierung von Dialogmarketing-Kampagnen. Ihre speziellen Schwerpunkte sind Usability-Tests von stationären und mobilen Websites sowie qualitative Studien zur Beurteilung von Werbemedien und -konzepten.

Andreas Landgraf, Dipl.-Ing. Univ., ist Gründer und Geschäftsführer der defacto software GmbH in Erlangen. Sein Softwarehaus ist seit 18 Jahren spezialisiert auf Marketing, Vertrieb und eCommerce. Mit seinem Team entwickelt er innovative und zuverlässige Lösungen für internationale Auftraggeber. Seine Erfahrung beruht auf CRM-Projekten mit mehreren Millionen Endkunden in 120 Ländern, über 500 Millionen Kundenkontakten und einem verarbeiteten Umsatzvolumen von über einer Milliarde Euro pro Jahr.

Dr. Silke Lebrenz, Diplom-Kauffrau, ist seit über 16 Jahren Marktforscherin. Ihr Handwerk hat sie an den Universitäten Passau und Tours gelernt und gelehrt. Seit 1997 ist sie für das Market Research Service Center (MRSC) der Deutsche Post DHL Market Research and Innovation GmbH tätig und betreut dort unter anderem den Dialogmarketing Monitor.

Ulrike Leipnitz ist seit über 10 Jahren für die AGNITAS AG tätig und dort verantwortlich für den Bereich Marketing & PR. AGNITAS ist ein technischer Dienstleister und Software-Entwickler für E-Mail und digitales Dialogmarketing.

Stefan von Lieven studierte Maschinenbau und BWL an der RWTH Aachen und ist Mitgründer der artegic AG – einem Anbieter von Online-CRM-Technologie und Beratung. Von Lieven verfügt über eine langjährige Erfahrung in der Online-Branche und engagiert sich in Verbänden und als Gastdozent für die Modernisierung von Kundenbeziehungen über digitales Dialogmarketing.

Karl-Heinz Maier ist als Director Central Europe bei Webtrends seit 2003 für den erfolgreichen Auf- und Ausbau des direkten und indirekten Vertriebs in Zentraleuropa verantwortlich. Vor seinem Eintritt bei Webtrends hatte Maier einige Führungspositionen bei namhaften Technologieunternehmen inne, so u.a. bei 3Com GmbH, Security Dynamics/RSA und Kobil Systems GmbH.

Christian Maybaum ist Global Social Media Coordinator im Bereich Konzernkommunkation der Deutschen Post DHL und verantwortlich für die Aktivitäten des global operierenden Konzerns in Facebook, Twitter & Co. Außerdem ist er einer der Gründer sowie Mitglied des Fachbeirats des „Social Media Excellence"-Kreises – ein Zusammenschluss führender Unternehmen, der aus der Praxis heraus Lösungen zu den Kernthemen und -problemen rund um Social Media erarbeitet.

Gero Niemeyer ist Vorsitzender der Geschäftsführung der Deutschen Telekom Kundenservice GmbH (DTKS) mit 15.000 Mitarbeitern und über dreißig Standorten in Deutschland. Seit der Gründung der DTKS hat er die Entwicklung des Kundenservice über Social Media voran getrieben. In der DTKS stieg Gero Niemeyer in 2008 als

Finanzdirektor ein. 2005 begann er seine Laufbahn bei der Telekom im Bereich Workforce Management im Kundendienst der T-Mobile Deutschland.

Martin Nitsche ist Gründer und Geschäftsführer der Solveta GmbH und gilt als einer der führenden CRM- und Marketing-Experten Deutschlands. Er begann seine Berufslaufbahn in der Beratung und arbeitete später bei der Deutschen Bank, in der Grey und der BBDO Gruppe bevor er Leiter Marketing Privat- und Geschäftskunden in der Commerzbank wurde. Darüber hinaus ist er seit 2002 Vizepräsident im DDV sowie Dozent an der DDA und der Fachhochschule Wedel.

Martin Philipp hat über 10 Jahre Erfahrung bei der Vermarktung und dem Vertrieb von beratungsaufwendigen webbasierten Produkten und Lösungen im B2B-Umfeld. Der diplomierte Betriebswirt arbeitete 4 Jahre für das Systemhaus HAITEC AG (heutige KPS AG). 2004 wechselte er zu SC-Networks, um den Vertrieb in Deutschland für die Premium E-Mail-Marketing-Lösung EVALANCHE aufzubauen. Seit 2007 ist er Leiter Marketing & Vertrieb und zuständig für die nationale und internationale Geschäftsentwicklung.

Svea Rassmus ist seit 2011 Social Media Managerin für die DB Vertrieb GmbH. Dort obliegt ihr die strategische, konzeptionelle und operative Koordination der Social Media-Aktivitäten des Personenverkehrs der Deutschen Bahn. Sie hat mehr als 10 Jahre Erfahrung in Onlinemedien, -Marketing, -Technologien und E-Commerce. Berufliche Stationen waren das Swedish Trade Council, eBay International AG und die VZnet Netzwerke.

Ulf Richter verantwortet alle betriebswirtschaftlichen Aspekte sowie die Außendarstellung des E-Mail-Marketing-Spezialisten optivo. Ulf Richter verfügt über eine langjährige Erfahrung in der Internet-Branche. Vor der Gründung von optivo hat er bereits das Internet-Auktionshaus versteigern.de erfolgreich ins Leben gerufen. Weitere berufliche Stationen waren der Multimedia-Dienstleister aperto sowie Bertelsmann. Er setzt sich aktiv für hohe Qualitäts- und Transparenzstandards im E-Mail-Marketing ein.

Norbert Rom ist Gründer und seit über 10 Jahren alleiniger Inhaber der adRom Media Marketing GmbH und der adRom Holding AG. Darüber hinaus hält er Beteiligungen an einigen internationalen Unternehmen im Onlinesektor. Rom ist als Autor zahlreicher Fachbeiträge und Referent auf Branchenveranstaltungen zum Thema E-Mail- und Dialog-Marketing europaweit unterwegs. Als Berater und Experte entwickelt er für Unternehmen Online-Marketing-Strategien und verantwortet unter anderem den Bereich Kooperationen.

René Rose ist Vertriebsleiter der McCrazy GmbH, einem der leistungsfähigsten E-Mail-Marketingunternehmen Deutschlands. McCrazy wurde vor 12 Jahren gegründet und engagiert sich in den wichtigsten Fachverbänden wie zum Beispiel im Deutschen

Direktmarketing Verband (DDV). McCrazy ist Unterzeichner des freiwilligen Ehrenkodex E-Mail-Marketing.

Julia Schamari, Diplom-Kauffrau, ist Account Director bei der gkk DialogGroup GmbH und leitet dort den Geschäftsbereich Social Media. Neben Social Media-Strategien und Measurement verantwortet Julia Schamari die Community Management-Teams für den allumfassenden Dialog im Social Web. Parallel befasst sie sich mit der Wirkung von Social Media auf Unternehmenserfolge in ihrer Dissertation.

Thorsten Schäfer, Senior Expert Marketing & Communication, ist seit 2003 am Siegfried Vögele Institut (SVI) in Königstein tätig. Darüber hinaus ist er Gesellschafter und Prokurist der WINARO GmbH in Dieburg. Herr Schäfer verantwortet im SVI den Bereich Kommunikation. In seinen Aufgabenbereich als Projektleiter fallen klassische PR, Messen und Veranstaltungen sowie CRM und Online-Kommunikation.

Univ.-Prof. Dr.-Ing. Dr.-Oec. Thomas Schildhauer ist Inhaber der Universitätsprofessur Marketing mit Schwerpunkt Electronic Business an der Universität der Künste, Berlin (UdK); er gründete 1999 das größte An-Institut der UdK, das Institute of Electronic Business e.V., das er seitdem als Direktor leitet und hat außerdem die Verantwortung für das Berlin Career College, das die Weiterbildungsangebote der UdK bündelt. Als Gründungsdirektor des Alexander von Humboldt Instituts für Internet und Gesellschaft gGmbH forscht Prof. Schildhauer insbesondere über das Themenfeld „Internet enabled innovation".

Dirk Scholz ist Mitgründer und einer von vier Geschäftsführern der ESEMOS GmbH. Seit 2003 beschäftigt er sich intensiv mit Suchmaschinen-Technologien. Unter seiner Leitung wurden in den letzten Jahren mehr als 50 Suchlösungen bei Kunden integriert. Die Lösungen befriedigen die komplette Bandbreite beginnend bei der Datenbeschaffung, Datenaufbereitung, Indexierung bis hin zur facettierten Suche und intelligenten Ergebniszusammenstellung.

Dr. Torsten Schwarz ist Buchautor, mehrfacher Lehrbeauftragter und gehört laut der Zeitschrift acquisa (Juni 04) zu den Vordenkern in Marketing und Vertrieb. Der Onlinepionier war Marketingleiter eines Softwareherstellers und berät heute internationale Unternehmen. Als Trainer wurde er von der Dialog-Akademie DDA als „Dozent des Jahres 2009" ausgezeichnet.

Andreas Schwend studierte Wirtschaftsingenieurwesen in Stuttgart. Als technischer Projektleiter im IT-Bereich erfasste er früh die Marktchancen der digitalen Wirtschaft. Zusammen mit Daniel Rebhorn gründete er daraufhin 1995 als Gesellschafter und Geschäftsführer dmc digital media center. Als Managing Partner verantwortet Andreas Schwend die strategische Beratung und das Corporate Marketing. Schwend ist anerkannter Experte und Buchautor für den Onlinehandel mit zahlreichen Auftritten als Redner auf Fachkonferenzen.

Dr. Jürgen Seitz ist Geschäftsführer der United Internet Dialog GmbH und verantwortlich für Produktmanagement und die strategische Weiterentwicklung des Dialoglösungsportfolios. Gemeinsam mit Gregor Wolf ist der Diplom-Betriebswirt für das operative Geschäft des Unternehmens zuständig. Daneben ist Seitz Mitglied der Vertriebsleitung der United Internet Media AG und für den strategischen Ausbau der Mediaprodukte und Mediaplattformen verantwortlich.

Prof. Dr. Heike Simmet ist Professorin an der Hochschule Bremerhaven. Sie leitet dort seit 1998 das Labor Marketing und Multimedia (MuM). Die Social Media-Expertin war von 2004 bis 2011 zudem wissenschaftliche Leiterin des Weiterbildungsstudiums Communication Center Management an der Hochschule Bremerhaven. Sie ist als Referentin, Dozentin und Beraterin aktiv.

Uwe-Michael Sinn zählt zu den Pionieren im E-Mail-Marketing, bereits seit 1999 beschäftigt er sich mit diesem Thema. 2004 gründete er rabbit eMarketing. Das Unternehmen wurde international bereits mehrfach ausgezeichnet und zählt zu den führenden Agenturen für E-Mail-Marketing in Europa. Sinn ist ein gefragter Berater und Referent sowie Autor zahlreicher Beiträge für Fachzeitschriften, Bücher und einem der auflagenstärksten Newsletter für Online Dialog Marketing in Deutschland.

Gunnar Sohn hat an der FU-Berlin Wirtschaftswissenschaften studiert mit dem Abschluss als Diplom-Volkswirt. Der Wirtschaftspublizist, Kolumnist, Moderator und Ich-sag-mal-Blogger ist Chefredakteur des Onlinemagazins NeueNachricht. Zuvor arbeitete er als wissenschaftlicher Mitarbeiter der Konrad-Adenauer-Stiftung (Kultur und Medien) und des Instituts für Demoskopie Allensbach (politische Meinungsforschung). Bei o.tel.o war Sohn Leiter des Büros Unternehmenskommunikation.

Dominic Stöcklin, M.A. HSG, studierte Marketing und Kommunikationswissenschaften an der Universität St. Gallen (HSG). 2008 begann er seine berufliche Tätigkeit als Consumer Intelligence Manager im Bereich strategisches Marketing bei der Valora AG und wechselte Anfang 2011 zur Goldbach Interactive (Schweiz) AG wo er als Senior Berater Social Media tätig ist. In dieser Funktion ist er verantwortlich für den Bereich Social Media Monitoring und betreut die nationale und internationale Auswahl, das Setup und den Betrieb von Social Media Monitoring-Tools.

Manfred Stockmann beschäftigt sich seit über 25 Jahren mit dem Aufbau und der Weiterentwicklung von Personal- und Organisationsprozessen. 2002 gründete er die C.M.B.S. Managementberatung und begleitet heute Unternehmen europaweit bei ihren Customer Service Themen. Stockmann ist seit 2003 Präsident des Call Center Verband Deutschland e.V. und Gründungsmitglied sowie Vizepräsident des europäischen

CC-Dachverbandes ECCCO. Darüber hinaus engagiert er sich im Fachbeirat der Kongressmesse CallCenterWorld sowie in verschiedenen Fachausschüssen und Award-Jurys.

Frank Strzyzewski ist Geschäftsführer der XQueue GmbH, einem auf E-Mail-Marketing Technologien und -Dienstleistungen spezialisierten Unternehmen. Nach seinem Informatikstudium an der TU Budapest arbeitete er sowohl in der IT- wie in der Managament-Beratung (Accenture, McKinsey), darunter mehrere Jahre in den USA, UK, Ungarn und in Luxemburg. Seit 2001 ist er hauptberuflich im E-Mail-Marketing tätig.

Thomas Vetter ist Wirtschaftsinformatiker und E-Mail-Marketing-Experte mit über 10-jähriger Erfahrung. Er ist Autor zahlreicher Fachartikel zum Thema Online-Marketing. Seit September 2010 verstärkt er als Vertriebs- und Marketingdirektor das Team der SuperComm Data Marketing GmbH in Bonn.

Hilger Voss ist Diplom-Medienberater und wissenschaftlicher Mitarbeiter am Institute of Electronic Business e. V. (IEB), An-Institut der Universität der Künste Berlin (UdK). Seine inhaltlichen Schwerpunkte sind Crowdsourcing/Open Innovation und Social Media.

Carsten Wallmeier leitet bei der Deutsche Telekom Kundenservice GmbH (DTKS) das Operations Office des Bereichs Kompetenzcenter. Die DTKS kümmert sich um alle telefonischen und schriftlichen Kontakte mit Privat- und Geschäftskunden. In seiner Funktion verantwortet Carsten Wallmeier die Steuerung und Entwicklung des Second-Level-Supports sowie die Aufnahme neuer Themen in den Kundenservice. Hierzu zählen die Social Media-Kanäle „Telekom hilft“ bei Twitter und Facebook.

Kirstin Weiß ist seit 2008 als Country Director für das deutsche Geschäft der PhotoBox Gruppe tätig. In dieser Position zeichnet sie verantwortlich für die deutsche Geschäftsstelle in Hamburg sowie PhotoBox Österreich. Kirstin Weiß besitzt langjährige Erfahrung im Bereich Internet und E-Commerce, zu ihren früheren Positionen gehört unter anderen die Geschäftsleitung des Branchenverbandes Hamburg@work zwischen 2001 und 2006.

Volker Wiewer ist CEO der eCircle GmbH und verantwortet europaweit die Bereiche Vertrieb und Marketing. Wiewer ist Autor zahlreicher Artikel zum Thema E-Mail- und Multichannel-Marketing sowie einer der führenden Referenten auf branchenrelevanten Kongressen und Messen wie zum Beispiel Dmexco, Email-Expo, Online-Marketing-Kongress, Europäischer Online-Handelskongress und vielen anderen in Deutschland und Europa.

STICHWORTE 7